21世纪高等学校规划教材 | 计算机科学与技术

计算机导论

金玉苹　主编

远新蕾　刘陶唐　许静　编著

清华大学出版社
北京

内 容 简 介

本书从计算机学科的主要发展应用领域来"导引"该学科的知识,具体内容包括计算机基础知识、操作系统、文字处理软件、电子表格软件、演示文稿制作软件、计算机网络技术基础、常用工具软件、信息检索技术、数据结构与算法、程序设计与软件工程基础、数据库设计基础。本书引导刚刚进入大学的学生对计算机科学技术的基础知识及专业研究方向有一个概括而准确的了解,从而为系统地学习计算机专业课程打下基础。

本书可作为本科计算机相关专业教材,也可作为全国计算机等级考试的参考书。

本书封面贴有清华大学出版社防伪标签,无标签者不得销售。
版权所有,侵权必究。举报:010-62782989,beiqinquan@tup.tsinghua.edu.cn。

图书在版编目(CIP)数据

计算机导论/金玉苹主编.—北京:清华大学出版社,2018(2023.8重印)
(21世纪高等学校规划教材·计算机科学与技术)
ISBN 978-7-302-50148-0

Ⅰ. ①计… Ⅱ. ①金… Ⅲ. ①电子计算机-高等学校-教材 Ⅳ. ①TP3

中国版本图书馆 CIP 数据核字(2018)第 112341 号

责任编辑:郑寅堃　王冰飞
封面设计:傅瑞学
责任校对:焦丽丽
责任印制:丛怀宇

出版发行:清华大学出版社
　　　　网　　址:http://www.tup.com.cn,http://www.wqbook.com
　　　　地　　址:北京清华大学学研大厦 A 座　　　邮　　编:100084
　　　　社 总 机:010-83470000　　　　　　　　　　邮　　购:010-62786544
　　　　投稿与读者服务:010-62776969,c-service@tup.tsinghua.edu.cn
　　　　质量反馈:010-62772015,zhiliang@tup.tsinghua.edu.cn
　　　　课件下载:http://www.tup.com.cn,010-62795954
印 装 者:三河市铭诚印务有限公司
经　　销:全国新华书店
开　　本:185mm×260mm　　　印　　张:28.25　　　字　　数:688 千字
版　　次:2018 年 6 月第 1 版　　　　　　　　　　　印　　次:2023 年 8 月第 7 次印刷
印　　数:3601~4600
定　　价:79.00 元

产品编号:078483-01

出版说明

随着我国改革开放的进一步深化,高等教育也得到了快速发展,各地高校紧密结合地方经济建设发展需要,科学运用市场调节机制,加大了使用信息科学等现代科学技术提升、改造传统学科专业的投入力度,通过教育改革合理调整和配置了教育资源,优化了传统学科专业,积极为地方经济建设输送人才,为我国经济社会的快速、健康和可持续发展以及高等教育自身的改革发展做出了巨大贡献。但是,高等教育质量还需要进一步提高以适应经济社会发展的需要,不少高校的专业设置和结构不尽合理,教师队伍整体素质亟待提高,人才培养模式、教学内容和方法需要进一步转变,学生的实践能力和创新精神亟待加强。

教育部一直十分重视高等教育质量工作。2007年1月,教育部下发了《关于实施高等学校本科教学质量与教学改革工程的意见》,计划实施"高等学校本科教学质量与教学改革工程"(简称"质量工程"),通过专业结构调整、课程教材建设、实践教学改革、教学团队建设等多项内容,进一步深化高等学校教学改革,提高人才培养的能力和水平,更好地满足经济社会发展对高素质人才的需要。在贯彻和落实教育部"质量工程"的过程中,各地高校发挥师资力量强、办学经验丰富、教学资源充裕等优势,对其特色专业及特色课程(群)加以规划、整理和总结,更新教学内容、改革课程体系,建设了一大批内容新、体系新、方法新、手段新的特色课程。在此基础上,经教育部相关教学指导委员会专家的指导和建议,清华大学出版社在多个领域精选各高校的特色课程,分别规划出版系列教材,以配合"质量工程"的实施,满足各高校教学质量和教学改革的需要。

为了深入贯彻落实教育部《关于加强高等学校本科教学工作,提高教学质量的若干意见》精神,紧密配合教育部已经启动的"高等学校教学质量与教学改革工程精品课程建设工作",在有关专家、教授的倡议和有关部门的大力支持下,我们组织并成立了"清华大学出版社教材编审委员会"(以下简称"编委会"),旨在配合教育部制定精品课程教材的出版规划,讨论并实施精品课程教材的编写与出版工作。"编委会"成员皆来自全国各类高等学校教学与科研第一线的骨干教师,其中许多教师为各校相关院、系主管教学的院长或系主任。

按照教育部的要求,"编委会"一致认为,精品课程的建设工作从开始就要坚持高标准、严要求,处于一个比较高的起点上。精品课程教材应该能够反映各高校教学改革与课程建设的需要,要有特色风格、有创新性(新体系、新内容、新手段、新思路,教材的内容体系有较高的科学创新、技术创新和理念创新的含量)、先进性(对原有的学科体系有实质性的改革和发展,顺应并符合21世纪教学发展的规律,代表并引领课程发展的趋势和方向)、示范性(教材所体现的课程体系具有较广泛的辐射性和示范性)和一定的前瞻性。教材由个人申报或各校推荐(通过所在高校的"编委会"成员推荐),经"编委会"认真评审,最后由清华大学出版社审定出版。

目前，针对计算机类和电子信息类相关专业成立了两个"编委会"，即"清华大学出版社计算机教材编审委员会"和"清华大学出版社电子信息教材编审委员会"。推出的特色精品教材包括：

(1) 21世纪高等学校规划教材·计算机应用——高等学校各类专业，特别是非计算机专业的计算机应用类教材。

(2) 21世纪高等学校规划教材·计算机科学与技术——高等学校计算机相关专业的教材。

(3) 21世纪高等学校规划教材·电子信息——高等学校电子信息相关专业的教材。

(4) 21世纪高等学校规划教材·软件工程——高等学校软件工程相关专业的教材。

(5) 21世纪高等学校规划教材·信息管理与信息系统。

(6) 21世纪高等学校规划教材·财经管理与应用。

(7) 21世纪高等学校规划教材·电子商务。

(8) 21世纪高等学校规划教材·物联网。

清华大学出版社经过三十多年的努力，在教材尤其是计算机和电子信息类专业教材出版方面树立了权威品牌，为我国的高等教育事业做出了重要贡献。清华版教材形成了技术准确、内容严谨的独特风格，这种风格将延续并反映在特色精品教材的建设中。

清华大学出版社教材编审委员会
联系人：魏江江
E-mail：weijj@tup.tsinghua.edu.cn

前言

"计算机导论"是一门概括性地讲授计算机学科主要课程的基本内容和重要应用,并宏观讨论这些课程相互之间内在联系的课程。课程的开设目的是使刚刚步入计算机学科,以及与计算机学科关系密切的其他学科的大学一年级学生,对计算机学科的理论基础、重要应用有一个基本的了解,从而帮助他们更好地完成后续课程的学习。

本书密切结合"计算机导论"课程的基本教学要求,在介绍计算机科学相关的基本概念和理论的同时兼顾计算机技术和理论的最新发展。为了在有限的学时内将计算机的基本原理精辟、系统地阐述清楚,编者对内容进行了精选,本着加强基础、注重实践、敢于创新、突出应用的原则,力求使本书具备可读性、实用性和先进性。通过学习本课程,学生可熟练地掌握办公自动化应用操作、数据库技术的简单应用,并可具有计算机系统与网络安全的基本维护能力、数据结构与算法和程序设计的基本应用能力等,满足信息社会对计算机人才应用能力不断提高的要求。

本书共分 11 章,主要内容包括计算机基础知识、操作系统、文字处理软件——Word 2010、电子表格软件——Excel 2010、演示文稿制作软件——PowerPoint 2010、计算机网络技术基础、常用工具软件、信息检索技术、数据结构与算法、程序设计与软件工程基础、数据库设计基础。本书内容密切结合大学计算机课程教学指导委员会对该课程的基本教学要求,同时兼顾计算机软件和硬件的最新发展,结构严谨,层次分明,叙述准确。各高校可根据实际教学学时、学生的基础对教学内容进行适当的选取。

本书第 2～5 章、第 9 章由金玉苹编写,第 6～8 章由刘陶唐编写,第 11 章由远新蕾编写,第 1、10 章由许静编写。全书由金玉苹主编并修改定稿,李树平教授主审。

本书的出版得到了牡丹江师范学院横向课题(2017H34)、牡丹江师范学院教育教学改革工程项目(16-JG18037)和(17-XJL19019)、国家社科基金(BCA160055)、黑龙江省高等教育教学改革项目(SJGY20170148)经费的资助。在此,编者向那些给予我们帮助的各级领导、老师、同事表示衷心的感谢!由于编者水平有限,疏漏之处在所难免,恳请各位读者不吝批评指正。

金玉苹

2018 年 3 月

目 录

第1章 计算机基础知识 1

  1.1 计算机的产生与发展 1
      1.1.1 计算机的起源与发展 1
      1.1.2 计算机的特点与分类 3
      1.1.3 计算机的应用 4
      1.1.4 计算机前沿技术 6
      1.1.5 计算思维 8
      1.1.6 服务科学与服务计算 9
      1.1.7 智慧地球 9
  1.2 计算机中信息的表示 10
      1.2.1 数制的定义 10
      1.2.2 数制转换 12
      1.2.3 计算机数据的编码 14
  1.3 计算机系统的组成 17
      1.3.1 计算机硬件系统 18
      1.3.2 计算机软件系统 20
      1.3.3 计算机硬件系统和软件系统之间的关系 22
  1.4 计算机工作原理 22
      1.4.1 计算机的指令系统 22
      1.4.2 计算机的基本工作原理 24
  1.5 微型计算机硬件的组成 25
  1.6 微型计算机的主要性能指标 28
  1.7 习题 29

第2章 操作系统 32

  2.1 操作系统概述 32
      2.1.1 操作系统的基本概念 32
      2.1.2 操作系统的功能 32
      2.1.3 操作系统的分类 35
      2.1.4 典型操作系统介绍 37
  2.2 Windows 7 操作系统简介 39
  2.3 Windows 7 的基本操作 40

  2.3.1 Windows 7 的启动与退出 …………………………………………… 40
  2.3.2 Windows 7 桌面 ………………………………………………………… 41
  2.3.3 鼠标及键盘的操作 ……………………………………………………… 48
  2.3.4 Windows 7 窗口 ………………………………………………………… 49
  2.3.5 Windows 7 菜单 ………………………………………………………… 53
  2.3.6 Windows 7 对话框 ……………………………………………………… 54
  2.3.7 中文输入法 ……………………………………………………………… 55
  2.3.8 剪贴板 …………………………………………………………………… 57
  2.3.9 资源管理器的基本操作 ………………………………………………… 58
  2.3.10 帮助和支持中心 ………………………………………………………… 61
2.4 Windows 7 的文件和文件夹管理 ……………………………………………………… 63
  2.4.1 基本概念 ………………………………………………………………… 64
  2.4.2 文件及文件夹的操作 …………………………………………………… 64
2.5 控制面板与个性环境设置 ……………………………………………………………… 70
  2.5.1 控制面板 ………………………………………………………………… 70
  2.5.2 显示设置 ………………………………………………………………… 71
  2.5.3 键盘设置 ………………………………………………………………… 77
  2.5.4 用户账户设置 …………………………………………………………… 77
  2.5.5 字体设置 ………………………………………………………………… 80
  2.5.6 打印机的设置与安装 …………………………………………………… 81
  2.5.7 添加和删除程序 ………………………………………………………… 82
  2.5.8 系统设置 ………………………………………………………………… 83
2.6 Windows 7 的附件 ……………………………………………………………………… 85
2.7 习题 ………………………………………………………………………………………… 88

第 3 章 文字处理软件——Word 2010 …………………………………………………… 90

3.1 Word 2010 简介 ………………………………………………………………………… 90
  3.1.1 Word 2010 的启动 ……………………………………………………… 91
  3.1.2 Word 2010 的工作界面 ………………………………………………… 91
  3.1.3 文档的基本操作 ………………………………………………………… 95
  3.1.4 保存文档 ………………………………………………………………… 96
  3.1.5 打开和关闭 Word 文档 ………………………………………………… 99
3.2 Word 2010 文档编辑与基本排版 …………………………………………………… 100
  3.2.1 编辑文本 ……………………………………………………………… 100
  3.2.2 文档的基本排版 ……………………………………………………… 105
  3.2.3 文档的页面设计 ……………………………………………………… 115
3.3 图形对象 ………………………………………………………………………………… 123
  3.3.1 插入图片 ……………………………………………………………… 123
  3.3.2 图片编辑 ……………………………………………………………… 125

3.3.3 文本框 …………………………………………………………… 134
　　　3.3.4 SmartArt 图形 ……………………………………………………… 135
3.4 表格 …………………………………………………………………………… 137
　　　3.4.1 创建表格 ……………………………………………………………… 137
　　　3.4.2 编辑表格 ……………………………………………………………… 139
　　　3.4.3 表格的格式化 ………………………………………………………… 141
　　　3.4.4 表格中的数据处理和生成图表 ……………………………………… 144
3.5 Word 2010 的高级应用 ………………………………………………………… 145
　　　3.5.1 水印效果 ……………………………………………………………… 145
　　　3.5.2 校对功能 ……………………………………………………………… 147
　　　3.5.3 字数统计 ……………………………………………………………… 148
　　　3.5.4 Word 的网络功能 …………………………………………………… 148
　　　3.5.5 插入超链接 …………………………………………………………… 149
　　　3.5.6 邮件合并功能 ………………………………………………………… 150
　　　3.5.7 插入书签 ……………………………………………………………… 153
　　　3.5.8 批注和修订 …………………………………………………………… 155
　　　3.5.9 插入脚注和尾注 ……………………………………………………… 156
　　　3.5.10 题注 ………………………………………………………………… 156
　　　3.5.11 交叉引用 …………………………………………………………… 157
3.6 综合实例 ……………………………………………………………………… 157
　　　3.6.1 文档编辑 ……………………………………………………………… 157
　　　3.6.2 表格编辑 ……………………………………………………………… 158
　　　3.6.3 图文混排 ……………………………………………………………… 161
3.7 习题 …………………………………………………………………………… 164

第 4 章 电子表格软件——Excel 2010 …………………………………………… 170

4.1 Excel 2010 的基础知识 ………………………………………………………… 170
　　　4.1.1 Excel 2010 的启动和退出 …………………………………………… 170
　　　4.1.2 Excel 2010 的工作界面 ……………………………………………… 171
　　　4.1.3 基本概念 ……………………………………………………………… 172
4.2 Excel 2010 的基本操作 ………………………………………………………… 173
　　　4.2.1 工作簿的基本操作 …………………………………………………… 173
　　　4.2.2 工作表的基本操作 …………………………………………………… 174
　　　4.2.3 单元格的基本操作 …………………………………………………… 176
4.3 工作表的编辑 ………………………………………………………………… 177
　　　4.3.1 数据的输入和编辑 …………………………………………………… 177
　　　4.3.2 单元格的基本设置 …………………………………………………… 180
4.4 公式与函数的使用 …………………………………………………………… 183
　　　4.4.1 公式的使用 …………………………………………………………… 183

4.4.2 函数的使用 ………………………………………………………… 185
4.5 数据管理功能 …………………………………………………………… 187
　　4.5.1 数据排序 ………………………………………………………… 187
　　4.5.2 数据筛选 ………………………………………………………… 190
　　4.5.3 分类汇总 ………………………………………………………… 191
　　4.5.4 使用数据透视表分析数据 ……………………………………… 191
4.6 图表 ……………………………………………………………………… 193
　　4.6.1 创建图表 ………………………………………………………… 193
　　4.6.2 图表的编辑和修改 ……………………………………………… 194
4.7 综合实例 ………………………………………………………………… 196
　　4.7.1 统计分析销售报表 ……………………………………………… 196
　　4.7.2 数据管理 ………………………………………………………… 200
4.8 习题 ……………………………………………………………………… 205

第 5 章 演示文稿制作软件——PowerPoint 2010 …………………………… 213

5.1 PowerPoint 2010 的基础知识 …………………………………………… 213
　　5.1.1 PowerPoint 2010 简介 ………………………………………… 213
　　5.1.2 PowerPoint 2010 的工作界面 ………………………………… 214
　　5.1.3 演示文稿的创建 ………………………………………………… 215
5.2 演示文稿的编辑 ………………………………………………………… 218
　　5.2.1 文本的编辑 ……………………………………………………… 218
　　5.2.2 在幻灯片中插入图片 …………………………………………… 219
　　5.2.3 幻灯片的基本操作 ……………………………………………… 222
　　5.2.4 幻灯片的外观设计 ……………………………………………… 223
5.3 幻灯片的放映 …………………………………………………………… 225
　　5.3.1 演示文稿中的多媒体效果 ……………………………………… 226
　　5.3.2 幻灯片的动画设置 ……………………………………………… 230
　　5.3.3 幻灯片的切换效果 ……………………………………………… 234
　　5.3.4 设置超链接 ……………………………………………………… 235
　　5.3.5 设置幻灯片的放映 ……………………………………………… 237
5.4 演示文稿的打包与打印输出 …………………………………………… 240
　　5.4.1 演示文稿的打包 ………………………………………………… 240
　　5.4.2 演示文稿的打印输出 …………………………………………… 241
5.5 综合实例 ………………………………………………………………… 242
　　5.5.1 制作教师节贺卡 ………………………………………………… 242
　　5.5.2 制作一个苹果公司的简介 ……………………………………… 246
　　5.5.3 为北京节水展馆制作宣传片 …………………………………… 256
　　5.5.4 制作图书策划方案 ……………………………………………… 259
5.6 习题 ……………………………………………………………………… 270

第6章 计算机网络技术基础 276

6.1 计算机网络基础知识 276
- 6.1.1 计算机网络的形成与发展 276
- 6.1.2 计算机网络的定义 279
- 6.1.3 计算机网络的主要功能 279
- 6.1.4 计算机网络的组成 280
- 6.1.5 计算机网络的分类 281

6.2 计算机网络体系结构 283
- 6.2.1 计算机网络体系结构的形成 283
- 6.2.2 OSI 参考模型 284
- 6.2.3 TCP/IP 参考模型 286

6.3 网络传输介质 287
- 6.3.1 有线介质 288
- 6.3.2 无线介质 290

6.4 网络互联设备 291

6.5 网络拓扑结构 294
- 6.5.1 星形拓扑结构 295
- 6.5.2 总线型拓扑结构 295
- 6.5.3 环形拓扑结构 295
- 6.5.4 树形拓扑结构 296
- 6.5.5 网状拓扑结构 297
- 6.5.6 混合型拓扑结构 297

6.6 局域网 298
- 6.6.1 常见的局域网拓扑结构 298
- 6.6.2 常见的局域网操作系统 298
- 6.6.3 局域网的工作模式 299
- 6.6.4 局域网的分类 300

6.7 Internet 资源 302
- 6.7.1 Internet 简介 302
- 6.7.2 Internet 的地址和域名 305
- 6.7.3 接入 Internet 的方式 308
- 6.7.4 Internet 的基本服务 310

6.8 网站建设基础 316
- 6.8.1 网站概述 316
- 6.8.2 网页概述 319
- 6.8.3 网页制作的常用工具 320
- 6.8.4 HTML 语言简介 320

6.9 习题 323

第7章 常用工具软件 ··· 325

7.1 Ghost 简介 ··· 325
7.1.1 Ghost 的启动 ··· 325
7.1.2 使用 Ghost 对分区进行操作 ··· 326

7.2 压缩软件 WinRAR ··· 332
7.2.1 快速压缩 ··· 332
7.2.2 快速解压 ··· 332
7.2.3 WinRAR 的主界面 ··· 333
7.2.4 WinRAR 的分卷压缩 ··· 335
7.2.5 文件加密 ··· 336

7.3 看图软件 ACDSee 15.0 ··· 337
7.3.1 数码照片的导入 ··· 337
7.3.2 浏览数码照片 ··· 338
7.3.3 管理数码照片 ··· 338
7.3.4 数码照片的简单编辑 ··· 342
7.3.5 数码照片的保存与共享 ··· 342

7.4 360 安全卫士 ··· 345
7.4.1 电脑体检 ··· 345
7.4.2 木马查杀 ··· 345
7.4.3 电脑清理 ··· 346
7.4.4 系统修复 ··· 348
7.4.5 优化加速 ··· 349

7.5 CAJViewer ··· 351
7.5.1 浏览文档 ··· 351
7.5.2 下载信息 ··· 352
7.5.3 文字识别 ··· 352
7.5.4 全文编辑 ··· 353

7.6 习题 ··· 354

第8章 信息检索技术 ··· 355

8.1 概述 ··· 355
8.1.1 信息检索的基本概念 ··· 356
8.1.2 信息检索的发展 ··· 356
8.1.3 计算机信息检索原理 ··· 358

8.2 数字图书馆 ··· 359
8.2.1 超星数字图书馆 ··· 359
8.2.2 网络专题数据库信息检索 ··· 361

8.3 搜索引擎 ··· 368

8.3.1 搜索引擎的工作原理 …………………………………………………………… 368
8.3.2 常用搜索引擎介绍 …………………………………………………………… 370
8.3.3 搜索引擎的发展趋势 ………………………………………………………… 374
8.4 习题 …………………………………………………………………………………… 376

第 9 章 数据结构与算法 …………………………………………………………………… 377

9.1 算法 …………………………………………………………………………………… 377
    9.1.1 算法的数学基础 ……………………………………………………………… 377
    9.1.2 算法及其特征 ………………………………………………………………… 377
    9.1.3 常用算法 ……………………………………………………………………… 379
9.2 数据结构 ……………………………………………………………………………… 381
    9.2.1 数据结构的基本概念 ………………………………………………………… 381
    9.2.2 逻辑结构和存储结构 ………………………………………………………… 382
    9.2.3 线性结构和非线性结构 ……………………………………………………… 383
9.3 线性表及其顺序存储结构 …………………………………………………………… 383
    9.3.1 线性表的定义 ………………………………………………………………… 383
    9.3.2 线性表的顺序存储结构 ……………………………………………………… 384
9.4 栈和队列 ……………………………………………………………………………… 386
    9.4.1 栈 ……………………………………………………………………………… 386
    9.4.2 队列 …………………………………………………………………………… 387
9.5 线性链表 ……………………………………………………………………………… 389
    9.5.1 线性链表的基本概念 ………………………………………………………… 389
    9.5.2 对线性链表的基本操作 ……………………………………………………… 390
9.6 树与二叉树 …………………………………………………………………………… 391
    9.6.1 树的基本概念 ………………………………………………………………… 391
    9.6.2 二叉树的概念与基本性质 …………………………………………………… 392
    9.6.3 二叉树的遍历 ………………………………………………………………… 394
9.7 查找 …………………………………………………………………………………… 394
    9.7.1 顺序查找 ……………………………………………………………………… 394
    9.7.2 二分法查找 …………………………………………………………………… 395
9.8 排序 …………………………………………………………………………………… 395
    9.8.1 交换类排序法 ………………………………………………………………… 395
    9.8.2 插入类排序法 ………………………………………………………………… 396
    9.8.3 选择类排序法 ………………………………………………………………… 397
9.9 习题 …………………………………………………………………………………… 399

第 10 章 程序设计与软件工程基础 ……………………………………………………… 403

10.1 程序设计基础 ……………………………………………………………………… 403
    10.1.1 程序的应用范围和运行环境 ……………………………………………… 403

    10.1.2 程序的设计思想 …………………………………………………… 403
    10.1.3 面向对象的基本概念 ………………………………………………… 406
  10.2 软件工程基础 ……………………………………………………………………… 408
    10.2.1 软件的定义与特点 …………………………………………………… 408
    10.2.2 软件危机 ………………………………………………………………… 409
    10.2.3 软件工程 ………………………………………………………………… 410
    10.2.4 软件生命周期 …………………………………………………………… 410
    10.2.5 软件开发工具与软件开发环境 ……………………………………… 411
    10.2.6 结构化分析方法 ………………………………………………………… 412
  10.3 结构化设计方法 …………………………………………………………………… 414
    10.3.1 软件设计概述 …………………………………………………………… 414
    10.3.2 概要设计 ………………………………………………………………… 415
    10.3.3 详细设计 ………………………………………………………………… 416
  10.4 软件测试 …………………………………………………………………………… 417
    10.4.1 软件测试的目的与准则 ……………………………………………… 417
    10.4.2 软件测试的方法与实施 ……………………………………………… 417
  10.5 程序调试 …………………………………………………………………………… 419
    10.5.1 程序调试的基本概念 ………………………………………………… 419
    10.5.2 程序调试方法 …………………………………………………………… 420
  10.6 习题 ………………………………………………………………………………… 420

第11章 数据库设计基础 ……………………………………………………………………… 421

  11.1 数据库系统概述 …………………………………………………………………… 421
    11.1.1 数据库技术的产生与发展 …………………………………………… 421
    11.1.2 数据库系统的基本概念 ……………………………………………… 422
    11.1.3 数据库发展趋势 ………………………………………………………… 423
    11.1.4 数据库系统的内部体系结构 ………………………………………… 425
  11.2 数据模型 …………………………………………………………………………… 426
    11.2.1 数据模型的基本概念 ………………………………………………… 426
    11.2.2 数据模型的类型 ………………………………………………………… 427
  11.3 E-R模型 …………………………………………………………………………… 428
  11.4 关系模型 …………………………………………………………………………… 429
  11.5 关系代数 …………………………………………………………………………… 430
  11.6 数据库设计与原理 ………………………………………………………………… 434
  11.7 习题 ………………………………………………………………………………… 436

参考文献 ……………………………………………………………………………………………… 437

第1章 计算机基础知识

计算机的出现和发展使人类社会得到了前所未有的进步。计算机已经广泛应用于社会的各行各业,正在改变着人们的工作、学习与生活的方式。在 21 世纪,掌握以计算机为核心的信息技术的基础知识并具有一定的应用能力,是现代大学生必备的基本技能。

1.1 计算机的产生与发展

1.1.1 计算机的起源与发展

1. 计算机的起源

1946 年 2 月,世界上第一台电子数字计算机 ENIAC(Electronic Numerical Integrator And Computer)在美国宾夕法尼亚大学研制成功。ENIAC 结构庞大,占地 170m², 重达 30t,使用了 18 000 个电子管,功率 150kW。虽然它每秒只能进行 5000 次加减法或 400 次乘法运算,在性能方面与今天的计算机无法相比,但是,ENIAC 的研制成功在计算机的发展史上具有划时代的意义,它的问世标志着电子计算机时代的到来,标志着人类计算工具的新时代开始了,标志着世界文明进入了一个崭新时代。

英国科学家艾伦·图灵和美籍匈牙利科学家冯·诺依曼是计算机科学发展史上的两位关键人物。图灵提出了理想计算机的通用模型,后来人们称这种模型为"图灵机",图灵机成为现代通用数字计算机的数学模型,奠定了计算机设计的基础,并提出图灵测试理论,阐述了机器智能的概念。冯·诺依曼被称为"计算机之父",他和他的同事们研制了电子计算机 EDVAC(Electronic Discrete Variable Automatic Computer),提出了存储程序控制原理的数字计算机结构,并在 EDVAC 中采用了这一原理,其基本结构一直沿用到今天,对后来的计算机的体系结构和工作原理具有重大的影响。

2. 计算机的发展

从第一台电子数字计算机诞生至今,计算机技术获得了突飞猛进的发展,给人类社会带来了巨大的变化。根据组成计算机的电子逻辑器件,将计算机的发展分成 4 个阶段。

第一阶段:电子管计算机(1946—1957 年)。其主要特点是:采用电子管作为基本电子元器件,体积大、能耗大、寿命短、可靠性差、成本高,存储器采用水银延迟线。在这个时期,没有系统软件,使用机器语言和汇编语言编程。计算机只能在少数尖端领域中得到应用,一般用于科学、军事和财务等方面的计算。

第二阶段：晶体管计算机(1958—1964年)。其主要特点是：采用晶体管作为基本逻辑部件，体积减小、重量减轻、能耗降低、成本下降，计算机的可靠性和运算速度均得到提高，存储器采用磁芯和磁鼓；出现了系统软件(监控程序)，提出了操作系统概念，并且出现了高级语言，如FORTRAN语言等。其应用扩大到数据和事务处理。

第三阶段：集成电路计算机(1965—1971年)。其主要特点是：采用中、小规模集成电路作为各种逻辑部件，从而使计算机体积更小、重量更轻、能耗更低、寿命更长、成本更低，运算速度有了更大的提高。第一次采用半导体存储器作为主存储器，取代了原来的磁芯存储器，使存储器的存取速度有了革命性的突破，增加了系统的处理能力；系统软件有了很大发展，并且出现了多种高级语言，如BASIC、PASCAL等。

第四阶段：大规模、超大规模集成电路计算机(1972年至今)。其主要特点是：基本逻辑部件采用大规模、超大规模集成电路，使计算机的体积、重量、成本均大幅度降低，计算机的性能空前提高，操作系统和高级语言的功能越来越强大，并且出现了微型计算机。

3．计算机的发展趋势

计算机的发展趋势更加趋于巨型化、微型化、网络化、智能化和多媒体化。

1) 巨型化

巨型化并不是指计算机的体积大，而是相对于大型计算机而言的一种运算速度更高、存储容量更大、功能更完善的计算机。

2) 微型化

由于大规模和超大规模集成电路的飞速发展，使计算机的微型化发展十分迅速。微型计算机(简称微机)的发展是以微处理器的发展为特征的。所谓微处理器，就是将运算器和控制器集成在一块大规模或超大规模集成电路芯片上，作为中央处理单元。以微处理器为核心，再加上存储器和接口芯片，便构成了微机。自1971年微处理器问世以来，发展非常迅速，几乎每隔2~3年就要更新换代，从而使以微处理器为核心的微机的性能不断地跃上新台阶。现在普遍使用的微机最初是由美国IBM公司在1975年推出的。40多年来，微机已经有了巨大的发展。目前，微机的体积很小，可以放到桌面上，或者像公文包一样提在手上，甚至还有笔记本大小的计算机。此外，微机已嵌入电视机、电冰箱、空调等家用电器及仪器仪表等小型设备中，同时也进入工业生产中作为主要部件控制着工业生产的整个过程，使生产过程自动化。

3) 网络化

今天的社会已经进入信息化时代，因此现在的计算机已经不再局限于单一的计算机，计算机不联网将无法完成许多工作。利用计算机网络，把分散在不同地理位置上的计算机通过通信设备连接起来，实现互相通信和资源共享，使计算机发挥更大的作用。

"网络计算机"的设计理念正在应用于计算机的硬件和软件的设计与开发中。新一代的微型计算机硬件在设计时已经将网络接口集成到主板上，实现了计算机技术与网络技术的真正结合。每一次操作系统版本的升级，都会将计算机网络的更多应用集成到系统中，人们连入网络的方式变得更加方便、快捷，与网络的联系更加紧密。

4）智能化

计算机智能化就是要求计算机具有人工智能,即让计算机能够进行图像识别、定理证明、研究学习、探索、联想、启发和理解人的语言等功能,它是新一代计算机要实现的目标。

目前,正在研究的智能计算机是一种具有类似人的思维能力,能"说""看""听""想""做",能替代人的一些体力劳动和脑力劳动。计算机正朝着智能化的方向发展,并越来越广泛地应用于工作、生活和学习中,对社会和生活起到不可估量的作用。

5）多媒体化

多媒体技术是指利用计算机来综合处理文字、图形、图像、声音等媒体数据,形成一种全新的声频、视频、动画等信息的传播形式。目前,多媒体化已成为计算机最重要的发展方向。

1.1.2　计算机的特点与分类

1. 计算机的特点

计算机是一种能按照事先存储的程序,自动、高速地进行大量数值计算和各种信息处理的现代化智能电子设备。计算机之所以能够应用于各个领域,能完成各种复杂的处理任务,是因为其具有以下基本特点。

1）运算速度快

运算速度是计算机的一个重要性能指标。计算机的运算速度以每秒的运算次数(即每秒所能执行的指令条数)来表示,不同的计算机运算速度从每秒几十万次到几亿次,甚至几十万亿次不等。计算机具有的这种高速运算的能力是人工计算所望尘莫及的,如气象、天文学、航空航天及地震预测等领域的计算。

2）计算精度高

由于计算机采用二进制数进行运算,其计算精度可用增加二进制数的位数来获得。计算机可以保证计算结果的任意精确度要求,这取决于计算机表示数据的能力。现代计算机提供多种表示数据的能力,以满足对各种计算精确度的要求。一般在科学和工程计算课题中对精确度的要求特别高,如利用计算机可以计算出精确到小数 200 万位的 π 值。

3）超强的记忆能力

计算机具有超强的存储能力,不仅可以存储数据和程序,还可以保存大量的文字、图像、声音等信息资料,并能对这些信息加以处理、分析和重新组合,以满足各种应用的需要。计算机存储信息的多少取决于存储设备的容量,各种大容量存储设备的出现使计算机的存储能力不断提高。

4）具有逻辑判断能力

计算机的运算器除了能够完成基本的算术运算外,还具有进行比较、判断等逻辑运算的功能。这种能力是计算机处理逻辑推理问题的前提。

5）自动化程度高,通用性强

由于计算机的工作方式是将程序和数据先存放在存储器内,工作时按程序规定的操作,一步一步地自动完成,一般无须人工干预,因此自动化程度高。这一特点是一般计算工具所不具备的。

计算机通用性的特点表现在几乎能求解自然科学和社会科学中一切类型的问题,能广泛地应用于各个领域。

2. 计算机的分类

随着计算机技术的发展和应用,尤其是微处理器的发展,计算机的类型越来越多样化,计算机按照不同的标准可以有不同的分类方法。

1) 按计算机处理数据的方式分类

按计算机处理数据的方式可以分为数字计算机和模拟计算机。

数字计算机处理的是非连续变化的数据,这些数据在时间上是离散的,计算机输入的是数字量,输出的也是数字量。

模拟计算机处理和显示的是连续的物理量,数据用连续变化的模拟信号表示。模拟信号在时间上是连续的,通常称为模拟量,如电压、电流等。一般来说,模拟计算机不如数字计算机精确,通用性不强,但解题速度快,主要用于过程控制和模拟仿真。

2) 按计算机的使用范围分类

按计算机的使用范围可以分为通用计算机和专用计算机。

通用计算机是指为解决各种问题,具有较强的通用性而设计的计算机。

专用计算机是指为适应某种特殊应用而设计的计算机,具有运行效率高、速度快、精度高等特点,常用于各种控制领域。

3) 按计算机的规模和处理能力分类

按计算机的规模和处理能力可以分为巨型计算机、大型计算机、小型计算机、微型计算机、工作站和服务器。

(1) 巨型计算机。巨型计算机运算速度快、存储容量大、结构复杂、价格昂贵,主要应用于原子能研究、航空航天、石油勘探等领域。

(2) 大型计算机。大型计算机是指通用性强、处理速度快、运算速度仅次于巨型计算机的计算机,主要应用于计算机网络和大型计算机中心。

(3) 小型计算机。小型计算机规模小、结构简单、维护方便、成本较低,常用于科研机构和工业控制等领域。

(4) 微型计算机。微型计算机体积小、生产成本低、操作容易,可应用于生产、科研、生活等方面。

(5) 工作站。工作站是指为了某种特殊用途而将高性能的计算机系统、输入/输出设备与专用软件结合在一起的系统。例如,图形工作站配有大容量的内存和大屏幕显示器,具有较强的数据处理能力和图形处理能力。

(6) 服务器。服务器是指在网络环境下为多用户提供服务的计算机系统。服务器要求具有较好的稳定性和可靠性,并能提供网络环境中的各种通信服务和资源管理功能。该设备连接在网络上,网络用户在通信软件的支持下远程登录,共享各种服务。

1.1.3 计算机的应用

随着计算机技术的不断发展和功能的不断增强,计算机的应用已渗透到社会的各行各业。计算机的主要应用领域如下。

1. 科学计算

科学计算是指利用计算机来完成科学研究和工程技术中提出的数学问题的计算。在现代科学技术工作中,科学计算问题是大量和复杂的。利用计算机的高速计算、大容量存储和连续运算的能力,可以实现人工无法解决的各种科学计算问题。

例如,建筑设计中为了确定构件尺寸,通过弹性力学导出一系列复杂方程,长期以来由于计算方法跟不上而一直无法求解;计算机不但能求解这类方程,并且引发弹性理论上的一次突破,出现了有限单元法。

2. 数据处理

数据处理是对各种数据进行收集、存储、整理、分类、统计、加工、利用、传播等一系列活动的统称。据统计,80%以上的计算机主要用于数据处理,这类工作工作量大,决定了计算机应用的主导方向。

目前,数据处理已广泛应用于办公自动化、企事业计算机辅助管理与决策、情报检索、图书管理、电影电视动画设计、会计电算化等各行各业。信息已经形成独立的产业,多媒体技术使信息展现在人们面前的不仅是数字和文字,也包括声音和图像信息。

3. 计算机辅助设计与制造

计算机辅助技术包括计算机辅助设计、计算机辅助制造和计算机辅助教学等。

1) 计算机辅助设计

计算机辅助设计(Computer Aided Design,CAD)是利用计算机系统辅助设计人员进行工程或产品设计,以实现最佳设计效果的一种技术。它已广泛应用于飞机、汽车、机械、电子、建筑和轻工等领域。例如,在电子计算机的设计过程中,利用 CAD 技术进行体系结构模拟、逻辑模拟、插件划分、自动布线等,从而大大提高了设计工作的自动化程度。又如,在建筑设计过程中,可以利用 CAD 技术进行力学计算、结构计算、绘制建筑图样等,这样不但提高了设计速度,而且可以大大提高设计质量。

2) 计算机辅助制造

计算机辅助制造(Computer Aided Manufacturing,CAM)是利用计算机系统进行生产设备的管理、控制和操作的过程。例如,在产品的制造过程中,用计算机控制机器的运行,处理生产过程中所需的数据,控制和处理材料的流动及对产品进行检测等。使用 CAM 技术可以提高产品质量、降低成本、缩短生产周期、提高生产率和改善劳动条件。

将 CAD 和 CAM 技术集成,实现设计生产自动化,这种技术称为计算机集成制造系统(Computer Integrated Manufacturing System,CIMS)。它的实现将真正做到无人化工厂(或车间)。

3) 计算机辅助教学

计算机辅助教学(Computer Aided Instruction,CAI)是利用计算机系统使用课件来进行教学。课件可以用制作工具或高级语言来开发制作,它能引导学生循序渐进地学习,使学生轻松自如地从课件中学到所需要的知识。CAI 的主要特色是交互教育、个别指导和因人施教。

4. 过程控制

过程控制是利用计算机及时采集检测数据，按最优值迅速地对控制对象进行自动调节或自动控制。采用计算机进行过程控制，不仅可以大大提高控制的自动化水平，而且可以提高控制的及时性和准确性，从而改善劳动条件、提高产品质量及合格率。因此，计算机过程控制已在机械、冶金、石油、化工、纺织、水电、航天等部门得到广泛的应用。

例如，在汽车工业方面，利用计算机控制机床和装配流水线，不仅可以实现精度要求高、形状复杂的零件加工自动化，而且可以使整个车间或工厂实现自动化。

5. 人工智能

人工智能（Artificial Intelligence，AI）是计算机模拟人类的智能活动，如感知、判断、理解、学习、问题求解和图像识别等。现在人工智能的研究已取得不少成果，有些已开始走向实用阶段。例如，能模拟高水平医学专家进行疾病诊疗的专家系统，具有一定思维能力的智能机器人等。

6. 网络应用

计算机技术与现代通信技术的结合构成了计算机网络。计算机网络的建立，不仅解决了一个单位、一个地区、一个国家乃至国际计算机与计算机之间的通信，各种软、硬件资源的共享，也大大促进了文字、图像、视频和音频等各类数据的传输与处理。

1.1.4 计算机前沿技术

随着信息技术的不断发展和计算机应用水平的不断提高，计算机前沿技术的内涵不断地发展和变化着，以下介绍一些具有前瞻性、先导性和探索性的技术。

1. 云计算

云计算（Cloud Computing）是一种计算模式，把IT资源、数据和应用作为服务通过网络提供给用户。

用云来定义是一种比喻手法。在计算机流程图中，互联网常以一个云状图案来表示对复杂基础设施的一种抽象，云计算正是对复杂的计算基础设施的一个抽象。下面介绍云计算的出现过程。

1) 主机系统与集中计算

1964年，世界上第一台大型主机System/360诞生，主机面向的市场主要是企业用户，这些用户一般都会有多种业务系统需要使用主机资源，于是IBM发明了虚拟化技术，将一台物理服务器分成许多不同的分区，每个分区上运行一个操作系统或者说是一套业务系统。

大型主机的一个特点就是资源集中，计算、存储集中。主机的用户大都采用终端的模式与主机连接，本地不进行数据的处理和存储，其实主机系统就是最早的"云"，只不过这些云是面向专门业务、专用网络和特定领域的。

2) 效用计算

效用计算是把服务器及存储系统打包给用户使用，按照用户实际使用的资源量对用户进行计费。效用计算是云计算的前身。

3）个人计算机与桌面计算

20世纪80年代，随着计算机技术的发展，计算机硬件的体积和成本都大幅降低，使得个人拥有自己的计算机成为可能，个人计算机的出现极大地推动了软件产业的发展，各种面向终端消费者的应用程序涌现出来。Windows操作系统正好满足了大众的需要，它伴随着个人计算机的普及占领了市场，走向了成功。个人计算机可以完成绝大部分的个人计算需求，这种模式也称桌面计算。

4）分布式计算

个人计算机没有解决数据共享和信息交换的问题，于是出现了网络——局域网以及后来的互联网。网络把大量分布在不同地理位置的计算机连接在一起，有个人计算机，也有服务器，一个应用运行在多台计算机之上，共同完成一个计算任务，这就是分布式计算。

分布式计算依赖于分布式系统，分布式系统由通过网络连接的多台计算机组成，每台计算机都拥有独立的处理器及内存，这些计算机互相协作，共同完成一个目标或者计算任务。

5）网格计算

计算机的一个主要功能就是复杂科学计算，而这一领域的主宰就是超级计算机。但以超级计算机为中心的计算模式存在明显的不足，它造价极高，通常只有一些国家级的部门（如航天、气象和军工等部门）才有能力配置这样的设备。人们开始寻找一种造价低廉而数据处理能力超强的计算模式，那就是网格计算。

利用互联网把分散在不同地理位置的计算机组织成一台"虚拟的超级计算机"，其中每一台参与计算的计算机就是一个"节点"，而整个计算是由成千上万个"节点"组成的"一堆网络"，所以这种计算方式称为网格计算。

为了进行一项计算，网格计算首先把要计算的数据分割成若干"小片"；然后将这些小片分发给分布的每台计算机，每台计算机执行它所分配到的任务片段，待任务计算结束后将计算结果返回给计算任务的总控节点。

6）SaaS

SaaS全称为Software as a Service，中文译为"软件即服务"，就是把软件作为服务。SaaS这种模式把一次性的软件购买收入变成了持续的服务收入，软件提供商不再计算卖了多少份拷贝，而是需要时刻注意有多少付费用户。因此，软件提供商会密切关注自身的服务质量，并对自己的服务功能进行不断的改进，提升自身竞争力。

云计算是目前最大的技术趋势，也是以互联网为基础的新一代技术的总称。广泛地看，其中除了基础设施层面的新型硬件与数据中心、分布式计算、海量数据存储与处理等技术外，还包括人与人之间更多的交流方式（社会化网络）、终端设备的多样化（移动）、无处不在的数据采集方式（物联网）和新一代自然用户界面。将计算变为人们梦寐以求的公用设施，云计算无疑将给信息技术本身及其应用产生深刻的影响。云计算中的各种技术目前都不存在绝对意义上的垄断，只有成熟和不成熟的差别，这对广大用户来说，是一个很好的自主创新机会。利用已有成果，不断地进行创新，实现新颖的云计算服务，值得人们期待。

2．物联网技术

"物联网"被称为继计算机、互联网之后，世界信息产业的第三次浪潮。物联网是通过各种信息传感设备及系统(如传感网、射频识别系统、红外感应器、激光扫描等)、条码与二维码、全球定位系统,按约定的通信协议,将物与物、人与物、人与人连接起来,通过各种接入网、互联网进行信息交换,以实现智能化识别、定位、跟踪、监控和管理的一种信息网络。

物联网有别于互联网,互联网的主要目的是构建一个全球性的计算机通信网络;物联网则主要是从应用出发,利用互联网、无线通信技术进行业务数据的传送,是互联网、移动通信网应用的延伸,是自动化控制、遥控遥测及信息应用技术的综合展现。当物联网概念与进程通信、信息采集、网络技术、用户终端设备结合之后,其价值才能得到展现。

物联网的应用领域非常广泛,从日常的家庭个人应用,到工业自动化应用,乃至军事反恐、城建交通、仓储物流、环境保护、平安家居、个人健康等多个领域。

3. 大数据

大数据是指所涉及的信息量规模巨大到无法通过传统软件工具,在合理时间内达到撷取、管理和处理的数据集。大数据的基本特征可以用 4 个 V 来总结(Volume、Variety、Value 和 Velocity),即体量大、多样性、价值密度低、速度快。

1.1.5 计算思维

计算思维是由美国卡内基·梅隆大学周以真(Jeannette M. Wing)教授于 2006 年 3 月在美国计算机权威期刊 *Communications of the ACM* 杂志上首次提出的。计算思维所形成的新思想、新方法将会促进自然科学、工程技术和社会经济等领域产生革命性研究成果,计算思维也是创新型人才应具备的基本素质。

1. 计算思维概念

国际上广泛认同的计算思维定义来自周以真教授。计算思维是运用计算机科学的基础概念进行问题求解、系统设计及人类行为理解等涵盖计算机科学之广度的一系列思维活动。

2. 计算思维的特征

(1) 计算思维是概念化思维,不是程序化思维。

计算思维远不止意味着能为计算机编程,还要求能够在抽象的多个层次上进行思维。

(2) 计算思维是数学和工程思维的互补与融合。

计算机科学在本质上源自数学思维,因为像所有的科学一样,其形式化基础建筑于数学之上。计算机科学又从本质上源自工程思维,因为我们建造的是能够与实际世界互动的系统,基本计算设备的限制迫使计算机科学家必须计算性地思考,不能只是数学性地思考。构建虚拟世界的自由使我们能够设计超越物理世界的各种系统。

(3) 计算思维是一种普适的思维。

计算思维强调一切皆可计算,从物理世界模拟到人类社会思维,从人类社会模拟再到智能活动,都可认为是计算的某种形式。计算思维是人的思维,不是计算机的思维,是面向所有人的思维,不仅仅是计算机科学家的思维。计算思维更重要的是有我们用以接近和求解问题、管理日常生活、与他人交流和互动的计算概念,当计算思维真正融入人类活动的整体,它就将成为一种现实。

1.1.6 服务科学与服务计算

国际上有一种观点认为：目前全球经济正在经历着一场由计算机驱动的广泛而深刻的革命。这场革命的指导原则就是：每个行业如果要生存的话，就必须变成一个服务行业，这足以引起我们对服务科学研究的重视。

1．服务科学

服务科学是一个多学科的领域，可以将计算机科学、运筹学、产业工程、数学、管理学、决策学、社会科学和法律学等既定领域内的工作相融合，创建新的技能和市场，提供高价值的业务，它从根本上代表了科技与商业流程、组织的理解之间的融合。

服务科学的一个关键驱动力是科技，尤其是通信相关技术，提升了服务导向的商业运作。

2．服务计算

与服务科学同时发展起来的一个重要技术领域是服务计算，其泛指以服务及其组合为基础构造应用这一新开发范型相关的方法、技术、规范、理论和支撑环境。

服务计算是一种商务原则，以"面向服务"的视角看待社会、经济和组织，分析、设计、实现、运行并优化之；服务计算是一种IT技术，以"面向服务"的视角构造分布式异构软件及其之间的集成，在运行环境与基础设施的支持下执行，以驱动高层业务的协同。

3．服务科学与服务计算的关系

服务科学与服务计算之间有交集，却又不完全重叠，是两个密切相关的交叉领域。二者的相同点在于：都是试图以"面向服务"的思路对现实世界的业务进行分析与刻画，并将其映射为IT技术支持下的可运行服务系统。二者的不同点在于：前者侧重于从顶层的业务创新到底层的IT实现系统之间的映射，强调使用各类工程方法进行转换，并在转换过程中加入服务质量、功能、信誉和价值等服务特性，最终实现一个充分满足顾客需求的服务系统；后者侧重于对业务系统、技术系统运行时基础设施的构造、分析、管理、优化，强调各层面系统本身的描述、分析、实现、运行、优化技术。

1.1.7 智慧地球

2008年底，IBM推出了"智慧地球"这一愿景，其目标是让世界的运转更加智能化，让个人、企业、组织、政府、自然和社会之间的互动效率更高。智能技术正应用到生活的各个方面，如智慧医疗、智慧交通、智慧电力、智慧食品、智慧货币、智慧零售业、智慧基础设施，甚至智慧城市，这使地球变得越来越智能化。

1．智慧地球的基本概念

IBM所提出的"智慧地球"愿景中，勾勒出世界智慧运转之道的3个重要维度：第一，我们需要也能够更透彻地感应和度量世界的本质和变化；第二，我们的世界正在更加全面地互联互通；第三，在此基础上所有的事物、流程、运行方式都具有更深入的智能化，我们也获得更智能的洞察。当这些智慧之道更普遍、更广泛地应用到人、自然系统、社会体系、商业系统和各种组织，甚至是城市和国家中时，"智慧地球"就将成为现实。这种应用将会带来新的节省和效率，但同样重要的是，提供了新的进步机会。

智慧地球就是将物联网和互联网融合，把商业系统和社会系统与物理系统融合起来，形成新的、智慧的全面系统，并且达到运行"智慧"状态，提高资源利用率和生产力水平，改善人与自然界的关系。

2．让我们的地球变得更加智慧

智慧地球的核心是以一种更智慧的方法，通过利用新一代信息技术来改变政府、公司和人们相互交互的方式，以便提高交互的明确性、效率、灵活性和响应速度，促进信息基础架构与高度整合的基础设施完美结合，使得政府、企业和市民可以做出更明智的决策。

智慧地球从一个总体产业或社会生态系统出发，针对该产业或社会领域的长远目标，调动该生态系统中的各个角色以创新的方法做出更大、更有效的贡献，充分发挥先进信息技术的潜力以促进整个生态系统的互动，以此推动整个产业和整个公共服务领域的变革，形成新的世界运行模型。

1.2 计算机中信息的表示

在计算机中，信息是以数据的形式表示和使用的，计算机能表示和处理的信息包括数值型数据、字符型数据及音频和视频数据，而这些信息在计算机内部都是以二进制的形式表示的。也就是说，二进制是计算机内部存储、处理数据的基本形式。计算机之所以能区别这些不同的信息，是因为它们采用不同的编码规则。

1.2.1 数制的定义

数制是用一组固定的数码和一套统一的规则来表示数值的方法。

1．进位计数制

按进位的方式计数的数制称为进位计数制，简称进位制。在日常生活中存在着多种进位计数制，如十进制、十二进制、六十进制等。人们使用最多的是十进制。

在十进制数进位运算中，采用"逢十进一"；一年有 12 个月，采用的是十二进制。每种进位计数制都有自己基本的符号，若某种进位计数制中使用 r 个符号($0,1,2,\cdots,r-1$)，则称 r 为该进位计数制的基数。

位权是指一个数字在某个固定位置上所代表的值，简称"权"。处在不同位置上的数字所代表的值不同，每个数字的位置决定了它的值和位权，而各进位计数制中位权的值是基数的若干次幂。因此，用任何一种进位计数制表示的数都可以写成按位权展开的多项式之和，即任意一个 r 进制数 N 可表示为：

$$(N)_r = a_{n-1}a_{n-2}\cdots a_1 a_0 a_{-1}\cdots a_{-i}$$
$$= a_{n-1} \times r^{n-1} + \cdots + a_i \times r^i + \cdots + a_1 \times r^1 + a_0 \times r^0 + a_{-1}$$
$$\times r^{-1} + \cdots + a_{-i} \times r^{-i}$$

式中，a_i 是数码；r 是基数；r^i 是第 i 位上的权。

例如，十进制数 516.8 可用如下按权展开式表示：
$$(516.8)_{10} = 5 \times 10^2 + 1 \times 10^1 + 6 \times 10^0 + 8 \times 10^{-1}$$

2. 计算机中常用的数制

1）十进制

十进制数有 10 个数码，基数是 10，分别用符号 0、1、2、3、4、5、6、7、8、9 表示。低位向高位的计数规则是"逢十进一"。

例如，十进制数 128.45 可用如下按权展开式表示：
$$(128.45)_{10} = 1 \times 10^2 + 2 \times 10^1 + 8 \times 10^0 + 4 \times 10^{-1} + 5 \times 10^{-2}$$

2）二进制

二进制是计算机中普遍采用的进位计数制。二进制数只有 0 和 1 两个数码，基数是 2。低位向高位的计数规则是"逢二进一"。

例如，二进制数 1011.11 可用如下按权展开式表示：
$$(1011.11)_2 = 1 \times 2^3 + 0 \times 2^2 + 1 \times 2^1 + 1 \times 2^0 + 1 \times 2^{-1} + 1 \times 2^{-2}$$

3）八进制

八进制数有 8 个数码，基数是 8，分别用符号 0、1、2、3、4、5、6、7 表示。低位向高位的计数规则是"逢八进一"。

例如，八进制数 602.4 可用如下按权展开式表示：
$$(602.4)_8 = 6 \times 8^2 + 0 \times 8^1 + 2 \times 8^0 + 4 \times 8^{-1}$$

4）十六进制

十六进制数有 16 个数码，基数是 16，分别用符号 0、1、2、3、4、5、6、7、8、9、A、B、C、D、E、F 表示。其中，A、B、C、D、E、F 分别表示十进制数 10、11、12、13、14、15。低位向高位的计数规则是"逢十六进一"。

例如，十六进制数 9A6.D 可用如下按权展开式表示：
$$(9A6.D)_{16} = 9 \times 16^2 + 10 \times 16^1 + 6 \times 16^0 + 13 \times 16^{-1}$$

3. 计算机内部采用二进制的原因

1）电路简单

计算机是由逻辑电路组成的，逻辑电路通常只有两个状态。例如，开关的接通与断开、晶体管的饱和与截止、电压电平的高与低等。这两种状态正好用来表示二进制数的两个数码 0 和 1。

2)简化运算

二进制运算法则较简单。两个一位二进制数的求和、求积运算组合各有 4 种,即 $0+0=0$,$0+1=1$,$1+0=1$,$1+1=0$(向高位进一)及 $0\times0=0$,$0\times1=0$,$1\times0=0$,$1\times1=1$;而求两个一位十进制的和与积的运算组合则各有 55 种之多,让计算机去实现就困难得多。

3)逻辑性强

计算机的工作是建立在逻辑运算基础上的,逻辑代数是逻辑运算的理论依据。有两个数码,正好代表逻辑代数中的"真"与"假"。

4)易于转换

二进制数与十进制数之间可以互相转换。这样,既有利于充分发挥计算机的特点,又不影响人们使用十进制数的习惯。

5)工作可靠

两个状态代表的两个数码在数字传输和处理中不容易出错,因而电路更加稳定可靠。

1.2.2 数制转换

1. 将 r 进制数转换为十进制数

将一个 r 进制数转换成十进制数的方法是按权展开,然后按十进制运算法则将数值相加。

【例 1-1】 将二进制数 $(10110.101)_2$ 转换为十进制数。

$$(10110.101)_2 = 1\times2^4 + 0\times2^3 + 1\times2^2 + 1\times2^1 + 0\times2^0 + 1\times2^{-1} + 0\times2^{-2} + 1\times2^{-3}$$
$$= 16 + 4 + 2 + 0.5 + 0.125 = (22.625)_{10}$$

【例 1-2】 将八进制数 $(236.4)_8$ 转换为十进制数。

$$(236.4)_8 = 2\times8^2 + 3\times8^1 + 6\times8^0 + 4\times8^{-1}$$
$$= 128 + 24 + 6 + 0.5 = (158.5)_{10}$$

【例 1-3】 将十六进制数 $(A1C.4)_{16}$ 转换为十进制数。

$$(A1C.4)_{16} = 10\times16^2 + 1\times16^1 + 12\times16^0 + 4\times16^{-1}$$
$$= 2560 + 16 + 12 + 0.25 = (2588.25)_{10}$$

2. 将十进制数转换为 r 进制数

将十进制数转换成 r 进制数的方法是将整数部分和小数部分分别转换。

整数部分(基数除法):将十进制数除以 r,得到一个商和余数,再将商除以 r,又得到一个商和一个余数,如此继续下去,直至商为 0 止。将每次得到的余数按照得到的顺序逆序排列,即为 r 进制整数部分。

小数部分(基数乘法):将小数部分连续地乘以 r,保留每次相乘的整数部分,直到小数部分为 0 或达到精度要求的位数为止。将得到的整数部分按照得到的顺序排列,即为 r 进制的小数部分。

【例 1-4】 将十进制数 $(117.625)_{10}$ 转换为二进制数。

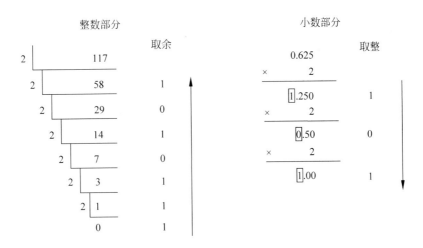

即$(117.625)_{10} = (1110101.101)_2$。

【例 1-5】 将十进制数$(68.4375)_{10}$转换为八进制数。

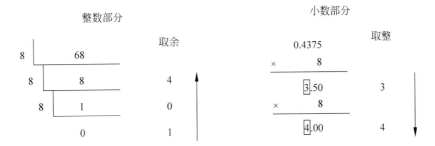

即$(68.4375)_{10} = (104.34)_8$。

【例 1-6】 将十进制数$(2347)_{10}$转换为十六进制数。

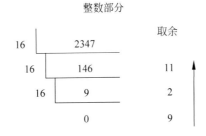

即$(2347)_{10} = (92B)_{16}$。

3．二、八、十六进制数的相互转换

(1) 八、十六进制数转换为二进制数。

八进制数转换为二进制数的转换规则是根据表 1-1 所示，将每位八进制数码展开为 3 位二进制数码。

十六进制数转换为二进制数的转换规则是根据表 1-2 所示，将每位十六进制数码展开为 4 位二进制数码。

转换后，如果整数部分的开头和小数部分的末尾有"0"，需去掉首尾的"0"。

表 1-1 二进制数与八进制数转换表

一位八进制数	0	1	2	3	4	5	6	7
3 位二进制数	000	001	010	011	100	101	110	111

表 1-2 二进制数与十六进制数转换表

一位十六进制数	0	1	2	3	4	5	6	7
4 位二进制数	0000	0001	0010	0011	0100	0101	0110	0111
一位十六进制数	8	9	A	B	C	D	E	F
4 位二进制数	1000	1001	1010	1011	1100	1101	1110	1111

【例 1-7】 将八进制数$(714.65)_8$转换为二进制数。

$$(7\quad 1\quad 4\ .\ 6\quad 5)_8$$
$$\downarrow\quad \downarrow\quad \downarrow\quad \downarrow\quad \downarrow$$
$$111\ 001\ 100\ .\ 110\ 101$$

即$(714.65)_8 = (111001100.110101)_2$。

【例 1-8】 将十六进制数$(C1B.5E)_{16}$转换为二进制数。

$$(C\quad 1\quad B\ .\ 5\quad E)_{16}$$
$$\downarrow\quad \downarrow\quad \downarrow\quad \downarrow\quad \downarrow$$
$$1100\ 0001\ 1011\ .\ 0101\ 1110$$

即$(C1B.5E)_{16} = (110000011011.01011110)_2$。

(2) 二进制数转换为八进制数与十六进制数。

二进制转换为八进制数的转换规则是以小数点为中心,分别向左、向右每 3 位分成一组,首尾组不足 3 位时,用"0"补足,将每组二进制数根据表 1-1 转换成一位八进制数码。

二进制数转换为十六进制数的转换规则是以小数点为中心,分别向左、向右每 4 位分成一组,首尾组不足 4 位时,用"0"补足,将每组二进制数根据表 1-2 转换成一位十六进制数码。

【例 1-9】 将二进制数$(1101101.10101)_2$转换为八进制数与十六进制数。

$$(001\quad 101\quad 101\ .\ 101\quad 010)_2$$
$$\downarrow\quad \downarrow\quad \downarrow\quad \downarrow\quad \downarrow$$
$$1\quad 5\quad 5\ .\ 5\quad 2$$

即$(1101101.10101)_2 = (155.52)_8$。

$$(0110\quad 1101\ .\ 1010\quad 1000)_2$$
$$\downarrow\quad \downarrow\quad \downarrow\quad \downarrow$$
$$6\quad D\ .\ A\quad 8$$

即$(1101101.10101)_2 = (6D.A8)_{16}$。

1.2.3 计算机数据的编码

计算机除了用于数值计算之外,还用于进行大量的非数值数据的处理,但各种信息都是以二进制编码的形式存在的。计算机中的编码主要分为数值型数据编码和非数值型数据编码。

1. 计算机中数值型数据的编码

(1) 原码

原码是一种直观的二进制机器数表示形式,其中最高位表示符号。最高位为"0"表示该数为正数,最高位为"1"表示该数为负数,有效值部分用二进制数绝对值表示。例如,设机器的字长为8位,则十进制数8的二进制原码表示为00001000,十进制数-8的二进制原码表示为10001000。

(2) 反码

采用反码的主要原因是为了计算补码。编码规则是正数的反码与其原码相同,负数的反码是该数的绝对值所对应的二进制数按位求反。例如,设机器的字长为8位,则十进制数8的二进制反码为00001000,十进制数-8的二进制反码为11110111。

(3) 补码

正数的补码等于它的原码,而负数的补码为该数的反码再加"1"。例如,设机器的字长为8位,则十进制数8的二进制补码为00001000,十进制数-8的二进制补码为11111000。

为了使数据操作尽可能简单,人们又提出8421BCD码编码,即将一位十进制数用4位二进制数编码来表示,以4位二进制数为一个整体来描述十进制的10个不同符号0~9,仍采用逢十进"组"的原则。这样的二进制编码中,每4位二进制数为一组,组内每个位置上的位权值从左到右分别为8、4、2、1,所以称为8421BCD编码。以十进制数0~15为例,它们的8421BCD编码对应关系如表1-3所示。

表1-3 十进制数与8421BCD编码表

十进制数	8421BCD 码	十进制数	8421BCD 码
0	0000	8	1000
1	0001	9	1001
2	0010	10	0001 0000
3	0011	11	0001 0001
4	0100	12	0001 0010
5	0101	13	0001 0011
6	0110	14	0001 0100
7	0111	15	0001 0101

2. 计算机中非数值型数据的编码

现代计算机不仅要处理数值数据,而且还要处理大量的非数值数据,如英文字母、标点符号、专用符号、汉字等。前面已说过,不论什么数据,都必须用二进制数编码后才能存储、传送及处理,非数值数据也不例外。下面分别讨论常见的非数值数据的二进制编码方法。

1) 字符编码

使用最多、最普遍的是ASCII字符编码,即美国标准信息交换代码(American Standard Code for Information Interchange),具体如表1-4所示。

表 1-4　ASCII 字符编码

$B_3B_2B_1B_0$ \ $B_6B_5B_4$	000	001	010	011	100	101	110	111
0000	NUL	DLE	SP	0	@	P	`	p
0001	SOH	DC1	!	1	A	Q	a	q
0010	STX	DC2	"	2	B	R	b	r
0011	ETX	DC3	#	3	C	S	c	s
0100	EOT	DC4	$	4	D	T	d	t
0101	ENQ	NAK	%	5	E	U	e	u
0110	ACK	SYN	&	6	F	V	f	v
0111	BEL	ETB	,	7	G	W	g	w
1000	BS	CAN	)	8	H	X	h	x
1001	HT	EM	(	9	I	Y	i	y
1010	LF	SUB	*	:	J	Z	j	z
1011	VT	ESC	+	;	K	[	k	{
1100	FF	FS	,	<	L	\	l	|
1101	CR	GS	_	=	M	]	m	}
1110	SO	RS	.	>	N	^	n	~
1111	SI	US	/	?	O	—	o	DEL

ASCII 码表有以下几个特点。

(1) 每个字符用 7 位二进制码表示,其排列次序为 $B_6B_5B_4B_3B_2B_1B_0$。实际上,在计算机内部,每个字符是用 8 位(即一个字节)表示的。一般情况下,最高位置为"0",即 B_7 为"0"。需要奇偶校验时,最高位用做校验位。

(2) ASCII 码共编码了 128 个字符,它们分别如下。

① 32 个控制字符,主要用于通信中的通信控制或对计算机设备的功能控制,编码值为 0~31(十进制)。

② 间隔字符(也称空格字符)SP,编码值为 20H。

③ 删除控制码 DEL,编码值为 7FH。

④ 94 个可印刷字符(或称有形字符)。这 94 个可印刷字符编码有如下两个规律。

a. 字符 0~9 这 10 个数字符的高 3 位编码都为 011,低 4 位为 0000~1001,屏蔽掉高 3 位的值,低 4 位正好是数据 0~9 的二进制形式。这样编码的好处是既满足正常的数值排序关系,又有利于 ASCII 码与二进制码之间的转换。

b. 英文字母的编码值满足 A~Z 或 a~z 正常的字母排序关系。另外,大小写英文字母编码仅是 B_5 位值不相同,B_5 位值为 1 是小写字母,这样编码有利于大、小写字母之间的编码转换。

2) 汉字编码

计算机处理汉字信息时,由于汉字具有特殊性,因此汉字的输入、存储、处理及输出过程中所使用的汉字代码不相同。其中,有用于汉字输入的输入码、用于机内存储和处理的机内码、用于输出显示和打印的字模点阵码(或称字形码)。

(1)《信息交换用汉字编码字符集基本集》。《信息交换用汉字编码字符集基本集》是我国于 1980 年制定的国家标准 GB 2312—1980,代号为国标码,是国家规定的用于汉字信息处理使用的代码的依据。

GB 2312—1980 中规定了信息交换用的 6763 个汉字和 682 个非汉字图形符号(包括几种外文字母、数字和符号)的代码。6763 个汉字又按其使用频度、组词能力及用途大小分成一级常用汉字 3755 个,二级常用汉字 3008 个。在此标准中,每个汉字(图形符号)采用两个字节表示,每个字节只用低 7 位。由于低 7 位中有 34 种状态是用于控制字符的,因此,只用 94 种(128−34)状态可用于汉字编码。这样,双字节的低 7 位只能表示 8836 种(94×94)状态。此标准的汉字编码表有 94 行、94 列。其行号称为区号,列号称为位号。双字节中,用高字节表示区号,低字节表示位号。非汉字图形符号置于第 1~11 区,一级汉字 3755 个置于第 16~55 区,二级汉字 3008 个置于第 56~87 区。

(2) 汉字的机内码。汉字的机内码是供计算机系统内部进行存储、加工处理、传输统一使用的代码,又称为汉字内部码或汉字内码。不同的系统使用的汉字机内码有可能不同。目前使用最广泛的一种为两个字节的机内码,俗称变形的国标码。这种格式的机内码是将国家标准 GB 2312—1980 交换码的两个字节的最高位分别置为 1 而得到的。两个字节的机内码最大优点是机内码表示简单,且与交换码之间有明显的对应关系,同时也解决了中西文机内码存在二义性的问题。例如,"中"字的国标码为十六进制数 5650(01010110 01010000),其对应的机内码为十六进制数 D6D0(11010110 11010000);"国"字的国标码为 397A,其对应的机内码为 B9FA。

(3) 汉字的输入码。汉字输入码(又称外码)是为了利用现有的计算机键盘,将形态各异的汉字输入计算机而编制的代码。目前在我国推出的汉字输入编码方案很多,其表示形式大多为字母、数字或符号。编码方案大致可以分为:以汉字发音进行编码的音码,如全拼码、简拼码、双拼码等;以汉字书写的形式进行编码的形码,如五笔字型码等;也有以音形结合的编码,如自然码等。

(4) 汉字的字形码。汉字字形码是汉字字库中存储的汉字字形的数字化信息,用于汉字的显示和打印。目前汉字字形的产生方式大多是数字式,即以点阵方式形成汉字。因此,汉字字形码主要是指汉字字形点阵的代码。

汉字字形点阵有 16×16 点阵、24×24 点阵、32×32 点阵、64×64 点阵、96×96 点阵、128×128 点阵、256×256 点阵等。一个汉字方块中行数、列数分得越多,描绘的汉字也就越细微,但占用的存储空间也就越大。汉字字形点阵中每个点的信息要用一位二进制码来表示。对 16×16 点阵的字形码,每个字需要用 32(16×16÷8)个字节表示;24×24 点阵的字形码每个字需要用 72(24×24÷8)个字节表示。

汉字字库是汉字字形数字化后,以二进制文件形式存储在存储器中而形成的汉字字模库。汉字字模库也称汉字字形库,简称汉字字库。

1.3 计算机系统的组成

一个完整的计算机系统包括硬件系统和软件系统两部分。硬件系统是组成计算机系统的各种物理设备的总称,是实实在在的物体,是计算机工作的基础。软件系统是指挥计算机工作的各种程序的集合,是计算机的灵魂,是控制和操作计算机工作的核心。计算机通过执行程序而运行,计算机工作时软、硬件协同工作,二者缺一不可。计算机系统的组成如图 1-1 所示。

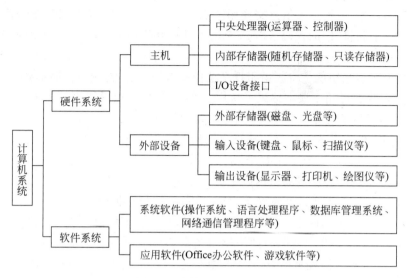

图 1-1 计算机系统的组成

1.3.1 计算机硬件系统

1946 年,曾直接参加 ENIAC 研制工作的美籍匈牙利数学家冯·诺依曼提出了以存储程序概念为指导的计算机逻辑设计思想,勾画出了一个完整的计算机体系结构。现代计算机虽然结构上有多种类型,但多数是基于冯·诺依曼提出的计算机体系结构理论,因此,被称为冯·诺依曼型计算机。其主要特点可以归纳为以下几点。

(1) 程序和数据以二进制表示。

(2) 采用存储程序方式。

(3) 计算机由 5 个基本部分组成,分别是运算器、控制器、存储器、输入设备和输出设备,其结构如图 1-2 所示。

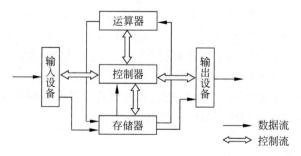

图 1-2 计算机的基本结构

1. 运算器

运算器也称为算术逻辑单元(Arithmetic and Logic Unit,ALU),是进行算术运算和逻辑运算的部件。运算器的基本操作包括加、减、乘、除四则运算,与、或、非、异或等逻辑操作,以及移位、比较和传送等操作。运算器的操作和操作种类由控制器决定。运算器处理的数据来自存储器,处理后的结果数据通常送回存储器,或者暂时寄存在运算器中。

2. 控制器

控制器是计算机的指挥中心,负责决定执行程序的顺序,给出执行指令时机器各部件需要的操作控制命令。它由程序计数器(PC)、指令寄存器(IR)、指令译码器(ID)、时序产生器和操作控制器组成。其基本功能是按程序计数器所指出的指令地址从内存中取出一条指令,并对指令进行分析,根据指令的功能向有关部件发出控制命令,控制执行指令的操作。然后程序计数器加1,重复执行上述操作,从而完成协调和指挥整个计算机系统的操作。

运算器和控制器合称为中央处理器(Central Processing Unit,CPU),是计算机的核心部件。在微型机上,中央处理器通常是一块超大规模集成电路芯片。

3. 存储器

存储器是计算机系统中的记忆设备,用来存放程序和数据。计算机中的全部信息,包括输入的原始数据、计算机程序、中间运行结果和最终运行结果都保存在存储器中。它根据控制器指定的位置存入和取出信息。

根据功能的不同,存储器一般分为主存储器和辅助存储器两种类型。

1) 主存储器

主存储器(又称为内存储器,简称主存或内存)用来存放正在运行的程序和数据。主存储器被划分为很多单元,称为存储单元,每个存储单元可以存放8位二进制信息。为了存取存储单元中的内容,用唯一的编号来标识存储单元,这个编号称为存储单元的地址。当要从存储器某单元读取数据或写入数据时,必须提供所访问单元的内存地址。

按照存取方式,主存储器可分为随机存取存储器(Random Access Memory,RAM)和只读存储器(Read Only Memory,ROM)两种。只读存储器一般存放计算机系统管理程序,如基本输入/输出系统(Basic Input/Output System,BIOS),在生产制作只读存储器时,将相关的程序指令固化在存储器中,在正常工作环境下,只能读取其中的指令,而不能修改或写入信息。即使断电,只读存储器中的信息也不会丢失。随机存取存储器用来存放正在运行的程序及所需要的数据,CPU既可从中读取数据,又可向它写入数据。但是断电后,随机存取存储器中的信息将全部丢失。通常RAM指计算机的主存。

2) 辅助存储器

辅助存储器(又称为外存储器,简称辅存或外存)用来存放多种大信息量的程序和数据,可以长期保存。它既是输入设备,又是输出设备。常用的外存有磁盘、光盘、USB闪存盘(简称U盘)等。

用户通过输入设备输入的程序和数据最初送入主存,控制器执行的指令和运算器处理的数据取自主存,运算的中间结果和最终结果保存在主存中;输出设备输出的信息来自主存,主存中的信息如果要长期保存应送到外存中。因此,主存要与计算机的各个部件打交道,进行数据传送。通常外存不和计算机的其他部件直接交换数据,只和主存交换数据。与主存相比,外存储器的主要特点是存储容量大,价格便宜,断电后信息不丢失,但存取速度慢。

存储器容量是指存储器中存放数据的最大容量,其基本单位是字节(Byte,B),每个字节由 8 个二进制位(bit,b)组成,即 1B=8b。为了方便描述,通常用 KB、MB、GB、TB 作为存储器容量的单位,其中 1KB=1024B=2^{10}B,1MB=1024KB=2^{20}B,1GB=1024MB=2^{30}B,1TB=1024GB=2^{40}B。

通常将 CPU 和主存储器合称为主机。

4. 输入设备

输入设备用来接收用户输入的数据和程序,并将它们转换为计算机可以识别和接受的形式存放到主存中。常用的输入设备有键盘、鼠标、扫描仪、光笔和数字化仪等。

5. 输出设备

输出设备用于将存放在主存中由计算机处理的结果转换为人们所能接受的形式。常用的输出设备有显示器、打印机和绘图仪等。

1.3.2 计算机软件系统

软件是指程序、程序运行所需要的数据及开发、使用和维护这些程序所需要的文档的集合。通常把计算机软件系统分为系统软件和应用软件两大类。

1. 系统软件

系统软件是为了使计算机能够正常、高效地工作所配备的各种管理、监控和维护系统的程序及有关的资料。通常由计算机厂家或专门的软件厂家提供,是计算机正常运行不可缺少的部分,也有一些系统软件是帮助用户进行系统开发的。

系统软件主要包括操作系统、各种计算机程序设计语言、语言处理程序、数据库管理系统、网络通信软件等。

1) 操作系统

操作系统(Operating System,OS)是一种管理计算机系统资源、控制程序运行的系统软件,实际上是一组程序的集合。对操作系统可以从不同角度来描述,从用户的角度来说,操作系统是用户和计算机交互的接口;从管理的角度讲,操作系统又是计算机资源的组织者和管理者。操作系统的任务就是合理有效地组织、管理计算机的软硬件资源,充分发挥资源效率,为方便用户使用计算机提供一个良好的工作环境。

目前,在微型计算机上广泛使用的操作系统有 Windows、Mac OS、Linux 等。

2) 计算机语言

计算机语言又称为程序设计语言(Programming Design Language),是人与计算机交流信息的一种语言。程序设计语言通常分为机器语言、汇编语言和高级语言。

(1) 机器语言(Machine Language)。机器语言是一种用二进制代码表示机器指令的语言,它是计算机硬件唯一可以识别和直接执行的语言。用机器语言编写的程序,由一条条机器指令组成,它们是二进制形式的指令代码,无须翻译,计算机即可直接识别和运行。机器语言因计算机硬件不同而有所不同,也就是说,针对一台计算机所编写的机器语言程序一般不能在另一台计算机上运行。用机器语言编写程序的难度很大,容易出错,而且程序不易阅读和修改。

(2) 汇编语言(Assemble Language)。汇编语言是用反映指令功能的助记符来代替难懂、难记的机器指令的语言。其指令与机器语言指令基本上是一一对应的,是一种面向机器的程序设计语言。用汇编指令编写的程序称为汇编语言源程序,计算机无法直接执行汇编语言源程序,必须将其翻译成机器语言目标程序才能执行。由于汇编语言采用了助记符,因此它比机器语言编写的程序容易阅读,克服了机器语言难读、难修改的缺点,同时还保留了机器语言编程质量高、占存储空间少、执行速度快的优点。所以在对实时性要求较高的程序设计中经常采用汇编语言编写。但汇编语言面向机器,使用汇编语言编程需要直接安排存储位置,并规定寄存器和运算器的动作次序,还必须了解计算机对数据的描述方式。这对绝大多数人来说,不是一件容易的事情。另外,该语言依赖于机器,不同的计算机在指令长度、寻址方式、寄存器数目、指令表示等方面都不一样,这样使得汇编程序不仅通用性较差,而且可读性也差。

机器语言和汇编语言都是面向机器的语言,称为低级语言。

(3) 高级语言(Advanced Language)。高级语言是采用接近自然语言的字符和表达形式并按照一定的语法规则来编写程序的语言,是一种面向问题的计算机语言。用高级语言编写的源程序在计算机中也不能直接执行,通常要翻译成机器语言的目标程序才能执行。常用的高级语言有 BASIC、FORTRAN、C 和 PASCAL 等。高级语言具有较强的通用性,用标准版本的高级语言编写的程序可在不同的计算机系统上运行。

近年来,随着面向对象和可视化技术的发展,出现了 C++、Java、JavaScript 等面向对象程序设计语言和 Visual Basic、Visual C++、Delphi 等开发环境。

3) 语言处理程序

计算机只能执行机器语言程序,用汇编语言或高级语言编写的程序(称为源程序),计算机是不能识别和执行的。因此,必须配备一种工具,它的任务是把用汇编语言或高级语言编写的源程序翻译成计算机可执行的机器语言程序,这种工具就是"语言处理程序"。语言处理程序包括汇编程序、解释程序和编译程序。

(1) 汇编程序。汇编程序是把用汇编语言编写的汇编语言源程序翻译成计算机可执行的由机器语言表示的目标程序的翻译程序,其翻译过程称为汇编。

(2) 解释程序。解释程序接收用某种程序设计语言(如 BASIC 语言)编写的源程序,然后对源程序中的每一个语句进行解释并执行,最后得出结果。也就是说,解释程序对源程序是一边翻译,一边执行。所以,它是直接执行源程序或源程序的内部形式的,它并不产生目标程序。解释程序执行的速度要比编译程序慢得多,但占用内存较少,对源程序错误的修改也较方便。

(3) 编译程序。编译程序是将用高级语言所编写的源程序翻译成与之等价的用机器语言表示的目标程序的翻译程序,其翻译过程称为编译。编译程序与解释程序的区别在于,前者首先将源程序翻译成目标代码,计算机再执行由此生成的目标程序;而后者则是检查高级语言书写的源程序,然后直接执行源程序所指定的动作。一般而言,建立在编译基础上的系统在执行速度上都优于建立在解释基础上的系统。但是,编译程序比较复杂,这使得开发和维护费用较大;相反,解释程序比较简单,可移植性也好,缺点是执行速度慢。

4）数据库管理系统

对有关的数据进行分类、合并，建立各种各样的表格，并将数据和表格按一定的形式和规律组织起来，实行集中管理，就是建立数据库（Data Base）。对数据库中的数据进行组织和管理的软件称为数据库管理系统（Data Base Management System，DBMS）。DBMS能够有效地对数据库中的数据进行维护和管理，并能保证数据的安全、实现数据的共享。较为著名的DBMS有FoxBASE＋、FoxPro、Visual FoxPro和Microsoft Access等。另外，大型数据库管理系统有Oracle、DB2、Sybase和SQL Server等。

2. 应用软件

应用软件是为解决各种实际问题而编写的应用程序及有关资料的总称。用户可购买，也可自己开发。常用的应用软件有文字处理软件（如WPS、Word、PageMaker等）、电子表格软件（如Excel等）、绘图软件（如AutoCAD、3ds Max、Paintbrush等）、多媒体课件制作软件（如PowerPoint、Authorware、Toolbook等）。除了以上典型的应用软件外，教育培训软件、娱乐软件、财务管理软件等也都属于应用软件的范畴。

1.3.3 计算机硬件系统和软件系统之间的关系

硬件和软件是一个完整的计算机系统互相依存的两大部分，它们的关系主要体现在以下几个方面。

1）硬件和软件互相依存

硬件是软件赖以工作的物质基础，软件的正常工作是硬件发挥作用的唯一途径。计算机系统必须要配备完善的软件系统才能正常工作，且充分发挥其硬件的各种功能。

2）硬件和软件无严格界线

随着计算机技术的发展，在许多情况下，计算机的某些功能既可以由硬件实现，也可以由软件来实现。因此，硬件与软件在一定意义上来说没有绝对严格的界线。

3）硬件和软件协同发展

计算机软件随着硬件技术的迅速发展而发展，而软件的不断发展与完善又促进硬件的更新，两者密切地交织发展，缺一不可。

1.4 计算机工作原理

按照冯·诺依曼型计算机的体系结构，计算机的工作过程就是执行程序指令的过程。要了解计算机的工作过程，首先要知道计算机指令的概念。

1.4.1 计算机的指令系统

1. 指令及指令系统

指令是指计算机完成某个基本操作的命令。指令能被计算机硬件理解并执行。一条指令就是计算机机器语言的一个语句，是程序设计的最小语言单位。一台计算机所能执行的全部指令的集合,称为这台计算机的指令系统。指令系统比较充分地说明了计算机对数据进行处理的能力。不同种类的计算机,其指令系统的指令数目与格式也不同,指令系统越丰富完备,编写程序就越方便灵活。指令系统是根据计算机使用要求设计的。

一条计算机指令是用一串二进制代码表示的,其通常由操作码和地址码两个部分组成。其一般格式如图1-3所示。

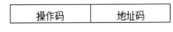

图1-3 指令的一般格式

其中,操作码用来表征该指令的操作特性和功能,即指出进行什么操作;地址码指出参与操作的数据在存储器中的地址。一般情况下,参与操作的源数据或操作后的结果数据都在存储器中,通过地址可访问该地址中的内容,即得到操作数。

2. 指令类型

任何一台计算机的指令系统一般都包含有几十条到上百条指令,下面按一般计算机的功能把指令划分为以下几种类型。

1) 算术运算指令

计算机指令系统一般都设有二进制数加、减、比较和求补等最基本的指令,此外还设置了乘/除法运算指令、浮点运算指令及十进制运算指令等。

2) 逻辑运算指令

一般计算机都具有与、或、非(求反)、异或(按位加)和测试等逻辑运算指令。

3) 数据传送指令

这是一种常用的指令,用以实现寄存器与寄存器、寄存器与存储单元,以及存储器单元与存储器单元之间的数据传送。对于存储器来说,数据传送包括对数据的读(相当于取数指令)和写(相当于存数指令)操作。

4) 移位操作指令

移位操作指令分为算术移位、逻辑移位和循环移位3种,可以实现对操作数左移或右移一位或若干位。

5) 堆栈及堆栈操作指令

堆栈是由若干个连续存储单元组成的先进后出(FILO)存储区,第一个送入堆栈中的数据存放在栈底,最后送入堆栈中的数据存放在栈顶。栈底是固定不变的,而栈顶却是随着数据的入栈和出栈在不断变化。

6) 字符串处理指令

字符串处理指令就是一种非数值处理指令,一般包括字符串传送、字符串转换(把一种编码的字符串转换成另一种编码的字符串)、字符串比较、字符串查找(查找字符串中某一子串)、字符串匹配、字符串的抽取(提取某一子串)和替换(把某一字符串用另一字符串替换)等。

7) 输入/输出指令

输入/输出(I/O)指令用来实现输入/输出设备与主机之间的信息交换,交换的信息包括输入/输出的数据、主机向外部设备(简称外设)发出的控制命令或外设向主机发送的信息等。

8) 其他指令

(1) 特权指令：具有特殊权限的指令，在多服务用户、多任务的计算机系统中，特权指令是不可少的。

(2) 陷阱与陷阱指令：陷阱实际上是一种意外事故中断，然而中断的目的不是为了请求 CPU 的正常处理，而是为了通知 CPU 所出现的故障，并根据故障情况，转入相应的故障处理程序。

(3) 转移指令：用来控制程序的执行方向，实现程序的分支。

(4) 子程序调用指令：在编写程序过程中，常常需要编写一些经常使用的、能够独立完成某一特定功能的程序段，在需要时能随时调用，而不必重复编写，以便节省存储空间和简化程序设计。

1.4.2 计算机的基本工作原理

用户借助计算机解决问题时，首先要研究此问题的解决方法；然后根据解决问题的步骤，选用多条指令进行有序地排列，这一指令序列就称为程序；最后通过输入设备将程序和数据输入到计算机的存储器中保存起来，程序运行后，计算机从存储器依次取出指令，送往控制器进行分析，并根据指令的功能向各有关部件发出各种操作控制信号，最终的运算结果要送到输出设备输出。这个过程的框图描述如图 1-4 所示，其中每个方框表示计算机的一个部分，图中的实线箭头表示数据流，虚线箭头表示指令流，即控制信息。因此，计算机的工作过程实际上是快速地执行指令的过程。

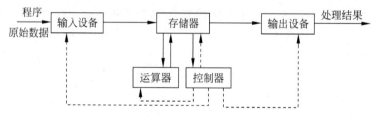

图 1-4 计算机工作过程的框图

下面以指令的执行过程简单说明计算机的基本工作原理。指令的执行过程可分为以下步骤。

(1) 取指令。从存储器某个地址中取出要执行的指令送到 CPU 内部的指令寄存器暂存。

(2) 分析指令。把保存在指令寄存器中的指令送到指令译码器进行分析，由操作码确定执行什么操作，由地址码确定操作数的地址。

(3) 执行指令。根据分析的结果，由控制器向各个部件发出相应控制信号，完成该指令规定的操作。

(4) 为执行下一条指令做好准备，即形成下一条指令地址。

1.5 微型计算机硬件的组成

微型计算机硬件的组成如表 1-5 所示。

表 1-5 微型计算机硬件的组成

设备名称	设备简介	选购建议	图例
CPU	CPU 也称微处理器,是微机系统的核心部件。衡量 CPU 基本性能的指标有字长和主频。主频是指 CPU 的时钟频率,通常以 MHz(或 GHz)为单位,主频越高,CPU 运算速度越快。例如,3.0GHz 的 CPU 运算速度要明显高于 2.0GHz 的 CPU(其中 2.0GHz 指的就是 CPU 的主频)。当今生产 CPU 的两大厂家分别是美国 Intel 公司和美国 AMD 公司	首先注意不要盲目追求主频。目前,主流的 CPU 工作频率已经很高了,而且主频低不等于性能差,所以在选购 CPU 的时候还是有很多需要注意的地方。对于从事专业视频、3D 动画和 2D 图像处理的用户来说,应选择高端产品(如多核心 CPU)。但是在专业领域里,CPU 的整体性能并不完全依赖频率。专业软件对 CPU 的要求极高,并且通常都支持双 CPU 等技术。在实际的 3D 专业软件中,高端 CPU 的性能和低端 CPU 差距是很明显的	
内存	内存是计算机的主要存储器,是程序运行的场所。通常情况下,内存容量对微型计算机的性能影响较大	选购时除了考虑内存的容量外,还要考虑内存的型号是否与主板匹配。目前主板支持的内存有 DDR、DDR2、DDR3 内存。内存的容量可以根据实际需要选择至少 1GB,推荐 2~4GB。对于大型图片和数据处理,一般建议配置最好能在 4GB 以上	
硬盘	硬盘是微机的主要外部存储器。目前,台式计算机一般配置 3.5 英寸的容量为 320GB~1TB 的硬盘,也有容量达 2TB 的硬盘。目前,主流硬盘的转速为 7200r/min。硬盘使用时应注意防震、防灰尘、温度为 10~40℃,相对湿度为 20%~80%。为防止由于意外故障(损坏、病毒感染等),还应经常备份数据	家庭选购建议容量为 500GB 以上和转速为 7200r/min 的硬盘	
主板	主板是计算机系统中最大的一块集成电路板,包括微处理器 CPU 插槽、内存插槽、总线扩展槽、输入/输出接口电路等。每种设备都要通过相应的接口与主板连接	选购主板的原则主要是实用,一般选购与 CPU 兼容的中端产品即可。选购时应注意主板的芯片组型号、扩展性及生产厂家	

续表

设备名称	设备简介	选购建议	图例
显示器	显示器是微机必不可少的输出设备,负责将计算机处理的数据、计算结果等内部信息转换为人们习惯接受的信息形式(如字符、图形图像、声音等)。显示器由监视器和显示适配器两部分组成,通常所说的显示器指监视器,显示适配器指显卡。 显示器按原理分为两大类,即阴极射线(CRT)显示器和液晶(LCD)显示器。衡量显示器性能的主要技术指标是分辨率,用整个屏幕上光栅的列数和行数的乘积来表示。乘积越大,分辨率越高,图像越清晰。常用分辨率有 1024×768、1280×1024、1440×900 等	如果是专业设计,推荐选用 CRT 显示器,而不推荐 LCD 显示器,虽然液晶显示器的技术越来越好,但是在对比度、色彩还原等方面,LCD 和 CRT 的差距还是很明显的。对于一般用户来说,建议选用 LCD 显示器,不仅节省空间,而且辐射小、环保	
显卡	显卡又称显示适配器,分为独立和主板集成两种类型。现在的显卡都是 3D 图形加速卡。它是连接主机与显示器的接口卡。其作用是将主机的输出信息转换成字符、图形图像和颜色等信息,传送到显示器上显示。显卡插在主板的 AGP 或 PCI-E 扩展插槽中 每块显卡基本上都是由显示主芯片、显示缓存(简称显存)BIOS、数字模拟转换器(RAMDAC)、显卡的接口以及卡上的电容器、电阻器等组成的。多功能显卡还配备了视频输出及输入接口,供特殊需要。随着技术的发展,目前大多数显卡都将 RAMDAC 集成到主芯片 显示主芯片是显卡的核心,其主要任务就是处理系统输入的视频信息并进行构建、渲染等工作。显示主芯片的性能直接决定该显卡性能的高低,不同的显示主芯片,不论内部结构还是其性能,都存在着差异,而其价格差别也很大	对于有图形图像处理、多媒体开发需求的用户,建议选用独立显卡	

续表

设备名称	设备简介	选购建议	图例
打印机	打印机作为各种计算机的最主要输出设备之一，随着计算机技术的发展和日趋完善的用户需求而得到较大的发展。尤其是近年来，打印机技术取得了较大的进展，各种新型实用的打印机应运而生。目前，在打印机领域形成了针式打印机、喷墨打印机、激光打印机三足鼎立的主流产品，各自发挥其优点，满足各界用户不同的需求	喷墨打印机价格低廉，可输出彩色图形，常用于广告和美术设计，适合家庭使用。激光打印机具有高速度、高精度、低噪声的特点，广泛应用于办公系统及印刷系统。选购激光打印机时应注意分辨率，一般在 1200×1200 dpi 以上为宜	
鼠标	鼠标有光电式和机械式两种，目前大多使用光电式鼠标。对光电式鼠标还分有线和无线两类。有线鼠标接口有 USB 和 PS/2 接口。其基本操作有指向、单击、双击、拖动。关于鼠标的使用除右键提供快捷菜单外，大多使用左键	建议选用有线光电式鼠标，因为无线光电式鼠标除了购买成本较高外，还要额外加装电池	
键盘	键盘是微机最常用的输入设备，有 PS/2 和 USB 两种接口。其中 USB 接口支持热插拔，其他接口必须在断电后才可插拔。键盘也有有线和无线两类	建议选用有线 USB 接口键盘。在保证性能的同时，也要考虑使用的舒适性	
光盘	光盘按功能分为 3 类，即只读型、一次写入型和可重复擦写型。只读型光盘又称为 CD-ROM，信息由厂家写入，只能读出数据，而不能修改和写入数据。一次写入型光盘又称为 CD-R，就是指空白光盘，可以用光盘刻录机写入一次数据，以后便不可再修改或写入。可重复擦写型光盘又称为 CD-RW，这种光盘可多次使用 按存储容量，光盘可分为 CD-ROM 和 DVD-ROM。CD-ROM 的存储容量为 650MB，DVD-ROM 的存储容量为 $4.7\sim17$ GB	如果想用光盘来保存数据，一般用户经常使用的是一次写入型的光盘（CD 或 DVD），即空白光盘。空白光盘必须使用光盘刻录机来写入数据	
U 盘	具有 USB 接口的移动存储器，基本取代了软磁盘。存储容量目前为 $4\sim128$ GB	对于一般用户来说，可选择容量为 $4\sim16$ GB 的 U 盘	

1.6 微型计算机的主要性能指标

一台微型计算机功能的强弱或性能的好坏,不是由某项指标来决定的,而是由其系统结构、指令系统、硬件组成、软件配置等多方面的因素综合决定的。但对于大多数普通用户来说,可以从以下几个指标来大体评价计算机的性能。

1. 字长

计算机在同一时间内处理的一组二进制数称为一个计算机的"字",而这组二进制数的位数就是"字长"。一般计算机的字长取决于它的通用寄存器、内存储器、算术逻辑单元的位数和数据总线的宽度。在其他指标相同时,字长越长,数据处理的速度越快。早期的微型计算机的字长一般为 8 位和 16 位。目前计算机的字长大多为 32 位,64 位已逐渐普及。

2. 运算速度

运算速度是衡量计算机性能的一项重要指标。通常所说的计算机运算速度(平均运算速度),是指每秒钟所能执行的指令条数,一般用"每秒百万条指令"(Million Instruction Per Second,MIPS)来描述。同一台计算机执行不同的运算所需时间可能不同,因而对运算速度的描述常采用不同的方法。常用的有 CPU 时钟频率(主频)、每秒平均执行指令数(IPS)等。微型计算机一般采用主频来描述运算速度。

3. 内存储器的容量

内存储器简称主存,是 CPU 可以直接访问的存储器,需要执行的程序与需要处理的数据就是存放在主存中的。内存储器容量的大小反映了计算机即时存储信息的能力。随着操作系统的升级,应用软件的不断丰富及其功能的不断扩展,人们对计算机内存容量的需求也不断提高。例如,运行 Windows XP 操作系统至少需要 256MB 以上的内存容量。内存容量越大,系统功能就越强大,能处理的数据量就越庞大。

4. 外存储器的容量

外存储器容量通常是指硬盘容量(包括内置硬盘和移动硬盘)。外存储器容量越大,可存储的信息就越多,可安装的应用软件就越丰富。

5. 外设扩展能力

一台微型计算机可配置外部设备的数量及配置外部设备的类型,对整个系统的性能有重大影响。例如,显示器的分辨率、多媒体接口功能和打印机型号等,都是外部设备选择中要考虑的问题。

6. 软件配置

软件配置情况直接影响微型计算机系统的使用和性能的发挥。通常应配置的软件有操作系统、计算机语言及工具软件等,另外还可配置数据库管理系统和各种应用软件。

各项指标之间也不是彼此孤立的,在实际应用时,应该把它们综合起来考虑,而且还要遵循"性能价格比"的原则。

1.7 习题

1. 小向使用了一部标配为 2GB RAM 的手机,因存储空间不够,他将一张 64GB 的 mircoSD 卡插到了手机上。此时,这部手机上的 2GB 和 64GB 参数分别代表的指标是( )。
   A. 内存、内存　　　B. 内存、外存　　　C. 外存、内存　　　D. 外存、外存

2. 在 Windows 7 操作系统中,磁盘维护包括硬盘的检查、清理和碎片整理等功能,碎片整理的目的是( )。
   A. 删除磁盘小文件　　　　　　　B. 获得更多磁盘可用空间
   C. 优化磁盘文件存储　　　　　　D. 改善磁盘的清洁度

3. 有一种木马程序,其感染机制与 U 盘病毒的传播机制完全一样,只是感染目标计算机后它会尽量隐藏自己的踪迹,它唯一的动作是扫描系统的文件,发现对其可能有用的敏感文件,就将其悄悄拷贝到 U 盘,一旦这个 U 盘插入到连接互联网的计算机,就会将这些敏感文件自动发送到互联网上指定的计算机中,从而达到窃取的目的。该木马称为( )。
   A. 网游木马　　　　B. 网银木马　　　　C. 代理木马　　　　D. 摆渡木马

4. 1MB 的存储容量相当于( )。
   A. 100 万个字节　　　　　　　　B. 2 的 10 次方个字节
   C. 2 的 20 次方个字节　　　　　D. 1000KB

5. 以下属于内存储器的是( )。
   A. RAM　　　　　　B. CD-ROM　　　　C. 硬盘　　　　　　D. U 盘

6. 微机中访问速度最快的存储器是( )。
   A. CD-ROM　　　　B. 硬盘　　　　　　C. U 盘　　　　　　D. 内存

7. 计算机能直接识别和执行的语言是( )。
   A. 机器语言　　　　B. 高级语言　　　　C. 汇编语言　　　　D. 数据库语言

8. 某企业需要为普通员工每人购置一台计算机,专门用于日常办公,通常选购的机型是( )。
   A. 超级计算机　　　　　　　　　B. 大型计算机
   C. 微型计算机(PC)　　　　　　 D. 小型计算机

9. Java 属于( )。
   A. 操作系统　　　　B. 办公软件　　　　C. 数据库系统　　　D. 计算机语言

10. 第四代计算机的标志是微处理器的出现,微处理器的组成是( )。
    A. 运算器和存储器　　　　　　　B. 存储器和控制器
    C. 运算器和控制器　　　　　　　D. 运算器、控制器和存储器

11. 以下软件中属于计算机应用软件的是( )。
    A. iOS　　　　　　 B. Android　　　　 C. Linux　　　　　 D. QQ

12. 以下关于计算机病毒的说法,不正确的是( )。

A. 计算机病毒一般会寄生在其他程序中
B. 计算机病毒一般会传染其他文件
C. 计算机病毒一般会具有自愈性
D. 计算机病毒一般会具有潜伏性

13. CPU 的参数如 2800MHz，是指（　　）。
    A. CPU 的速度　　　　　　　　　B. CPU 的大小
    C. CPU 的时钟主频　　　　　　　D. CPU 的字长

14. HDMI 接口可以外接（　　）。
    A. 硬盘　　　B. 打印机　　　C. 鼠标或键盘　　　D. 高清电视

15. 研究量子计算机的目的是为了解决计算机中的（　　）。
    A. 速度问题　　B. 存储容量问题　　C. 计算精度问题　　D. 能耗问题

16. 计算机中数据存储容量的基本单位是（　　）。
    A. 位　　　B. 字　　　C. 字节　　　D. 字符

17. Web 浏览器收藏夹的作用是（　　）。
    A. 记忆感兴趣的页面内容　　　　B. 收集感兴趣的页面地址
    C. 收集感兴趣的页面内容　　　　D. 收集感兴趣的文件名

18. 在拼音输入法中，输入拼音"zhengchang"，其编码属于（　　）。
    A. 字形码　　　B. 地址码　　　C. 外码　　　D. 内码

19. 先于或随着操作系统的系统文件装入内存储器，从而获得计算机特定控制权并进行传染和破坏的病毒是（　　）。
    A. 文件型病毒　　B. 引导区型病毒　　C. 宏病毒　　D. 网络病毒

20. 办公软件中的字体在操作系统中有对应的字体文件，字体文件中存放的汉字编码是（　　）。
    A. 字形码　　　B. 地址码　　　C. 外码　　　D. 内码

21. 某家庭采用 ADSL 宽带接入方式连接 Internet，ADSL 调制解调器连接一个无线路由器，家中的计算机、手机、电视机、PAD 等设备均可通过 WI-FI 实现无线上网，该网络拓扑结构是（　　）。
    A. 环形拓扑　　　B. 总线型拓扑　　　C. 网状拓扑　　　D. 星形拓扑

22. 数字媒体已经广泛使用，属于视频文件格式的是（　　）。
    A. MP3 格式　　B. WAV 格式　　C. RM 格式　　D. PNG 格式

23. 某台微机安装的是 64 位操作系统，"64 位"是指（　　）。
    A. CPU 的运算速度，即 CPU 每秒钟能计算 64 位二进制数
    B. CPU 的字长，即 CPU 每次能处理 64 位二进制数
    C. CPU 的时钟主频
    D. CPU 的型号

24. 如果某台微机用于日常办公事务，除了操作系统外，还应该安装的软件类别是（　　）。
    A. SQL Server 2005 及以上版本　　　　B. Java、C、C++ 开发工具
    C. 办公应用软件，如 Microsoft Office　　D. 游戏软件

25. SQL Server 2005 属于(　　)。
    A. 应用软件　　　　　　　　　　B. 操作系统
    C. 语言处理系统　　　　　　　　D. 数据库管理系统
26. 小明的手机还剩余 6GB 存储空间,如果每个视频文件为 280MB,他可以下载到手机中的视频文件数量为(　　)。
    A. 60　　　　B. 21　　　　C. 15　　　　D. 32
27. 不是计算机病毒预防的方法是(　　)。
    A. 及时更新系统补丁　　　　　　B. 定期升级杀毒软件
    C. 开启 Windows 7 防火墙　　　　D. 清理磁盘碎片
28. 计算机对汉字信息的处理过程实际上是各种汉字编码间的转换过程,这些编码不包括(　　)。
    A. 汉字输入码　　B. 汉字内码　　C. 汉字字形码　　D. 汉字状态码

第 2 章 操作系统

操作系统是最重要的系统软件,是整个计算机系统的管理与指挥机构,管理着计算机的所有资源。因此,要熟练使用计算机的操作系统,首先需要了解一些操作系统的基本知识。

2.1 操作系统概述

2.1.1 操作系统的基本概念

没有操作系统的计算机,需要直接对计算机硬件进行操作。只有对计算机指令、操作时序、地址和各类寄存器都非常熟悉和精通的计算机专家,才能操作和使用这类计算机。由于操作系统隐藏了对计算机硬件操作的复杂性,因此,有操作系统的计算机,用户通过操作系统使用计算机,用户不必知道更多的计算机硬件知识便能够方便地操作和使用计算机。

操作系统是管理和控制计算机软硬件资源,合理组织计算机的工作流程,以便有效地利用这些资源为用户提供功能强大、使用方便和可扩展的工作环境,为用户使用计算机提供接口的程序集合。

在计算机系统中,操作系统位于硬件和用户之间,一方面它能向用户提供接口,方便用户使用计算机;另一方面它能管理计算机软硬件资源,以便充分合理地利用它们。

与一般的应用程序不同,操作系统所涉及的对象是系统资源,而且可以直接对处理机进行设置和控制,而其他软件则必须通过操作系统提供的系统调用界面才能使用系统资源。

2.1.2 操作系统的功能

从资源管理的角度,操作系统的功能有处理器管理、存储器管理、输入/输出设备管理、文件管理和用户接口。

1. 处理器管理

处理器是计算机的核心部件,是对计算机性能影响最大的系统资源。处理器管理是操作系统最重要的功能,处理器管理的主要任务是对处理器的分配和运行实施有效的管理。

传统的操作系统以进程为分配资源和处理器调度的基本单位,进程是一个具有一定独立功能的程序在一个数据集合上的一次动态执行过程。因此,对处理器的管理可归结为对进程的管理。现代操作系统在进程的基础上引入了线程,线程是对进程的"细分",是过程中的一个实体,是程序执行流的最小单元,处理器调度以线程为基本单位。处理器管理关系到进程与线程的管理。

处理器管理应实现下述主要功能。

(1) 进程与线程的描述与控制。根据进程和线程的推进状况,以进程和线程的状态进行描述,当进程运行结束时,撤销该进程,回收该进程所占用的资源,同时,控制状态之间的转换。

(2) 进程或线程的同步与互斥。为使系统中的进程有条不紊地运行,系统要设置进程同步与互斥机制,为并发执行的进程和线程进行协调。

(3) 进程之间及线程之间的通信。系统中的各进程间及线程间有时需要合作,有时需要交换信息,为此需要进行信息交换。

(4) 处理器调度。从进程的就绪队列中,按照一定的算法选择一个进程,把处理机分配给它,并为它设置运行现场,使之投入运行。

2. 存储器管理

存储器管理是指对计算机内存的管理。存储器管理的主要任务是负责内存分配、内存保护和内存扩充,合理地为程序分配内存,保证程序间不发生冲突和相互破坏。存储器管理应实现下述主要功能。

(1) 内存分配。为每道程序分配内存空间,并使内存得到充分利用,在作业结束时收回其所占用的内存空间。

(2) 内存保护。保证每道程序都在自己的内存空间运行,彼此互不影响,尤其是操作系统的数据和程序,绝不允许用户程序干扰。

(3) 地址映射。在多道程序设计环境下,每个作业是动态装入内存的,作业的逻辑地址必须转换为内存的物理地址,这一转换称为地址映射。

(4) 内存扩充。内存的容量是有限的,为满足用户的需要,通过建立虚拟存储系统来实现内存容量逻辑上的扩充。

3. 输入/输出设备管理

输入/输出设备管理的主要任务是管理与计算机相连的各类外围设备,提高设备的利用率和设备与处理器并行的工作能力,使用户方便灵活地使用设备。设备管理主要包括以下几个方面。

(1) 缓冲管理。由于 CPU 和输入/输出设备的速度相差很大,为缓和这一矛盾,在计算机的内存空间为各种设备开设缓冲区,以解决慢速输入/输出设备与快速处理器之间的矛盾。

(2) 设备分配。根据用户程序提出的输入/输出请求和系统中设备的使用情况,按照一定的设备分配原则,将所需设备分配给申请者,设备使用完毕后及时收回。

(3) 设备处理。设备处理程序又称设备驱动程序,对于未设置通道的计算机系统其基本任务通常是实现 CPU 和设备控制器之间的通信,即由 CPU 向设备控制器发出输入/输出指令,要求它完成指定的输入/输出操作,并能接收由设备控制器传来的中断请求,给予及时的响应和相应的处理。对于设置了通道的计算机系统,设备处理程序还应能根据用户的输入/输出请求,自动构造通道程序。

（4）设备独立性。设备独立性是指应用程序独立于具体的物理设备,使用户编程与实际使用的物理设备无关。

（5）虚拟设备。实现一台物理设备成为虚拟的多台逻辑设备,以满足多个用户进程对设备的要求,将低速的独占设备改造为高速的共享设备。

（6）磁盘存储器管理。实现磁盘存储空间的划分、分配和回收。

4．文件管理

处理器管理、存储器管理和设备管理都属于硬件资源的管理。软件资源的管理称为信息管理,即文件管理。

在操作系统中,存放在磁盘等外存上的信息总是把程序和数据以文件的形式存储在文件存储器中(如磁盘、光盘、磁带等)供用户使用。为此,操作系统必须具有文件管理功能。文件管理负责管理软件资源,并为用户提供文件的存取、共享和保护文件的安全性。文件管理包括以下内容。

（1）文件存储空间的管理。所有的系统文件和用户文件都存放在文件存储器上,文件存储空间管理的任务是为新建文件分配存储空间,在一个文件被删除后应及时释放所占用的空间。文件存储空间管理的目标是提高文件存储空间的利用率,并提高文件系统的工作速度。

（2）目录管理。为方便用户在文件存储器中找到所需文件,通常由系统为每一文件建立一个目录项,该目录项包括文件名、属性及存放位置等,由若干目录项又可构成一个目录文件。目录管理的任务是为每一个文件建立其目录项,并对目录项加以有效的组织,以方便用户按名存取。

（3）文件操作管理。文件操作管理即文件读、写管理是文件管理的最基本的功能。文件系统根据用户给出的文件名去查找文件目录,从中得到文件在文件存储器上的位置,然后利用文件读、写函数,对文件进行读、写操作。

（4）文件保护。为了防止系统中的文件被非法窃取或破坏,在文件系统中应建立有效的保护机制,以保证文件系统的安全性。

5．用户接口

提供方便、友好的用户界面,使用户无须了解过多的软、硬件细节就能方便灵活地使用计算机。操作系统必须为用户或程序员提供相应的接口,通过使用这些接口达到方便使用计算机的目的。

操作系统为用户提供的接口方式有以下几种。

（1）命令接口。命令接口分为联机命令接口和脱机命令接口。联机命令接口是为联机用户提供的,它由一组键盘命令及其解释程序所组成。当用户在终端或控制台上输入一条命令后,系统便自动转入命令解释程序,对该命令进行解释并执行。在完成指定操作后,控制又返回到终端或控制台,等待接收用户输入的下一条命令。这样,用户可通过不断输入不同的命令,达到控制自己作业的目的。

（2）脱机命令接口。脱机命令接口是为批处理系统的用户提供的。在批处理系统中,用户不直接与自己的作业进行交互,而是使用作业控制语言(Job Control Language,JCL),将用户对其作业控制的意图写成作业说明书,然后将作业说明书连同作业一起提交给系统。当系统调度到该作业时,通过解释程序对作业说明书进行逐条解释并执行。这样,作业一直在作业说明书的控制下运行,直到遇到作业结束语句时,系统停止对该作业的执行。

(3) 程序接口。程序接口是用户获取操作系统服务的唯一途径。程序接口由一组系统调用组成。每一个系统调用都是一个完成特定功能的子程序。早期的操作系统如 UNIX、MS-DOS 等,系统调用都是用汇编语言编写的,因而只有在用汇编语言编写的应用程序中可以直接调用。近年来推出的操作系统中,如 UNIX System V、OS/2、Linux 版本中,系统调用是用 C 语言编写的,并以函数的形式提供,从而可在用 C 语言编写的程序中直接调用。而在其他高级语言中,往往提供与系统调用一一对应的库函数,应用程序通过调用库函数来使用系统调用。

(4) 图形接口。以终端命令和命令语言方式来控制程序的运行固然有效,但给用户增加了不少负担,即用户必须记住各种命令,并从键盘输入这些命令及所需数据来控制程序的运行。大屏幕高分辨率图形显示和多种交互式输入/输出设备(如鼠标、光笔、触摸屏等)的出现,使得改变"记忆并输入"的操作方式为图形接口(也称图形用户界面)方式成为可能。图形用户接口的目标是通过显示在屏幕上的对象直接进行操作,以控制和操纵程序的运行。这种图形用户接口大大减轻或免除了用户记忆的工作量,其操作方式也使原来的"记忆并输入"改变为"选择并点取",极大地方便了用户,并受到用户的普遍欢迎。

图形用户接口的主要构件是窗口、菜单和对话框。国际上为了促进图形用户接口(Graphical User Interface,GUI)的发展,1988 年制定了 GUI 标准。到了 20 世纪 90 年代,各种操作系统的图形用户接口普遍出现,如 Microsoft 公司的 Windows 95、Windows 98、Windows NT,到今天的 Windows XP、Windows 7 等。

2.1.3 操作系统的分类

操作系统是计算机系统软件的核心,根据操作系统在用户界面的使用环境和功能特征的不同,有很多分类方法。

1. 按结构和功能分类

一般分为批处理操作系统、分时操作系统、实时操作系统、网络操作系统,以及分布式操作系统。

1) 批处理操作系统

批处理(Batch Processing)操作系统的工作方式是:用户将作业交给系统操作员,系统操作员将许多用户的作业组成一批作业,之后输入到计算机中,在系统中形成一个自动转接的连续的作业流;然后启动操作系统,系统自动执行每个作业;最后由操作员将作业结果交给用户。

批处理操作系统的特点是多道和成批处理。但是用户自己不能干预自己作业的运行,一旦发现错误不能及时改正,从而延长了软件开发的时间,所以这种操作系统只适用于成熟的程序。

批处理操作系统的优点是作业流程自动化、效率高、吞吐率高;缺点是无交互手段、调试程序困难。

2) 分时操作系统

分时(Time-sharing)操作系统的工作方式是：一台主机连接了若干个终端，每个终端有一个用户使用。用户交互式地向系统提出命令请求，系统接受每个用户的命令，采用时间片轮转方式处理服务请求，并通过交互方式在终端上向用户显示结果；用户根据上步的处理结果发出下道命令。

分时操作系统将 CPU 的运行时间划分成若干个片段，称为时间片。操作系统以时间片为单位，轮流为每个终端用户服务，每个用户轮流使用时间片而每个用户并不感到有其他用户存在。

分时系统具有多路性、交互性、独占性和及时性的特征。多路性是指同时有多个用户使用一台计算机，宏观上看是多个作业同时使用一个 CPU，微观上是多个作业在不同时刻轮流使用 CPU。交互性是指用户根据系统响应结果进一步提出新请求(用户直接干预每一步)。独占性是指用户感觉不到计算机为其他人服务，就像整个系统为其所独占。及时性是指系统对用户提出的请求及时响应。

常见的通用操作系统是分时系统与批处理系统的结合。其原则是分时优先，批处理在后。"前台"响应需频繁交互的作业，如终端的要求；"后台"则处理时间性要求不强的作业。

3) 实时操作系统

实时操作系统(Real-Time Operating System，RTOS)是指使计算机能及时响应外部事件的请求，在规定的严格时间内完成对该事件的处理，并控制所有实时设备和实时任务协调一致工作的操作系统。实时操作系统追求的主要目标是对外部请求在严格时间范围内做出反应，具有高可靠性和完整性。

4) 网络操作系统

网络操作系统是基于计算机网络的，是在各种计算机操作系统的基础上按网络体系结构协议标准开发的系统软件，包括网络管理、通信、安全、资源共享和各种网络应用。其目标是相互通信及资源共享，网络操作系统除了具有一般操作系统的基本功能之外，还具有网络管理模块。网络操作系统用于对多台计算机的硬件和软件资源进行管理和控制，网络管理模块的主要功能是提供高效而可靠的网络通信能力，提供多种网络服务。

网络操作系统通常用在计算机网络系统中的服务器上。最有代表性的几种网络操作系统产品有 Novell 公司的 Netware、Microsoft 公司的 Windows 2000 Server、UNIX 和 Linux 等。

5) 分布式操作系统

分布式操作系统是由多台计算机通过网络连接在一起而组成的系统。系统中任意两台计算机可以通过远程过程调用交换信息，系统中的计算机无主次之分，系统中的资源被提供给所有用户分享，一个程序可分布在几台计算机上并行地运行，互相协调完成一个共同的任务。分布式操作系统的引入主要是为了增加系统的处理能力、节省投资、提高系统的可靠性。用于管理分布式系统资源的操作系统称为分布式操作系统。

6) 嵌入式操作系统

嵌入式操作系统(Embedded Operating System)是运行在嵌入式系统环境中，对整个嵌入式系统及其所操作、控制的各种部件装置等资源进行统一协调、调度、指挥和控制的系统软件。

2. 按用户数量分类

一般分为单用户操作系统和多用户操作系统。

(1) 单用户操作系统又可以分为单用户单任务操作系统和单用户多任务操作系统。

① 单用户单任务操作系统：在一个计算机系统内，一次只能运行一个用户程序，此用户独占计算机系统的全部软硬件资源。常见单用户单任务操作系统有 MS-DOS、PC-DOS 等。

② 单用户多任务操作系统：也是为单用户服务的，但它允许用户一次提交多项任务。常见的单用户多任务操作系统有 Windows 98 等。

个人计算机操作系统(Personal Computer Operating System)是一种单用户多任务的操作系统。个人计算机操作系统主要供个人使用，功能强、价格便宜，可以在几乎任何计算机上安装使用。它能满足一般用户操作、学习、游戏等方面的需求。个人计算机操作系统的主要特点是计算机在某一时间内为单个用户服务；采用图形界面进行人机交互，界面友好、使用方便，用户无须专门学习也能熟练操作计算机。

(2) 多用户操作系统允许多个用户通过各自的终端使用同一台主机，共享主机中各类资源。常见的多用户多任务操作系统有 Windows 2000 Server、Windows XP、Windows Server 2003 和 UNIX 等。

2.1.4 典型操作系统介绍

1. DOS 操作系统

磁盘操作系统(Disk Operation System,DOS)是一种单用户、单任务的计算机操作系统。DOS 采用命令行式交互界面，必须输入各种命令来操作计算机，这些命令都是英文单词或缩写，比较难于记忆，不利于一般用户操作系统。进入 20 世纪 90 年代后，DOS 逐步被 Windows 操作系统所取代。

2. Windows 操作系统

Microsoft 公司成立于 1975 年，目前已经成为世界上最大的软件公司，其产品覆盖操作系统、编译系统、数据库管理系统、办公自动化软件和因特网支持软件等各个领域。从 1983 年 11 月 Microsoft 公司宣布 Windows 1.0 诞生到 Windows 7,Windows 已经成为风靡全球的计算机操作系统。Windows 操作系统发展历程如表 2-1 所示。

表 2-1　Windows 操作系统发展历程

Windows 版本	推出时间	特　　点
Windows 3.x	1990 年 5 月	具备图形化界面,增加 OLE 技术和多媒体技术
Windows 95	1995 年 8 月	脱离 DOS 独立运行,采用 32 位处理技术,引入"即插即用"等许多先进技术,支持 Internet
Windows 98	1998 年 6 月	FAT32 支持,增强 Internet 支持,增强多媒体功能
Windows 2000 Server	2000 年 12 月	网络操作系统,稳定、安全、易于管理

续表

Windows 版本	推出时间	特点
Windows XP	2001 年 10 月	纯 32 位操作系统,更加安全、稳定、易用性更好
Windows Server 2003	2003 年 4 月	易于构建各种服务器
WindowsVista	2007 年 1 月	突破性的界面设计,增强搜索功能、新增多媒体创作工具,以及重新设计的网络、音频、输出(打印)和显示子系统
Windows Server 2008	2008 年 2 月	服务器操作系统,加强服务器控制,强化可靠性和安全性
Windows 7	2009 年 10 月	兼容性好,增强网络功能、多媒体功能,增加航空特效功能、多触控功能

3. UNIX 操作系统

UNIX 操作系统于 1969 年在贝尔实验室诞生,它是一个交互式的分时操作系统。UNIX 取得成功的最重要原因是系统的开放性、公开源代码、易理解、易扩充和易移植性。用户可以方便地向 UNIX 系统中逐步添加新功能和工具,这样可使 UNIX 越来越完善,提供更多服务,从而成为有效的程序开发的支持平台。它是可以安装和运行在微型机、工作站,甚至大型机和巨型机上的操作系统。

UNIX 系统因其稳定可靠的特点而在金融、保险等行业得到了广泛的应用。

UNIX 的技术特点如下。

(1) 多用户多任务操作系统,用 C 语言编写,具有较好的易读、易修改和可移植性。

(2) 结构分核心部分和应用子系统,便于做成开放系统。

(3) 具有分层可装卸卷的文件系统,提供文件保护功能。

(4) 提供 I/O 缓冲技术,系统效率高。

(5) 剥夺式动态优先级 CPU 调度,有力地支持并行功能。

(6) 请求分页式虚拟存储管理,内存利用率高。

(7) 命令语言丰富齐全,提供了功能强大的 Shell 语言作为用户界面。

(8) 具有强大的网络与通信功能。

4. Linux 操作系统

Linux 是由芬兰科学家 Linus Torvalds 于 1991 年编写完成的一个操作系统内核。当时他还是芬兰首都赫尔辛基大学计算机系的学生,在学习操作系统课程时,自己动手编写了一个操作系统原型。Linus 把这个系统放在 Internet 上,允许自由下载,许多人对这个系统进行改进、扩充、完善,进而一步一步地发展成完整的 Linux 系统。

Linux 是一个开放源代码、类似于 UNIX 的操作系统。它除了继承 UNIX 操作系统的特点和优点以外,还进行了许多改进,从而成为一个真正的多用户、多任务的通用操作系统。

5. Mac OS 操作系统

Mac OS 操作系统(又称"苹果操作系统")是美国苹果公司开发的一套在苹果公司自己的机器 Macintosh(又称苹果机)系列上运行的操作系统。Mac OS 是首个在商用领域成功的图形用户界面,与微软的 Windows 操作系统一样,都具有文档编辑、上网、游戏、作图等功能。

Mac OS 所具有的优点如下。

(1) 支持多平台兼容模式。

(2) 为安全和服务做准备。

(3) 占用更少的内存。

(4) 含有多种途径的开发工具。

由于苹果公司采用了非微软的操作系统——Mac OS 和非 Intel 阵营的处理器——Power PC 处理器,因此一般在国内使用苹果机的人还是相对较少的。使用人群主要集中在广告设计、出版印刷、网站设计等,其他还有电影、电视,以及动画制作、视频音频编辑、医学成像、科学研究等。

另外,现在疯狂肆虐的计算机病毒几乎都是针对 Windows 的,由于 Mac OS 的架构与 Windows 不同,因此很少受到病毒的袭击。Mac OS 操作系统界面非常独特,突出了形象的图标和人机对话。苹果公司能够根据自己的技术标准生产计算机、自主开发相对应的操作系统。

2.2 Windows 7 操作系统简介

Windows 7 是美国微软公司开发的客户端操作系统。Windows 7 是在 Windows Vista 基础上进行了改进和增强,在性能、易用性、可靠性、安全性及兼容性等方面都有很大提高。

目前 Windows 7 操作系统包含 6 个版本,分别为 Windows 7 Starter(简易版)、Windows 7 Home Basic(家庭普通版)、Windows 7 Home Premium(家庭高级版)、Windows 7 Professional(专业版)、Windows 7 Enterprise(企业版)及 Windows 7 Ultimate(旗舰版)。

1. Windows 7 运行的基本环境

Windows 7 具有强大的功能及各种更新的技术,因此 Windows 7 只有在硬件配置较高时才能发挥出其优越性。Windows 7 要求的硬件环境如表 2-2 所示。

表 2-2　Windows 7 要求的硬件环境

硬件名称	基 本 配 置	建议与基本描述
CPU	32 位≥1GHz	64 位双核及以上等级的处理器
内存	≥1GB	≥2GB
硬盘空间	≥16GB	≥20GB
显卡	支持 DirectX 9≥128MB	开启 Aero 主题特效
显示器	分辨率在 1024×768 像素及以上或可支持触摸技术的显示设备	低于此分辨率则无法正常显示部分功能
其他设备	DVD R/W 驱动器	选择 U 盘或其他存储介质

2. Windows 7 的安装

一般计算机预装为家庭版或专业版,现在用户青睐高级的旗舰版。家庭版针对个人及家庭用户设计，新增高级窗口导航、改进的媒体格式支持、媒体中心和媒体流增强（包括 Play To）、多点触摸、更好的手写识别等；专业版在此基础上加强了网络的功能、高级备份功能、位置感知打印、脱机文件夹、演示模式。旗舰版拥有 Windows 7 家庭高级版和 Windows 7 专业版的所有功能，当然硬件要求也是最高的，毕竟支持更多的功能和个性化特性。

2.3 Windows 7 的基本操作

2.3.1 Windows 7 的启动与退出

1. 启动 Windows 7

（1）打开外设电源开关，然后打开主机电源开关。如果计算机中有多个操作系统，则屏幕将显示【Windows 启动管理器】界面，在【选择要启动的操作系统，或者按 Tab 键选择工具】下面选择 Windows 7 操作系统，按 Enter 键。

（2）进入 Windows 7 操作系统，显示选择用户界面。

（3）单击需要登录的用户名，如图 2-1 所示。如果没有设置系统管理员密码，可以直接登录系统；如果设置了管理员密码，则输入密码，按 Enter 键后即可登录系统。

图 2-1 Windows 7 用户登录界面

2. 退出 Windows 7

（1）关闭所有打开的文件和应用程序。

（2）单击【开始】按钮，选择【关机】按钮，退出 Windows 7 操作系统，并关闭计算机，如图 2-2 所示。若单击【关机】右侧的三角按钮，将打开一个级联菜单，各命令功能如下。

图 2-2 关闭计算机

切换用户：指在不关闭当前登录用户的情况下而切换到另一个用户，用户可以不关闭正在运行的程序，而当再次返回时系统会保留原来的状态。

注销：用于在多用户模式下切换用户或注销当前用户。Windows 7 是一个支持多用户的操作系统，它允许设置多个用户，方便多人使用同一台计算机，不同的用户除了拥有公共系统资源外还可拥有具有个性化的桌面、菜单和应用程序等，注销功能可以使用户在不必重新启动系统的情况下登录系统，系统只恢复用户的一些个人环境设置。注销用户就是保存设置关闭当前登录用户。

锁定：就是要帮助保护您的计算机，锁定计算机后，只有用户自己或管理员才可以登录。而且当用户解除锁定并登录计算机后，打开的文件和正在运行的程序可以立即使用。

重新启动：系统将重新启动计算机。

休眠/睡眠：进入睡眠或者休眠模式后，计算机电源保持打开状态，当前系统的所有状态都会保存下来，而硬盘和显示器则会关闭；不同的是睡眠模式将当前处于运行状态的数据程序放在内存中，休眠则是保存在硬盘中。

2.3.2 Windows 7 桌面

启动 Windows 7 后，该界面被称为桌面，它是组织和管理资源的一种有效的方式，如图 2-3 所示。

Windows 7 桌面主要由可以更换的桌面背景图片、便于快捷访问的桌面图标、监视任务

图 2-3　Windows 7 操作系统桌面

运行状况的任务栏、用于执行命令的【开始】按钮及用于输入文字的语言栏等组成。

1.【开始】菜单

在 Windows 7 操作系统中,所有的应用程序都在【开始】菜单中显示。单击【开始】按钮,即可打开【开始】菜单,如图 2-4 所示。

图 2-4　【开始】菜单

1)【开始】菜单的构成

【开始】菜单由以下 7 个部分构成。

(1) 用户图标：位于【开始】菜单的最顶部，用来显示当前登录的用户名、图标。

(2) 常用程序区域：用于显示用户最近打开次数较多的程序，系统根据用户所用程序的次数自动进行排列显示。

(3) 安装软件区域：包括安装在计算机上的所有程序，在打开的所有程序列表中，可选择所需的应用程序。

(4) 系统文件夹区域：显示【文档】【图片】【音乐】【计算机】和【游戏】5 个系统文件夹的区域。选择其中的文件夹命令，即可弹出相应的窗口。

(5) 系统设置程序区域：包含【控制面板】【设备和打印机】和【帮助和支持】等选项，选择相应的命令，即可弹出对应的窗口，在该窗口中可进行系统设置。

(6) 搜索框：在搜索框内输入要搜索内容，即可弹出涉及输入内容的文件、视频等所有搜索结果窗口，如图 2-5 所示。

图 2-5　搜索结果

(7) 关机区域：位于【开始】菜单的底部，主要用于关闭计算机或注销等操作，单击【关机】按钮，即可关闭机器。

2)【开始】菜单的设置

(1) 右击任务栏中的空白处，在弹出的快捷菜单中选择【属性】命令，弹出【任务栏和「开始」菜单属性】对话框。

(2) 选择【「开始」菜单】选项卡，可以对开始菜单的外观和行为、电源按钮操作进行个性化设置，如图 2-6 所示。

(3) 单击【自定义】按钮，能够进行更细致的外观调整。

图 2-6 【任务栏和「开始」菜单属性】对话框

(4) 单击【确定】按钮,即可完成菜单的个性化设置。

2. 图标的操作

图标是程序、文件夹、文件和快捷方式等各种对象的小图像,双击不同的图标即可打开相应的任务。图像左下角带有箭头的图标,称为快捷方式图标。快捷方式是一种特殊的 Windows 文件(扩展名为.lnk),其不表示程序或文档本身,而是指向对象的指针。对快捷方式图标的改名、移动、复制或删除只影响快捷方式文件,而快捷方式图标所对应的应用程序、文档或文件夹不会改变。

对于新安装的 Windows 7 操作系统,其桌面上只有一个【回收站】图标,用户在需要时可通过【开始】菜单打开其他任务。在系统使用的过程中,用户可以根据需要在桌面上添加相应的图标。

1) 添加新图标

可以从别的窗口通过鼠标拖动的方法创建一个新图标,也可以通过右击桌面空白处创建新图标。用户如果想在桌面上建立【文档】和【控制面板】等快捷方式图标,只需从【开始】菜单中将相应图标拖曳到桌面即可。

以添加文件图标为例,其具体操作步骤如下。

(1) 右击桌面的空白处,选择【新建】菜单中的【快捷方式】,如图 2-7 所示。

(2) 在弹出的对话框中输入应用程序的路径和名称,如图 2-8 所示。

(3) 如果用户不熟悉应用程序的路径,可以单击【浏览】按钮,在弹出的【浏览文件或文件夹】对话框中查找,如图 2-9 所示。

(4) 选择所需要创建快捷方式的应用程序,单击【确定】按钮,返回到【创建快捷方式】对话框,单击【下一步】按钮,输入快捷方式名称或使用默认的程序名称,单击【完成】按钮。

2) 删除图标

右击某图标,从弹出的快捷菜单中选择【删除】命令即可,或者直接拖动对象到回收站。

图 2-7 【快捷方式】命令

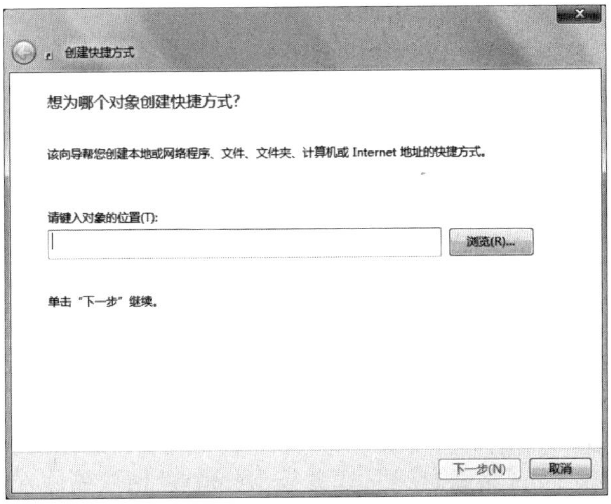

图 2-8 【创建快捷方式】对话框

图 2-9 【浏览文件或文件夹】对话框

3）排列图标

右击桌面空白处，从弹出的快捷菜单中选择【排序方式】命令，然后在级联菜单中分别选择按名称、大小、项目类型和修改日期命令排列图标。若取消快捷菜单【查看】→【自动排列图标】，可把图标拖动到桌面上的任何地方。

4）回收站

回收站是指系统在磁盘中开辟的专门存放从磁盘上被删除的文件和文件夹的区域，如图 2-10 所示。

图 2-10　【回收站】窗口

回收站的使用：双击【回收站】图标，弹出【回收站】窗口，如图 2-10 所示。还原：选定对象，选择【文件】→【还原】命令还原对象或工具栏中【还原此项目】；删除：选定对象，选择【文件】→【删除】命令或单击【删除】按钮，或者按 Delete 键彻底删除对象；清空回收站：选择【文件】→【清空回收站】命令删除全部对象，也可直接右击【回收站】图标，在弹出的快捷菜单中选择【清空回收站】命令。在【回收站】中一旦删除或清空回收站，则删除的对象就不能再恢复了。

桌面图标一般还包括【用户的文件】【计算机】【网络】等。

3．任务栏

任务栏位于 Windows 桌面最底部，如图 2-11 所示。其左侧是【开始】按钮，之后是快速启动按钮，右侧是公告区和显示桌面按钮，公告区显示计算机的系统时间和输入法按钮等，鼠标指向显示桌面按钮是临时显示桌面内容，中部显示正在使用的各应用程序图标，或者个别可以运行的应用程序按钮。

图 2-11　任务栏

1)任务栏的主要功能

(1)单击【开始】按钮,弹出【开始】菜单。

(2)单击某个快速启动按钮,启动相应的任务。

(3)单击某个应用程序图标,切换任务。当前任务图标为浅色显示。

(4)单击图标 ,可以显示所有打开的文件夹或窗口等,方便快速选择。

(5)单击时间图标,在弹出对话框中选择【更改日期和时间设置】超链接,出现【日期和时间】对话框,如图2-12所示,可查看和设置系统时间和日期,获取帮助及附加时钟。

Windows 7是单用户多任务操作系统。在打开很多文档和程序窗口时,任务栏组合功能可以在任务栏上创建更多的可用空间。例如,打开了10个窗口,其中3个是Word文档,则这3个文档的任务栏按钮将组合在一起成为一个图标为 的按钮。单击该按钮后选择某个文档,即可查看相应内容。

图2-12 【日期和时间】对话框

要减少任务栏的混乱程度,可设置隐藏不活动的图标。如果通知区域(时间旁边)的图标在一段时间内未被使用,则该图标会隐藏起来。如果图标被隐藏,单击向上的三角按钮 ,可临时显示隐藏的图标。

2)设置任务栏

(1)右击任务栏中的空白处,在弹出的快捷菜单中进行相关设置。例如,选择【属性】命令,则弹出【任务栏和「开始」菜单属性】对话框。

(2)在【任务栏】选项卡内可以对任务栏外观、通知区域的自定义和是否使用Aero Peek预览桌面等进行设置;选中【单击矩形框,显示"√"】或取消【单击矩形框,取消"√"】相关复选框。

(3)单击【如何自定义该任务栏?】超链接,弹出【Windows帮助和支持】窗口,查看如何设置任务栏。

(4) 单击【确定】按钮,即可完成任务栏设置。

2.3.3 鼠标及键盘的操作

1. 鼠标及鼠标的基本操作

利用鼠标可方便地指定光标在屏幕上的位置及针对菜单和对话框进行操作,这使计算机的某些操作变得更容易、更有效,而且更有趣味。

1) 鼠标的基本操作

鼠标的基本操作包括指向、单击、双击、拖动和右击。

(1) 指向:指移动鼠标,将鼠标指针移动到操作对象上。

(2) 单击:指快速按下并释放鼠标左键。单击一般用于选定一个操作对象。

(3) 双击:指连续两次快速按下并释放鼠标左键。双击一般用于打开窗口、启动应用程序。

(4) 拖动:指按下鼠标左键,移动鼠标到指定位置,再释放按键的操作。拖动一般用于选择多个操作对象,复制或移动对象等。

(5) 右击:指快速按下并释放鼠标右键。右击一般用于打开一个与操作相关的快捷菜单。

2) 鼠标指针的形状

鼠标指针的形状通常是一个小箭头,但在一些特殊场合和状态下,鼠标指针形状会发生变化。鼠标指针的形状及其含义如表 2-3 所示。

表 2-3 鼠标指针的形状及其含义

形状	含义	形状	含义	形状	含义	形状	含义
▷	正常选择	✛	精确定位	↕	垂直调整	✥	移动
▷?	帮助选择	I	选定文本	↔	水平调整	↑	候选
▷⌛	后台运行	✎	手写	⤢	沿对角线调整 1	☝	链接选择
⌛	忙	⊘	不可用	⤡	沿对角线调整 2		

2. Windows 7 键盘操作常用的快捷键

键盘是计算机外设中最常用的输入设备,键盘的主要功能是把文字信息和控制信息输入到计算机中,利用键盘可以实现 Windows 7 提供的一切操作功能。利用其快捷键,还可以大大提高工作效率,Windows 7 键盘操作中常用的快捷键及其功能如表 2-4 所示。

表 2-4 Windows 7 键盘操作中常用的快捷键及其功能

快捷键	功 能
F1	显示当前程序或者 Windows 7 的帮助内容
F2	重命名文件(夹)
F3	搜索文件或文件夹
F5	刷新当前窗口
Delete	删除
Ctrl+Alt+Del	切换到管理界面
Ctrl+Shift+Esc	打开 Windows 7 的任务管理器
Shift+Delete	删除被选择的项目。如果是文件,将被直接删除而不放入回收站
Alt+F4	关闭当前应用程序
Print Screen	将当前屏幕内容以图像方式复制到剪贴板
Alt+Print Screen	将当前活动窗口的内容以图像方式复制到剪贴板
Ctrl+C	复制被选定的内容到剪贴板
Ctrl+V	粘贴剪贴板中的内容到当前位置
Ctrl+X	剪切选定的内容到剪贴板
Ctrl+Z	撤销
Ctrl+A	选定全部内容
Ctrl+Esc	打开【开始】菜单
Windows+Space	显示桌面

2.3.4 Windows 7 窗口

窗口是显示在计算机屏幕上的一块矩形区域,Windows 7 的所有操作都在窗口中进行,所以了解和熟悉窗口是能否熟练运用 Windows 7 操作系统的关键。打开文件或应用程序时,都会弹出一个窗口,熟练地对窗口进行操作,能够提高工作效率。

1. 窗口的分类

Windows 7 的窗口一般分为应用程序窗口、文档窗口和对话框 3 类。

1) 应用程序窗口

应用程序窗口是应用程序运行时的人机交互的界面,一般由标题栏、菜单栏、工具栏、地址栏、状态栏、工作区等组成。【计算机】窗口如图 2-13 所示。

2) 文档窗口

文档窗口主要用于编辑文档,其共享应用程序窗口中的菜单栏,当文档窗口打开时,用户从应用程序菜单中选取的命令同样会作用于文档窗口或文档窗口中的内容。Word 文档窗口如图 2-14 所示。

图 2-13 【计算机】窗口

图 2-14 Word 文档窗口

3) 对话框

对话框有多种形式,如在 Word 应用程序中单击【插入】→【公式】,弹出如图 2-15 所示的对话框。

图 2-15 【公式】对话框

2. 窗口的组成

以【计算机】窗口为例。双击桌面上的【计算机】图标或单击【开始】菜单中的【计算机】按钮,即可弹出【计算机】窗口。

典型的 Windows 7 窗口主要由标题栏、地址栏、搜索栏、工具栏、信息栏、窗口内容等组成,如图 2-16 所示。

(1) 标题栏:总是显示在窗口的顶部,用于显示窗口的名称。拖动标题栏可移动整个窗口。标题栏一般最左侧是窗口控制按钮,最右侧分别为最小化按钮 ▬、最大化/还原按钮 ▫ 和关闭按钮 ✕。

单击窗口控制按钮,可显示控制菜单,该菜单包括整个窗口的命令,如最大化、最小化、关闭等;单击最小化按钮,可将窗口缩小为图标,成为任务栏中的一个按钮;单击最大化按钮可使窗口充满整个屏幕;还原按钮可将窗口还原到最大化之前的大小。

(2) 地址栏:用户可以在地址栏输入文件的地址,也可以通过下拉菜单选择地址,方便访问本地或网络的文件夹;也可以直接在地址栏中输入网址,访问互联网。

(3) 搜索栏:搜索栏具备动态搜索功能,即当输入关键字一部分的时候,搜索就已经开

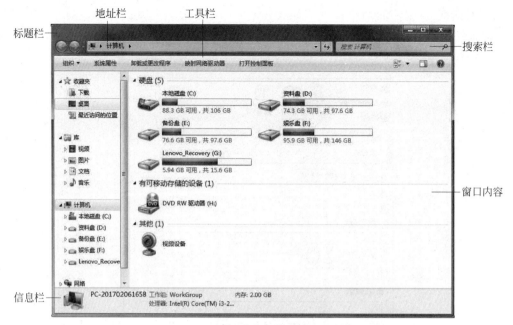

图 2-16 【计算机】窗口

始,随着关键字的增多,搜索结果会被反复筛选,直接搜索出需要的内容。

(4) 工具栏:由一组常用的工具:按钮组成,单击各个工具按钮,即可完成相应的操作。在 Windows 7 中,该工具栏可以根据实际情况动态显示最匹配的选项。

(5) 信息栏:信息栏位于窗口底部,显示当前窗体的工作状态,如被选中对象的名称、占用磁盘空间的大小等。随操作对象的不同,信息栏的内容也不同。

(6) 窗口内容:窗口内容是指显示所打开窗口的主体和内容,如【计算机】窗口显示的是本地磁盘和可移动存储设备,双击磁盘图标即可打开对应的磁盘。

Windows 7 窗口中某部分的显示与否可通过选择【组织】→【布局】命令来设置。

3. 窗口的操作

1) 移动窗口

将鼠标指针指向需要移动窗口的标题栏,将其拖动到指定位置即可实现窗口的移动。最大化状态下的窗口是无法移动的。

2) 窗口的最大化、最小化和还原

每个窗口都可以 3 种形式之一显示,即由单一图标表示的最小化形式、充满整个屏幕的最大化形式,或者是允许窗口移动并可以改变其大小和形状的还原形式。通过使用窗口右上角的最小化按钮、最大化按钮和还原按钮,可实现窗口在这些形式之间的切换。

3) 缩放窗口

当窗口不是最大时,可以改变窗口的宽度和高度。

(1) 改变窗口的宽度:将鼠标指针指向窗口的左边或右边,当鼠标指针变成水平双箭头时,拖动鼠标到所需位置。

(2) 改变窗口的高度:将鼠标指针指向窗口的上边或下边,当鼠标指针变成垂直双箭头后,拖动鼠标到所需位置。

（3）同时改变窗口的宽度和高度：将鼠标指针指向窗口的任意一个角，当鼠标指针变成倾斜双箭头后，拖动鼠标到所需位置。

4）窗口内容的滚动

当窗口中的内容较多，而窗口太小不能同时显示其所有内容时，窗口的右边会显示一个垂直的滚动条，或者在窗口的下边会显示一个水平的滚动条。滚动条外有滚动框，两端有滚动箭头按钮。通过移动滚动条，可在不改变窗口大小和位置的情况下，在窗口框中移动显示其中的内容。

滚动操作包括以下 3 种。

（1）小步滚动窗口内容：单击滚动箭头按钮，可以实现一小步滚动。

（2）大步滚动窗口内容：单击滚动箭头按钮和滚动框之间的区域，可以实现一大步滚动。

（3）滚动窗口内容到指定位置：拖动滚动条到指定位置，可以实现随机滚动。

5）图标与窗口的关系

双击桌面上的图标，图标可扩大成窗口，称为弹出窗口。若该图标是应用程序图标，则弹出窗口即启动该应用程序。

窗口经最小化后即缩小为图标，并成为任务栏中的一个按钮。如果窗口代表一个应用程序，则最小化操作并不终止应用程序的执行，只有关闭操作才终止应用程序的执行。

2.3.5　Windows 7 菜单

菜单是一些命令的列表。除【开始】菜单外，Windows 7 还提供了应用程序菜单、控制菜单和快捷菜单。不同程序窗口的菜单是不同的。程序菜单通常显示在窗口的菜单栏上。快捷菜单是当鼠标指针指向某一对象时，右击后所弹出的菜单。

Windows 7 中的控制菜单和菜单栏中的各程序菜单都是下拉式菜单，各下拉菜单中列出了可供选择的若干命令，一个命令对应一种操作。快捷菜单是弹出式菜单。

1. 关于下拉菜单中各命令项的说明

（1）显示灰色的命令表示当前不能选用。

（2）如果命令名后有符号 ⋯⋯，则表示选择该命令时会弹出对话框，需要用户提供进一步的信息。

（3）如果命令名后有一个指向右方的黑三角符号，则表示该命令有级联菜单。

（4）如果命令名前面有标记"√"，则表示该命令正处于有效状态。如果再次选择该命令，将删去该命令前的"√"，且该命令处于无效状态。

（5）如果命令名的右边还有一个键符或组合键符，则该键符表示快捷键。使用快捷键可以直接执行相应的命令。

2. 对菜单的操作

（1）打开某下拉菜单（即选择菜单）有以下两种方法。

① 单击该菜单项。

② 当菜单项后的方括号中含有带下画线的字母时，可按 Alt＋字母键打开菜单。

(2) 在菜单中选择某命令有以下 3 种方法。

① 单击该命令选项。

② 利用 4 个方向键将高亮条移至该命令选项,然后按 Enter 键。

③ 若命令选项后的括号中有带下画线的字母,则直接按该字母键。

(3) 撤销菜单。

打开菜单后,如果不想选取菜单项,则可在菜单框外的任何位置上单击,即撤销该菜单或者按 Esc 键。

3．控制菜单

窗口的还原、移动、改变大小、最小化、最大化、关闭等操作,可以利用控制菜单来实现。单击控制菜单图标,弹出控制菜单,如图 2-17 所示。

控制菜单中各命令的意义如下。

还原:将窗口还原成最大化或最小化前的状态。

移动:使用上、下、左、右方向键将窗口移动到另一位置。

大小:使用键盘改变窗口的大小。

最小化:将窗口缩小成图标。

最大化:将窗口放大到最大。

关闭:关闭窗口。

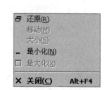

图 2-17　控制菜单

4．快捷菜单

快捷菜单是系统提供给用户的一种即时菜单,其为用户的操作提供了更为简单、方便、快捷、灵活的工作方式。将鼠标指针指向操作对象,右击即可弹出快捷菜单。快捷菜单中的命令是根据当前的操作状态而定的,具有动态性质,随着操作对象和环境状态的不同,快捷菜单中的命令也有所不同。

2.3.6　Windows 7 对话框

对话框实际上是一个小型的特殊的窗口,它一般出现在程序执行过程中,提出选项并要求用户给予答复,图 2-18 所示是通过 Word 应用程序【文件】→【选项】→【保存】对话框。

对话框一般由若干个部分(称为"栏")组成,每一部分主要包括列表框、单选按钮、复选框与数值框等,有的对话框包含若干个选项卡。

(1) 选项卡是对话框的组成部分,一般的对话框由几个选项卡组成。切换各选项卡,可对一组内容进行相应的设置。

(2) 单选按钮一般是供用户单击选择用,被选中者其圆钮中间显示黑点。

(3) 复选框供用户多项选择用,被选定者其矩形框中显示"√",未选定者其矩形框中为空。

(4) 列表框中列出可供用户选择的内容,一般包括下拉列表框和滚动列表框。

(5) 数值框是对话框中对相应项的数值进行设置的调整框,如 2 字符 等。可通过框中的微调按钮,即上三角按钮和下三角按钮增加或减少数值,也可在其中直接输入数值。

图 2-18 【Word 选项】对话框及其标志

（6）命令按钮是对话框中各操作的执行按钮。单击各个命令按钮，即可完成相应的操作。

对话框的类型比较多，不同类型的对话框中所包含的部分是各不相同的。

2.3.7 中文输入法

1. 中文输入法的选择

中文 Windows 7 系统默认状态下，为用户提供了微软拼音、简体中文全拼、微软拼音 ABC、简体中文郑码等多种汉字输入方法。在任务栏右侧的公告区显示输入法图标，用户可以使用鼠标或键盘选用、切换不同的汉字输入法。

1）鼠标切换法

单击任务栏右侧的输入法图标，将显示输入法菜单，如图 2-19 所示。在输入法菜单中选择输入法图标或其名称即可改变输入法，同时在任务栏显示出该输入法图标，并显示该输入法状态栏，如图 2-20 所示。右击任务栏上的输入法图标，在弹出的快捷菜单中选择【设置】命令，在弹出的【文字服务和输入语言】对话框进一步进行相关的设置。

图 2-19 输入法菜单

图 2-20 输入法状态栏及其标志

2）键盘切换法

（1）按 Ctrl+Shift 组合键切换输入法。每按一次 Ctrl+Shift 组合键,系统按照一定的顺序切换到下一种输入法,这时在屏幕上和任务栏上改换成相应输入法的状态窗口及其图标。

（2）按 Ctrl+空格键启动或关闭所选的中文输入法,即完成中英文输入法的切换。

2．汉字输入法状态的设置

图 2-20 所示是微软拼音 ABC 输入法状态栏,从左至右各按钮名称依次为输入法图标、中文/英文切换按钮、全/半角切换按钮、中/英文标点符号切换按钮、软键盘按钮和输入法状态栏选项。

（1）中文/英文切换。中文/英文切换按钮显示"英"时表示处于英文输入状态,显示"中"时表示处于中文输入状态。单击或按 Shift 键可以切换这两种输入状态。

（2）全/半角切换。全角/半角切换按钮显示一个"满月"图形表示全角状态,"半月"图形表示半角状态。在全角状态下所输入的英文字母或标点符号占一个汉字的位置。单击该按钮或按 Shift+Space 组合键可以切换这两种输入状态。

（3）中/英文标点符号切换。标点符号切换按钮显示"。,"表示中文标点状态,显示". ,"表示英文标点状态。各种汉字输入法规定了在中文标点符号状态下英文标点符号按键与中文标点符号的对应关系。例如,在微软拼音 ABC 输入法的中文标点状态下,输入"\"显示的是"、",输入"〈"显示的是"《"或"〈"。单击该按钮可以切换两种输入状态。

（4）软键盘。微软拼音输入法提供了 13 种软键盘,使用软键盘可以实现仅用鼠标就可以输入汉字、中文标点符号、数字序号、数学符号、单位符号、外文字母和特殊符号等。

（5）状态栏选项。单击下三角按钮可以打开输入法状态栏选项菜单从而调整状态栏显示内容。

（6）输入法图标。显示当前输入法图标,单击打开输入法菜单切换输入法。

右击输入法状态栏的任意按钮即可显示输入法状态栏菜单,即可更改状态栏显示效果和相关设置。单击输入法状态栏的【软键盘】按钮,可以显示或隐藏当前软键盘。软键盘菜单与软键盘如图 2-21 所示。

(a)

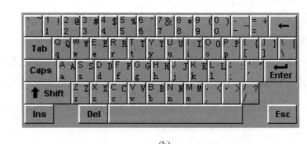

(b)

图 2-21　软键盘菜单与软键盘

3．汉字输入的过程

（1）选择中文输入法。按 Ctrl+Shift 组合键,或者单击任务栏上的【输入法指示器】图

标 ■，在弹出的输入法菜单中选择一种汉字输入法。

（2）输入汉字编码。输入汉字时应在英文字母的小写状态下，当输入对应汉字的编码时，屏幕将显示输入窗口，输入后按空格键，屏幕将显示出该汉字编码的候选汉字窗口，如图2-22所示的是利用搜狗拼音输入法输入了拼音字母"hao"，在候选汉字窗口显示了当前输入的汉字编码所对应的汉字，可以单击 ■ 图标，如果汉字编码输入有错，可以按退格（←或Backspace）键修改，按Esc键或单击窗口外某处放弃输入。

（3）选取汉字。对显示在候选汉字窗口中的汉字，使用所需汉字前的数字键选取。例如，在图2-22所示的候选汉字窗口中要选取"浩"字，可以输入数字键"3"，也可用单击"浩"字，候选汉字中的第一个汉字也可以按空

图2-22 搜狗拼音输入编码窗口

格键选取。如果当前列表中没有需要的汉字，按"－"或"["键向前翻页，按"＝"或"]"键向后翻页，或者单击候选汉字窗口中的下一页或上一页按钮进行翻页，直至所需汉字显示在候选汉字窗口中。

4．微软拼音ABC输入法

微软拼音ABC输入法是Windows 7中的一种输入方法，其既可以用全拼，又可以用简拼，使用非常灵活、方便。微软拼音ABC输入法提供了6万多条的基本词库，输入时只要输入词组的各汉字声母即可。微软拼音ABC输入法提供了一个颇具"智能"特色的中文输入环境，可以对用户一次输入的内容自动进行分词，并保存到词库中，下次即可按词组输入。

（1）单字输入。按照标准的汉语拼音输入所需汉字的编码，按空格键后即可在候选汉字窗口中选择所需的汉字。

（2）词组输入。将词组中每个汉字的全拼连在一起就构成了该词的输入编码，如电脑（diannao）、计算机（jisuanji）、科学技术（kexuejishu）、会当凌绝顶（huidanglingjueding）等。由于某些汉字、词组的全拼连在一起后系统无法正确识别分词，例如，要输入"西安"两个汉字，若输入编码"xian"，系统将理解为"先"等单字。为此，可以使用隔音符号"'"，输入编码"xi'an"即可得到"西安"两个汉字。

在输入词组或语句时，如果系统无法正确分词，可以按←或Backspace键强制分词。对于已有的词组，输入时可以只输入各字的声母或部分全拼，如计算机可输入"jsj、jisj、jisuanj、jsuanj、jsji"等。

2.3.8 剪贴板

在Windows中，剪贴板主要用于在不同文件与文件夹之间交换信息。所谓剪贴板，实际上是Windows在计算机内存中开辟的一个临时储存区。

1．剪贴板的基本操作

对剪贴板的操作主要有以下3种。
（1）剪切。将选定的信息移动到剪贴板中。
（2）复制。将选定的信息复制到剪贴板中。

必须注意的是,剪切与复制操作虽然都可以将选定的信息放到剪贴板中,但它们还是有区别的。其中,剪切操作是将选定的信息放到剪贴板中后,原来位置上的这些信息将被删除;而复制操作则不删除原来位置上被选定的信息,同时还将这些信息存放到剪贴板中。

(3)粘贴。将剪贴板中的信息插入到指定的位置。

前面介绍的利用【编辑】菜单和快捷菜单进行文件与文件夹的复制或移动操作,实际上是通过剪贴板进行的。复制文件与文件夹时,用到了剪贴板的复制与粘贴操作;移动文件与文件夹时,用到了剪贴板的剪切与粘贴操作。

在大部分的 Windows 应用程序中都有以上 3 个操作命令,一般被放在【编辑】菜单中或快捷菜单中。利用剪贴板,就可以很方便地在文档内部、各文档之间、各应用程序之间复制或移动信息。

特别要指出的是,如果没有清除剪贴板中的信息,或者没有新信息被剪切或复制到剪贴板中,则在没有退出 Windows 之前,其剪贴板中的信息将一直保留,随时可以将它粘贴到指定的位置。退出 Windows 之后,剪贴板中的信息将不再保留。

2. 屏幕复制

在实际应用中,用户可能需要将 Windows 操作过程中的整个屏幕或当前活动窗口中的信息编辑到某个文件中,这也可以利用剪贴板来实现。

(1)在进行 Windows 操作过程中,任何时候按 PrintScreen 键,都可以将当前整个屏幕信息复制到剪贴板中。

(2)在进行 Windows 操作过程中,任何时候按 Alt+PrintScreen 组合键,都可以将当前活动窗口中的信息复制到剪贴板中。

一旦屏幕或某个窗口信息复制到剪贴板后,就可以将剪贴板中的这些信息粘贴到其他有关文件中。

2.3.9 资源管理器的基本操作

1. 打开资源管理器窗口

在 Windows 7 中,资源管理器以分层的方式显示计算机内所有文件的详细图表。使用资源管理器可以方便地实现查看和管理计算机中的各种文件。

1)打开资源管理器方法

(1)右击【开始】按钮,在弹出的快捷菜单中选择【打开 Windows 资源管理器】命令,弹出资源管理器窗口,如图 2-23 所示。

(2)单击【开始】按钮,从开始菜单中选择【所有程序】后单击【附件】中的【Windows 资源管理器】选项。

(3)按 Windows+E 组合键。

2)Windows 7 资源管理器的特点

Windows 7 的资源管理器存在很大不同,增加了很多新功能,老的组件得到了加强,如图 2-24 所示,其特点如下。

(1)通过单击工具栏中【视图】按钮 ,可以动态调整文件图标大小。

图 2-23 资源管理器窗口

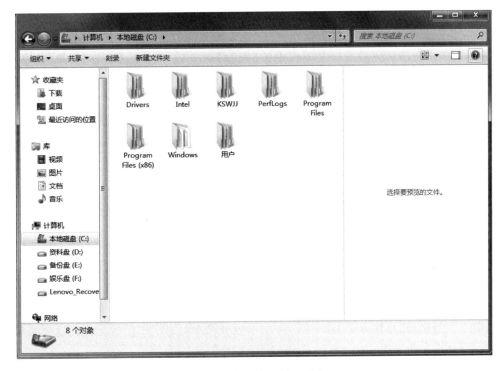

图 2-24 特色的资源管理器窗口

（2）文件或文件夹的图标可以根据文件内容动态改变。

（3）通过单击工具栏中【预览】按钮 显示预览窗格，不用打开文件即可知道文件内容。

（4）图标新增复选框，方便连续选择或间隔选择。

(5)新增库功能,方便文件管理。

(6)具有强大的文件过滤器和筛选器。

2. 查看文件夹的分层结构

1)查看当前文件夹中的内容

在资源管理器左窗格(即文件夹树形列表)中单击某个文件夹名或图标,则该文件夹被选中,成为当前文件夹,此时在右窗格(即文件夹内容窗口)即显示该当前文件夹中下一层的所有子文件夹与文件。

2)展开文件夹树

在资源管理器的左侧导航窗格中,可看到在某些文件夹或图标的左侧含有"◢"或"▷"的标记。如果文件夹图标左侧有"◢"标记,则表示该文件夹已经被选定并打开,只要单击该"▷"标记,就可以进一步展开该文件夹分支,从而可以从文件夹树中看到该文件夹中下一层子文件夹。此时若单击该"◢"标记,则将该文件夹下的子文件夹折叠隐藏起来,该标记变为"▷"。如果文件夹图标没有任何标记,则表示该文件夹下没有子文件夹,不可进行展开或折叠隐藏操作。

3. 设置文件排列形式

为了便于对文件或文件夹进行操作,可以对文件夹内容窗口中文件与文件的显示形式进行调整。单击资源管理器窗口菜单栏中的【查看】菜单项,即弹出【查看】菜单,如图 2-25 所示。

在【查看】菜单中,有 8 个调整文件夹内容显示方式的命令。

小图标(超大图标、大图标、中等图标):以多行显示文件与文件夹的名称和相应图标。既可显示出更多的文件与文件夹,也可方便对文件与文件夹的选取、复制和删除操作。

列表:以多列显示文件与文件夹的名称和更小的图标,可显示出最多的文件与文件夹内容。

平铺:以多行显示直观的中等图标及文件与文件夹的名称。

内容:竖排显示为直观的缩略图及文件与文件夹名称和文件大小,便于快速浏览图形图像文件。

详细信息:以单列显示小图标和文件与文件夹的名称、大小、类型、修改时间等详细信息,可利用这些信息对文件夹内容进行排序。

在【查看】菜单中,还有一个用于调整文件夹内容窗口中文件与文件夹排列顺序的【排序方式】命令。当选择【排序方式】命令后,将显示级联菜单,如图 2-25 所示。在这个菜单中,共有 7 个命令,分为 3 组。

名称:按文件或文件夹名的顺序进行排列。

修改日期:按文件最后修改的日期进行排列。

类型:按文件夹与文件类型进行排列。

大小:按文件所占的字节数进行排列。

更多:可以调整排序方式的级联菜单的显示顺序及增加或删除菜单项。

为了调整文件与文件夹的排列顺序,除了利用【查看】菜单外,还可以利用快捷菜单。在资源管理器窗口中右击空白处,即可弹出快捷菜单,在该菜单中选择【排序方式】命令,则显示一个包含上述调整文件与文件夹排列顺序的菜单命令。

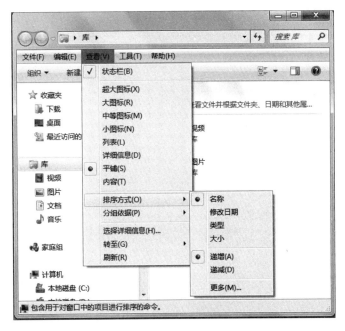

图 2-25 【查看】菜单

2.3.10 帮助和支持中心

对于初次使用 Windows 7 的用户来说,系统内置的帮助功能将十分有用。用户不仅可以从【Windows 帮助和支持】中了解 Windows 7 的各种功能,还可以在其中搜索到自己感兴趣的主题,也可寻找解决问题的各种方案,提高操作水平。

在【Windows 帮助和支持】中查看各种帮助主题的操作步骤如下。

(1)选择【开始】→【帮助和支持】命令,弹出如图 2-26 所示的【Windows 帮助和支持】窗口。

(2)将鼠标指针指向某个帮助主题,该主题文字会自动添加下画线,鼠标指针也会变为手形图形,即该主题文字已经变成一个超链接。

(3)在搜索栏内输入帮助主题内容(如【Windows 基础知识】),按 Enter 键,【Windows 帮助和支持】窗口的内容就会跳转到该主题搜索结果列表,如图 2-27 所示。

(4)单击【Windows 7 的新增功能】超链接,即可在【Windows 帮助和支持】窗口显示有关的具体帮助内容,如图 2-28 所示。

(5)单击【Windows 帮助和支持】窗口右侧帮助文档中的超链接,可显示更加详细的相关内容,如图 2-29 所示。

在查阅帮助主题的过程中,用户可以通过单击【主页】按钮 ,随时返回【Windows 帮助和支持】的主页;单击【后退】按钮 ,可返回到最近一次打开过的帮助文档;在单击【后退】按钮 之后,单击【前进】按钮 ,可打开最近一次后退前显示的帮助文档。

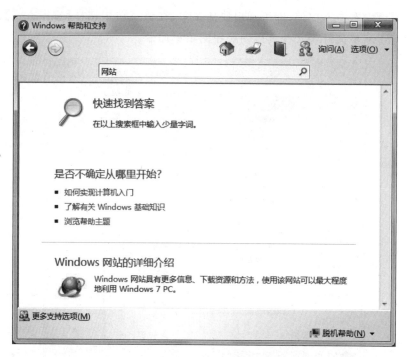

图 2-26 【Windows 帮助和支持】窗口

图 2-27 【Windows 基础知识】帮助主题

Windows 提供了一种综合的联机帮助系统，借助帮助系统，用户可以方便、快捷地找到问题的答案，从而更好地应用计算机。

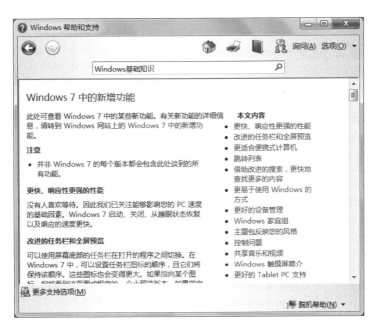

图 2-28 【Windows 7 中的新增功能】帮助主题

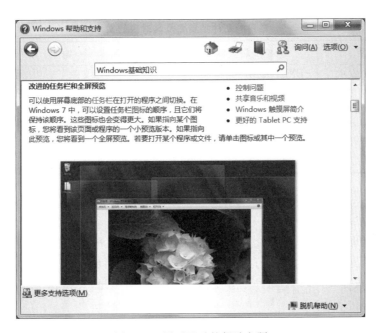

图 2-29 展开显示的帮助主题

2.4 Windows 7 的文件和文件夹管理

　　计算机系统中保存的数据是以文件的形式存放于外部存储介质上的,文件和文件夹是 Windows 7 系统中最常用的操作对象,几乎所有任务都要涉及文件和文件夹的操作,如创建文件夹,选定、删除文件和文件夹等。

2.4.1 基本概念

1. 文件

文件是用文件名标识的一组相关信息集合,可以是文档、图形、图像、声音、视频、程序等。每个文件必须有一个唯一的标识,这个标识就是文件名。

1) 文件的命名

文件名一般由主文件名和扩展名组成,其格式为:<主文件名>.[扩展名]。

文件名命名原则如下。

(1) 见名知义。

(2) 不区分大小写。

(3) 其中,文件名中不能使用"/""\"":"" * ""?"""""<"">""|"等。

(4) "?"代表任意一个字符;" * "代表任意一个字符串。

(5) 最后一个"."后的字符串是扩展名。

2) 文件的类型

文件的扩展名表示文件的类型,常用的文件扩展名及其对应的文件类型如表 2-5 所示。

表 2-5 常用的文件扩展名及其对应的文件类型

文件类型	扩展名	说明
可执行程序	EXE、COM	可执行程序文件
源程序文件	C、CPP、BAS	程序设计语言的源程序文件
Office 2010 文档	DOCX、XLSX、PPTX	Word、Excel、PowerPoint 创建的文档
流式媒体文件	WMV、RM、QT	能通过 Internet 播放的流式媒体文件
压缩文件	ZIP、RAR	压缩文件
网页文件	HTM、ASP	前者是静态的,后者是动态的

2. 文件夹

文件夹可以理解为用来存放文件的容器,便于用户使用和管理文件。将磁盘上所有文件组织成树状结构,然后将文件分门别类地存放在不同的文件夹中,这种结构像一棵倒置的树,"树根"称为根目录,"树"中每一个分支称为文件夹(子目录),"树叶"称为文件。

3. 路径

路径在文件夹的树状结构中,从根文件夹开始到任何一个文件都有唯一一条通路,该通路全部的节点组成路径,路径就是用"\"隔开的一组文件夹及该文件的名称。

2.4.2 文件及文件夹的操作

1. 搜索文件或文件夹

搜索文件或文件夹的具体操作步骤如下。

（1）打开资源管理器，在左侧导航窗格中选择要搜索内容的范围，如图 2-30 所示。

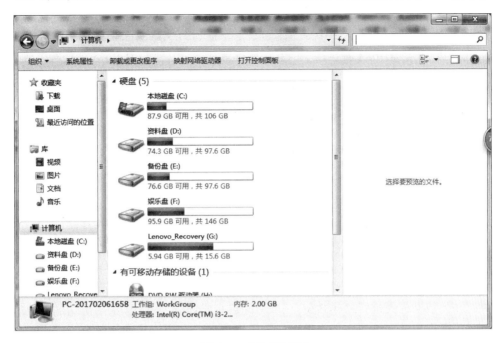

图 2-30 【搜索】范围

（2）在搜索栏 内输入搜索内容。搜索栏具备动态搜索功能，即当我们输入关键字一部分的时候，搜索就已经开始，随着关键字的增多，搜索结果会被反复筛选，直接搜索出需要的内容，如图 2-31 所示。

图 2-31 搜索结果

2. 查看文件

在【计算机】窗口的主显示区中显示了该目录下的所有文件及文件夹,对于这些文件及文件夹,Windows 7 提供了【内容】【平铺】【小图标】【列表】【详细信息】等 8 种查看方式,单击工具栏中的 按钮右侧的下三角按钮,弹出下拉列表,在该下拉列表中选择所需的显示方式。

3. 新建文件夹或文件

在磁盘或文件夹下新建文件夹或文件的方法很简单,具体操作步骤如下。

(1) 打开该磁盘或文件夹,右击其空白位置,在弹出的快捷菜单中选择【新建】→【文件夹】命令,磁盘或文件夹中即可新建一个相应的文件夹。

(2) 打开该磁盘或文件夹,右击其空白位置,在弹出的快捷菜单中选择【新建】命令,在级联菜单中单击对应文件类型,磁盘或文件夹中即可新建一个相应的文件。

4. 选定文件或文件夹

在对文件或文件夹进行操作之前,一般应先选定它们。

如果需要选定的文件或文件夹不在资源管理器窗口右侧窗格的文件夹内容窗口(即当前文件夹)中,则需要先在资源管理器窗口导航窗格中选定当前文件夹,然后再在右侧窗格的当前文件夹内容窗口中选定所需要的文件或文件夹。

(1) 选定单个文件或文件夹。在资源管理器窗口右侧窗格的文件夹内容窗口中单击要选定的文件或文件夹的图标或名称即可。

(2) 选定一组连续排列的文件或文件夹。在资源管理器窗口右侧窗格的文件夹内容窗口中单击要选定的文件或文件夹组中第一个的图标或名称,然后移动鼠标指针到该文件或文件夹组中最后一个的图标或名称,按住 Shift 键并单击。

(3) 选定一组非连续排列的文件或文件夹。按住 Ctrl 键,单击每一个要选定的文件或文件夹的图标或名称。

(4) 选定几组连续排列的文件或文件夹。利用(2)中的方法先选定第一组,然后按住 Ctrl 键,单击第二组中第一个文件或文件夹图标或名称,再按 Ctrl+Shift 组合键,同时单击第二组中最后一个文件或文件夹图标或名称,以此类推,直到选定最后一组为止。

(5) 选定所有文件和文件夹。要选定当前文件夹内容窗口中的所有文件和文件夹,只要在资源管理器窗口中选择【编辑】→【全选】命令即可。

(6) 反向选择。当窗口中要选定的文件和文件夹远比不需要选定的多时,可采用反向选择的方法,即先选定不需要的文件和文件夹,然后选择【编辑】→【反向选择】命令即可。

(7) 取消选定文件。单击窗口中任何空白处即可。

5. 创建快捷方式

在磁盘或文件夹中创建快捷方式的具体操作步骤如下。

(1) 打开磁盘或文件夹,鼠标指针指向目标对象。

(2) 右击,在弹出的快捷菜单中选择【创建快捷方式】命令,即可在当前位置创建目标对象的快捷方式。

（3）右击该快捷方式图标，在弹出的快捷菜单中选择【发送到】→【桌面快捷方式】命令，即可在桌面上创建目标对象的快捷方式。

6．设置文件夹选项

利用文件夹选项可以对文件进行设置，如隐藏文件，其具体操作步骤如下。

（1）选定要隐藏的文件，右击弹出快捷菜单中选择【属性】命令，弹出【属性】对话框，选中【隐藏】复选框，单击【确定】按钮，设定其隐藏属性，如图 2-32 所示。

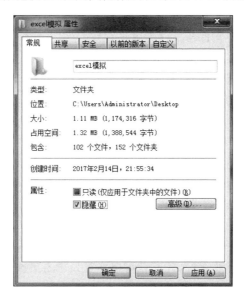

图 2-32 【属性】对话框

（2）选择【工具】→【文件夹选项】命令，弹出【文件夹选项】对话框，如图 2-33 所示。

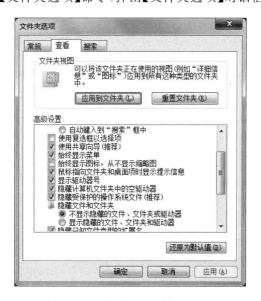

图 2-33 【文件夹选项】对话框

(3)【文件夹选项】对话框包含【常规】【查看】【搜索】3个选项卡。选择【查看】选项卡,在【高级设置】列表框中,用户可根据需要选中相应的复选框和单选按钮,选中其中的【不显示隐藏的文件和文件夹】单选按钮,即可隐藏文件或文件夹。

(4)单击【应用】按钮,将设置应用于选中的文件或文件夹。

7. 复制或移动文件与文件夹

复制文件与文件夹是指将某位置上的文件与文件夹中的内容复制到另一个新的位置上,复制后,原来位置上的内容不变,即在复制后,新的位置与原来的位置上都有相同的文件与文件夹。移动文件与文件夹是指将某位置上的文件与文件夹中的内容移到另一个新的位置上,移动后,原来位置上的文件与文件夹就不存在。

在资源管理器中进行文件与文件夹的复制或移动是方便而直观的。既可以利用鼠标进行复制或移动,也可以利用【编辑】菜单进行复制或移动。

1)利用鼠标进行复制或移动

(1)利用鼠标复制文件与文件夹的具体操作步骤如下。

① 打开资源管理器窗口。

② 在文件夹树形列表(导航窗格)中选中需要复制的文件与文件夹所在的文件夹(称为源文件夹)。此时,需要复制的文件与文件夹将显示在文件夹内容窗口(右侧窗格)中。

③ 利用前面介绍的方法,在文件夹内容窗口中选定需要复制的文件与文件夹。

④ 在文件夹树形列表中使目的位置的文件夹成为可见,然后按住 Ctrl 键,将鼠标指针指向右侧窗格中被选定的任意一个文件与文件夹,再按住鼠标左键,拖动鼠标至左窗口中的目的位置文件夹的右侧后释放鼠标,此时就可以在窗口中看到文件与文件夹复制的过程。

(2)利用鼠标移动文件与文件夹的具体操作步骤如下。

① 打开资源管理器窗口。

② 在文件夹树形列表中选中需要移动的文件与文件夹所在的文件夹,此时,需要移动的文件与文件夹将显示在文件夹内容窗口中。

③ 利用前面介绍的方法,在文件夹内容窗口中选定需要移动的文件与文件夹。

④ 在文件夹树形列表中使目的位置的文件夹成为可见,然后按住 Shift 键,将鼠标指针指向右侧窗格中被选定的任意一个文件与文件夹,再按住鼠标左键,拖动鼠标至左侧窗格中的目的位置文件夹的右侧(该文件夹名呈反白显示)后释放鼠标,此时就可以在窗口中看到文件与文件夹移动的过程。

2)利用【编辑】菜单进行复制或移动

(1)利用【编辑】菜单复制文件与文件夹的具体操作步骤如下。

① 打开资源管理器窗口。

② 在文件夹树形列表中选中需要复制的文件与文件夹所在的文件夹,此时,需要复制的文件与文件夹将显示在文件夹内容窗口中。

③ 利用前面介绍的方法,在文件夹内容窗口中选定需要复制的文件与文件夹。

④ 在资源管理器窗口中选择【编辑】→【复制】命令。

⑤ 在文件夹树形列表中选目的位置的文件夹。此时,在右侧窗格中将显示该文件夹的内容。

⑥ 在资源管理器窗口中选择【编辑】→【粘贴】命令,此时就可以在窗口中看到文件与文件夹复制的过程。复制完成后,在右侧窗格中就可以看到被复制过来的文件与文件夹。

(2) 利用【编辑】菜单移动文件与文件夹的具体操作步骤如下。

① 打开资源管理器窗口。

② 在文件夹树形列表中选中需要移动的文件与文件夹所在的文件夹,此时,需要移动的文件与文件夹将显示在文件夹内容窗口中。

③ 利用前面介绍的方法,在文件夹内容窗口中选定需要移动的文件与文件夹。

④ 在资源管理器窗口中选择【编辑】→【剪切】命令。

⑤ 在文件夹树形列表中选中目的文件夹。此时,在右侧窗格中将显示该文件夹的内容。

⑥ 在资源管理器窗口中选择【编辑】→【粘贴】命令,此时就可以在窗口中看到文件与文件夹移动的过程。移动完成后,在右侧窗格中就可以看到被移动过来的文件与文件夹。

利用【编辑】菜单复制或移动文件与文件夹,也可以在【计算机】窗口中进行。

8. 删除文件与文件夹

1) 利用回收站删除文件与文件夹

在磁盘上要删除文件与文件夹实际上是将需要删除的文件与文件夹移动到回收站文件夹中。因此,其操作过程与前面介绍的移动文件与文件夹完全一样,既可以用鼠标拖动,也可以选择【编辑】→【剪切】命令,只不过其目标文件夹为回收站。

2) 利用菜单操作删除文件与文件夹

利用菜单删除文件与文件夹的具体操作步骤如下。

(1) 在【计算机】或资源管理器窗口中选定需要删除的文件与文件夹。

(2) 选择【文件】→【删除】命令后即可删除所有选定的文件与文件夹。

特别要指出的是,在磁盘上不管是采用哪种途径删除的文件与文件夹,实际上只是被移动到了回收站文件夹中。如果想恢复已经删除的文件,可以到回收站文件夹中去查找,在清空回收站之前,被删除的文件与文件夹都一直保存在那里。只有当执行清空回收站操作后,才将回收站文件夹中所有文件与文件夹真正从磁盘中删除。如果删除的文件或文件夹不想放入回收站文件夹中,可按住 Shift 键,然后执行删除命令。

9. 重新命名文件与文件夹

在 Windows 中,更改文件或文件夹的名称是很方便的,其具体操作步骤如下。

(1) 在【计算机】或资源管理器窗口中,选中要重命名的文件或文件夹。

(2) 单击【文件】菜单或快捷菜单中的【重命名】命令后,该需要重命名的文件或文件夹名称成为可编辑状态,此时输入新的名称,按 Enter 键即可。

10. 桌面上创建新文件夹

在桌面上创建一个新文件夹,具体操作步骤如下。

(1) 右击桌面上任何空白处,在弹出的快捷菜单选择【新建】→【文件夹】命令。

(2) 此时就在桌面上出现了一个新的文件夹图标,其名称为【新建文件夹】,且处于可编辑状态。

(3) 重新输入文件夹名后,按 Enter 键或单击任何空白处,完成创建。

11. 压缩与解压缩文件

Windows 7 新增加了文件夹压缩功能,具体操作步骤如下。

(1) 在窗口中选中要压缩的文件或文件夹,可以选多个。

(2) 右击选中区域,在弹出的快捷菜单中选择【发送到】命令。

(3) 选择级联菜单中的【压缩文件夹】命令,即可在当前窗口位置创建一个包含所选文件和文件夹的压缩文件夹。压缩文件夹的默认名称从所选文件和文件夹名称中随机产生,其图标就像在普通文件夹图标上加了一条拉链。

(4) 在压缩文件夹中先复制想要解压缩的文件和文件夹,然后在目标位置粘贴复制的项目,即可解压缩那些文件和文件夹。

当然,Windows 7 的文件夹压缩功能是有限的,要更好地进行文件或文件夹的压缩,可以借助专门的压缩文件软件,如 WinRAR 等。

2.5 控制面板与个性环境设置

在 Windows 7 中,系统环境或设备在安装时一般都已经有一个默认设置,但在使用过程中,也可以根据某些特殊要求进行调整和设置。这些设置是在控制面板中进行的。在控制面板中,可以对 20 多种设备进行参数设置和调整,如键盘、鼠标、显示器、字体、区域设置、打印机、日期与时间、口令、声音等。

2.5.1 控制面板

控制面板是 Windows 7 系统中系统管理与设置的界面。选择【开始】→【控制面板】命令,弹出【控制面板】窗口,如图 2-34 所示。

图 2-34 【控制面板】窗口

单击【查看方式】中的【小图标】命令,打开【所有控制面板项】窗口,如图 2-35 所示。

图 2-35 【所有控制面板项】窗口

在【控制面板】的显示区中单击要调整设置的图标或超链接,可弹出相应的对话框或窗口。下面介绍控制面板中相应项的设置。

2.5.2 显示设置

在【控制面板】窗口中单击【外观和个性化】超链接,弹出【外观和个性化】窗口,如图 2-36 所示,该窗口包含【个性化】【显示】【桌面小工具】等超链接选项。

图 2-36 【外观和个性化】窗口

1. 设置桌面背景

(1) 在【外观和个性化】窗口中单击【更改桌面背景】超链接;或者在桌面空白处右击,在弹出的快捷菜单中选择【个性化】选项,单击【个性化】窗口底部的【桌面背景】超链接。

(2) 打开【桌面背景】窗口,如图 2-37 所示。从图片位置下拉列表框中选择【图片库】,选中喜欢的图片;或者单击【浏览】按钮,从文件夹中选取需要的图片。

图 2-37 【桌面背景】窗口

(3) 图片位置下拉列表框中提供了【填充】【适应】【拉伸】【平铺】和【居中】5 种显示方式,供用户选择。建议设置【适应】选项,可以让选择的图片自动扩充而适应整个屏幕,使桌面效果更佳。

(4) 在【更改图片时间间隔】下拉列表框选择合适时长设置图片切换时间。

(5) 选中是否无序播放等操作,单击【保存修改】按钮即可。

2. 设置屏幕保护程序

屏幕保护程序是当操作者在较长时间内没有任何键盘或鼠标操作情况下,用于保护显示屏幕的实用程序。

(1) 在【个性化】窗口单击其底部【屏幕保护程序】超链接,打开【屏幕保护程序设置】对话框,如图 2-38 所示。

(2) 在【屏幕保护程序设置】对话框的【屏幕保护程序】下拉列表框中选择合适选项。

(3) 单击【设置】按钮可调整屏幕保护程序显示的效果,等待数值框中输入相应时间或单击微调按钮调整,单击【确定】或【应用】按钮。

（4）等待一定时间后，屏幕保护程序将自动启动或直接单击【预览】看设置效果。

图 2-38 【屏幕保护程序】选项卡

3．调整屏幕分辨率

（1）单击【外观和个性化】窗口中的【调整屏幕分辨率】超链接；或者在桌面空白处右击，在弹出的快捷菜单中选择【屏幕分辨率】命令，打开【屏幕分辨率】窗口，如图 2-39 所示。

图 2-39 【屏幕分辨率】窗口

(2) 单击【分辨率】下拉按钮,拖动滑块调整屏幕分辨率。

(3) 单击【高级设置】超链接,在弹出对话框中选取【监视器】选项卡调整屏幕刷新频率和颜色,如图 2-40 所示。

(4) 单击【确定】或【应用】按钮即可。

图 2-40 【监视器】选项卡

4．调整屏幕字体大小

默认情况下,窗口菜单及文字都是 9 号字体,用户可以根据需求自行定义其显示的字体及大小。参考步骤如下。

(1) 在桌面空白处右击,在弹出的快捷菜单中选择【个性化】选项,打开【外观和个性化】窗口,左侧窗格中单击【显示】超链接,进入【显示】窗口,如图 2-41 所示。

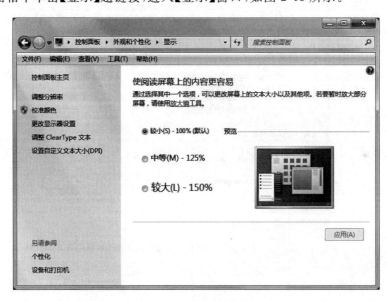

图 2-41 【显示】窗口

(2) 选中【较小】【中等】【较大】单选按钮中的一个,单击【应用】按钮即可。

用户还可以通过窗口左侧的【调整 ClearType 文本】超链接改善现有液晶显示器上的文本可读性,使计算机屏幕上的文字看起来和纸上打印的一样清晰明显。

5. 桌面小工具

Windows 桌面小工具是一个比较实用的功能,是 Windows 7 随附的一些小程序,可以提供即时信息以及轻松访问常用工具的途径。其中包括日历、时钟、天气、源标题、幻灯片放映和图片拼图板等。

1) 添加小工具

如果计算机在启动后没有出现桌面小工具,则按照以下步骤开启。

(1) 单击【开始】按钮,在弹出的【开始】菜单中选择【所有程序】下的【桌面小工具库】命令,如图 2-42 所示,或者在 Windows 7 桌面的空白处右击,在弹出的快捷菜单中选择【小工具】命令,同样可以打开工具添加窗口,如图 2-43 所示。

图 2-42 【桌面小工具库】命令

(2) 双击工具图标或者右击选择【添加】命令,即可在桌面添加相应的小工具,如图 2-44 所示。

2) 删除桌面小工具

如果感觉不再需要某个桌面小工具,用户也可以删除它。以删除【时钟】工具为例,将鼠标指针移动到工具图标时,右上方面会自动滑出【关闭】按钮,单击该按钮即可关闭工具;或者右击【时钟】工具,在弹出的快捷菜单中选择【关闭小工具】命令也可实现删除,如图 2-45 所示。

图 2-43　桌面小工具窗口

图 2-44　添加小工具窗口

图 2-45　关闭小工具

3) 设置小工具属性

可以调整特定小工具的大小、透明度或者设置小工具有关的选项来更改小工具的显示效果。以调整【时钟】小工具的样式为例。

(1) 右击时钟工具，在快捷菜单中选择【选项】命令，如图 2-46 所示。

(2) 弹出【时钟】设置对话框，用户可以根据需求在面板中选择时钟的显示样式，如图 2-47 所示。

(3) 用户设置完成后，单击【确定】按钮退出，即可显现小工具的新样式。

图 2-46 【选项】菜单　　　　　图 2-47 【时钟】设置

2.5.3 键盘设置

在【所有控制面板项】窗口中单击【键盘】超链接,弹出【键盘属性】对话框,选择【速度】选项卡,如图 2-48 所示。

在该对话框中,可以设置以下几个参数。

(1) 字符重复延迟:按重复字符时延缓时间的长短,一般设为【短】。

(2) 字符重复率:按重复字符的重复速度,一般设为【中】。

(3) 光标闪烁频率:光标闪烁速度的快慢。

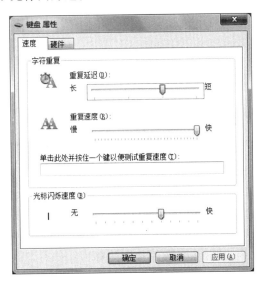

图 2-48 【键盘 属性】对话框

2.5.4 用户账户设置

用户账户是通知 Windows 用户可以访问哪些文件和文件夹,可以对计算机和个人首选项(如桌面背景或屏幕保护程序)进行哪些更改的信息集合。通过用户账户,用户可以在拥有自己的文件和设置的情况下与多个人共享计算机。每个人都可以使用用户名和密码访问其用户账户。

有3种类型的账户,每种类型为用户提供不同的计算机控制级别。

(1) 标准账户:适用于日常计算。

(2) 管理员账户:可以对计算机进行最高级别的控制,但应该只在必要时才使用。

(3) 来宾账户:主要针对需要临时使用计算机的用户。

1. 账户创建

(1) 在【控制面板】窗口单击【添加或删除用户账户】超链接,弹出【管理账户】窗口,如图 2-49 所示。

图 2-49 【管理账户】窗口

(2) 单击【创建一个新账户】超链接,弹出【创建新账户】窗口如图 2-50 所示,输入账户名,选择账户类型,单击【创建账户】按钮即可,新账户如图 2-51 所示。

(3) 单击创建的标准用户,进入【更改账户】窗口,如图 2-52 所示,单击此窗口左侧的超链接,可以更改账户名称、创建密码、更改用户图片等。

2. 删除账户

(1) 进入【管理账户】窗口,单击要删除的用户账户。

(2) 在弹出的【更改账户】窗口中单击【删除账户】超链接。

(3) 单击【删除文件】或【保留文件】按钮。

(4) 在弹出的【确认删除】窗口中单击【删除账户】按钮,用户账户将被删除。

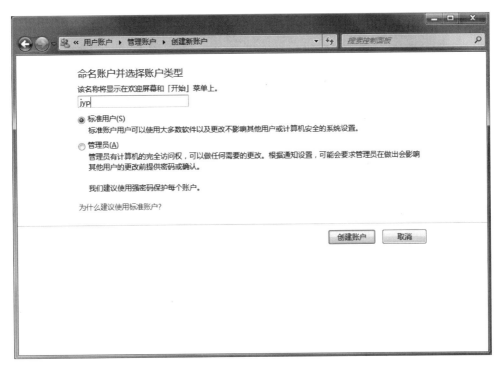

图 2-50 【创建新账户】窗口

图 2-51 创建的新账户

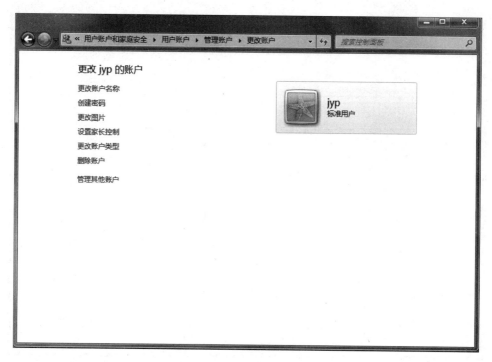

图 2-52 【更改账户】窗口

2.5.5 字体设置

Windows 7 中安装了许多字体,既可以添加字体,也可以删除不需要的字体。

1. 打开【字体】窗口

在【所有控制面板项】窗口中单击【字体】超链接,弹出【字体】窗口,如图 2-53 所示。

(1) 字体样例。在【字体】窗口中显示了 Windows 中已经安装的所有字体。如果需要了解某种字体的样例,则可以在【字体】窗口中双击该字体的图标,系统就显示一个样例窗口,其中列出了字体名称、版本信息及各种大小的字体。

(2) 字体属性。在【字体】窗口中选择【文件】→【属性】命令,即显示字体属性对话框,显示了该字体所具有的属性。

2. 安装新字体

Windows 7 提供已安装的各种字体,通常在 Windows 目录下的【Fonts】文件夹中。用户如果要安装其他字体,必须首先下载这些字体,可以从软件程序、Internet 下载来源安全的字体;然后选择字体并右击,在弹出的快捷菜单中选择【安装】选项即可。

3. 删除字体

(1) 在【所有控制面板项】窗口中,单击【字体】超链接,打开如图 2-54 所示字体窗口。
(2) 选择要删除的字体并右击,在弹出的快捷菜单中选择【删除】命令。

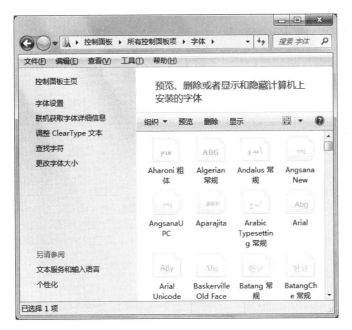

图 2-53 【字体】窗口

(3) 在弹出的【删除字体】对话框中选取【是】按钮,即可删除此字体。

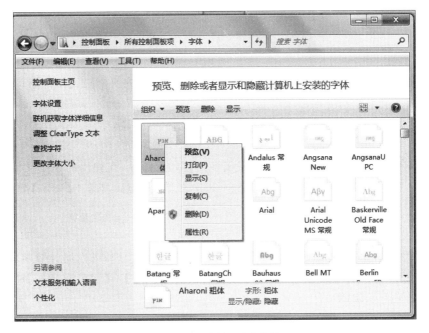

图 2-54 【字体】删除菜单

2.5.6 打印机的设置与安装

设置与安装打印机,首先要弹出【设备和打印机】窗口,即在【所有控制面板项】窗口中单击【设备和打印机】超链接,弹出【设备和打印机】窗口,如图 2-55 所示。如果系统已经安装了打印机,则在【设备和打印机】窗口中显示已经安装的打印机的图标。

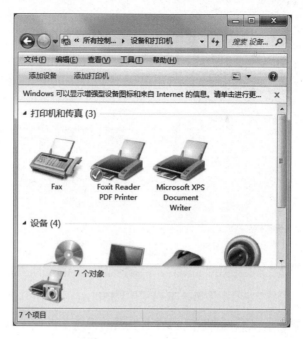

图 2-55 【设备和打印机】窗口

1. 添加打印机

在【设备和打印机】窗口的工具栏中单击【添加打印机】按钮,弹出【添加打印机向导】对话框,只需按照向导中所要求的步骤逐步操作即可。

2. 设置打印机属性

在【设备和打印机】窗口中右击要设置属性的打印机图标,在弹出的快捷菜单中选择【打印机属性】选项,即弹出该打印机属性对话框,输入位置等信息,再单击【确定】按钮即可。

2.5.7 添加和删除程序

添加和删除程序是用户通过计算机系统对应用程序的管理,可以给计算机添加必要的应用软件和删除无用的应用软件。单击【控制面板】→【程序】→【程序和功能】超链接,弹出【程序和功能】窗口,如图 2-56 所示。

1. 删除程序

选中要删除的程序,单击工具栏上的【卸载/更改】按钮,系统将弹出一个卸载向导询问是否删除该程序,单击【是】按钮,即可删除程序;或者程序本身带有卸载程序,则可以直接运行卸载应用程序。

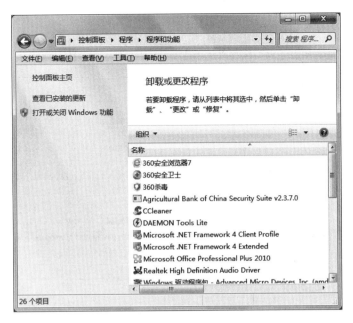

图 2-56 【程序和功能】窗口

2．添加新程序

下载应用程序的安装文件后，双击执行文件，当前许多软件设计得比较人性化，特别是在安装时，根据向导的提示一直单击【下一步】操作即可，或者在光驱中插入安装盘，双击自动运行，根据对话框中的提示进行操作，即可完成新程序的添加。

安装时，有时根据安装方式要手动选择可安装内容，最常见的安装方式有 4 种，分别为最小安装、典型安装、自定义安装和完全安装。

最小安装：只安装软件必须的部分，主要是满足硬盘空间紧张或只需要它的主要功能的操作。

典型安装：安装程序将自动为用户安装最常用的选项，可为用户提供最基本、最常见的功能。

自定义安装：用户可自己选择要安装软件的哪些功能组件。

完全安装：自动将软件中的所有功能全部安装，但需要磁盘空间最多。

2.5.8 系统设置

在【所有控制面板项】窗口中单击【系统】超链接，弹出【系统】窗口，如图 2-57 所示。通过此窗口能够了解系统的基本信息，同时可以对计算机名和硬件等配置进行调整。

（1）单击【高级系统设置】超链接，弹出【系统属性】对话框如图 2-58 所示，可对计算机的名称进行设定。

（2）切换到【硬件】选项卡，如图 2-59 所示。

（3）单击【设备管理器】按钮，在弹出的【设备管理器】窗口中对计算机设备进行管理，如图 2-60 所示。

图 2-57 【系统】窗口

图 2-58 【系统属性】对话框

（4）右击管理的设备项目，在弹出的快捷菜单中选择【属性】命令，弹出相应的属性对话框，可在该对话框中对设备进行管理。

图 2-59 【硬件】选项卡

图 2-60 【设备管理器】窗口

2.6　Windows 7 的附件

Windows 7 为广大用户提供了功能强大的附件，如系统工具、游戏、记事本、画图、计算器和写字板等程序，如图 2-61 所示。

图 2-61 【附件】窗口

1. 写字板

写字板是一个高效的文字处理器，是 Windows 7 系统中自带的、更为高级一些的文字编辑工具，它具备格式编辑和排版的功能。写字板的主要功能在界面上方，可以很方便地使用各种功能，对文档进行创建、格式化、保存和打印。

在【查看】菜单中，可以为文档加上标尺或者放大、缩小进行查看，也可以更改度量单位等，在每一行的末尾，不需要按下 Enter 键就可以自动换行。

2. 记事本

记事本程序是 Windows 7 中的另外一个文本编辑工具，它比写字板程序更小巧，功能更简单。记事本程序只能完成纯文本文件的编辑，无法完成特殊格式的编辑，默认情况下，文件存盘后的扩展名为.txt。

3. 画图

Windows 7 中的画图程序是一种位图绘图软件，具有绘制、编辑图形、文字处理，以及打印图形文档等功能，如图 2-62 所示。

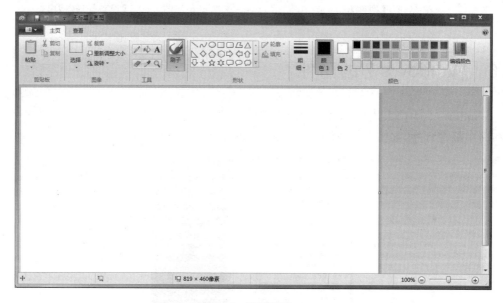

图 2-62 【画图】窗口

使用画图程序提供的各种绘图工具，可以方便地对图像进行编辑处理。此外，画图程序还提供了多种特殊效果的实用命令，可以使绘制的图像更漂亮。通过画图程序的剪切和粘贴等操作，可将用户创作的图像添加到 Word 文档及许多其他类型的文档中。

新的画图工具加入了不少新功能（如通过图形工具），可以为任意图片加入设定好的图形框，如五角星图案、箭头图案及用于表示说话内容的气泡框图案。这些新的功能，使得画图功能更加实用，不仅仅只是用于涂鸦，还有更加实际的应用。

4．计算器

使用计算器进行如加、减、乘、除这样简单的运算。

用户可以用计算器标准视图执行简单的计算,也可以使用计算器提供的程序计算器、科学型计算器和统计信息计算器的高级功能,执行高级的科学计算和统计计算。

1) 标准计算器

用它只能执行简单的计算。如果要使用数字小键盘输入数字和运算符,可按 Num Lock 键,然后再输入数字和运算符。该计算器还能存储数据,如图 2-63 所示。

2) 科学型计算器

选择【查看】→【科学型】命令,可将标位计算器转换成科学型计算器,如图 2-64 所示。科学计算器的功能很强大,可以进行三角函数、阶乘、平方和立方等运算。

图 2-63　标准型计算器

图 2-64　科学型计算器

3) 程序员计算器

选择【查看】→【程序员】命令,可将计算器视图转换成程序员计算器,如图 2-65 所示。程序员计算器具有数制转换和逻辑运算的功能。

图 2-65　程序员计算器

4）统计信息计算器

选择【查看】→【统计信息】命令,可将计算器视图转换成统计信息计算器,如图 2-66 所示。统计信息计算器可以进行平均值、平均方差值、总和、平方值总和、标准偏差和总体标准偏差等计算。

5. 截图工具

Windows 7 内置的截图工具用于捕捉屏幕上任何对象的屏幕快照或截图,还可以对截图添加注释、保存或共享该图像。利用截图工具进行截图的具体操作步骤如下。

（1）单击【新建】按钮,选择绘制的形状,如图 2-67 所示。

（2）用鼠标选择要捕获的屏幕区域,释放鼠标左键时,所截取的图像出现在【截图工具】窗口中。

（3）可以在【截图工具】窗口中对截取的图像进行保存、复制、添加注释或以电子邮件形式进行发送。

图 2-66　统计信息计算器

图 2-67　【截图工具】窗口

2.7　习题

1. 在 Windows 7 操作系统中,磁盘维护包括硬盘检查、磁盘清理和碎片整理等功能,磁盘清理的目的是(　　)。

　　A. 提高磁盘存取速度　　　　　　B. 获得更多磁盘可用空间
　　C. 优化磁盘文件存储　　　　　　D. 改善磁盘的清洁度

2. 某种操作系统能够支持位于不同终端的多个用户同时使用一台计算机,彼此独立互不干扰,用户感到好像一台计算机全为他所用,这种操作系统属于(　　)。

　　A. 批处理操作系统　　　　　　　B. 分时操作系统
　　C. 实时操作系统　　　　　　　　D. 网络操作系统

3. 操作系统是一种(　　)。
   A. 便于计算机操作的软件　　　　B. 便于计算机操作的规范
   C. 管理计算机系统资源的系统软件　　D. 计算机财会软件
4. 在 Windows 7 中,当一个应用程序窗口被最小化后,该应用程序将(　　)。
   A. 被终止执行　　B. 继续执行　　C. 被暂停执行　　D. 被删除
5. 为选择多个连续的文件或文件夹配合使用(　　)。
   A. Alt 键　　　　B. Tab 键　　　　C. Shift 键　　　　D. Esc 键
6. 要删除选定的文件,按(　　)。
   A. Alt 键　　　　B. Ctrl 键　　　　C. Shift 键　　　　D. Delete 键
7. 下面是关于 Windows 7 文件名的叙述,错误的是(　　)。
   A. 文件名中允许使用竖线"|"
   B. 文件名中允许使用多个圆点分隔符
   C. 文件名中允许使用空格
   D. 文件名中允许使用汉字
8. 文件夹中不可存放(　　)。
   A. 文件　　　　B. 多个文件　　　　C. 文件夹　　　　D. 字符
9. 在 Windows 7 中,当鼠标指针自动变成双向箭头时,表示可以(　　)。
   A. 移动窗口　　　　　　　　B. 改变窗口大小
   C. 滚动窗口内容　　　　　　D. 关闭窗口
10. 任务栏的位置是可以改变的,通过拖动任务栏将它移到 Windows(　　)。
    A. 桌面横向位置　　　　　　B. 桌面纵向位置
    C. 桌面 4 个边缘位置　　　　D. 任意位置

第3章 文字处理软件——Word 2010

Office 是 Microsoft 公司推出的系列集成办公软件。与 Office 以前的版本相比，Office 2010 无论是在用户界面还是在功能上均有很大的改进，用户的操作也更为方便、快捷。Office 软件不仅包括诸多的客户端软件，还有强大的服务器软件，同时包括了相关的服务、技术和工具。使用 Office 2010，不同的企业均可以构建属于自己的核心信息平台，实现协同工作、企业内容管理及商务智能。作为一款集成软件，Office 2010 由各种功能组件构成，包括 Word 2010、Excel 2010、PowerPoint 2010、Outlook 2010 和 Publisher 2010 等。

3.1 Word 2010 简介

Word 是一款文字处理软件，是 Office 组件中使用最为广泛的软件之一，主要用于创建和编辑各种类型的文档，广泛应用于家庭、文教、桌面办公和各种专业排版领域。作为 Office 2010 的重要组成部分，它格外引人注目。

从整体特点上看，Word 2010 丰富了人性化功能体验，改进了用来创建专业品质文档的功能，为协同办公提供了更加简便的途径。同时，云存储使得用户可以随时随地访问到自己的文件。较之以前的版本，Word 2010 新增了以下 10 种功能。

(1) 截图工具：通过【插入】选项中的【屏幕截图】功能，用户可以轻松地截取图片，只需单击便可将相应窗口截图插入到编辑区域中。通过可用视窗的选择，用户可以实现截取浏览器或运行中的软件的视图。此外，【屏幕剪辑】还提供了自定义截图功能，同时会自动隐藏 Office 组件窗口，以免对需要截图的内容造成遮挡。用户可以通过鼠标自由选取截图区域。

(2) 背景移除工具：在 Word 的【图片工具】下或图片属性菜单里可以找到。此外，背景移除工具还可以添加、去除图片水印。

(3) SmartArt 模板：通过使用 SmartArt 模板，用户可以轻松快捷地制作精美的业务流程图。在 Office 2010 中，SmartArt 自带资源得到了进一步扩充。其【图片】标签便是新版 SmartArt 的最大亮点，用它能够轻松制作出"图片+文字"的抢眼效果，同时其中【类别】中也有新图形加入。

(4) 文件选项：【文件】按钮实则更像是一个控制面板。界面采用了【全页面】形式，分为三栏，最左侧是功能选项卡，最右侧是预览窗格。无论是查看、编辑文档信息，还是进行文件打印，随时都能在同一界面中查看到最终效果，极大地方便了对文档的管理。

(5) 翻译器：在【审阅】下【语言】中的【翻译】，单击启用或关闭该功能。对于文档中有大量外语的用户,这是一项十分方便有用的功能。

（6）字体特效——书法字体：Word 2010 提供了多种字体特效,其中还有轮廓、阴影、映像、发光 4 种特效的具体设置,可供用户精确设计字体特效,让用户制作出更加具有特色的文档。

（7）导航窗格：Word 2010 增加了导航窗格的功能,用户可在导航窗格中快速切换至任何章节的开头（根据标题样式判断）,同时也可在输入框中进行即时搜索,包含关键词的章节标题会在输入的同时瞬时高亮显示。

（8）粘贴选项：在 Word 2010 中进行粘贴时,图片旁边会出现粘贴选项。在粘贴选项中有常见的各种操作,方便用户选用。此外,在 Word 2010 中进行粘贴之前,工作区会出现粘贴效果的预览图,用户可以在粘贴前就看到粘贴后的效果。

（9）使用 OpenType 功能微调文本：Word 2010 提供高级文本格式设置功能,其中包括一系列连字设置及样式集与数字格式选择。用户可以与任何 OpenType 字体配合使用这些新增功能,以便为输入文本增添更多特色。

（10）Word 2010 在线实时协作功能：用户可以从 Office Word Web Apps 中启动 Word 2010 进行在线文档的编辑,并可在左下角看到同时编辑的其他用户（包括其他联系方式、IM 等信息,需要 Office Communicator）。当其他用户修改了某处后,Word 2010 会提醒当前用户进行同步。

3.1.1 Word 2010 的启动

启动 Word 2010 常用有以下两种方法。

方法一：从开始菜单启动。选择【开始】→【所有程序】→ Microsoft Office→Microsoft Office Word 2010 命令。

方法二：从桌面的快捷方式启动。如果桌面上有 Word 2010 的快捷图标,如图 3-1 所示,双击快捷图标可启动 Word 程序。

图 3-1 Word 2010 的快捷图标

3.1.2 Word 2010 的工作界面

Office 2010 中的大部分组件采用了最新的 Ribbon 界面,其可以智能显示相关命令。Word 2010 工作界面主要由文件选项卡、快速访问工具栏、标题栏、功能区、工作区、状态栏等组成,如图 3-2 所示。

1. 文件选项卡

与 Office 2007 相比,Office 2010 界面最大的变化就是使用文件选项卡替代了原来位于程序窗口左上角的 Office 按钮。打开【文件】选项卡,用户能够获得与文件相关的操作选项,如【打开】、【另存为】或【打印】等,如图 3-3 所示。界面采用了"全页面"形式,分为三栏,最左侧是功能选项卡,最右侧是预览窗格。无论是查看、编辑文档信息,还是进行文件打印,随时都能在同一界面中查看到最终效果,极大地方便了对文档的管理。

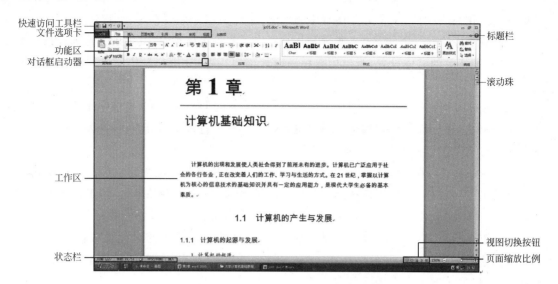

图 3-2　Word 2010 工作界面

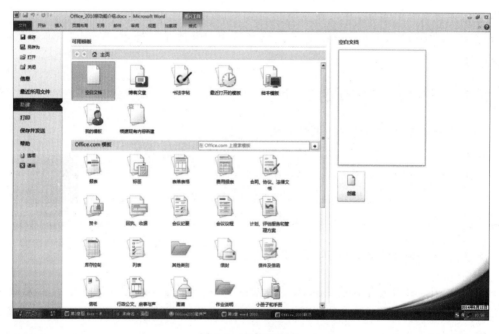

图 3-3　文件选项卡

2. 快速访问工具栏

默认情况下,快速访问工具栏位于窗口的顶部。其集成了多个用户经常使用的按钮,可以根据需要进行添加和修改,其方法是单击快速访问工具栏右侧的 按钮,在弹出的下拉菜单中选择需要快速访问工具栏中要显示的按钮即可,如图 3-4 所示。另外,选择该下拉菜单中的【在功能区下方显示】命令可改变快速访问工具栏的位置。

3. 标题栏

标题栏位于整个 Word 窗口的顶部,除显示正在编辑文档的标题外,还包括控制窗口图标及最小化、最大化/向下还原和关闭按钮。单击【关闭】按钮,将退出 Word 环境。

4. 功能区

功能区位于标题栏的下方,列有许多功能选项卡,选择某个选项卡即可打开相应的功能区,该功能区提供了多种不同的操作设置选项。在功能区中有许多自动适应窗口大小的工具栏,为用户提供了常用的命令按钮,如图 3-5 所示,较之以前的版本,功能区比菜单栏和工具栏拥有更丰富的内容。

图 3-4 快速访问工具栏

提示:功能区中的工具栏不但可以自动适应窗口大小,还可以根据用户的使用频率动态调整显示的内容,或者根据当前的操作对象自动调整显示按钮的内容。

图 3-5 功能区用户界面

5. 对话框启动器

对话框启动器由一些小图标组成,这些图标显示在某个组的右下方。单击【对话框启动器】按钮,将打开相应的对话框或任务窗格。例如,单击【字体】组中的【对话框启动器】按钮,将弹出【字体】对话框。

6. 标尺

Word 2010 提供了水平和垂直两种标尺。用户可以利用鼠标拖动标尺上的滑块对文档边界进行调整,从而对页面进行精确设置;也可以单击窗口右侧滚动条上方的【标尺】按钮,来设置是否在工作区显示标尺,如图 3-6 所示。

提示:垂直标尺只有使用页面视图或打印预览页面显示文档时,才会显示在 Word 工作区的最左侧。

7. 工作区

用于输入编辑文档的内容,鼠标指针在工作区域呈现 I 的形状,在编辑处鼠标指针为闪烁的 |,称为插入点,表示当前输入文字显示的位置。

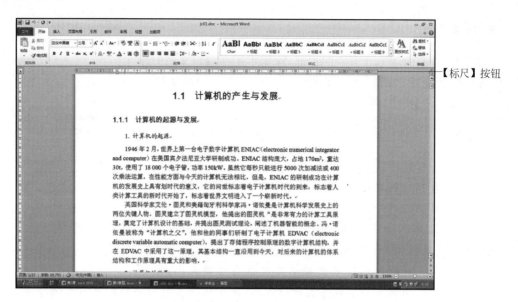

图 3-6　标尺显示效果

8．滚动条

滚动条位于工作区右侧和下方，位于右侧的称为垂直滚动条，位于下方的称为水平滚动条。文本的高度或宽度超过了工作区的高度或宽度时，会出现滚动条，使用滚动条可以使文本内容在窗口中滚动，以便显示区域外被挡住的文本内容。

9．状态栏

状态栏位于 Word 2010 工作界面的最下方，显示当前打开文档的状态，包括以下两方面。

（1）显示当前文档的字数和当前文档的总页数。

（2）显示当前文档的校对、语言、改写的模式状态。

10．视图切换按钮

视图是指软件的外观，文档编辑后，用户可以选用不同的显示模式查阅文档。在状态栏的右侧有几种常用的视图切换按钮，用于切换文档视图显示方式。在 Word 2010 中，常见的视图有页面视图、阅读版式视图、Web 版式视图、大纲视图和草稿视图 5 种视图模式，如图 3-7 所示。

图 3-7　视图切换按钮

提示：Word 默认的是页面视图模式，可以显示 Word 2010 文档的打印结果外观，主要包括页眉、页脚、图形对象、分栏设置、页面边距等元素，是最接近打印结果的页面视图，达到"所见即所得"的效果。

3.1.3 文档的基本操作

在启动并进入了 Word 2010 后，工作区内会自动创建一个名为"文档1"的空白文档，用户既可以对"文档1"进行相应的操作，也可以重新创建一个新文档。新建文档有以下 4 种方法。

1. 创建一个空白文档

单击【文件】→【新建】按钮，弹出【新建】面板，如图 3-8 所示。上侧窗格的【可用模板】列表框中显示已安装的模板，选择【空白文档】选项，在右侧窗格中单击【创建】按钮即可完成新文档的创建。

图 3-8 【新建】面板

2. 根据【Office.com 模板】创建

单击【文件】→【新建】按钮，弹出【新建】面板，如图 3-9 所示。在下侧窗格的【Office.com 模板】列表框中选择【会议议程】选项，将会弹出会议议程的子类型，如图 3-10 所示。在其中选择需要的文档模板，单击【下载】按钮，即可按照从 Office.com 网站中下载的模板创建一个新文档。

3. 根据【我的模板】创建

单击【文件】→【新建】按钮，弹出【新建】面板，如图 3-8 所示。在上侧的【可用模板】中选择【我的模板】选项，弹出【新建】对话框，如图 3-11 所示，在该对话框中选择需要的模板，如

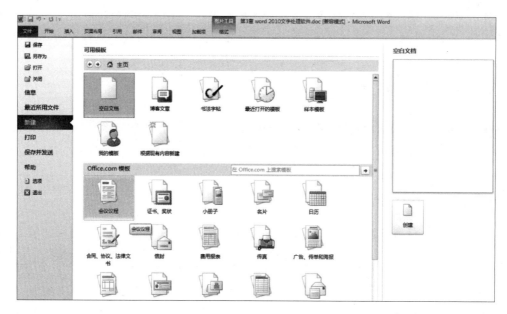

图 3-9 Office.com 模板

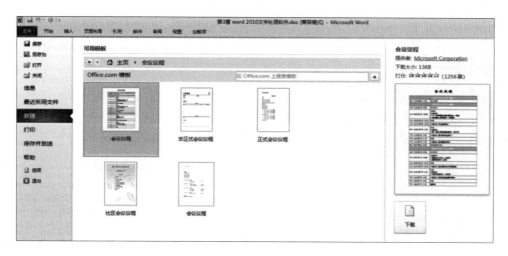

图 3-10 Office.com 模板下载

选择【空白文档】选项,单击【确定】按钮,完成新文档的创建。

4. 使用 Ctrl+N 组合键新建

使用 Ctrl+N 组合键,自动新建一个空白文档。

提示:不论是使用以上哪种方法新建的文档,其名称均为"文档 1",如果之前创建过文档,则新文档名称中的数字会顺延。

3.1.4 保存文档

当完成对一个 Word 文档的编辑后,需要将文档保存起来。为避免不必要的损失,用户要养成经常存档的习惯。Word 2010 不仅为用户提供了多种保存的方法,而且还具有自动

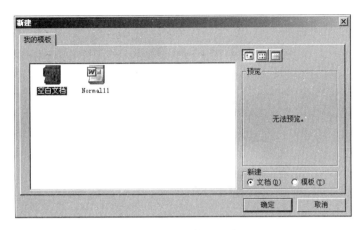

图 3-11 【新建】对话框

保存的功能,最大程度减少了用户因意外引起资料的丢失。保存文档有以下 4 种方式。

1．保存新文档

新建文档使用默认文件名"文档 1""文档 2"等,如果要保存可以单击【文件】→【保存】按钮,或者单击快速访问工具栏中的【保存】按钮,弹出【另存为】对话框,如图 3-12 所示。

（1）在【保存位置】下拉列表框中选择文档要存放的位置。

（2）在【文件名】下拉列表框中输入要保存文档的名称。

（3）在【保存类型】下拉列表框中选择文档要保存的格式,默认为 Word 文档类型,文档的扩展名为.docx。

（4）单击【保存】按钮,保存该文档。

图 3-12 【另存为】对话框

2. 保存已有文件

如果打开的文档已经命名，而且对该文档做了编辑修改，可以进行以下保存操作。

1）以原文件名保存

以原文件名保存，有以下 3 种方法。

（1）单击【开始】→【保存】按钮。

（2）单击快速访问工具栏上的【保存】按钮。

（3）按 Ctrl+S 组合键。

2）另存文件

单击【文件】→【另存为】按钮或按 F12 键，在右侧列表框中选择保存的文档类型，如图 3-12 所示，弹出【另存为】对话框，其操作与新建文档的保存方法相同。

3. 自动保存

为防止因意外断电、死机等突发事件丢失未保存的文档内容，可执行自动保存功能，指定自动保存的时间间隔，让 Word 文档自动保存文件。自动保存文档的操作步骤如下。

（1）单击【文件】→【选项】按钮，弹出【Word 选项】对话框，如图 3-13 所示。

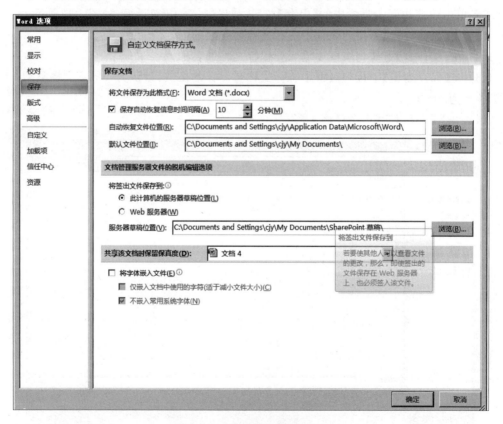

图 3-13 【Word 选项】对话框

（2）在对话框右侧窗格的【保存文档】栏的【将文档保存为此格式】下拉列表框中选择文

件保存类型;选中【保存自动恢复信息时间间隔】复选框,并在其后的数字微调框中输入要自动保存文件的时间间隔;在【自动恢复文件位置】列表框中选择要保存文件的位置。

(3) 单击【确定】按钮,Word 将以"自动保存时间间隔"为周期定时保存文档。

3.1.5 打开和关闭 Word 文档

1. 打开单个文档

用户可以重新打开以前保存的文档。单击快速访问工具栏上的【打开】按钮或单击【文件】→【打开】按钮,弹出如图 3-14 所示的【打开】对话框。在【查找范围】下拉列表框中选择要打开文档的位置,然后在文件和文件夹列表中选择要打开的文件,最后单击【打开】按钮即可;也可以直接在【文件名】文本框中输入要打开文档的正确路径和文件名,然后按 Enter 键或单击【打开】按钮。

图 3-14 【打开】对话框

2. 打开多个文档

Word 2010 有两种方法可以同时打开多个文档,一种是依次打开各个文档;另一种是同时打开多个文档。同时打开多个文档的操作步骤如下。

(1) 单击【文件】→【打开】按钮,弹出如图 3-14 所示的【打开】对话框。
(2) 按下 Ctrl 键,依次选中需要同时打开的多个文档。
(3) 单击【打开】按钮。

提示:Word 2010 将每一个打开的文档单独显示在一个 Word 环境中。

3. 关闭文档

当编辑、修改或查看完文档之后,就可以关闭文档。由于 Word 2010 每一个文档独占一个 Word 环境,因此关闭文档就退出了 Word 环境。关闭文档的方法有以下 4 种。

(1) 单击【文件】→【关闭】按钮,关闭当前文档。

(2) 单击 Word 2010 标题栏中的【关闭】按钮,关闭当前文档。

(3) 按 Alt+F4 组合键,关闭当前文档。

(4) 单击【文件】→【退出】按钮,关闭打开的 Word 文档。

3.2 Word 2010 文档编辑与基本排版

3.2.1 编辑文本

1. 光标的使用

插入点是新的文字、表格或图像等对象的插入位置。其在 Word 2010 文档编辑区中会显示一条闪烁的竖条"|",即字符光标。快速定位字符光标的方法有键盘和鼠标两种操作方式。

1) 键盘操作

(1) 方向键:"↑""↓""→""←"。

(2) Home 键:将光标定位到该行的开头位置;End 键:将光标定位到该行的末尾位置。

(3) Page Up 键:文档向上翻一页;Page Down 键:文档向下翻一页。

(4) Ctrl+Home 组合键:光标定位到文档的起始位置;Ctrl+End 组合键:光标定位到文档的结束位置。

(5) Ctrl+↑组合键:光标定位到前一段的开头位置;Ctrl+↓组合键:光标定位到后一段的开头位置。

2) 鼠标操作

将鼠标指针移到文档中的任一位置后单击,可以将光标定位到该位置。

2. 文本的输入

当前插入点标志着文本输入的位置。文本的输入包括文字和符号的输入,在文本的输入过程中,需要注意以下问题。

(1) 输入一段文字后,按 Enter 键则结束一个段落,并显示段落标志。当输入的文字充满一行时不需要按 Enter 键,Word 2010 会自动另起一行,直到需要开始一个新段落时再按 Enter 键。

(2) 按 Insert 键可实现插入状态和改写状态的切换。Word 2010 默认为插入状态,即在插入点输入内容,后面的字符依次后退。若切换为改写状态,则输入的内容将覆盖插入点的内容。

(3) 如果要输入符号,可以选择【插入】功能选项,弹出有关插入的功能区,在其中有【符号】组,如图 3-15 所示。单击其中图标的下拉按钮,即弹出相应的下拉列表,用户只需单击需要的符号即可实现插入功能,如图 3-16 所示;也可以插入特定的公式,Word 2010 提供了强大的公式编辑功能，如图 3-17 所示，用【符号】组中【公式】可输入数学公式，如图 3-18 所示。

图 3-15 【插入】功能区

图 3-16 【符号】列表

图 3-17 【公式】功能区

二元关系 R 的关系矩阵 $M_R = \begin{pmatrix} 0 & 1 & 0 & 0 & 0 & 0 \\ 0 & 0 & 0 & 0 & 0 & 1 \\ 1 & 0 & 0 & 1 & 0 & 0 \\ 0 & 0 & 0 & 0 & 1 & 0 \\ 0 & 1 & 0 & 0 & 0 & 0 \\ 0 & 0 & 0 & 0 & 0 & 0 \end{pmatrix}$

R 是 A 上的二元关系，化简 R^{2002} 的指数。

$\neg \forall x \forall y (F(x) \wedge G(y) \to H(x,y)) \Leftrightarrow \exists x \exists y (F(x) \wedge G(y) \wedge \neg H(x,y))$

解方程组 $\begin{cases} 2x_1 - x_2 + 3x_3 = 1 \\ 4x_1 + 2x_2 + 5x_3 = 4 \\ 2x_1 + 2x_3 = 6 \end{cases}$

(1)设 $f(x) = 0 \xrightarrow{\text{同解变形}} x = g(x) \cdots\cdots g(x)$ 不唯一

$A = \begin{bmatrix} a_{11} & a_{12} & \cdots & a_{1n} \\ a_{21} & a_{22} & \cdots & a_{2n} \\ & & \cdots & \\ a_{m1} & a_{m2} & \cdots & a_{mn} \end{bmatrix}, X = \begin{bmatrix} x_1 \\ x_2 \\ \cdots \\ x_n \end{bmatrix}, B = \begin{bmatrix} b_1 \\ b_2 \\ \cdots \\ b_n \end{bmatrix}$

图 3-18 用【公式】输入数学公式

技巧：中文输入法中都提供了软键盘功能,其包括俄文字母、希腊字母、日文的片假名、各种符号及中文大写数字的输入。应用此功能可以加速文本的输入。

3. 文本的选定

1) 鼠标方式

(1) 拖曳选定：将鼠标指针移动到要选择部分的第一个文字的左侧,拖曳至欲选择部分的最后一个文字右侧,此时被选中的文字呈反白显示。

(2) 利用选定区：在文档窗口的左侧有一空白区域,称为选定区。当鼠标指针移动到此处时指针变成右上箭头↗,这时就可以利用鼠标对行和段落进行选定操作,其操作方法为：①单击左键,选中箭头所指向的一行；②双击左键,选中箭头所指向的一段；③三击左键,选定整个文档。

2) 键盘方式

将插入点定位到预选定的文本起始位置,按住 Shift 键的同时,再按相应的光标移动键,便可将选定的范围扩展到相应的位置。

(1) Shift+↑ 组合键：选定上一行。

(2) Shift+↓ 组合键：选定下一行。

(3) Shift+PgUp 组合键：选定上一屏。

(4) Shift+PgDn 组合键：选定下一屏。

(5) Ctrl+A 组合键：选定整个文档。

3) 组合选定

(1) 选定一句：将鼠标指针移动到指向该句的任何位置,按住 Ctrl 键单击。

(2) 选定连续区域：将插入点定位到预选定的文本起始位置,按住 Shift 键的同时,单击结束位置,可选定连续区域。

(3) 选定矩形区域：按住 Alt 键,利用鼠标拖曳出预选择的矩形区域。

(4) 选定不连续区域：按住 Ctrl 键,再选择不同的区域。

(5) 选定整个文档：将鼠标指针移到文本选定区,按住 Ctrl 键单击。

提示：要取消对文本的选定,只需在文档内任意处单击即可。

4. 文本的移动、复制和删除

1) 移动文本

(1) 使用剪贴板：先选中欲移动的文本,单击【开始】→【剪贴板】→【剪切】按钮,定位插入点到目标位置,再单击【文件】→【剪贴板】→【粘贴】按钮。

(2) 使用鼠标：先选中欲移动的文本,将选中的文本拖曳到插入位置。

2) 复制文本块

(1) 使用剪贴板：先选中要复制的文本块,单击【开始】→【剪贴板】→【复制】按钮,将光标定位到要复制的目标位置,再单击【开始】→【剪贴板】→【粘贴】按钮,只要不修改剪贴板的内容,连续执行粘贴操作可以实现一段文本的多处复制。

(2) 使用鼠标：先选中要复制的文本块,按住 Ctrl 键的同时拖曳鼠标到插入点位置,释放鼠标左键和 Ctrl 键。

3) 删除文本块

选中要删除的文本块,然后按 Delete 键即可。

提示:Delete 键删除的是插入点后面的字符,按 Backspace 键删除的是插入点前面的字符。

5. 文本的查找与替换

在编辑文本时,经常需要对文字进行查找和替换操作,Word 2010 提供了功能强大的查找和替换功能。

图 3-19 【编辑】选项区

1) 查找功能

查找的操作步骤如下。

(1) 在功能区用户界面中的【开始】选项卡中,单击【编辑】→【查找】按钮,如图 3-19 所示,或者按 Ctrl+F 组合键,工作区左侧弹出【导航】窗格,如图 3-20 所示,在搜索编辑框中输入要查找的内容,导航窗格中将显示所有包含该文字的页面片段,同时,查找到的匹配文字将会在正文部分全部以黄色底纹标识。

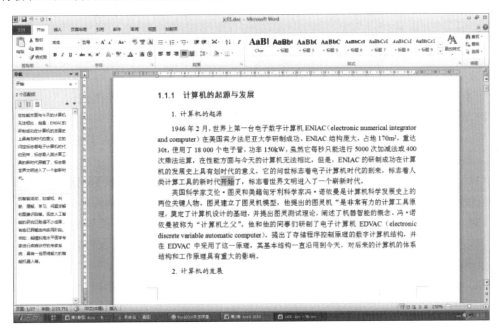

图 3-20 【查找】页面

(2) 若需要更详细地设置查找匹配条件,可以在【查找和替换】对话框中,单击【更多】按钮,进行相应的设置,如图 3-21 所示,其中每一项的具体含义如下。

① 【搜索】下拉列表框:可以选择搜索的方向,即从当前插入点向上或向下查找。

② 【区分大小写】复选框:查找大小写完全匹配的文本。

③ 【全字匹配】复选框:仅查找一个单词,而不是单词的一部分。

④ 【使用通配符】复选框:在查找内容中使用通配符。

⑤ 【区分全/半角】复选框:查找全角/半角完全匹配的字符。

⑥ 【格式】按钮:可以打开一个菜单,选择其中的命令可以设置查找对象的排版格式,

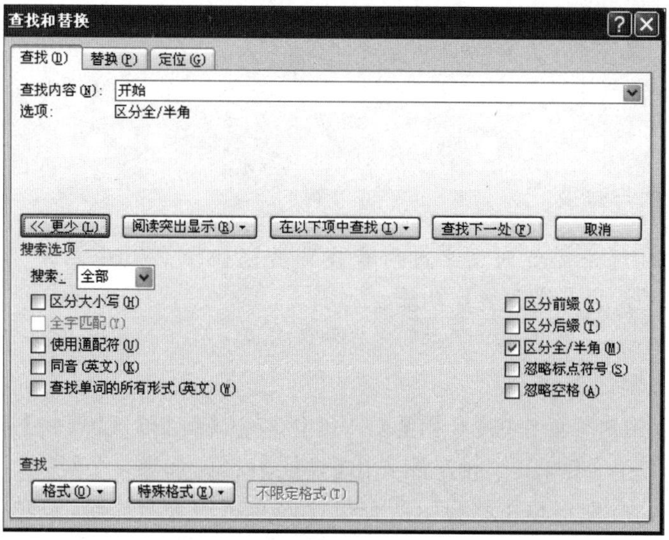

图 3-21 【查找】选项卡

如字体、段落、样式等。

⑦【特殊格式】按钮：可以打开一个菜单，选择其中的命令可以设置查找一些特殊符号，如分栏符、分页符等。

⑧【不限定格式】按钮：取消【查找内容】下拉列表框下指定的所有格式。

2）替换功能

Word 的替换功能，不仅可以将整个文档中查找到的文本替换掉，而且还可以有选择地替换。替换与查找的方法相似，具体操作步骤如下。

（1）在功能区用户界面中的【开始】选项卡中，单击【编辑】→【替换】按钮，如图 3-19 所示；或者按 Ctrl＋H 组合键，弹出如图 3-21 所示的【查找和替换】对话框。

（2）在【查找内容】下拉列表框中输入查找的内容，在【替换为】下拉列表框中输入替换的内容，若单击【更多】按钮，则弹出如图 3-22 所示的对话框，在这里可以设置更精确地搜索选项及替换规则。

（3）如果要求系统自动替换所有找到的内容，可单击【全部替换】按钮。

6．撤销和恢复操作

在实际文本输入过程中，经常出现误删除、光标定位失误、拼写错误等失误性操作，这就涉及撤销和恢复操作。

1）撤销操作

撤销上一个操作的方法有以下两种。

（1）单击快速访问工具栏中的【撤销】按钮。

（2）按 Ctrl＋Z 组合键。

2）恢复操作

恢复已撤销操作的方法有以下两种。

（1）单击快速访问工具栏里的【恢复】按钮。

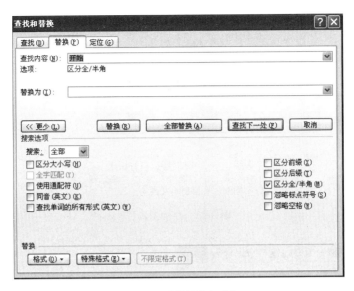

图 3-22 【替换】选项卡

(2) 按 Ctrl+Y 组合键。

提示：应该熟练掌握【撤销】和【恢复】快捷键,这在实际文本编辑中会起到事半功倍的作用。

3.2.2 文档的基本排版

文档排版是指对文档版面的一种美化,用户可以对文档格式进行反复修改,直到对整个文档的版面满意为止。文档的排版包括字符格式化、段落格式化和页面设置等。

1. 设置字符格式

字符可以是一个汉字,也可以是一个字母、一个数字或一个单独的符号,字符的格式包括字符的字体、字形、字号、下画线、效果、字符间距等。在 Word 2010 中可以通过新提供的浮动工具栏、快捷键、功能区中的【字体】选项区和【字体】对话框来对字符的格式进行设置。需要说明的是,表述字号的方式有两种:一种是汉字的字号,如初号、小初、七号、八号等,在这里"数值"越大,字体越小,八号字是最小的;另一种是用国际上通用的"磅"来表示,如 5、5.5、10、12、48、72 等,数值越小,字符的尺寸越小,数值越大,字符的尺寸越大。

1) 浮动工具栏

Word 2010 为了方便用户设置字符格式,新提供了一个浮动工具栏,如图 3-23 所示,当用户选择一段文字后,浮动工具栏会自动浮出,最初显示成半透明状态,当鼠标指针接近它时就会正常显示,利用浮动工具栏可以快速进行常用的字符格式和段落格式的设置。

(1)【字体】下拉列表框:包括 Windows 已经安装的各种中英文字体,Word 2010 默认的中文字体是宋体,英文字体是 Times New Roman。单击该下拉列表框,弹出如图 3-24 所示的系统已经安装的字体选项,用户可以选择其中任一字体来更改已选中文本的字体。

(2)【字号】下拉列表框:字号是指字符的大小。中文字号如"一号""二号"等,数字表示法的字号有"8 磅""10 磅"等,如图 3-25 所示。

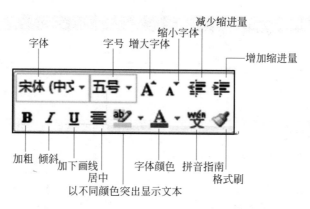

图 3-23 浮动工具栏

图 3-24 【字体】下拉列表框

图 3-25 【字号】下拉列表框

（3）【以不同颜色突出显示文本】下拉列表框：单击该按钮可以使所选文字为彩色荧光笔效果，如图 3-26 所示。

（4）【字体颜色】下拉列表框：用户可设置所选字体的字符颜色，如图 3-27 所示。

（5）【增大字体】和【缩小字体】按钮：Word 默认字号为五号，单击【增大字体】和【缩小字体】按钮可以改变所选文本的字号。

（6）【加粗】和【倾斜】按钮：单击【加粗】和【倾斜】按钮可使所选文本效果为粗体和斜体。

（7）【拼音指南】：利用【拼音指南】功能，可以在中文字符上添加拼音，效果为"计算机"。

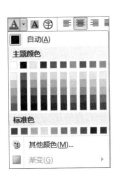

图 3-26 【以不同颜色突出显示】下拉列表框　　图 3-27 【字体颜色】下拉列表框

提示：浮动工具栏若不显示，可以右击，即弹出快捷菜单，同时也显示浮动工具栏。

2）功能区的【字体】组

功能区中的【字体】组提供了若干个设置字体的按钮，如图 3-28 所示，其中有些与浮动工具栏中的按钮相同，作用也相同，不再赘述。其中特有的按钮作用如下。

提示：当用户将鼠标指针指向功能区任一按钮时，会在下方自动浮出注释框，用于解释该按钮的作用及其快捷键。

(1)【下标】和【上标】按钮：单击该按钮可将所选文字设置为下标或上标。

(2)【删除线】按钮：给选定的文字添加删除线，效果为"计算机"。

(3)【带圈字符】按钮：为所选的字符添加圆圈号，也可以取消字符的圆圈号，效果为"㊏算机"。为字符添加圈号最多只允许添加 4 个字符。

(4)【下画线】下拉列表框：为所选文字添加不同样式、宽度和颜色的下画线，如图 3-29 所示。

(5)【更改大小写】下拉列表框：将所选文字改变为全部大写或全部小写或其他常见的大小写格式，如图 3-30 所示。

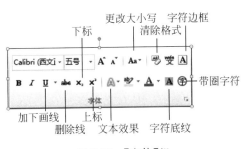

图 3-28 【字体】组　　图 3-29 【下画线】下拉列表框

(6)【字符边框】按钮：单击该按钮将为所选文字添加黑色单线框，效果为 计算机 。

(7)【字符底纹】按钮：单击该按钮将为所选文字添加灰色底纹，效果为计算机。

(8)【清除格式】按钮：清除所选文本的所有格式，只留下纯文本。

（9）【文本效果】按钮：对所选的文本应用外观效果，包括轮廓、阴影、映像和发光 4 种外观效果，如图 3-31 所示。

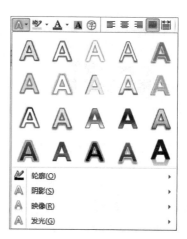

图 3-30 【更改大小写】下拉列表框　　图 3-31 【文本效果】下拉列表框

3)【字体】对话框

如果想为文本设置更加复杂的格式，需要用到【字体】对话框。单击功能区中【字体】组中的【对话框启动器】按钮，弹出【字体】对话框，其中包含【字体】选项卡和【高级】选项卡，如图 3-32 所示。通过【字体】对话框可以设置更加丰富多彩的文字格式。

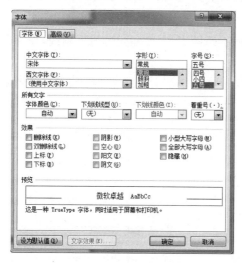

(a)【字体】选项卡　　(b)【高级】选项卡

图 3-32 【字体】对话框

（1）【字体】选项卡：可以进行字体相关设置，其中各选项功能如下。

① 改变字体：在【中文字体】下拉列表框中选择中文字体，在【西文字体】下拉列表框中选择英文字体。

② 改变字型：在【字形】下拉列表框中选定所要改变的字形，如倾斜、加粗等。

③ 改变字号：在【字号】下拉列表框中选择字号。

④ 改变字体颜色：在【字体颜色】下拉列表框中设置字体颜色。如果想使用更多的颜色，可以单击【其他颜色】按钮打开颜色对话框。在【标准】选项卡中可以选择标准颜色，在【自定义】选项卡中可以自定义颜色。

⑤ 设置下画线：在【下画线线型】和【下画线颜色】下拉列表框中配合使用设置下画线。

⑥ 设置着重号：在【着重号】下拉列表框中选定着重号标记。

⑦ 设置其他效果：在【效果】选项区域中，可以设置删除线、双删除线、上标、下标、阴影、空心、阳文、阴文、小型大写字母等字符效果。

(2)【高级】选项卡：可以进行字符之间距离设置，其中各选项功能如下。

① 位置：在【位置】下拉列表框中可以选择【标准】【提升】和【降低】3个选项。选用【提升】或【降低】时，可以在右侧的【磅值】数字微调框中输入所要【提升】或【降低】的磅值。

② 为字体调整字间距：选中【为字体调整字间距】复选框后，从【磅或更大】数字微调框中选择字体的大小，Word 会自动设置选定字体的字符间距。

③ OpenType 功能：Word 2010 提供了对高级文本格式设置功能的支持，包括一系列连字设置，以及数字间距、数字形式和样式集。可以将这些新增功能用于多种 OpenType 字体，实现更高级别的版式润色。

2. 设置段落格式

段落格式是整个段落的版面处理。段落可以由文字、图形和其他对象组成，段落以按 Enter 键作为结束标识符。有时也会遇到这种情况，即输入没有达到文档的右侧边界就需要另起一行，而又不想开始一个新的段落，此时可按 Shift＋Enter 组合键，产生一个手动换行符（软回车），即可实现不产生一个新的段落又可换行的操作。

段落格式设置通常包括段落对齐方式、行间距和段落之间的间距、缩进方式（首行缩进及整个段落的缩进等）、制表位的设置等。

如果需要对一个段落进行设置，首先必须选定要设置的段落，只需将光标定位于段落中即可。如果需要对多个段落进行设置，首先要选中这几个段落。对段落格式的设置可以通过浮动工具栏、功能区中的【段落】组、【段落】对话框和水平标尺来进行相应格式设置。

1) 使用浮动工具栏设置

使用浮动工具栏可以快速设置段落的居中方式、项目符号和缩进量。

(1)【减少缩进量】和【增加缩进量】按钮：两个改变段落缩进量的按钮，可以快速地改变段落的左缩进量。单击【减少缩进量】按钮一次，可使段落的左缩进量减少一个字符（中文为一个汉字）；单击【增加缩进量】按钮一次，可使段落的左缩进量增加一个字符（中文为一个汉字）。

(2)【居中】按钮：可以快速设置段落对齐方式为居中，经常用于设置标题文本。

2) 使用功能区中的【段落】组

功能区中的【段落】组提供了一组用来设置段落格式的按钮，如图 3-33 所示，其中有些按钮与浮动工具栏中的按钮相同，作用也相同，不再赘述。其中特有的按钮作用如下。

(1)【文本左对齐】按钮：使所选的段落与页面的左边距对齐。

(2)【文本右对齐】按钮：使所选的段落与页面的右边距对齐。

(3)【两端对齐】按钮：使所选的段落分别与页面的左边距和右边距对齐，并能根据实际需要增加字间距,可以使页面两侧形成整齐划一的效果。

(4)【分散对齐】按钮:使所选的段落同时靠左边距和右边距对齐并根据需要增加字间距,从而创建版面整齐的文档。

(5)【行距】下拉列表框:单击该按钮,可以设置段落中每一行的磅值,磅值越大,行间的距离越宽,也可以增加段前和段后的距离,如图 3-34 所示。

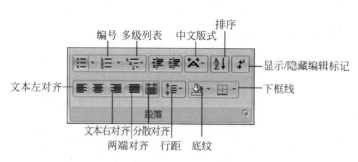

图 3-33　功能区中的【段落】组　　　　图 3-34　【行距】下拉列表框

(6)【底纹】下拉列表框:单击该按钮,可以设置所选段落的底纹颜色,如图 3-35 所示。

(7)【下框线】下拉列表框:主要用于表格的边框线设置,也可以给所选的段落设置边框线,如图 3-36 所示。

(8)【中文版式】下拉列表框:用于设置自定义中文版式或混合文字的版式,其中可以设置纵横混排、合并字符、双行合一、调整宽度和字符缩放的特殊效果,如图 3-37 所示。

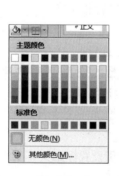

图 3-35　【底纹】下拉列表框　　图 3-36　【下框线】下拉列表框　　图 3-37　【中文版式】下拉列表框

(9)【编号】下拉列表框:单击该按钮,开始创建编号列表,下拉列表框中给出了不同的编号样式,用户也可以自定义创建,如图 3-38 所示。

(10)【多级列表】下拉列表框:启动多级列表,可选择不同的列表样式,如图 3-39 所示。

图 3-38 【编号】下拉列表框

图 3-39 【多级列表】下拉列表框

（11）【显示/隐藏编辑标记】按钮：用于设置是否显示或隐藏段落标记和其他的格式符号。

3）使用【段落】对话框设置

使用【段落】对话框可以设置更多的段落格式。单击【段落】组中的【对话框启动器】按钮，弹出【段落】对话框，其中包含【缩进和间距】选项卡、【换行和分页】选项卡和【中文版式】选项卡，如图3-40所示。

【缩进和间距】选项卡中【缩进】选项区域的【左侧】【右侧】用于设置段落的左缩进、右缩进；【特殊格式】下拉列表框用于设置段落的首行缩进或悬挂缩进；【间距】选项区域中的【段前】【段后】用于设置段落的前面或后面要空出多少距离；【行距】下拉列表框用于设置段落中行之间的间距；【对齐方式】下拉列表框用于设置段落的对齐方式。

单击【制表位】按钮，弹出如图3-41所示的【制表位】对话框，在此对话框中可以对制表位进行精确的设置。在【制表位位置】文本框中输入一个制表位的位置，在【对齐方式】选项区域中选择对齐方式，在【前导符】选项区域中选择是否需要前导符及前导符的样式，单击【设置】按钮，就可以设置完成一个制表位。

提示：【换行和分页】及【中文版式】选项卡建议保持默认值，不要进行修改。

4）使用水平标尺设置

Word中的水平标尺上的制表位如图3-42所示，利用标尺上的【制表位设置】按钮可以很方便、快捷地为选定的段落设置各种制表位。

图 3-40 【段落】对话框　　　　　　　图 3-41 【制表位】对话框

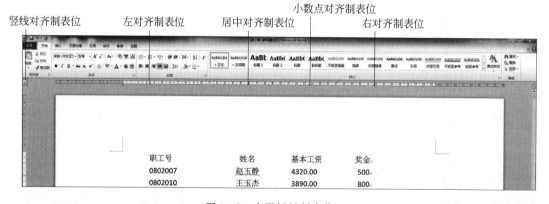

图 3-42　水平标尺制表位

Word 默认从左页边距起每隔两个字符有一个制表位,制表位是按 Tab 键后插入点停留的位置。Word 中有 5 种制表位,分别是左对齐制表位、居中对齐制表位、右对齐制表位、小数点对齐制表位和竖线对齐制表位。选择制表位的方法是不断单击水平标尺最左边的【制表位设置】按钮,变换其中的制表位图标,当要选择的制表位类型出现时,移动鼠标指针使其指向标尺上准备设定这种制表位的位置,单击标尺,就可以出现一个这种类型的制表位标记。可把一个已存在的制表位标记拖动到一个新位置;把制表位标记拖出标尺即可实现制表位标记的删除操作。

3．边框和底纹

有时文档中的某些段落或文字需要突出强调或美化文档,这时可以为指定的段落、图形或表格等添加边框和底纹。添加边框和底纹的具体操作步骤如下。

（1）选定要添加边框和底纹的文档内容。

（2）单击【开始】→【段落】→【边框和底纹】按钮,在弹出的下拉列表框中选择【边框和底纹】选项,弹出如图 3-43 所示的【边框和底纹】对话框。

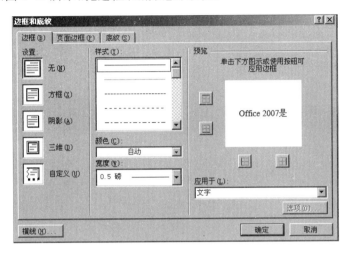

图 3-43　【边框和底纹】对话框

（3）在【边框和底纹】对话框中进行如下设置。

① 添加边框：为编辑对象设置边框的形式、线形的样式、颜色、宽度等框线的外观效果。

② 添加页面边框：可以为页面加边框,设置【页面边框】选项卡与【边框】选项卡相似。

③ 添加底纹：在【填充】区域选择底纹的颜色（背景色）,在【格式】列表框设置底纹的样式,在【颜色】列表框选择底纹内填充的颜色（前景色）。

④ 单击【横线】按钮,弹出【横线】对话框,可进行各种样式的横线选择,并且可以从网络上直接进行搜索,如图 3-44 所示。

⑤ 设置完后,单击【确定】按钮。

4．项目符号和编号

适当使用项目符号和编号,可以使文档内容更加清晰、层次分明。对于有顺序的项目使用项目编号,而对于并列关系的项目则使用项目符号。

1）设置项目符号

（1）在打开的文档中,选定文本内容。

（2）单击【开始】→【段落】→【项目符号】按钮,或者在浮动工具栏中单击【项目符号】按钮,弹出如图 3-45 所示的【项目符号库】下拉列表。

（3）在【项目符号库】下拉列表中选择所需要的项目符号,若对提供的编号不满意,可以单击【定义新项目符号】按钮,在弹出的【定义新项目符号】对话框中设置需要的各种符号作为新的项目符号,如图 3-46 所示。

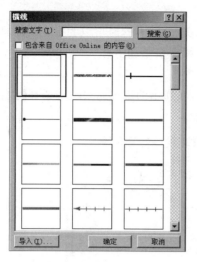

图 3-44 【横线】对话框

图 3-45 【项目符号库】下拉列表

(4) 单击【确定】按钮。

2) 设置项目编号

(1) 选定要设置编号的段落。

(2) 若设置的是一级编号,可以单击功能区【开始】→【段落】→【编号】按钮,弹出【编号】下拉列表框;若设置的是多级编号,可以单击【开始】→【段落】→【多级列表】按钮,弹出【多级列表】下拉列表框。

(3) 在【编号】下拉列表中选择所需要的编号,若对提供的编号不满意,也可以单击【定义新编号格式】按钮,弹出如图 3-47 所示的【定义新编号格式】对话框。

(4) 单击【确定】按钮。

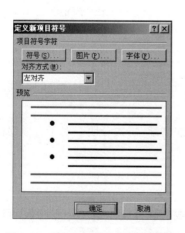

图 3-46 【定义新项目符号】对话框

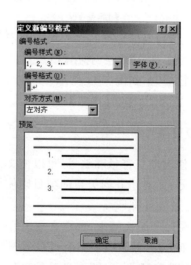

图 3-47 【定义新编号格式】对话框

技巧:若对已设置好编号的列表进行插入或删除列表项操作,Word 将自动调整编号,不必人工干预。

提示：Word 2010 中设置项目符号或编号时，在用户随机选择某个项目符号或编号时，文档会自动显示预览效果，如图 3-48 所示，方便用户进行实际设置。

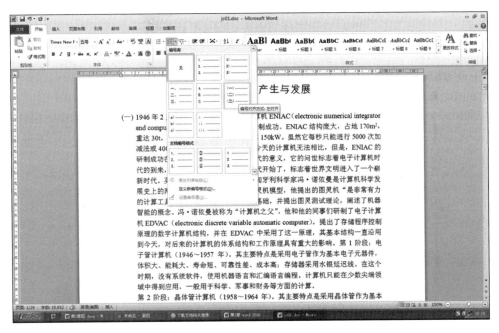

图 3-48　编号设置的预览效果

5．复制字符格式

Word 2010 提供了【格式刷】工具，可以快速复制字符格式，在不连续的相同格式文本中使用这种工具，可以简化操作、节省时间，具体操作步骤如下。

（1）选定已编排好字符格式的源文本或将光标定位在源文本的任意位置处。

（2）单击【开始】→【剪贴板】→【格式刷】按钮或单击浮动工具栏中的【格式刷】按钮，鼠标指针变成刷子形状。

（3）在目标文本上拖曳鼠标，即可完成格式复制。

（4）若将选定格式复制到多处文本块上，则需要双击【格式刷】按钮，然后按照上述步骤（3），完成格式复制。若取消格式复制，则单击【格式刷】按钮或按 Esc 键，鼠标指针恢复原状。

3.2.3　文档的页面设计

文档的页面设计包括文档主题设计、输出的页面设置、稿纸设置、页面背景及排列设置等，它决定了 Word 文档的尺寸、外观和感染力，这部分设计主要集中在功能区中的【页面布局】选项卡中，如图 3-49 所示。

1．页面设置

页面设置是指设置文档的总体版面布局，以及选择纸张大小、页边距、页眉页脚与边界

图 3-49 【页面布局】选项卡

的距离等内容,可通过以下两种方法进行设置。

1) 通过【页面设置】组

【页面布局】→【页面设置】组中的各选项功能如下。

(1)【文字方向】下拉列表框:用户可以在下拉列表框中选择文档或所选文字的方向,如图 3-50 所示。单击【文字方向选项】按钮,弹出如图 3-51 所示的【文字方向-主文档】对话框。

图 3-50 【文字方向】下拉列表框

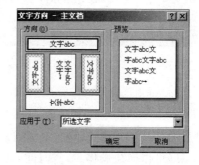

图 3-51 【文字方向-主文档】对话框

(2)【页边距】下拉列表框:用于设置当前文档或当前节的页边距的大小,如图 3-52 所示。也可以单击【自定义边距】按钮,在弹出的【页面设置】对话框中进行自定义设置边距大小,如图 3-53 所示。

(3)【纸张方向】下拉列表框:用以改变页面的横向或纵向布局,如图 3-54 所示。

(4)【纸张大小】下拉列表框:用于设置页面的纸张大小,系统提供了常用的 A4、B5 等纸张型号。若是特殊纸张,可以在【其他页面大小】选项中进行自定义设置,如图 3-55 所示。

(5)【分栏】下拉列表框:分栏可以编排出类似于报纸的多栏版式效果。Word 2010 可以对整篇文档或部分文档进行分栏,如图 3-56 所示。若需要对分栏进行更精确的设置,可以单击【更多分栏】按钮,在弹出的【分栏】对话框中设置栏数、栏宽等,如图 3-57 所示。

(6)【分隔符】下拉列表框:用以在文档中添加分页符、分节符或分栏符,如图 3-58 所示。

(7)【行号】下拉列表框:用以在文档每一行左边的行距中添加行号,如图 3-59 所示。

第3章 文字处理软件——Word 2010

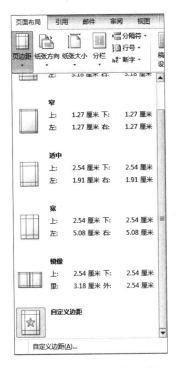

图 3-52 【页边距】下拉列表框

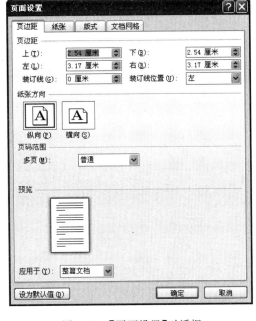

图 3-53 【页面设置】对话框

图 3-54 【纸张方向】下拉列表框

图 3-55 【纸张大小】下拉列表框

图 3-56 【分栏】下拉列表框

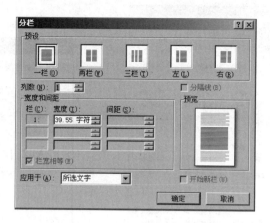

图 3-57 【分栏】对话框

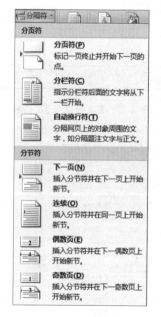

图 3-58 【分隔符】下拉列表框

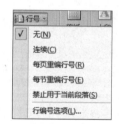

图 3-59 【行号】下拉列表框

2）通过【页面设置】对话框

单击【页面设置】组右下方的【对话框启动器】按钮，弹出【页面设置】对话框，其中各选项卡中的参数设置如下。

（1）【页边距】选项卡的设置。页边距是正文与页面边缘的距离，用于设置上、下、左、右的页边距，以及装订线、页眉、页脚的位置，一般情况下为系统默认值，用户可以利用微调按钮调整这些数字，也可以在相应的数字微调框内输入数值。设置完成后，可以先在【预览】选项区域中浏览设置的效果，满意后再应用到 Word 文档中。

（2）【纸张】选项卡的设置。用于设置打印所使用的纸张大小、页面方向等。在【纸张大小】下拉列表框中给出了常用的纸张型号，如 A4、B5 等，此时系统显示纸张的默认宽度或高度；若选择【自定义大小】类型，则可在【宽度】和【高度】数字微调框中设置纸张的宽度或高度；在【纸张来源】列表框中设置打印机纸张的来源，通常保留系统默认值。

(3)【版式】选项卡的设置。

①【页眉和页脚】选项区域：其中【奇偶页不同】复选框表示要在文档的奇数页与偶数页上设置不同的页眉或页脚，这一选择将作用于整篇文档；【首页不同】复选框表示可使节或文档首页的页眉或页脚的设置与其他页的页眉或页脚不同。

②【垂直对齐方式】下拉列表框：用于设定文档内容在页面垂直方向上的对齐方式。

(4)【文档网格】选项卡的设置。

纸张大小和页边距设定后，系统对每行的字符数和每页的行数有一个默认值，此选项卡可用于改变这些默认值。

2．页面背景

页面背景是指设置页面颜色、水印效果及页面边框，通过页面背景的设置可以使文档作为电子邮件或传真时更丰富、更有个性。页面背景的设置可以通过【页面布局】选项卡中的【页面背景】组中的各项按钮来完成，其中各个按钮功能如下。

(1)【水印】下拉列表框：当用户想将文档做成机密等特殊文件时，可以采用水印效果，即在文字后面插入虚影的文字或图片，如图 3-60 所示。若想设计特有的文字水印或图片水印，可以单击【自定义水印】按钮，弹出如图 3-61 所示的【水印】对话框。要将一幅图片插入为水印，可选中【图片水印】单选按钮，再单击【选择图片】按钮，选定所需图片后，再单击【插入】按钮；若要插入文字水印，可选中【文字水印】单选按钮，然后选择或输入所需文本，利用【冲蚀】复选框可以设置图片是否具有冲蚀效果。设置水印文字的字体、字号、颜色等选项，然后单击【应用】按钮。

(2)【页面颜色】下拉列表框：用以设置页面的背景色，如图 3-62 所示。若想设置较为复杂的背景效果，可以选择【填充效果】选项，弹出【填充效果】对话框，如图 3-63 所示。在【填充效果】对话框中可以选择渐变、纹理、图案、图片等不同选项卡进行设置。

(3)【页面边框】按钮：用以添加或修改页面周围的边框样式，单击此按钮弹出【边框和底纹】对话框，如图 3-64 所示。用户可以选择边框样式和颜色，也可以设置艺术型边框。

提示：页面颜色设置时可以自动显示预览效果，但打印时不会显示页面颜色。

3．页眉和页脚

页眉和页脚是指在文档每一页的顶部和底部加入一些文字或图形等信息，信息的内容可以是文件名、标题名、日期、页码、单位名等。页眉和页脚的内容还可以用来生成各种文本的"域代码"（如页码、日期等）。域代码与普通文本不同的是，其随时可以被当前的新内容所代替。例如，生成日期的域代码是根据打印时系统时钟生成当前日期的。

1) 插入页眉和页脚

用户可以在文档中插入不同格式的页眉和页脚，如可插入奇偶页不同的页眉和页脚。插入页眉和页脚的具体操作步骤如下。

(1) 单击【插入】→【页眉与页脚】→【页眉】按钮，如图 3-65 所示，在弹出的下拉列表框中选择常用的页眉样式。要想设置更多的页眉格式，可以单击【编辑页眉】按钮，进入页眉编辑区，并打开【设计】选项卡，其中有【页眉和页脚】上下文工具，如图 3-66 所示。

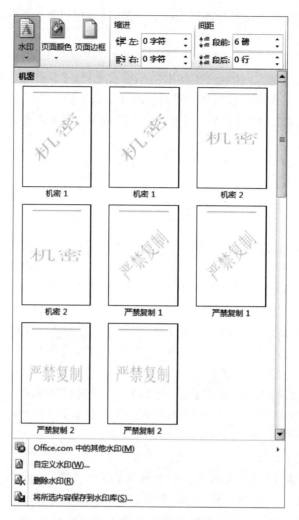

图 3-60 【水印】下拉列表框

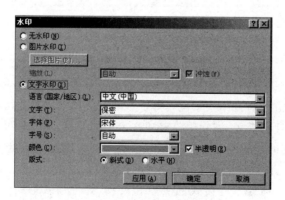

图 3-61 【水印】对话框

(2) 在页眉和页脚编辑区中输入内容,并编辑页眉和页脚的格式,也可以单击【设计】→【插入】→【日期和时间】【图片】【剪贴画】等按钮进行插入。

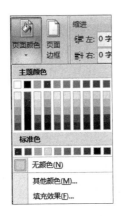
图 3-62 【页面颜色】下拉列表框

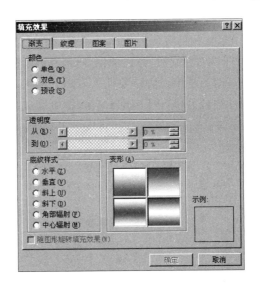
图 3-63 【填充效果】对话框

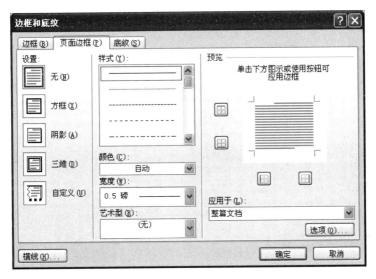
图 3-64 【边框和底纹】对话框

（3）在【设计】选项卡中的【选项】组中进行【奇偶页不同】和【显示文档文字】的设置；在【位置】组中进行页眉和页脚边距的设置；在【导航】组中可以单击【转至页脚】【转至页眉】按钮进行页眉和页脚的转换。

（4）设置完成后，单击【关闭页眉和页脚】按钮，退出页眉和页脚的编辑状态。

技巧：设置页眉和页脚，也可以直接双击页眉或页脚编辑区，即打开【设计】选项卡，并进入【页眉和页脚工具】上下文工具，在除页眉或页脚以外的其他位置双击，即可返回文档编辑窗口。

2）插入页码

有些文章页数太多，这时就可为文档插入页码，以便于用户整理和阅读。在文档中插入页码的具体操作步骤如下。

(1) 单击【插入】→【页眉和页脚】→【页码】按钮,弹出如图 3-67 所示的【页码】下拉列表框,其中提供了常用的页码插入的格式和位置。如果还需要特殊格式,可以在下拉列表框中单击【设置页码格式】按钮,弹出如图 3-68 所示的【页码格式】对话框。

(2) 在该对话框中设置所要插入页码的格式。

(3) 设置完成后,单击【确定】按钮,即可完成在文档中的页码插入。

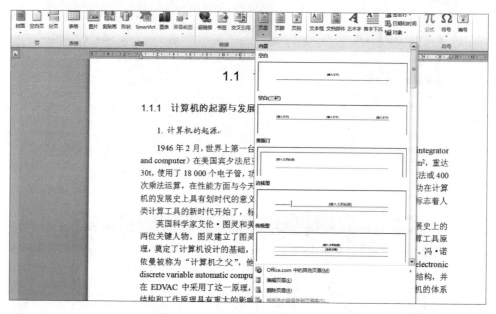

图 3-65　【页眉】下拉列表框

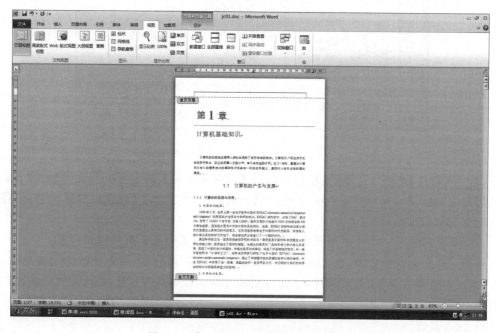

图 3-66　【页眉和页脚工具】上下文工具

图 3-67 【页码】下拉列表框　　　　图 3-68 【页码格式】对话框

3.3 图形对象

全部都是文字的文档会使阅读者感到单调,很快就会产生阅读疲劳。在文档中插入适当的图片会使文档更具感染力,在丰富版面内容的同时,也能够使文档更容易阅读,使读者更容易理解。在文档中插入的图片,使用 Word 2010 能方便地对其进行简单的编辑、样式的设置和版式的设置。

3.3.1 插入图片

Word 中可使用的图片有自选图形、剪贴画、艺术字、公式,以及图片文件、SmartArt 图形、图表及屏幕截图等。

1. 插入剪贴画

Word 2010 较之以前版本提供了更多的剪贴画,其中包括地图、人物、建筑、风景名胜等,在文档中插入剪贴画的操作步骤如下。

(1) 在文档中定位欲插入剪贴画的位置。

(2) 单击【插入】→【插图】→【剪贴画】按钮,打开【剪贴画】任务窗格,如图 3-69 所示。

(3) 在【剪贴画】任务窗格中单击【搜索】按钮,显示计算机中保存的剪贴画。

(4) 选择要插入的剪贴画,完成插入操作。

提示:插入剪贴画后,若不关闭任务窗格,可以继续插入其他剪贴画。完成插入后,单击任务窗格右上角的【关闭】按钮,即可关闭任务窗格。

2. 插入图片文件

Word 文档中插入图片文件的操作步骤如下。

(1) 将插入点定位在要插入图片的位置。

(2) 单击【插入】→【插图】→【图片】按钮,弹出【插入图片】对话框,如图 3-70 所示。

(3) 在【查找范围】下拉列表框中选择图片所在位置,选择要插入的图片文件。Word 文档中可插入 Windows 位图(* . bmp 文件)、Windows 图元文件(* . wmf 文件)及 JPEG 文

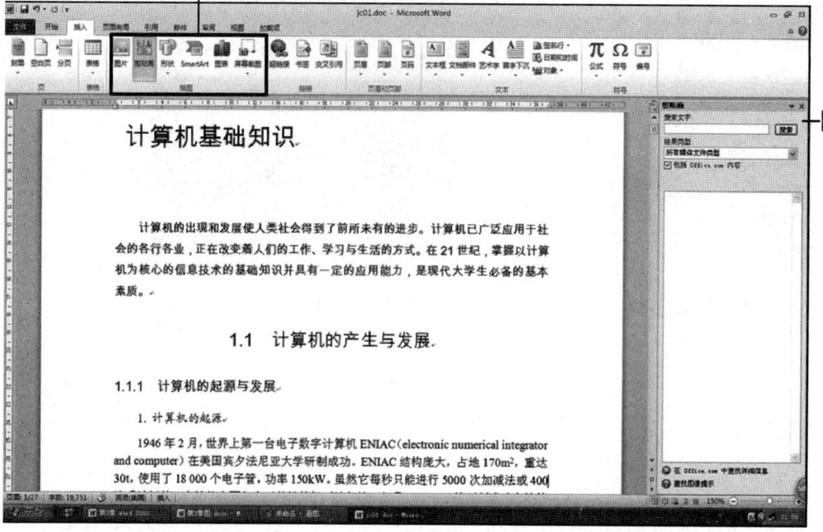

图 3-69 【剪贴画】任务窗格

件等多种格式的图形文件。

（4）单击【插入】按钮。

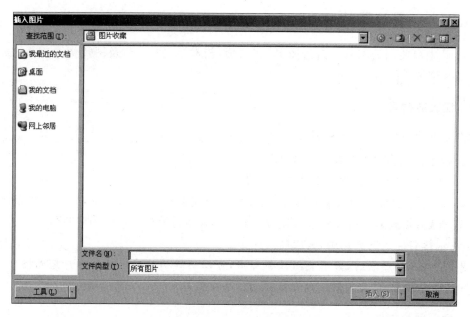

图 3-70 【插入图片】对话框

3. 插入自选形状

Word 系统提供了多种自选图形，分别为线条、基本形状、箭头总汇、流程图、星与旗帜、标注、其他自选图形等。单击【插入】→【插图】→【形状】按钮，弹出【形状】下拉列表框，如图 3-71 所示。单击各个按钮出现相应的图形，从中选择一种，移动鼠标指针到文档中需要插入自选图形的位置,按下左键并拖动鼠标便可以绘制相应的图形。

4. 插入屏幕截图

编写某些特殊文档时,经常需要向文档中插入屏幕截图。Office 2010 提供了屏幕截图功能,用户编写文档时,可以直接截取程序窗口或屏幕上某个区域的图像,这些图像将能自动插入到当前插入点光标所在的位置。单击【插入】→【插图】→【屏幕截图】按钮,在打开的【可用视窗】列表中将列出当前打开的所有程序窗口。选择需要插入的窗口截图,如图 3-72 所示。此时,该窗口的截图将被插入到文档插入点光标处,如图 3-73 所示。

3.3.2 图片编辑

Word 文档插入图片后,可以对图片进行编辑,如图片的移动、复制和删除,图片尺寸、位置的调整,图片的缩放、剪裁等。要对某一图片进行编辑和处理,必须先选定该图片。单击图片,图片四周将显示 8 个控点,称为尺寸句柄,此时图片被选定。

1. 图片的移动、复制、删除

选定图片后,将鼠标指针移动到图片中,当指针显示带四向箭头时,按住鼠标左键直接拖动图片到任意位置后松开鼠标,实现移动操作;图片的复制方法与文本的复制方法相同,

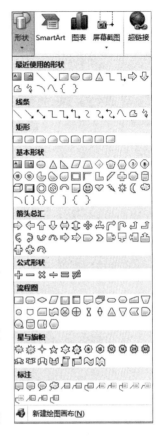

图 3-71 【形状】下拉列表框

可以使用菜单、键盘的方式;图片的删除可以通过在图片上右击,在弹出的快捷菜单中选择【删除】命令,也可以直接按 Delete 键。

图 3-72 【屏幕截图】按钮

2. 图片的缩放和裁剪

1)图片缩放

图片缩放的操作步骤如下。

(1)选定要缩放的图片,此时图片四周显示 8 个尺寸句柄。

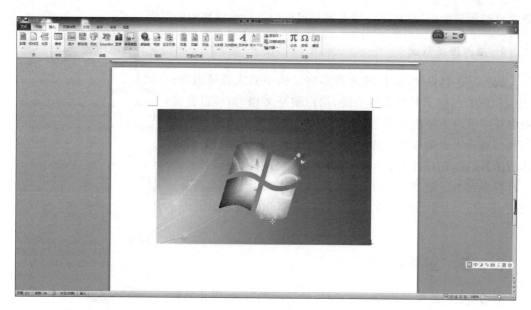

图 3-73　程序窗口截图被插入到文档中

（2）将鼠标指针指向某个尺寸句柄时，指针变成双箭头。
（3）根据需要进行拖曳，从而改变其大小。
2）图片剪裁
图片剪裁的操作步骤如下。
（1）选定欲剪切的图片。
（2）单击【格式】→【大小】→【裁剪】按钮，如图3-74所示。

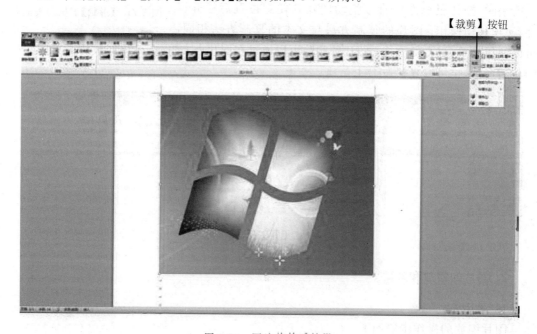

图 3-74　图片裁剪后效果

(3) 将鼠标指针指向某尺寸句柄,指针变成剪刀形状。

(4) 向图片内部拖曳即可裁剪掉相应部分,操作完成后按 Enter 键。图 3-74 所示为图片裁剪后的效果。

提示:【裁剪】按钮只可以裁剪图片的部分内容,不可以改变图片的形状。如果想改变图片的形状,要使用专门的图片处理工具。

3. 图片的精确缩放

若要精确地缩放图形,可以利用菜单命令设置,其具体操作步骤如下。

(1) 选定要缩放的图形。

(2) 单击【格式】→【大小】→【高度】和【宽度】微调按钮,选择缩放的值,也可以单击【大小】选项区的【对话框启动器】按钮,弹出【布局】对话框,如图 3-75 所示。在【高度】和【宽度】选项区域的上、下、左、右 4 个方向输入确定值;若需要缩放,可以在【缩放】选项区域输入【高度】和【宽度】的百分比,也可以在【高度】【宽度】和【旋转】选项区域设置尺寸的大小和旋转的角度。

(3) 单击【确定】按钮完成设置。

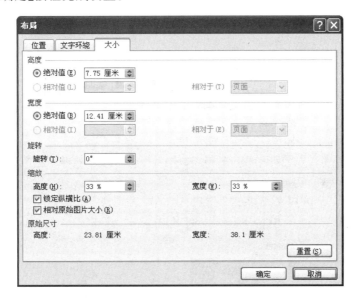

图 3-75 【布局】对话框

4. 调整图片

利用【格式】功能区【调整】组中的各按钮可以对图片进行亮度、对比度和颜色模式等调整,如图 3-76 所示,【调整】组各按钮功能如下。

(1)【更正】下拉列表框:用于设置图片的亮度和对比度,如图 3-77 所示。

(2)【颜色】下拉列表框:用于对图片重新着色,使图片具有某种特殊效果,如图 3-78 所示。

(3)【压缩图片】按钮:用于在打印或输出时压缩尺寸。

（4）【更改图片】按钮：用于重新输入图片，单击该按钮可弹出【插入图片】对话框。

（5）【重设图片】按钮：对做了编辑修改后的图片恢复原样。

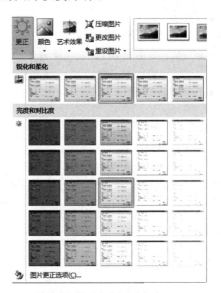

图 3-76　【调整】组　　　　　　　　　　图 3-77　【更正】下拉列表框

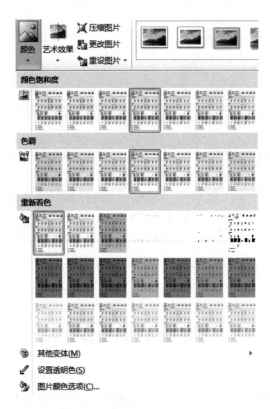

图 3-78　【颜色】下拉列表框

5．修改图片样式

Word 2010 为用户新增了大量的图片样式，利用这些功能，用户可以快捷地更改图片的外观，以及边框、形状等。【图片工具】上下文工具的【格式】选项卡的【图片样式】组如图 3-79 所示，其中各按钮的功能如下。

图 3-79 【图片样式】组

（1）【图片样式】下拉列表框：【图片样式】组中初始只提供 10 种图片样式，想选择更多的样式，可以单击【向上】或【向下】按钮查看，也可以单击【图片样式】→【其他】按钮，弹出【图片样式】下拉列表框，如图 3-80 所示。可以单击任一种样式对图片进行修改。

图 3-80 【图片样式】下拉列表框

（2）【图片边框】下拉列表框：用于设置图片边框的颜色、粗细和形状，如图 3-81 所示。

（3）【图片效果】下拉列表框：用于设置图片的预设、阴影、映像、发光、柔化边缘、棱台、三维旋转等三维效果，如图 3-82 所示。

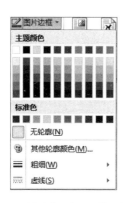

图 3-81 【图片边框】下拉列表框

图 3-82 【图片效果】下拉列表框

除了利用【图片样式】组中提供的功能按钮外,也可以在【设置图片格式】对话框中设置以上功能。单击【图片样式】选项卡中的【对话框启动器】按钮,弹出【设置图片格式】对话框,如图 3-83 所示。

图 3-83 【设置图片格式】对话框

6. 改变图片位置和环绕方式

用户创建的文档中既有文字又有图片时,就涉及对图片和文字的版式进行排列,排列图片可单击【图片工具】上下文工具的【格式】选项卡的【排列】组中的各功能按钮完成,如图 3-84 所示,其中各按钮的功能如下。

图 3-84 【排列】组

(1)【位置】下拉列表框:将所选对象置于页面上,自动设置环绕方式,如图 3-85 所示。

(2)【自动换行】下拉列表框:用于更改对象周围的环绕方式,如图 3-86 所示,其中常用的图片环绕方式的效果如图 3-87 所示。

图 3-85 【位置】下拉列表框   图 3-86 【自动换行】下拉列表框

(a) 上下型环绕　　　　　　　　　　　　　(b) 四周型环绕

(c) 浮于文字上方　　　　　　　　　　　　(d) 衬于文字下方

图 3-87　图片的常用环绕方式

（3）【对齐】下拉列表框：用于将所选的多个对象设置为对齐方式，如图 3-88 所示。

（4）【旋转】下拉列表框：用于设置对象的旋转方式，如图 3-89 所示。

图 3-88　【对齐】下拉列表框　　　　　图 3-89　【旋转】下拉列表框

7．艺术字的使用

插入艺术字的同时窗口将弹出【绘图工具】上下文工具，如图 3-90 所示。利用【绘图工具】上下文工具中的【格式】选项卡，可以对选定的艺术字进行各种设置，其中各选项区的功能如下。

图 3-90 【绘图工具】上下文工具

(1)【文本】组：用来编辑文字，以及调整艺术字的对齐方式、更改艺术字的方向及为艺术字创建超链接。

(2)【艺术字样式】组：设置艺术字的样式，以及更改艺术字的填充效果、轮廓、文本效果，其中【文本效果】中的【转换】下拉列表框如图 3-91 所示，可以设置艺术字的形状。【文本效果】中的【阴影】下拉列表框如图 3-92 所示，可以设置艺术字的阴影效果。【文本效果】中的【棱台】下拉列表框如图 3-93 所示，可以设置艺术字的三维效果。【文本效果】中的【三维旋转】下拉列表框如图 3-94 所示，可以设置艺术字的三维旋转效果。

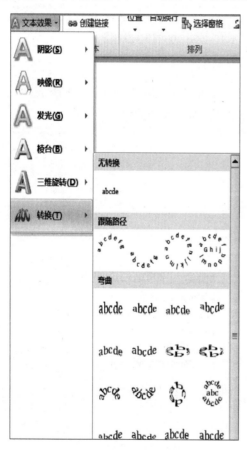

图 3-91 【转换】下拉列表框

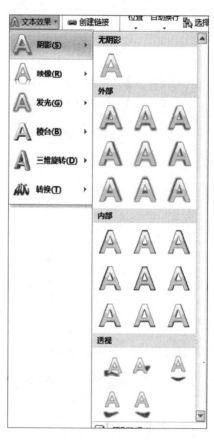

图 3-92 【阴影】下拉列表框

(3)【排列】组：用来设置选定艺术字的排列，其与图片排列作用相同。

(4)【大小】组：用于改变选定艺术字的大小。

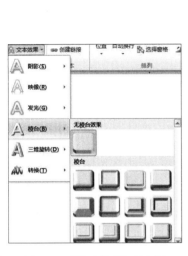

图 3-93 【棱台】下拉列表框

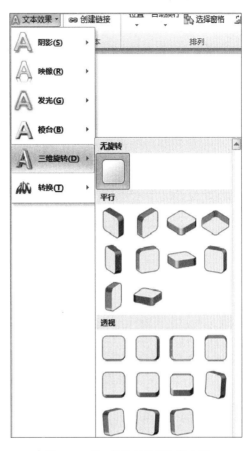

图 3-94 【三维旋转】下拉列表框

8．编辑自绘图形

利用 Word 中提供的自选图形,用户可以绘制需要的图形,绘制完图形后,窗口会自动显示【绘图工具】上下文工具,利用【绘图工具】中各选项卡的各功能按钮,用户可以进行自绘图形的填充、线条、旋转、组合等多种设置。

1）在自选图形中添加文字

右击要添加文字的图形,在弹出的快捷菜单中选择【添加文字】命令,插入点会自动移到选定图形中,并在图形对象上显示文本框,输入文字即可。文字输入后,可以设置字体、字号等,设置方法与文档设置相同。也可以单击【格式】→【插入形状】→【编辑文字】按钮,用户可以在光标位置添加文本。

2）图形的组合、叠放和旋转

在文档中,绘制的图形可以根据需要进行组合,以防止它们之间的相对位置发生改变,其具体操作步骤如下。

（1）按住 Shift(或 Ctrl)键的同时选定要组合的图形。

（2）将鼠标指针移动到要组合的某一个图形处。

（3）在图形上右击,在弹出的快捷菜单中选择【组合】→【组合】命令。

在文档中,有时需要绘制多个重叠的图形,此时需要设置图形的叠放次序或图形在文字中的叠放次序。首先选定要设置叠放次序的图形并右击,在弹出的快捷菜单中选择【叠放次序】级联菜单中的相应命令即可。

在文档中,绘制的图形可以进行任意角度的旋转,其具体操作步骤如下。

① 选中要旋转的图形。

② 单击【绘图工具】→【格式】→【排列】→【旋转】按钮,如图 3-95 所示,在其下拉列表框中用户可以根据具体需要进行旋转设置。

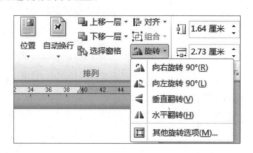

图 3-95　【旋转】下拉列表框

3) 设置自选图形的格式

用户可以单击【绘图工具】上下文工具栏【格式】选项卡中的各功能按钮对图形进行颜色填充、线条、阴影和三维效果的设置,按钮的各功能与图片设置相同。

3.3.3　文本框

文本框是一种比较特殊的对象,它可以被置于页面中的任何位置,而且可以在文本框中输入文本、插入图片和艺术字等对象,其本身的格式也可以进行设置。使用文本框,用户可以按照自己的意愿在文档页面中的任意位置放置文本,这对于排版报纸类文档是十分有用的。

1．插入文本框

文本框的插入方法有两种,可以先插入空文本框,确定好大小、位置后,再输入文本内容,也可以选择文本内容,再插入文本框。

1) 插入空文本框

空文本框插入的操作步骤如下。

(1) 单击【插入】→【文本】→【文本框】按钮,在弹出的下拉列表框中选择【绘制文本框】选项,如图 3-96 所示,此时鼠标指针在文档中变成十字形状。

(2) 在文档中的合适位置拖曳即可画出所需的文本框。插入文本框后的插入点在文本框中,根据需要,可以在文本框中插入适当的图片或添加文本。

图 3-96　【文本框】下拉列表框

2）将文档中指定的内容放入文本框

将文档中指定的内容放入文本框的操作步骤如下。

（1）选定指定文本内容。

（2）单击【插入】→【文字】→【文本框】按钮，在其下拉列表框选择一种文本框样式。

2．编辑文本框

文本框插入后，系统会自动显示【绘图工具】上下文工具，在其【格式】选项卡中可以对文本框样式、大小和排列等进行设置，方法同图片设置。

3.3.4　SmartArt 图形

为了使文字之间的关联更加清晰，人们常常使用配有文字的插图，对于 Word 较早的版本，人们使用形状和文本框的组合。但如果想制作出具有专业设计师水准的插图，则需要借助 SmartArt 图形，Word 2010 提供了 SmartArt 图形的创建和编辑功能。SmartArt 图形包括列表、流程、循环、层次结构、关系和矩阵。

1．插入 SmartArt 图形

在文档中插入 SmartArt 图形的操作步骤如下。

（1）将光标定位在需要插入 SmartArt 图形的位置。

（2）单击【插入】→【插图】→SmartArt 按钮，弹出【选择 SmartArt 图形】对话框，如图 3-97 所示。

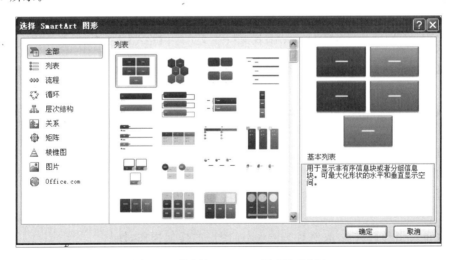

图 3-97　【选择 SmartArt 图形】对话框

（3）在该对话框的左侧窗格中选择 SmartArt 图形的类型；在中间窗格中选择子类型；在右侧窗格中显示 SmartArt 图形的预览效果。

（4）设置完成后，单击【确定】按钮，即可在文档中插入 SmartArt 图形，并显示【SmartArt 图形】上下文工具，如图 3-98 所示。若需要输入文本，只需在【文本】字样处输入文字即可。

2. 编辑 SmartArt 图形

编辑 SmartArt 图形可利用【SmartArt 图形】上下文工具【设计】和【格式】两个选项卡中的功能按钮，对 SmartArt 图形的布局、颜色、样式等进行编辑修改，以达到用户的需要，【设计】选项卡如图 3-98 所示,【格式】选项卡如图 3-99 所示。下面主要介绍这两个选项卡的主要按钮或下拉列表框的功能。

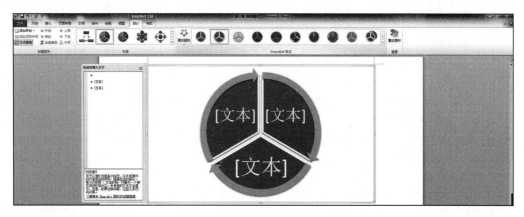

图 3-98 【SmartArt 图形】上下文工具

图 3-99 【SmartArt 图形】上下文工具中【格式】选项卡

（1）【添加形状】下拉列表框：在此下拉列表框中可以选择为 SmartArt 图形添加形状，如图 3-100 所示。

（2）【布局】组：用户可以为 SmartArt 图形重新定义布局样式。

（3）【更改颜色】下拉列表框：用户可以为 SmartArt 图形设置颜色，如图 3-101 所示。

（4）【SmartArt 样式】下拉列表框：用户可选择 SmartArt 图形的样式。

图 3-100 【添加形状】下拉列表框

（5）【重设图形】按钮：取消对 SmartArt 图形的任何操作，恢复到原始插入状态。

（6）【形状样式】组：在【格式】选项卡中，用户利用该组中的功能按钮可以为 SmartArt 图形中的形状设置样式、颜色、轮廓和效果。

（7）【艺术字样式】组：在【格式】选项卡中，利用该组中的功能按钮可以为 SmartArt 图形中的文本设置艺术字样式、填充、轮廓和效果。

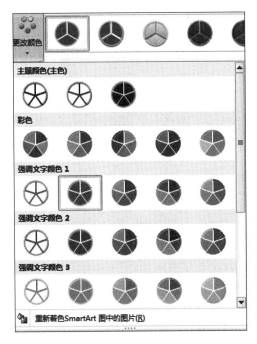

图 3-101 【更改颜色】下拉列表框

3.4 表格

表格以行和列的形式组织信息,其结构严谨、效果直观,而且信息量较大,Word 提供了强大的表格功能,可以方便用户建立和使用表格。

3.4.1 创建表格

表格由若干个行和列组成,行列的交叉区域称为"单元格"。单元格中可以填写数值、文字和插入图片等。利用工具栏和菜单命令均可以快捷地创建表格。

1. 使用【表格】按钮创建表格

(1) 在要创建表格的位置上确定插入点。

(2) 单击【插入】→【表格】→【表格】按钮,在弹出的下拉列表框中显示一个制表示意框,拖动鼠标向右、向下移动,拖曳过的区域呈反显显示,表示选定的行数和列数,文档处自动显示所选定的表格,如图 3-102 所示。在插入点处单击,即可显示对应行数和列数的表格。

提示:利用步骤(2)的方法创建表格十分方便,但表格的行列数会有限制,最多只能创建 8 行 10 列的表格。当表格行列数较多时,表格无法以此方法完成,此时应该使用其他的方式来创建表格。例如,使用【插入表格】对话框,最多可以设置 63 列、32767 行的表格。

图 3-102 【表格】按钮创建表格

2. 使用【插入表格】命令创建表格

使用【插入表格】命令创建表格,可以使用户在插入表格前事先设置表格的尺寸和格式,其操作步骤如下。

(1) 在要创建表格的位置上选定插入点。

(2) 单击【插入】→【表格】→【表格】按钮,在弹出的下拉列表框中选择【插入表格】命令,弹出【插入表格】对话框,如图 3-103 所示。

(3) 在该对话框中设置列数和行数及相关参数,设置完成后单击【确定】按钮,即可插入相应的表格。

3. 手工绘制表格

(1) 单击【插入】→【表格】→【表格】按钮,在弹出的下拉列表框中选择【绘制表格】命令,此时,鼠标指针变成笔形状。

(2) 拖曳鼠标在文档中画出一个矩形的区域,到达所需要设置表格大小的位置时,即可形成整个表格的外部轮廓,同时打开【表格工具】上下文工具。

(3) 拖曳鼠标在表格中形成一条从左到右,或者从上到下的虚线,释放鼠标,一条表格中的划分线就形成了,如图 3-104 所示。在单元格内也可以绘制斜线,以便根据需要划分不同单元格,斜线的绘制方法与绘制直线方法相同。

图 3-103 【插入表格】对话框

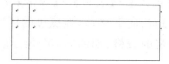

图 3-104 手工绘制表格

(4) 若要删除一条或多条线,可以单击【表格工具】→【设计】→【绘图边框】→【擦除】按钮。

3.4.2 编辑表格

创建好表格后,通常需要对表格进行编辑处理操作,如行高和列宽的调整、行或列的插入和删除、单元格的合并和拆分等,来满足用户的特定要求。这些主要通过【布局】选项卡中的各功能选项区来实现,如图 3-105 所示。

图 3-105 【布局】选项卡

1. 选定表格的单元格、行或列

(1) 选定单元格:将鼠标指针移动到要选定单元格的左侧边界,当指针变成右上的箭头 ↗ 时,单击,即可选定该单元格。

(2) 选定一行:将鼠标指针移动到欲选定行左侧选定区,当指针变成 ↗ 时单击,即可选定该行。

(3) 选定一列:将鼠标指针移动到欲选定列顶部列选定区,当指针变成 ↑ 时单击,即可选定该列。

(4) 选定连续单元格区域:拖曳鼠标选定连续单元格区域即可。这种方法也可以用于选定单个、一行或一列单元格。

(5) 选定整个表格:将鼠标指针指向表格左上角,单击显示的"表格的移动控制点"图标 ⊕ ,即可选定整个表格。

提示:表格、行、列、单元格的选定,也可以通过选择【表格】→【选择】级联菜单中相应的命令完成。

2. 调整表格行高和列宽

调整表格行高或列宽的方法有以下几种。

1) 使用鼠标操作

(1) 调整单一的行高或列宽。将鼠标指针指向要改变行高或列宽的表格边框线上,待指针改变形状时,如图 3-106 所示,按住鼠标左键拖动边框线来改变表格的行高或列宽。

学号	姓名	年龄
2010001	王一	18
2010002	李二	19

图 3-106 鼠标指针改变行高和列宽时的形状示意

(2) 整体调整行高和列宽。将鼠标指针指向表格,表格的右下方会显示一个空心小方格,如图 3-107 所示,称为尺寸控点。拖动尺寸控点,可以整体调整表格的行高和列宽。拖动移动控点可移动表格,或者单击移动控点可全选表格。

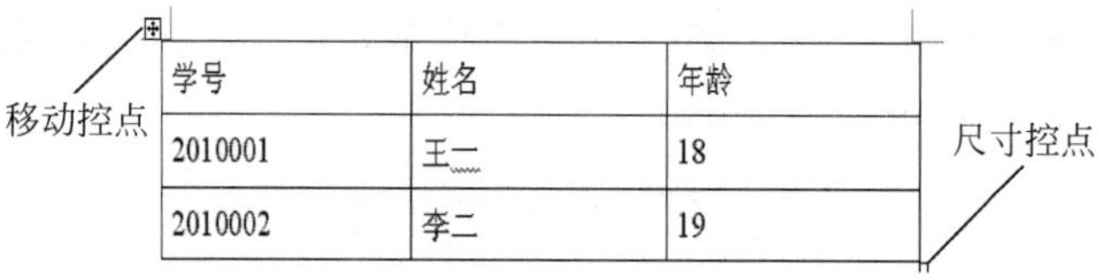

学号	姓名	年龄
2010001	王一	18
2010002	李二	19

图 3-107　表格的控点

2）使用菜单操作

(1) 选定表格中要改变列宽(或行高)的列(或行)。

(2) 单击【布局】→【表】→【属性】按钮,或者在其上右击,在弹出的快捷菜单中选择【表格属性】命令,弹出【表格属性】对话框,如图 3-108 所示。

图 3-108　【表格属性】对话框

(3) 在【列】(或【行】)选项卡的【指定宽度】(或【指定高度】)数值框中输入数值,该数值将改变表格的整体宽度。

(4) 单击【确定】按钮。

3）使用【自动调整】命令

Word 提供了 3 种自动调整表格的方式,分别是根据内容调整表格、根据窗口调整表格、固定列宽。

自动调整表格的操作步骤如下。

(1) 把光标定位在表格的任意单元格中。

(2) 单击【布局】→【表】→【单元格大小】→【自动调整】按钮,或者在表格的任意位置右击,在弹出的快捷菜单中选择【自动调整】级联菜单中的相应命令。根据设置系统自动进行调整。

3. 行或列的插入和删除

1) 插入行和列

将插入点定位在表格中,单击【布局】→【行和列】→【在上方插入】或【在下方插入】按钮,即可在所在位置的上方或下方插入一行;单击【在左侧插入】或【在右侧插入】按钮,即可在所在位置的左侧或右侧插入一列。

技巧:将插入点移动到表格的右下角最后一个单元格,按 Tab 键,可以立即自动在表格后增加一行。

2) 删除行或列

先在表格中选定要删除的行或列,单击【布局】→【行和列】→【删除】按钮,在弹出的下拉列表框中选择【删除行】或【删除列】命令,如图 3-109 所示。

提示:选定区域,按 Delete 键或选择【表格】→【清除】命令,删除的是该选定区域中的数据,即表格的内容。

4. 单元格的合并和拆分

单元格的合并是指把相邻的多个单元格合并成一个单元格;单元格的拆分正好与单元格的合并相反,是把一个单元格拆分为多个单元格。

1) 合并单元格

如果要进行合并单元格的操作,首先选定要进行合并的多个单元格,然后右击选择的单元格,在弹出的快捷菜单中选择【合并单元格】命令,或者单击【布局】→【合并】→【合并单元格】按钮。

2) 拆分单元格

如果要进行拆分单元格的操作,首先选定要进行拆分的单元格,然后右击选择的单元格,在弹出的快捷菜单中选择【拆分单元格】命令,或者单击【布局】→【合并】→【拆分单元格】按钮,弹出【拆分单元格】对话框,如图 3-110 所示。在【列数】数字微调框中输入要拆分成的列数;在【行数】数字微调框中输入要拆分成的行数,再单击【确定】按钮即可。

图 3-109 【删除】下拉列表框　　图 3-110 【拆分单元格】对话框

3.4.3 表格的格式化

创建好一个表格之后,可以对表格外观进行美化,如设置表格的边框样式、文字的方向等,从而加强表格的表现力,主要通过表格的【设计】选项卡来实现,如图 3-111 所示。

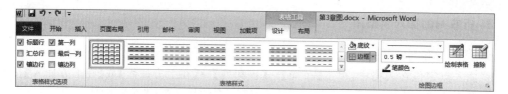

图 3-111 【设计】选项卡

1. 单元格对齐方式

一般在某个表格的单元格中进行文本输入时,该文本都将按照一定的方式显示在表格的单元格中。Word 提供了 9 种单元格中文本的对齐方式,分别是靠上左对齐、靠上居中、靠上右对齐、中部左对齐、中部居中、中部右对齐、靠下左对齐、靠下居中、靠下右对齐。进行单元格对齐方式设置时,首先选定单元格并右击,在出现的快捷菜单中选择【单元格对齐方式】级联菜单下相应的对齐方式。

2. 表格边框和底纹

利用 Word 的插入表格功能生成的表格,边框线默认为 0.5 磅单线,当设定整个表格为【无框线】时,实际上还可以看到表格的虚框。设置表格的边框和底纹有以下两种方法。

1)利用【边框】和【底纹】下拉列表框

单击【设计】→【表格样式】→【边框】按钮,弹出如图 3-112 所示的下拉列表框,选择其中一种边框样式;单击【表格样式】→【底纹】按钮,弹出如图 3-113 所示的下拉列表框,在其中选择所需底纹的颜色。

图 3-112 【边框】下拉列表框

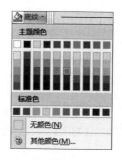

图 3-113 【底纹】下拉列表框

2)利用【边框和底纹】对话框

右击表格,在弹出的快捷菜单中选择【边框和底纹】命令,或者单击【绘图边框】组中的【对话框启动器】按钮,或者在【边框】下拉列表框中选择【边框和底纹】选项,或者在【表格属性】对话框中选择【边框和底纹】命令,均弹出【边框和底纹】对话框,如图 3-114 所示。在该对话框中既可以设置单元格的边框和底纹,也可以设置整个页面边框的样式,包括艺术型样式。

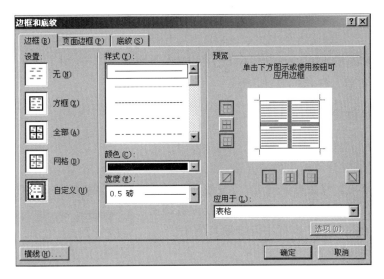

图 3-114 【边框和底纹】对话框

3．设置文字的方向

表格中文本的格式与文档中文本相同,同时也可以设置文字的方向。设置表格文字方向的操作步骤如下。

（1）选定欲设置文字方向的单元格。

（2）单击【布局】→【对齐方式】→【文字方向】按钮,可直接实现文字的横向和竖向的转换;或者在单元格上右击,在弹出的快捷菜单中选择【文字方向】命令,弹出【文字方向】对话框,如图 3-115 所示。

（3）在【方向】选项区域中选择所需要的文字方向。

（4）单击【确定】按钮。

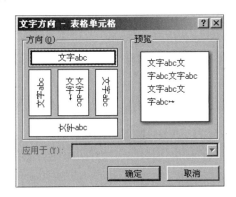

图 3-115 【文字方向】对话框

3.4.4 表格中的数据处理和生成图表

Word 提供了可以在表格中进行计算的函数,但只能进行求和、求平均值等较为简单的操作,要解决较为复杂的表格数据计算和统计方面的问题,可以使用 Microsoft Excel 软件(参见第 4 章)。

表格中的单元格列号依次用 A、B、C、D、E 等字母表示,行依次用 1、2、3、4 等数字表示,用列、行坐标表示单元格,如 A1、B2 等。

1. 表格中的数据计算

表格中数据计算的操作步骤如下。
(1) 定位要放置计算结果的单元格。
(2) 单击【布局】→【数据】→【公式】按钮,弹出【公式】对话框,如图 3-116 所示。
(3) 用户可以在【粘贴函数】下拉列表框中选择所需的函数,或者在【公式】文本框中直接输入公式。
(4) 单击【确定】按钮。

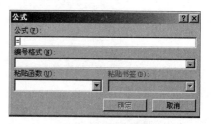

2. 表格中的数据排序

表格可根据某几列内容进行升序和降序重新排列,其具体操作步骤如下。

图 3-116 【公式】对话框

(1) 选择需要排序的列或单元格。
(2) 单击【布局】→【数据】→【排序】按钮,弹出【排序】对话框,如图 3-117 所示。
(3) 设置排序关键字的优先次序、类型、排序方式等。
(4) 单击【确定】按钮。

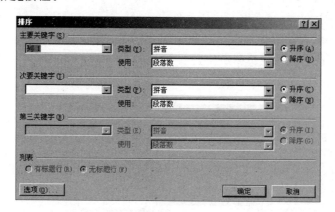

图 3-117 【排序】对话框

3. 生成图表

若要在 Word 文档中插入一个图表,可以单击【插入】→【插图】→【图表】按钮,在弹出的【插入图表】对话框中对数据进行编辑修改,就可以得到需要的图表,如图 3-118 所示。若要利用已有的表格数据生成对应的图表,则应先选择一定的数据区域,单击【插入】→【文本】→【对象】按钮,弹出【对象】对话框,如图 3-119 所示。在【新建】选项卡中选择 Office 提供的【Microsoft Gragh 图表】选项,即可生成与表格数据对应的图表。

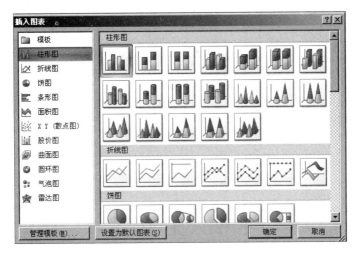

图 3-118 【插入图表】对话框

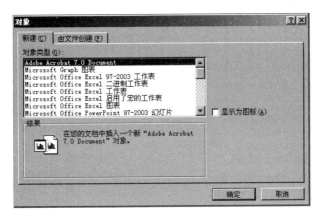

图 3-119 【对象】对话框

3.5 Word 2010 的高级应用

3.5.1 水印效果

在文档中可以对文档的背景设置一些隐约的文字或图案,称为水印。在 Word 中创建水印的操作步骤如下。

(1) 单击【页面布局】→【页面背景】→【水印】按钮,在弹出的下拉列表框中可以直接选择水印的样式,如图 3-120 所示;也可以在下拉列表框中选择【自定义水印】命令,弹出【水印】对话框,如图 3-121 所示。

(2) 要将如图 3-122 所示图片插入作为水印,可选中【图片水印】单选按钮,再单击【选

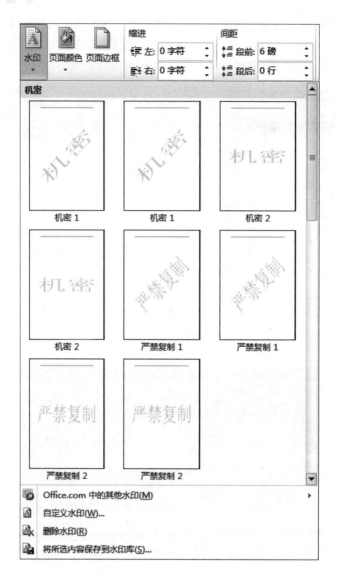

图 3-120 【水印】下拉列表框

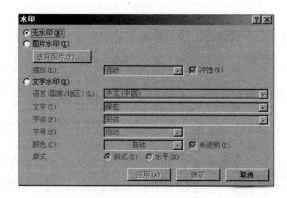

图 3-121 【水印】对话框

择图片】按钮,选定所需的图片后,再单击【插入】按钮,插入后的效果如图 3-123 所示,选中【冲蚀】复选框可以设置图片是否具有冲蚀效果。若要插入文字水印,可选中【文字水印】单选按钮,然后选择或输入所需的文本。

图 3-122　背景图片

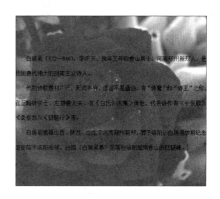
图 3-123　【图片水印】效果

(3) 设置水印文字的字体、字号、颜色等选项,然后单击【应用】按钮。

提示:要查看水印打印在页面上的效果,需要使用页面视图。

3.5.2　校对功能

Word 2010 提供了对文档中的英文进行拼写和语法检查、自动翻译、英语助手、字数统计等校对功能,可以单击【审阅】选项卡【校对】组中的各功能按钮实现,如图 3-124 所示。

图 3-124　【校对】组

1. 自动检查方式

单击【开始】→【选项】按钮,在【Word 选项】对话框中提供了许多实用的工具式命令,要设置拼写和语法检查的自动方式,可以选择【校对】选项,如图 3-125 所示,在【在 Word 中更正拼写和语法时】选项区域中选中【键入时检查拼写】和【随拼写检查语法】复选框。

设置完以后,在输入文本的过程中,Word 会随时检查输入过程中出现的错误,并在其认为有拼写或语法错误的位置,用波浪线进行标识,其中红色波浪线表示出错的单词,绿色波浪线表示出错的语法。修改错误内容有两种方式:一种是用户自己修改错误;另一种是利用 Word 的提示进行修改。在提示显示语法错误的位置右击,在弹出的快捷菜单(即修改建议)中选择,选择后单击【更改】按钮,错误就得到了修改,若不想进行修改,可以选择【忽略】命令。

2. 利用手动检查方式

如果未设置拼写和语法的自动检查,可以利用手动方式。选择【校对】组中的【拼写和语法】命令,Word 将自动检查文档的拼写与语法错误,检查出一条错误后系统将给出修改建议,用户在其中选择后可单击【更改】按钮。若不想更改可单击【忽略】按钮,若不希望检查器继续检查类似错误,可单击【全部忽略】按钮。

图 3-125 【Word 选项】对话框

3.5.3 字数统计

在【审阅】选项卡中,单击【字数统计】按钮,在弹出的【字数统计】对话框中可以对文档中的页数、字数、中文字符数、段落数及行数等内容进行统计,如图 3-126 所示。

3.5.4 Word 的网络功能

随着计算机技术的发展,Internet 已经深入到社会生活的各个领域,Word 2010 也在以前版本的基础上增加了更多网络功能。

图 3-126 【字数统计】对话框

Word 可以直接创建博客文章,也可以将已有的 Word 文档保存为 Web 页,或者直接进行邮件和 Internet 传真的发送,还可以将设置好的文档直接发布在博客或文档服务器上。

1. 博客文章

(1) 单击【文件】→【新建】按钮,弹出【新建文档】对话框。

(2) 选择【新建文档】对话框中的【博客文章】选项，打开一个博客文章空白页，输入并编辑博客内容，如图 3-127 所示。

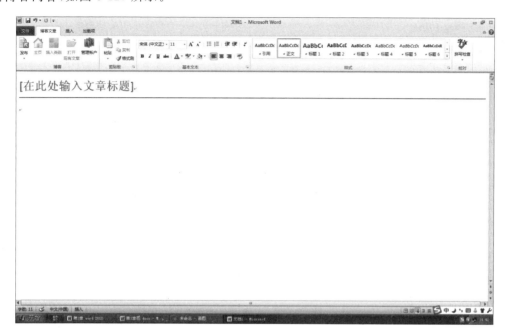

图 3-127　博客文章空白页

(3) 编辑完成后，单击【开始】→【保存】按钮，弹出【另存为】对话框。
(4) 在【另存为】对话框中，设置保存位置、页面标题、输入文件名等。
(5) 单击【保存】按钮。

2．将已有的文档转换为 Web 页

将已有的文档转换为 Web 页的操作步骤如下。
(1) 打开已有的文档。
(2) 单击【开始】→【另存为】按钮，在弹出【另存为】对话框中设置文件名和保存显示的文本或图形。
(3) 在【另存为】对话框的【保存类型】下拉列表框中选择 Web 页类型。
(4) 单击【保存】按钮。

3.5.5　插入超链接

超链接是网页中最常见的一种元素，将文档中的文本、图形、图像等与相连的信息连接起来，以带颜色下画线的方式显示文本，可以链接到本机上的其他文档或网站上。

操作方法：选择要作为超链接显示的文本或图形，单击【插入】→【链接】→【超链接】按钮，弹出【插入超链接】对话框，如图 3-128 所示。超链接可以链接的对象包括已存在的文件、某个网址、文档中的位置、新的文档和电子邮件地址等。

选择链接的位置后，在右边框中选择具体链接的文件或文档的位置，单击【确定】按钮即可。链接成功后的文字或图片下方将显示带颜色的下画线。

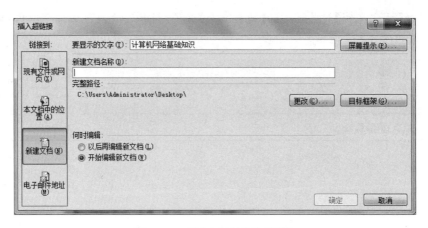

图 3-128 【插入超链接】对话框

对于建立了超链接的对象,在文档中按住 Ctrl 键并单击,即可直接打开该链接。

3.5.6 邮件合并功能

"邮件合并"最初是在批量处理"邮件文档"时提出的,具体地说就是在邮件文档内容中合并一些如收件人姓名、称呼及地址等可变的信息,从而批量生成需要发送的邮件文档。"邮件合并"功能除了能批量处理信函、信封等与邮件相关的文档外,还可以轻松地批量制作标签、工资条和成绩单等。

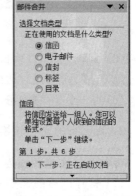

图 3-129 【邮件合并】任务窗格

Word 2010 提供了"邮件合并"任务窗格,使得用户在批量制作文档时操作更加方便和简单。切换至【邮件】选项卡,单击【开始邮件合并】按钮,从展开的下拉列表中单击【邮件合并分步向导】按钮,即可打开【邮件合并】任务窗格,如图 3-129 所示。

【案例】 某高校学生计划举办一场"大学生网络创业交流会"的活动,拟邀请部分专家和老师及在校学生进行演讲。因此校学生会外联部需制作一张邀请函,并分别递送给相关的专家和老师。按如下要求,完成邀请函的制作。

(1) 在 Word 中编辑文字内容,如图 3-130 所示。

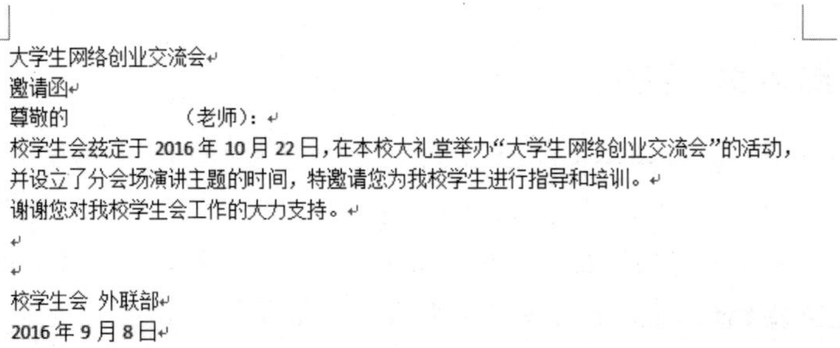

```
大学生网络创业交流会
邀请函
尊敬的          (老师):
校学生会兹定于 2016 年 10 月 22 日,在本校大礼堂举办"大学生网络创业交流会"的活动,
并设立了分会场演讲主题的时间,特邀请您为我校学生进行指导和培训。
谢谢您对我校学生会工作的大力支持。

                                                校学生会 外联部
                                                2016 年 9 月 8 日
```

图 3-130 邀请函文字内容

(2) 调整文档表面,要求页面高度为 18 厘米、宽度为 30 厘米、页边距(左、右)为 3 厘米。

（3）将图 3-131 所示的"背景图片.jpg"设为邀请函背景。

图 3-131　邀请函背景图片

（4）图 3-132 所示为邀请函参考样式，调整邀请函中文本的字体、字号、颜色和文字段落对齐方式。

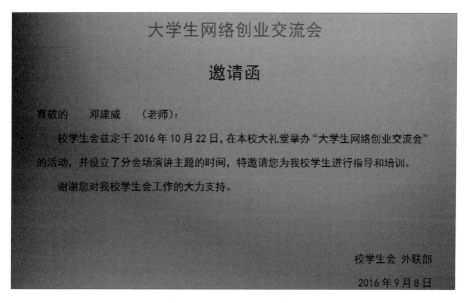

图 3-132　邀请函参考样式

（5）根据页面布局需要，调整邀请函中"大学生网络创业交流会"和"邀请函"两个段落的间距。

（6）在"尊敬的"和"（老师）"文字之间，插入拟邀请的专家和老师姓名，需要利用 Excel 将制作邀请函所需要的信息以二维表格的形式全部输入其中，考生及专家姓名存放在用 Excel 2010 制作的"通讯录.xlsx"文件中，为此，制作了如图 3-133 所示的原始用户信息统计表。

（7）选择【邮件】选项卡，在【开始邮件合并】下拉列表中选择【信函】选项，如图 3-134 所示。

（8）在【选择收件人】下拉列表中选择【使用现有列表】选项，如图 3-135 所示。

（9）选择之前创建的"通讯录.xlsx"文件信息表并导入，在弹出的窗口中选择数据所在的工作表，并单击【确定】按钮，如图 3-136 所示。

	A	B	C	D	E	F
1	编号	姓名	性别	公司	地址	邮政编码
2	BY001	邓建威	男	电子工业出版社	北京市太平路23号	100036
3	BY002	郭小春	男	中国青年出版社	北京市东城区四十条94号	100007
4	BY007	陈岩捷	女	天津广播电视大学	天津市南开区迎水道1号	300191
5	BY008	胡光荣	男	正同信息技术发展有限公司	北京市海淀区二里庄	100083
6	BY005	李达志	男	清华大学出版社	北京市海淀区知春路西格玛中心	100080

图 3-133　邀请函中专家和老师的通讯录

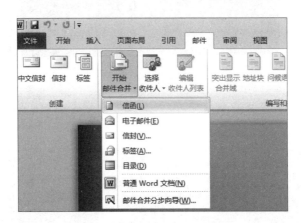

图 3-134　【开始邮件合并】下拉列表

图 3-135　【选择收件人】下拉列表

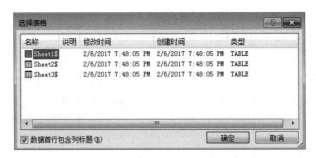

图 3-136　【选择表格】对话框

（10）然后选中要替换的词或将光标定位在放置信息的位置，单击【插入合并域】按钮，并从弹出的下拉列表中选择相关的选项进行替换或插入，如图 3-137 所示。

（11）最后单击【完成并合并】下拉列表中的【编辑单个文档】按钮，如图 3-138 所示。并

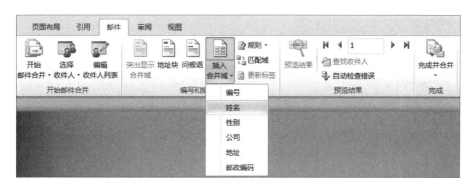

图 3-137 【插入合并域】下拉列表

在弹出的窗口中选中【全部】单选按钮,然后单击【确定】按钮即可完成批量邀请函的制作,如图 3-139 所示。

图 3-138 【完成并合并】下拉列表

图 3-139 【合并到新文档】对话框

(12)邀请函文档制作完成后,所有的邀请函页面保存在一个名称为"Word 邀请函.docx"文件中,其中邀请函如图 3-140 所示。

注意:通讯录中有多少条记录,相应地就会出现多少份邀请函。

3.5.7 插入书签

Word 中的书签与现实生活中的书签作用完全相同,在阅读长文档时能够记录位置,但不显示在屏幕上,方便用户查看文档。用户还可以使用书签标记超链接的位置。插入书签的操作步骤如下。

(1)选中文字或将插入点定位到要插入书签的位置。

(2)选择【插入】选项卡,在【链接】组中单击【书签】按钮,在弹出的【书签】对话框中输入书签名。

(3)单击【添加】按钮,即可在文档中添加一个书签,如图 3-141 所示。

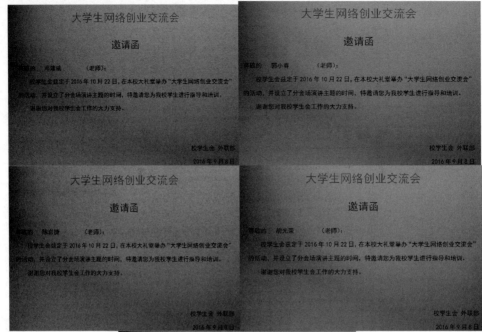

图 3-140　制作完成后的邀请函样式

图 3-141　【书签】对话框

默认情况下,插入的书签是不显示的,用户可以通过【书签】对话框中的【定位】按钮将插入点定位到书签位置,便可将书签显示出来。

3.5.8 批注和修订

当有文档需要交给其他的专家审阅,并且希望能够明确知道他人进行了哪些修改时,可以启用批注和修订功能。批注是他人对文档所做的评价,批注内容不直接作用于文档,只是给作者一些提示和建议。修订功能能够记录他人对文档所做的各种修改过程,包括添加、删除及格式的修改等。

1. 插入/删除批注

选定要批注的文本或位置,选择【审阅】选项卡,在【批注】组中单击【新建批注】按钮,即可添加批注框,在其中输入批注的文本内容。批注条目中会记录批注的作者和批注的编号。不同作者对文档的批注条目会用不同的颜色,如图3-142所示。

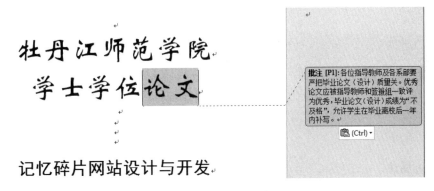

图3-142 插入批注

删除批注的方法是选中批注并右击,在弹出的快捷菜单中选择【删除批注】命令,或者单击【批注】组中的【删除】按钮,在弹出的下拉列表中选择【删除】或【删除文档中的所有批注】命令。

2. 启用/取消修订

修订是直接在文档中进行的修改。利用修订功能能够通过标记同时反映多位审阅者对文档所做的修改。这样,文档的作者便可以对这些修改进行复审,并确定接受或拒绝这些修订。

在【审阅】选项卡的【修订】组中,单击【修订】按钮,即可启用修订功能。启用了修订功能后,Word将使用审阅标记,对文档的各种修改都会被详细记录下来。将鼠标指针移动到修订内容上,会显示修订提示窗口,详细记录修订人、修订时间和所做修订的详细内容。

如果不希望使用修订功能,只需要再次单击【修订】组中的【修订】按钮即可。

3. 接受或拒绝修订

当接到审阅后的书籍文档后,在修订状态下可以查看审阅人对文档所做的修订,作者可以根据自己的判断决定是否接受或拒绝这些修订。利用【更改】组中的【接受】或【拒绝】按钮可以对修订内容进行确认。如果对审阅人的修订全部接受或全部拒绝，可以在下拉列表中选择【接受对文档的所有修订】和【拒绝对文档的所有修订】选项。

4. 改变修订格式

如果不喜欢系统默认的修订格式，可以通过设置【修订】命令按钮中的【修订选项】，在其中可以对插入格式、删除格式等进行设置。

3.5.9 插入脚注和尾注

脚注和尾注不是文档正文，它们都是文档中文本的补充说明，脚注位于每页的底端，用来说明每页中要说明的内容。尾注位于文档结尾处，用来集中解释文档重要注释的内容或标注文档中所引用的文献来源。

脚注和尾注都由两部分组成，一部分是文档的注释引用标记，另一部分是注释的具体内容。

1. 插入脚注

单击要插入脚注的文本位置，选择【引用】选项卡，在【脚注】组中单击【插入脚注】按钮，在页面底端显示一个空白标记，在脚注栏中输入脚注的具体内容，用同一方法可以在一页或一个文档中插入多个脚注，用带有数字的脚注标记脚注的序号，序号可以由 Word 自动生成也可以用户自定义。

2. 插入尾注

单击要插入尾注的文本位置，选择【引用】选项卡，在【脚注】组中单击【插入尾注】按钮，在文档结尾处出现一个空白标记，输入尾注的内容即可。

要改变脚注和尾注的标号方式，可以单击【脚注】组中的【对话框启动器】按钮，在【脚注与尾注】对话框中设置相应的起始编号。

脚注和尾注还可以相互转换，即在普通视图下，选中脚注或尾注并右击，在弹出的快捷菜单中选择【转换至尾注】或【转换为脚注】命令即可相互转换。

3.5.10 题注

当 Word 文档中含有大量图片、表格或图表等内容时，有时需要在这些内容下面加上注释或陈述，为了能更好地管理这些内容，可以为它们添加题注，题注会自动获得一个编号，如图 1、图 2、图 3……，并且在删除或添加图片或表格时，所有的编号会自动改变，以保持编号的连续性。在 Word 文档中添加题注的操作步骤如下。

(1) 将光标定位在要插入题注的位置，选择【引用】选项卡，在【题注】组中单击【插入题注】按钮，打开【题注】对话框，如图 3-143 所示。

(2) 在【题注】一栏显示的是插入后的题注的内容。【标签】下拉列表框可以用于选择题注的类型，如果插入的是图片，可以选择【图】选项，或者根据插入的内容类型选择【图表】或

【公式】选项。如果觉得 Word 自带的几种标签类型不适合,单击【新建标签】按钮即可新建自己需要内容的标签。可以在【位置】下拉列表框中选择题注出现的位置,可选的位置是项目的上方或下方,也可以根据实际需要选择。

(3) 设置完成后单击【确定】按钮,Word 就会自动创建插入题注。

(4) 如果是表格需要插入题注,只需要选中整个表格并右击,然后在弹出的快捷菜单中选择【插入题注】命令,也可以添加表格的题注。

图 3-143 【题注】对话框

3.5.11 交叉引用

交叉引用是在文档的一个位置引用文档另一个位置的内容,类似于超链接,只不过交叉引用一般是在同一文档中互相引用而已。交叉引用常常用于需要互相引用内容的位置,如"有关 XXXX 的使用方法,请参阅第 X 节"和"有关 XXXX 的详细内容,参见 XXXX"等。

交叉引用可以使读者能够尽快地找到想要找的内容,也能使整本书的结构更有条理、更加紧凑。使用 Word 的交叉引用功能,Word 会自动确定引用的页码、编号等内容。如果以超链接形式插入交叉引用,则读者在阅读文档时,可以通过单击交叉引用直接查看所引用的项目。

3.6 综合实例

教学策略:本节实例适用于讨论式教学法、任务驱动式教学法,通过学生自主式学习调动学生学习的主动性与积极性,从而达到更佳的教学效果。

3.6.1 文档编辑

1. 上机任务

张静是一名大学本科四年级学生,经多方面了解分析,她希望在下个星期去一家公司实习,为获得难得的实习机会,她打算利用 Word 精心制作一份简洁而醒目的个人简历。张静制作完成的个人简历如图 3-144 所示。

2．上机目的

（1）文本框的使用。
（2）图片的处理。
（3）自选图形的使用。
（4）项目符号和编号。
（5）艺术字。
（6）页面设置。

3．实施过程

（1）新建空白文档。

（2）设置纸张大小为A4，页边距上、下、左、右分别为2.5厘米、2.5厘米、3.2厘米、3.2厘米。

（3）在适当位置插入标准色为橙色与白色的两个矩形，其中橙色矩形占满A4幅面，作为简历的背景。

（4）参照图3-144，插入标准色为橙色的圆角矩形，并添加文字"实习经验"，插入一个短画线的虚线圆角矩形框。

（5）插入文本框和文字，并调整文字的字体、字号、位置和颜色，其中"张静"应为标准色橙色的艺术字，"寻求能够不断学习进步，有一定挑战性的工作！"文本效果应为跟随路径的"上弯弧"。

（6）插入三张公司的LOGO图片，并调整图片的位置。

（7）插入橙色箭头，插入SmartArt图形，并进行适当调整。

（8）在"促销活动分析"等4处使用项目符号"对勾"，在"曾任班长"等4处插入项目符号"五角星"，颜色为标准色红色。

3.6.2 表格编辑

1．上机任务

制作如图3-145所示的校园艺术节通知表格。

2．上机目的

（1）表格的插入。
（2）合并单元格。
（3）行高、列宽的调整。
（4）单元格的格式化。

3．实施过程

（1）在文档中输入图3-145所示的表格标题文字，并设置中文字体为黑体，字形为粗体，字号为13，再单击【段落】→【居中】按钮，使标题居中。

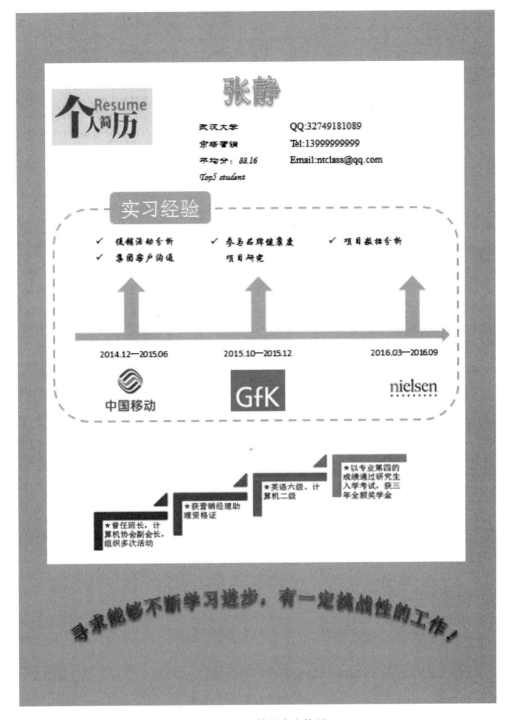

图 3-144 张静的个人简历

(2) 单击【插入】→【表格】按钮,在【表格】下拉列表框中插入 6×6 的表格,如图 3-146 所示。然后在表格前 4 行输入如图 3-145 所示的表格内容,效果如图 3-147 所示。

(3) 将单元格进行合并。先选中要合并的单元格,单击【布局】→【合并】→【合并单元

160 计算机导论

姓 名		性 别		授课科目	
系 别		专 业		年 级	
授课题目				授课年级	
授课形式				授课时间	
课程设计：					
指导教师意见：				签字： 年 月 日	

牡丹江师范学院"青春讲台"学生教学基本技能大赛报名表

图 3-145　校园艺术节通知表格示例

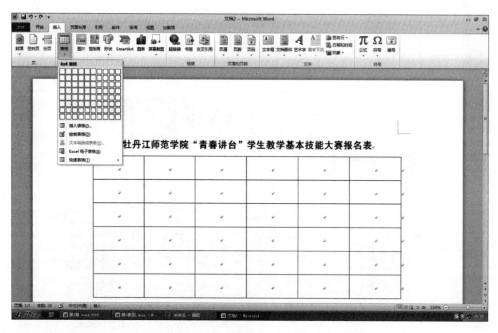

图 3-146　【表格】下拉列表框

格】按钮,合并后的效果如图 3-148 所示。

（4）在第 5 行和第 6 行输入图 3-145 所示中的文字内容,并按 Enter 键调节单元格的行高。最后利用鼠标在行高和列宽上调节合适的距离,最终效果如图 3-145 所示。

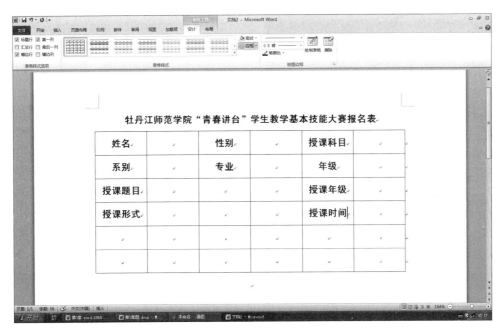

图 3-147　输入表格内容的效果

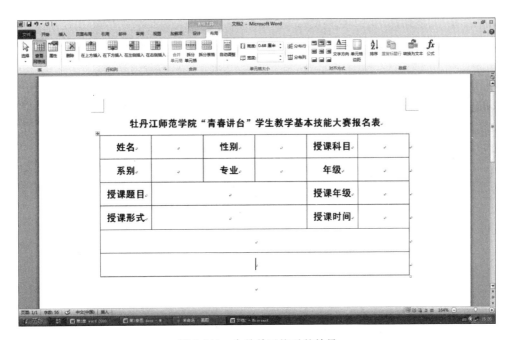

图 3-148　合并单元格后的效果

3.6.3　图文混排

1. 上机任务

学习制作海报，海报效果如图 3-149 所示，详细内容如图 3-150 和图 3-151 所示。

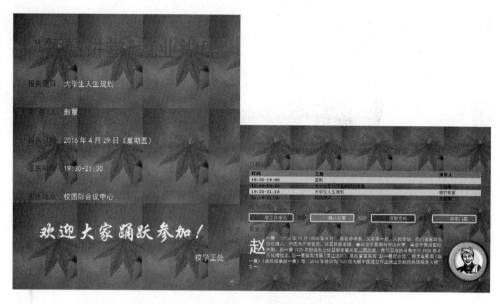

图 3-149 "领慧讲堂"就业讲座海报整体效果

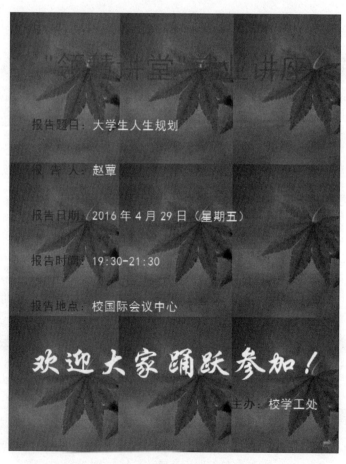

图 3-150 "领慧讲堂"就业讲座海报效果一

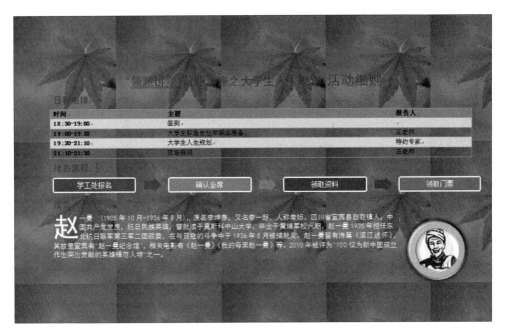

图 3-151 "领慧讲堂"就业讲座海报效果二

2. 上机目的

（1）页面背景的设置。
（2）段落间距的处理。
（3）引用 Excel 文件。
（4）Word 文档随 Excel 自动更新。
（5）SmartArt 图形的使用。
（6）文字排版布局。

3. 实施过程

调整文档版面，要求页面高度为 35 厘米、页面宽度为 27 厘米、页边距（上、下）为 5 厘米、页边距（左、右）为 3 厘米，并下载图片设置为海报背景。

（1）根据图 3-150 和图 3-151 所示，调整海报内容文字的字号、字体和颜色。

（2）根据页面布局需要，调整海报内容中"报告题目""报告人""报告日期""报告时间""报告地点"信息的段落间距。

（3）在"报告人："位置后面输入报告人姓名（赵覃）。

（4）在"主办：校学工处"位置后另起一页，并设置第 2 页的页面纸张大小为 A4 篇幅，纸张方向设置为"横向"，页边距设置为"普通"页边距。

（5）在新页面的"日程安排"段落下面，复制本次活动的日程安排表（在 Excel 中制作完成），要求表格内容引用 Excel 文件中的内容，如若 Excel 文件中的内容发生变化，Word 文档中的日程安排信息随之发生变化。

（6）在新页面的"报名流程"段落下面，利用 SmartArt 图形制作本次活动的报名流程

（学工处报名、确认座席、领取资料、领取门票）。

（7）设置"报告人介绍"段落下面的文字排版布局为参考示例文件中所示的样式。

（8）在图 3-151 中插入图片，调整图片在文档中的大小，并放于适当位置，不要遮挡文档中的文字内容。

（9）调整所插入图片的颜色和图片样式，要与图 3-151 所示一致。

3.7 习题

一、选择题

1. 某 Word 文档中有一个 5 行×4 列的表格，如果要将另外一个文本文件中的 5 行文字复制到该表格中，并且使其正好成为该表格一列的内容，最优的操作方法是（　　）。
   A. 在文本文件中选中这 5 行文字，复制到剪贴板；然后回到 Word 文档中，将光标置于指定列的第一个单元格，将剪贴板内容粘贴过来
   B. 将文本文件中的 5 行文字，一行一行地复制、粘贴到 Word 文档表格对应列的 5 个单元格中
   C. 在文本文件中选中这 5 行文字，复制到剪贴板，然后回到 Word 文档中，选中对应列的 5 个单元格，将剪贴板内容粘贴过来
   D. 在文本文件中选中这 5 行文字，复制到剪贴板，然后回到 Word 文档中，选中该表格，将剪贴板内容粘贴过来

2. 张经理在对 Word 文档格式的工作报告修改过程中，希望在原始文档显示其修改的内容和状态，最优的操作方法是（　　）。
   A. 利用【审阅】选项卡的批注功能，为文档中每一处需要修改的位置添加批注，将自己的意见写到批注框里
   B. 利用【插入】选项卡的文本功能，为文档中的每一处需要修改的位置添加文档部件，将自己的意见写到文档部件中
   C. 利用【审阅】选项卡的修订功能，选择带"显示标记"的文档修订查看方式后单击【修订】按钮，然后在文档中直接修改内容
   D. 利用【插入】选项卡的修订标记功能，为文档中每一处需要修改的位置插入修订符号，然后在文档中直接修改内容

3. 小华利用 Word 编辑一份书稿，出版社要求目录和正文的页码分别采用不同的格式，且均从第 1 页开始，最优的操作方法是（　　）。
   A. 将目录和正文分别存放在两个文档中，分别设置页码
   B. 在目录与正文之间插入分节符，在不同的节中设置不同的页码
   C. 在目录与正文之间插入分页符，在分页符前后设置不同的页码
   D. 在 Word 中不设置页码，将其转换为 PDF 格式时再增加页码

4. 小明的毕业论文分别请两位老师进行了审阅。每位老师分别通过 Word 的修订功能对该论文进行了修改。现在，小明需要将两份经过修订的文档合并为一份，最优的操作方法是（　　）。

A. 小明可以在一份修订较多的文档中,将另一份修订较少的文档修改内容手动对照补充进去

B. 请一位老师在另一位老师修订后的文档中再进行一次修订

C. 利用 Word 比较功能,将两位老师的修订合并到一个文档中

D. 将修订较少的那部分舍弃,只保留修订较多的那份论文作为终稿

5. 在 Word 文档中有一个占用 3 页篇幅的表格,如需将这个表格的标题行都出现在各页面首行,最优的操作方法是(　　)。

A. 将表格的标题行复制到另外两页中

B. 利用【重复标题行】功能

C. 打开【表格属性】对话框,在列属性中进行设置

D. 打开【表格属性】对话框,在行属性中进行设置

6. 在 Word 文档中包含了文档目录,将文档目录转变为纯文本格式的最优操作方法是(　　)。

A. 文档目录本身就是纯文本格式,不需要再进行进一步操作

B. 使用 Ctrl+Shift+F9 组合键

C. 在文档目录上右击,然后执行【转换】命令

D. 复制文档目录,然后通过【选择性粘贴】功能以纯文本方式粘贴

7. 小张完成了毕业论文,现需要在正文前添加论文目录以便检索和阅读,最优的操作方法是(　　)。

A. 利用 Word 提供的【手动目录】功能创建目录

B. 直接输入作为目录的标题文字和相对应的页码创建目录

C. 将文档的各级标题设置为内置标题样式,然后基于内置标题样式自动插入目录

D. 不使用内置标题样式,而是直接基于自定义样式创建目录

8. 小王计划邀请 30 家客户参加答谢会,并为客户发送邀请函。快速制作 30 份邀请函的最优操作方法是(　　)。

A. 发动同事帮忙制作邀请函,每个人写几份

B. 利用 Word 的邮件合并功能自动生成

C. 先制作好一份邀请函,然后复印 30 份,在每份上添加客户名称

D. 先在 Word 中制作一份邀请函,通过复制、粘贴功能生成 30 份,然后分别添加客户名称

9. 以下不属于 Word 文档视图的是(　　)。

A. 阅读版式视图　　B. 放映视图　　C. Web 版式视图　　D. 大纲视图

10. 在 Word 文档中,不可直接操作的是(　　)。

A. 录制屏幕操作视频　　　　　　B. 插入 Excel 图表

C. 插入 SmartArt 图形　　　　　　D. 屏幕截图

11. 下列文件扩展名不属于 Word 模板文件的是(　　)。

A. docx　　　　B. dotm　　　　C. dotx　　　　D. dot

12. 小张的毕业论文设置为两栏页面布局,现需在分栏之上插入一横跨两栏内容的论文标题,最优的操作方法是(　　)。

A. 在两栏内容之前空出几行，打印出来后手动写上标题
B. 在两栏内容之上插入一个分节符，然后设置论文标题位置
C. 在两栏内容之上插入一个文本框，输入标题，并设置文本框的环绕方式
D. 在两栏内容之上插入一个艺术字标题

13. 在 Word 功能区中，拥有的选项卡分别是（　　）。
    A. 开始、插入、页面布局、引用、邮件、审阅等
    B. 开始、插入、编辑、页面布局、引用、邮件等
    C. 开始、插入、编辑、页面布局、选项、邮件等
    D. 开始、插入、编辑、页面布局、选项、帮助等

14. 在 Word 中，邮件合并功能支持的数据源不包括（　　）。
    A. Word 数据源　　　　　　　　B. Excel 工作表
    C. PowerPoint 演示文稿　　　　　D. HTML 文件

15. 在 Word 文档中，选择从某一段落开始位置到文档末尾的全部内容，最优的操作方法是（　　）。
    A. 将指针移动到该段落的开始位置，按 Ctrl＋A 组合键
    B. 将指针移动到该段落的开始位置，按住 Shift 键的同时单击文档的结束位置
    C. 将指针移动到该段落的开始位置，按 Ctrl＋Shift＋End 组合键
    D. 将指针移动到该段落的开始位置，按 Alt＋Ctrl＋Shift＋PageDown 组合键

16. Word 文档的结构层次为"章—节—小节"，如章"1"为一级标题、节"1.1"为二级标题、小节"1.1.1"为三级标题，采用多级列表的方式已经完成了对第 1 章中章、节、小节的设置，如需完成剩余几章内容的多级列表设置，最优的操作方法是（　　）。
    A. 复制第 1 章中的"章、节、小节"段落，分别粘贴到其他章节对应位置，然后替换标题内容
    B. 将第 1 章中的"章、节、小节"格式保存为标题样式，并将其应用到其他章节对应段落
    C. 利用【格式刷】功能，分别复制第 1 章中的"章、节、小节"格式，并应用到其他章节对应段落
    D. 逐个对其他章节对应的"章、节、小节"标题应用"多级列表"格式，并调整段落结构层次

17. 在 Word 文档编辑过程中，如需将特定的计算机应用程序窗口画面作为文档的插图，最优的操作方法是（　　）。
    A. 使所需画面窗口处于活动状态，按下 Print Screen 键，再粘贴到 Word 文档指定位置
    B. 使所需画面窗口处于活动状态，按下 Alt＋Print Screen 组合键，再粘贴到 Word 文档指定位置
    C. 利用 Word 插入【屏幕截图】功能，直接将所需窗口画面插入到 Word 文档指定位置
    D. 在计算机系统中安装截屏工具软件，利用该软件实现屏幕画面的截取

18. 在 Word 文档中，学生"张小民"的名字被多次错误地输入为"张晓明""张晓敏""张

晓民""张晓名",纠正该错误的最优操作方法是(　　)。

  A. 从前往后逐个查找错误的名字,并更正
  B. 利用Word【查找】功能搜索文本"张晓",并逐一更正
  C. 利用Word【查找和替换】功能搜索文本"张晓*",并将其全部替换为"张小民"
  D. 利用Word【查找和替换】功能搜索文本"张晓?",并将其全部替换为"张小民"

19. 小王利用Word撰写专业学术论文时,需要在论文结尾处罗列出所有参考文献或书目,最优的操作方法是(　　)。

  A. 直接在论文结尾处输入所参考文献的相关信息
  B. 把所有参考文献信息保存在一个单独表格中,然后复制到论文结尾处
  C. 利用Word中【管理源】和【插入书目】功能,在论文结尾处插入参考文献或书目列表
  D. 利用Word中【插入尾注】功能,在论文结尾处插入参考文献或书目列表

20. 小明需要将Word文档内容以稿纸格式输出,最优的操作方法是(　　)。

  A. 适当调整文档内容的字号,然后将其直接打印到稿纸上
  B. 利用Word中【稿纸设置】功能即可
  C. 利用Word中【表格】功能绘制稿纸,然后将文字内容复制到表格中
  D. 利用Word中【文档网格】功能即可

21. 小王需要在Word文档中将应用了"标题1"样式的所有段落格式调整为"段前、段后各12磅,单倍行距",最优的操作方法是(　　)。

  A. 将每个段落逐一设置为"段前、段后各12磅,单倍行距"
  B. 将其中一个段落设置为"段前、段后各12磅,单倍行距",然后利用格式刷功能将格式复制到其他段落
  C. 修改"标题1"样式,将其段落格式设置为"段前、段后各12磅,单倍行距"
  D. 利用【查找和替换】功能,将"样式:标题1"替换为"行距:单倍行距,段落间距段前:12磅,段后:12磅"

22. 如果希望为一个多页的Word文档添加页面图片背景,最优的操作方法是(　　)。

  A. 在每一页中分别插入图片,并设置图片的环绕方式为衬于文字下方
  B. 利用【水印】功能,将图片设置为文档水印
  C. 利用页面【填充效果】功能,将图片设置为页面背景
  D. 执行【插入】选项卡中的【页面背景】命令,将图片设置为页面背景

23. 在Word中,不能作为文本转换为表格的分隔符的是(　　)。
  A. 段落标记　　　B. 制表符　　　C. @　　　D. ##

24. 将Word文档中的大写英文字母转换为小写,最优的操作方法是(　　)。
  A. 执行【开始】选项卡【字体】组中的【更改大小写】命令
  B. 执行【审阅】选项卡【格式】组中的【更改大小写】命令
  C. 执行【引用】选项卡【格式】组中的【更改大小写】命。
  D. 在大写字母上右击,执行快捷菜单中的【更改大小写】命令

二、实操题

请按以下要求对 Word 文档进行编辑和排版。

书娟是海明公司的前台文秘,她的主要工作是管理各种档案,为总经理起草各种文件。新年将至,公司定于 2016 年 12 月 25 日下午 2:00,在中关村海龙大厦办公大楼五层多功能厅举办一个联谊会,重要客户名录保存在名为"重要客户名录.docx"的 Word 文档中,公司联系电话为 010-66668888。根据上述内容制作请柬,具体要求如下。

(1)制作一份请柬,以"董事长:王海龙"名义发出邀请,请柬中包含标题、收件人名称、联谊会时间、联谊会地点和邀请人。

(2)对请柬进行适当的排版,具体要求:改变字体,加大字号,且标题部分("请柬")与正文部分(以"尊敬的×××"开头)采用不相同的字体和字号;加大行间距和段间距;对必要的段落改变对齐方式,适当设置左右及首行缩进,以美观且符合中国人阅读习惯为准。

(3)在请柬的左下角位置插入一幅图片(图片自选),调整其大小及位置,不影响文字排列、不遮挡文字内容。

(4)进行页面设置,加大文档的上边距,为文档添加页眉,要求页眉内容包含本公司的联系电话。

(5)运用【邮件合并】功能制作内容相同、收件人不同(采用导入方式)的多份请柬,要求先将合并主文档以"word.docx"为文件名保存,在进行效果预览后生成可以单独编辑的单个文档"请柬.docx",如图 3-152 和图 3-153 所示。

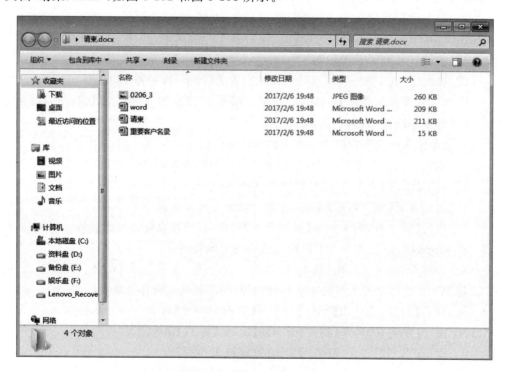

图 3-152 请柬文件夹内容

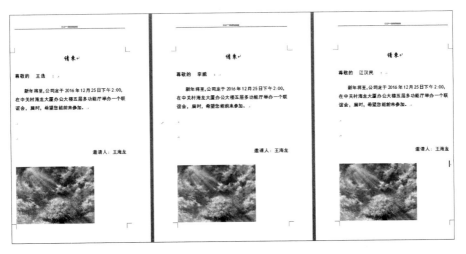

图 3-153 部分请柬截图

第 4 章 电子表格软件——Excel 2010

Excel 2010 是一款功能强大的电子表格制作软件,其具有强大的计算功能和友善的操作界面,在公司日常事务管理、商品营销分析、人事档案管理和财会统计、资产管理,以及金融分析和决策预算等诸多领域得到了广泛的应用。工作簿、工作表和单元格是 Excel 表格处理的基础,Excel 功能的实现离不开对它们的操作。

4.1 Excel 2010 的基础知识

Excel 2010 新增功能主要有面向结果的用户窗口、更多行和列、更丰富的 Office 主题和 Excel 样式、更多的条件格式、轻松地编写公式、新的 OLAP 公式和多维数据集函数、Excel 表格的增强功能、共享的图表、易于使用的数据透视表、新的文件格式、更佳的打印效果和快速访问更多模板等功能。

4.1.1 Excel 2010 的启动和退出

1. 启动 Excel 2010

启动 Excel 2010 的方法如下。

(1) 选择 Windows 任务栏的【开始】→【新建 Office 文档】命令,在常用工具栏中单击【空工作簿】按钮,即可进入 Excel 窗口并打开一个电子表格空文档。

(2) 选择 Windows 任务栏的【开始】→【程序】→Microsoft Excel 命令,即可进入 Excel 窗口并打开一个电子表格空文档。

(3) 选择 Windows 任务栏的【开始】→【打开 Office 文档】命令,找到一个已经编辑过的 Excel 文档并双击,即可进入 Excel 窗口打开该电子表格文档。

(4) 双击桌面上的 Excel 快捷图标。

2. 退出 Excel 2010

退出 Excel 2010 的方法如下。
(1) 单击 Excel 窗口右上角的控制按钮。
(2) 按 Alt+F4 组合键。
(3) 单击【文件】→【退出】按钮。
提示:若当前编辑的电子表格文档没有保存,系统会提示用户保存。

4.1.2 Excel 2010 的工作界面

与 Word 2010 等其他的 Office 程序相似，Excel 2010 应用程序窗口也有【文件】选项卡、快速访问工具栏、功能菜单、工作区、状态栏，除此之外还包括编辑栏、工作簿窗口和工作表标签，如图 4-1 所示。

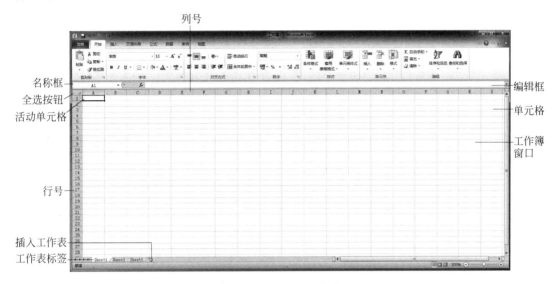

图 4-1　Excel 2010 工作窗口

1．编辑栏

位于工具栏和工作簿窗口之间，用来显示和编辑活动单元格中的数据和公式，由左面的名称框和右面的编辑框组成。名称框用来显示当前活动单元格的地址，如单元格 A1；若在此框中输入单元格地址，则将该单元格设置为当前活动单元格。编辑框可以输入或编辑单元格中的数据，中间显示的"×""√""="3 个按钮，分别表示"取消""确定"和"公式"，其作用分别是恢复到单元格输入以前的状态、确定输入的内容和在单元格中插入函数。

2．工作簿窗口

每打开一个 Excel 文档，就出现一个工作簿窗口，用以记录和编辑数据。

3．工作表标签

工作表标签用以标志当前的工作表位置和名称。一个 Excel 文档称为一个工作簿（Book），一个工作簿由若干个工作表（Sheet）组成。窗口最下面一行显示当前在哪个工作表上工作。系统默认一个工作簿 Book1 由 3 个工作表组成，分别为 Sheet1、Sheet2、Sheet3。当前在 Sheet1 上工作，称为"当前工作表"，其名称带有下画线，要使用其他的工作表，可单击向右（或向左）的切换按钮（黑三角）。

4.1.3 基本概念

工作簿：Excel 的工作簿由一张或若干张表格组成，每一张表格称为一个工作表。Excel 系统将每一个工作簿作为文件保存起来，其扩展名为.xlsx。默认情况下，一个新工作簿由 3 个工作表组成。

工作表：Excel 的工作表是一个二维表格，也称电子表格，用于组织和分析数据。系统给每个工作表一个默认名，分别是 Sheet1、Sheet2……称为工作表标签。标签区域有限，只能显示一部分工作表名，单击某个工作表标签，它就呈高亮度显示，为当前活动工作表。

提示：系统默认打开的工作表数目是 3 个，也可改变这个数目，单击【文件】→【选项】按钮，在弹出的【Excel 选项】对话框【常规】选项卡中的【新建工作簿时】选项区域设置初始工作表的数目，以及字体、字号等，输入工作表的数目为 1~255，如图 4-2 所示。

图 4-2 【Excel 选项】对话框

工作表由 16 384 列和 1 048 576 行构成。列标由 26 个英文字母及其组合来表示，即 A、B、C、…、AA、…、ZZ、AAA、…、XFD。行号由阿拉伯数字来表示，即 1~1048576。

单元格：行和列交叉的区域称为单元格。单元格的地址是由其所在的列号和行号组成的，称为单元格名，也是其"引用地址"。单元格是工作簿的最小组成单位。

4.2 Excel 2010 的基本操作

4.2.1 工作簿的基本操作

1. 创建工作簿

当 Excel 启动时,会自动为用户建立一个名称为 Book1 的空工作簿,其扩展名为.xlsx,并预置 3 张工作表(分别命名为 Sheet1、Sheet2、Sheet3),将 Sheet1 置为当前工作表。如果想重新建立,可以单击【文件】→【新建】按钮,或者单击快速访问工具栏中的【新建】按钮,弹出【新建】面板,如图 4-3 所示,选择可用模板中的【空白工作簿】,在右侧单击【创建】按钮。也可以在【可用模板】中选择需要的模板,单击【创建】按钮或双击模板图标,即可新建一个与模板样式相同的工作簿。

图 4-3 【新建】面板

2. 打开已有的工作簿

单击【文件】→【打开】按钮,在弹出的【打开】对话框中选择已有工作簿所在的位置,单击【打开】按钮或单击快速访问工具栏中的【打开】按钮。

3. 保存建立好的工作簿

单击【文件】→【保存】按钮或单击快速访问工具栏上的【保存】按钮,如果是第一次保存,系统将会弹出【另存为】对话框,如图 4-4 所示。Excel 工作簿将以文件的形式保存在磁盘中,其文件的默认扩展名为.xlsx,默认的保存类型为"Excel 工作簿"。

图 4-4 【另存为】对话框

4.2.2 工作表的基本操作

1. 工作表的选定

（1）单个工作表的选定。单击相应的工作表标签即可选定单个工作表。

（2）多个工作表的选定。若要选定多个相邻的工作表，先单击第一个工作表的标签，然后按住 Shift 键，再单击最后一个工作表标签；若要选定多个间隔的工作表，先单击第一个工作表标签，然后按住 Ctrl 键，再逐一单击每个预选定的工作表标签。

2. 工作表的添加

（1）单击【开始】→【单元格】→【插入】按钮，从弹出的下拉列表中单击【插入工作表】按钮，即可插入一个工作表。默认插入的工作表在当前工作表之前。

（2）右击工作表标签，在弹出的快捷菜单中选择【插入】命令。

提示：若选中连续多个工作表后再执行插入操作，可同时插入多个工作表。

3. 工作表的重命名

系统默认的工作表名为 Sheet，为方便用户记忆和管理，可以对工作表进行重命名。

（1）右击要重命名的工作表标签，在弹出的快捷菜单中选择【重命名】命令，输入新名称后按 Enter 键。

（2）双击工作表标签，当前工作表标签呈编辑状态，输入新名称后按 Enter 键。

（3）选定要重命名的工作表，单击【格式】→【工作表】→【重命名】按钮。

4. 工作表的移动和复制

1) 同一工作簿移动和复制

选定要移动或复制的工作表,直接拖动到目标位置实现移动操作;按住 Ctrl 键的同时拖动到目标位置实现复制操作,并自动为副本命名。例如,Sheet1 的副本默认名为"Sheet1(2)"。

2) 不同工作簿移动和复制

选定要移动或复制的工作表,右击工作表标签,在弹出的快捷菜单中选择【移动或复制工作表】命令,弹出【移动或复制工作表】对话框,如图 4-5 所示,在此对话框中设置要移动和复制的目标位置。若选中【建立副本】复选框,则进行复制操作。

3) 工作表的删除

选定要删除的工作表,工作表不能处于编辑状态,否则无法删除,右击工作表标签,在弹出的快捷菜单中选择【删除】命令。

图 4-5 【移动或复制工作表】对话框

5. 工作表的背景

为使工作表更加美观,可以为工作表添加背景图片。

(1) 添加背景:选定要添加背景的工作表,单击【页面布局】→【页面设置】→【背景】按钮,弹出【工作表背景】对话框,如图 4-6 所示,在其中选择背景图片的位置。

(2) 删除背景:选定要删除背景的工作表,单击【页面布局】→【页面设置】→【删除背景】按钮。

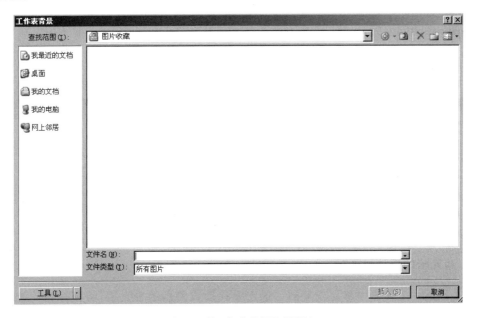

图 4-6 【工作表背景】对话框

4.2.3 单元格的基本操作

1．单元格的选定

要在某个单元格输入内容或编辑，首先必须选定单元格。单元格的选定方式有两种：可以单击某个单元格，也可以在名称框中直接输入地址。

2．单元格的插入和删除

(1) 插入单元格的方法。选定要插入单元格的位置，单击【开始】→【单元格】→【插入】按钮，在弹出的【插入】下拉列表框中选择【插入单元格】命令，弹出【插入】对话框，如图 4-7 所示。系统提供 4 种插入方式，即【活动单元格右移】【活动单元格下移】【整行】【整列】，其中【整行】(或【整列】)表示在当前单元格的上方(或左边)插入新行(或新列)。

(2) 删除单元格的方法。选定要删除的单元格，单击【开始】→【单元格】→【删除】按钮，在弹出的【删除】的下拉列表框中选择【删除单元格】命令，弹出【删除】对话框，如图 4-8 所示。选择要删除的方式，单击【确定】按钮。

图 4-7 【插入】对话框

图 4-8 【删除】对话框

技巧：【删除】命令会把单元格的内容和格式全部删除，如果只希望更改单元格中的数据或格式，可以单击【编辑】→【清除】按钮，从弹出的【清除】下拉列表框中选择要清除的选项，如图 4-9 所示。

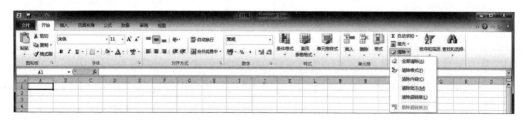
图 4-9 【清除】下拉列表框

3．单元格的移动和复制

(1) 在同一工作表中移动或复制。选定要移动或复制的单元格，将鼠标指针放到单元格的边缘，当指针变成十字形状时，按住鼠标左键拖动鼠标到目标位置即可完成移动操作；若拖动的同时按住 Ctrl 键，则实现复制操作。

(2) 在不同工作表中移动或复制。选定要移动或复制的单元格，按住 Alt 键，同时拖动

第4章 电子表格软件——Excel 2010

鼠标至目标工作表处,在切换的工作表中拖动鼠标到目标位置,再释放 Alt 键及鼠标即可;若拖动同时按住 Ctrl+Alt 组合键,则实现在不同工作表中单元格的复制操作。

4. 单元格的合并及居中

合并及居中的作用是使多个单元格合并为一个单元格并使其内容居中显示,可以通过单击【开始】→【对齐方式】→【合并后居中】按钮完成,如图 4-10 所示。单元格的合并操作还可以单击【单元格】→【格式】按钮,在弹出的下拉列表框中选择【设置单元格格式】命令,弹出【设置单元格格式】对话框,如图 4-11 所示,在【对齐】选项卡中将【合并单元格】复选框选中。

图 4-10 【合并后居中】下拉列表框

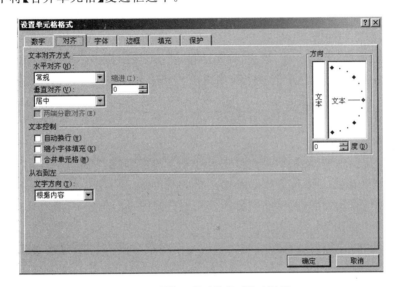

图 4-11 【设置单元格格式】对话框

4.3 工作表的编辑

单元格是工作表的基本组成元素,工作表的编辑就是单元格中数据的输入和修改,以及单元格格式的设置。

4.3.1 数据的输入和编辑

1. 数据的输入

在某个单元格输入内容,要先选定这个单元格,此时单元格被激活,名称框中显示该单元格的地址,状态栏左边显示【就绪】状态。用户可以在单元格中使用英文或某种中文输入法进行输入,在输入的过程中,状态栏左边显示为【输入】,输入完毕后,按 Enter 键或将鼠标指针指向其他单元格,都表示输入完毕。

Excel 单元格中数据有类型的区分,因此输入数据时要注意不同类型的输入方法,且不同数据类型有不同的对齐方式,不同类型之间可以方便灵活地进行转换。

1) 数值型数据的输入

数值型数据就是数值常量,即数字,在单元格中直接输入即可。在英文状态下,可以输入任意的正数、负数、百分数和科学记数法形式。数值型数据默认的对齐方式为右对齐。若输入的数据过长,单元格中只显示数字的前几位或一串"♯"字符,用来提示用户该单元格无法显示该数据。此时,可以通过调整列宽使其正常显示,方法是单击【格式】→【列】→【列宽】按钮,在弹出的【列宽】对话框中输入新的列宽值,或者将鼠标指针指向列标的分割线处,待指针变成十字形状后拖动鼠标调整列宽。

技巧:输入负数时,也可以给数字加一个圆括号,如(1)即得到-1。

提示:输入分数时,要在分数前加"0"和空格,否则系统会默认为日期格式。例如,输入"2/5",系统会自动转换为"2月5日",正确输入应为"0 2/5"。

2) 字符型数据的输入

字符型数据包括汉字、字母、数字、特殊字符等。若该字符串不全是数字,也不是科学记数法表示的数字,可直接输入;若该字符串全由数字组成,如学号(2016052001)和电话号码(138453*****)等,则必须先输入单引号"'"后再输入数字。字符型数据默认的对齐方式为左对齐。

3) 日期型数据的输入

Excel中常用的日期格式有"年-月-日""月-日""年/月/日"和"月/日"等形式,其中"年-月-日"为系统默认形式。时间型数据的输入格式有"时:分:秒"和"时:分"等形式。输入日期型数据时,只输入数字,数字间用日期分隔符分割即可。例如,输入2011年3月10日,可以只输入"2011-3-10"或"11-3-10"或"2011/3/10";3月10日,可输入"3/10"或"3-10"。若同时输入日期和时间,则日期和时间之间用一个空格分隔。日期型数据默认的对齐方式为右对齐。

技巧:输入系统日期按Ctrl+;组合键,输入系统时间按Ctrl+:组合键。

提示:输入数据的注意事项:①输入符号,如括号、空格、冒号等都必须在半角、英文状态下输入;②单元格中的数字格式决定Excel在工作表中显示数字的方式;③当数字长度超出单元格宽度时以科学记数法表示;④输入日期时,如果只输入月和日,Excel 2010就取计算机内部时钟的年份作为默认的年份值;⑤输入时间型数据时,可以只输入时和分,也可以只输入小时数和冒号;⑥工作表中的时间或日期的显示方式取决于所在单元格的格式设置。

4) 相同数据的输入

要在不同单元格输入相同的数据,可以采用复制的方式,也可以先选中要输入相同内容的单元格,然后在编辑栏中输入数据内容,最后按Ctrl+Enter组合键。

2. 数据的自动填充

Excel 2010提供了数据自动填充的功能,用户可以利用此功能在若干个连续的单元格中快速填充一组有规律的数据内容,从而提高录入速度,减少工作量。

1) 系列数据输入

先在某个单元格或单元格区域输入初始数据,再将鼠标指针指向该单元格右下角的填充柄，此时指针变为实心十字形状，按住鼠标左键向下或向右拖曳至填充的最后一个单元格，然后松开鼠标左键，就会将选中的单元格内容按照某种规律填充到这些单元格中，如果没有规律则相当于复制操作，如图 4-12 所示。

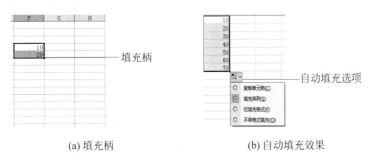

图 4-12　利用填充柄自动填充序列

填充操作完成后，在区域框右下角会自动弹出【自动填充选项】按钮，单击其下拉按钮，会弹出如图 4-12 所示的下拉列表框，用户可以根据实际需要选中某一单选按钮进行具体的填充方式的选择。

提示：如果利用填充柄对数据进行有规律的填充，即序列的填充，必须首先选择两个以上有规律的单元格，再进行填充操作。

2）使用【序列】对话框建立序列

（1）选择要填充区域的第一个单元格并输入初始值。

（2）单击【编辑】→【填充】按钮，从在弹出的【填充】下拉列表框中选择【系列】命令，弹出【序列】对话框，如图 4-13 所示。

（3）在此对话框的【序列产生在】【类型】选项区域中进行填充方向、数据类型的设置，在【步长值】【终止值】文本框中输入递增或递减及终止值。

（4）设置完成后，单击【确定】按钮，即可完成序列数据的自动填充。

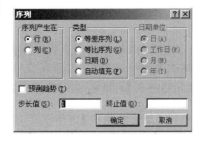

图 4-13　【序列】对话框

3）自定义序列

系统提供的序列有时不能满足用户的需求，Excel 允许用户进行自定义序列，其操作步骤如下。

（1）单击【文件】→【选项】按钮，弹出【Excel 选项】对话框。单击此对话框中的【高级】中【常规】选项区域的【编辑自定义列表】按钮，弹出【自定义序列】对话框，如图 4-14 所示，对话框中显示了系统中已经提供的所有序列。

（2）在【输入序列】编辑框中，输入用户要定义的新序列，每项之间用 Enter 键分割，输入完毕后单击【添加】按钮，即把新输入的序列加入左侧的【自定义序列】列表框中。

（3）在单元格中输入新添加序列的第一项，再拖到填充柄，即可实现新序列的填充操作。

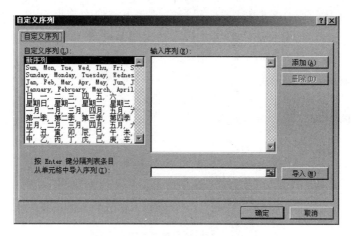

图 4-14 【自定义序列】对话框

3. 数据的修改

要修改一个单元格的内容，可以双击该单元格，使鼠标指针变为"I"形状，此时系统默认为插入状态，用户可以在此状态下进行修改操作；也可在选中该单元格后，在编辑框中单击，在原有内容上进行修改。

提示：如果选中单元格直接进行修改，则将原有内容删除，输入新内容。

4.3.2 单元格的基本设置

设置单元格格式不仅可以美化单元格，还可以突出显示单元格的内容。单元格格式包括输入内容格式显示、边框底纹和对齐方式等，可以通过【开始】选项卡中的功能选项区或【单元格格式】对话框来完成操作。

1.【单元格格式】对话框

选中预设置格式的单元格，单击【开始】→【字体】功能区或【对齐方式】功能区、【数字】功能区的【对话框启动器】按钮，弹出【设置单元格格式】对话框；或者右击单元格，从弹出的快捷菜单中选择【设置单元格格式】命令，弹出【设置单元格格式】对话框，如图 4-15 所示。

(1)【数字】选项卡：将单元格的数值按照指定格式显示，实际上也可以完成数据类型的转换。对话框中有常规、数值、货币、日期等格式设置，通过示例可以看到设置效果，如图 4-15(a)所示。

技巧：【数字】选项卡有很多实际用途。例如，用户在输入"学号"时误输入为数值型，可以通过此选项卡来修改类型；输入货币时，可以先输入数值，然后选中单元格，在【数字】选项卡中修改为货币，设置"货币符号""小数点位数"，系统会自动将所选中的单元格内容修改为用户需要的货币类型。

(2)【对齐】选项卡：设置文本的对齐方式。文本的对齐方式可以设置为水平、垂直或任意角度。其中【水平对齐】和【垂直对齐】下拉列表框中还有不同的对齐方式。在【文本控制】选项区域中有【自动换行】【缩小字体填充】【合并单元格】3 个复选框可供选择，如

图 4-15(b)所示。

(3)【字体】选项卡：可进行字体、字号、字形、下画线、颜色、特殊效果的设置，设置效果可通过【预览】区域查看，如图 4-15(c)所示。

(4)【边框】选项卡：设置单元格边框的有无、形状、线型和颜色，如图 4-15(d)所示。

(5)【填充】选项卡：设置单元格的底纹，如图 4-15(e)所示。

(6)【保护】选项卡：有锁定和隐藏两种方式，但只有在保护工作表的情况下，锁定单元格或隐藏单元格才生效，如图 4-15(f)所示。

(a)【数字】选项卡

(b)【对齐】选项卡

(c)【字体】选项卡

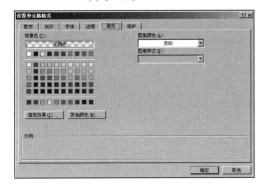

(d)【边框】选项卡

(e)【填充】选项卡

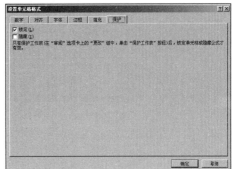

(f)【保护】选项卡

图 4-15 【设置单元格格式】对话框

2.【开始】选项卡

单元格格式的设置也可以通过单击【开始】选项卡中的各功能选项区中的功能按钮来设置,如图 4-16 所示,除了与 Word 中相同的字库、字号等设置外,Excel 还特有一些对数据类型和表格样式设置等功能。

图 4-16 【开始】选项卡

(1)【对齐方式】组:该组提供了 6 种对齐方式;【方向】下拉按钮,用于改变沿对角或在垂直方向旋转文字;【增加缩进量】和【减少缩进量】按钮;【自动换行】按钮,用于通过多行显示过多的文本;【合并后居中】下拉按钮。

(2)【数字】组:该组提供了对数据类型的设置,以及会计数字格式、百分比格式、增加小数位和减少小数位 4 种特殊格式设置按钮。

(3)【样式】组:Excel 2010 较以前版本提供了更丰富的表格样式供用户套用,在该组中提供了系统中已有的表格和单元格样式,方便用户套用现成样式设计表格,其中【套用表格格式】下拉列表框如图 4-17 所示,【单元格样式】下拉列表框如图 4-18 所示。

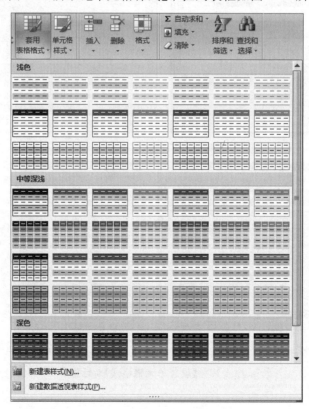

图 4-17 【套用表格格式】下拉列表框

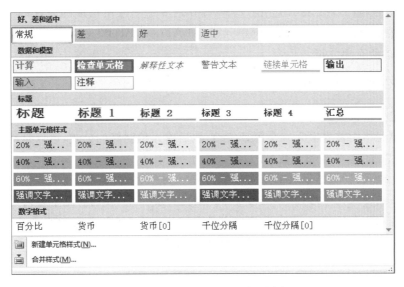

图 4-18 【单元格样式】下拉列表框

提示：Excel 一共提供了 12 种类型的数字格式可供设置，用户可在【类型】列表中选择需要设置的数字类型后再进行设置。【常规】类型为默认的数字格式，数字以整数、小数或科学记数法的形式显示；【数值】类型数字可以设置小数点位数、添加千位分隔符及设置如何显示负数；【货币】类型和【会计专用】类型的数字可以设置小数位、选择货币符号及设置如何显示负数。

4.4 公式与函数的使用

在单元格中不仅可以输入上述的数据类型，还可以输入类似程序中的公式和函数，从而利用公式和函数对数据进行分析和计算。

4.4.1 公式的使用

Excel 的数据计算是通过公式来实现的，其既可对工作表中的数据进行加、减、乘、除等运算，也可对字符、日期型数据进行相应处理和运算。

1. 公式中的运算符

（1）算术运算符。算术运算符包括＋(加)、－(减)、×(乘)、/(除)、%(百分比)、^(乘方)等。

（2）字符连接运算符。字符连接运算符"&"可以将文本与文本、文本与单元格内容、单元格与单元格的内容连接起来。

（3）比较运算符。比较运算符包括＝(等于)、＜(小于)、＞(大于)、＜＞(不等于)、＜＝(小于等于)、＞＝(大于等于)等。

（4）单元格引用运算符。单元格引用运算符包括"："(区域运算符)，其作用是引用区域内全部单元格，如 A1:3 表示引用 A1、A2、A3 这 3 个单元格组成的区域；“,”(联合运算符)，其作用是引用多个区域内的全部单元格，如 A1:A3,B1:B3 表示引用 A1～A3 和 B1～B3 两个区域的所有单元格。

2. 建立公式

(1) 选定要输入公式的单元格。

(2) 在单元格中首先输入一个等号(=)，然后输入编制好的公式，可以是与公式有关的单元格名称、常量、运算符和函数等。

(3) 确认输入，计算结果自动填入该单元格。

提示：公式输入完毕后，在单元格中看到的是计算结果，在编辑框中看到的是公式。

技巧：输入公式过程中，若需要输入单元格名称，可以直接单击相应单元格，或者拖动鼠标选择单元格区域，则单元格名称会自动填入到公式中。

3. 修改公式

先单击包含该公式的单元格，然后在编辑框中修改。也可双击该单元格，显示插入点之后直接在单元格中修改。

4. 单元格引用

单元格引用是指把单元格的地址(即行号列标)作为参数，公式通过引用同一区域或不同区域的单元格来进行计算。

Excel 单元格引用分为相对引用、绝对引用和混合引用 3 种。

(1) 相对引用。相对引用是指在公式进行复杂或自动填充时，随着计算对象的位移，公式中被引用的单元格也发生相对位移，如图 4-19 所示。

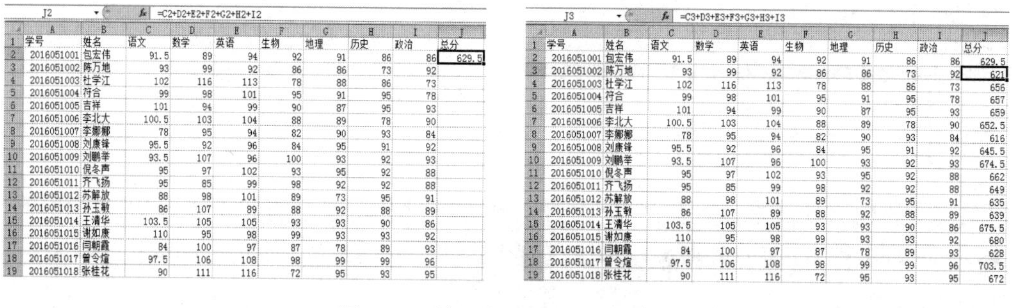
J2 =C2+D2+E2+F2+G2+H2+I2

	A	B	C	D	E	F	G	H	I	J
1	学号	姓名	语文	数学	英语	生物	地理	历史	政治	总分
2	2016051001	包宏伟	91.5	89	94	92	91	86	86	629.5
3	2016051002	陈万地	93	99	92	86	86	73	92	
4	2016051003	杜学江	102	116	113	78	88	86	73	
5	2016051004	符合	99	98	101	95	91	95	78	
6	2016051005	吉祥	101	94	99	90	87	95	93	
7	2016051006	李北大	100.5	103	104	88	89	78	90	
8	2016051007	李娜娜	78	95	94	82	90	93	84	
9	2016051008	刘康锋	95.5	92	96	84	95	91	92	
10	2016051009	刘鹏举	93.5	107	96	100	93	92	93	
11	2016051010	倪冬声	95	97	102	93	95	92	88	
12	2016051011	齐飞扬	95	85	99	98	92	92	88	
13	2016051012	苏解放	88	98	101	89	73	95	91	
14	2016051013	孙玉敏	86	107	89	88	92	88	89	
15	2016051014	王清华	103.5	105	105	93	93	90	86	
16	2016051015	谢如康	110	95	98	99	93	93	92	
17	2016051016	闫朝霞	84	100	97	87	78	89	93	
18	2016051017	曾令煊	97.5	106	108	98	99	99	96	
19	2016051018	张桂花	90	111	116	72	95	93	95	

J3 =C3+D3+E3+F3+G3+H3+I3

	A	B	C	D	E	F	G	H	I	J
1	学号	姓名	语文	数学	英语	生物	地理	历史	政治	总分
2	2016051001	包宏伟	91.5	89	94	92	91	86	86	629.5
3	2016051002	陈万地	93	99	92	86	86	73	92	621
4	2016051003	杜学江	102	116	113	78	88	86	73	656
5	2016051004	符合	99	98	101	95	91	95	78	657
6	2016051005	吉祥	101	94	99	90	87	95	93	659
7	2016051006	李北大	100.5	103	104	88	89	78	90	652.5
8	2016051007	李娜娜	78	95	94	82	90	93	84	616
9	2016051008	刘康锋	95.5	92	96	84	95	91	92	645.5
10	2016051009	刘鹏举	93.5	107	96	100	93	92	93	674.5
11	2016051010	倪冬声	95	97	102	93	95	92	88	662
12	2016051011	齐飞扬	95	85	99	98	92	92	88	649
13	2016051012	苏解放	88	98	101	89	73	95	91	635
14	2016051013	孙玉敏	86	107	89	88	92	88	89	639
15	2016051014	王清华	103.5	105	105	93	93	90	86	675.5
16	2016051015	谢如康	110	95	98	99	93	93	92	680
17	2016051016	闫朝霞	84	100	97	87	78	89	93	628
18	2016051017	曾令煊	97.5	106	108	98	99	99	96	703.5
19	2016051018	张桂花	90	111	116	72	95	93	95	672

图 4-19　单元格的相对引用示例

(2) 绝对引用。如果在行号和列标前后均加上“$”符号，则表示绝对引用。在公式复制时，绝对引用单元格将不随公式位置的移动而改变单元格的引用，即不论公式被复制到哪里，公式中引用的单元格不变，如图 4-20 所示。

(3) 混合引用。如果单元格引用的一部分为绝对引用，另一部分为相对引用，如 J$2 或 $J2，称之为混合引用。在公式复制时，带“$”符号的采取绝对引用方式，不带“$”符号的采取相对引用方式。

下面将分别举例说明上述 3 种情况。

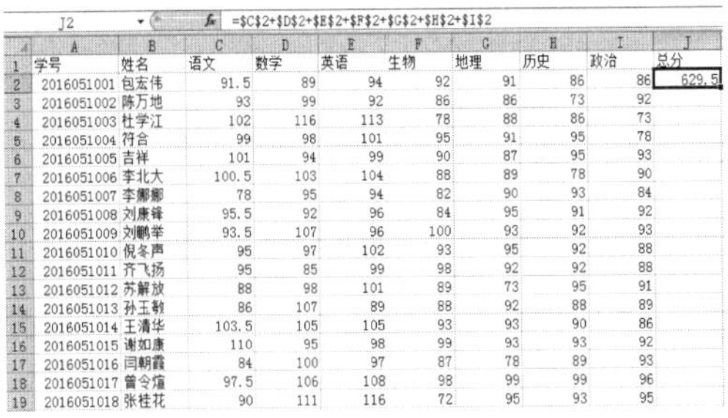

J2 =$C$2+$D$2+$E$2+$F$2+$G$2+$H$2+$I$2

	A	B	C	D	E	F	G	H	I	J
1	学号	姓名	语文	数学	英语	生物	地理	历史	政治	总分
2	2016051001	包宏伟	91.5	89	94	92	91	86	86	629.5
3	2016051002	陈万地	93	99	92	86	86	73	92	
4	2016051003	杜学江	102	116	113	78	88	86	73	
5	2016051004	符合	99	98	101	95	91	95	78	
6	2016051005	吉祥	101	94	99	90	87	95	93	
7	2016051006	李北大	100.5	103	104	88	89	78	90	
8	2016051007	李娜娜	78	95	94	82	90	93	84	
9	2016051008	刘康锋	95.5	92	96	84	95	91	92	
10	2016051009	刘鹏举	93.5	107	96	100	93	92	93	
11	2016051010	倪冬声	95	97	102	93	95	92	88	
12	2016051011	齐飞扬	95	85	99	98	92	92	88	
13	2016051012	苏解放	88	98	101	89	73	95	91	
14	2016051013	孙玉敏	86	107	89	88	92	88	89	
15	2016051014	王清华	103.5	105	105	93	93	90	86	
16	2016051015	谢如康	110	95	98	99	93	93	92	
17	2016051016	闫朝霞	84	100	97	87	78	89	93	
18	2016051017	曾令煊	97.5	106	108	98	99	99	96	
19	2016051018	张桂花	90	111	116	72	95	93	95	

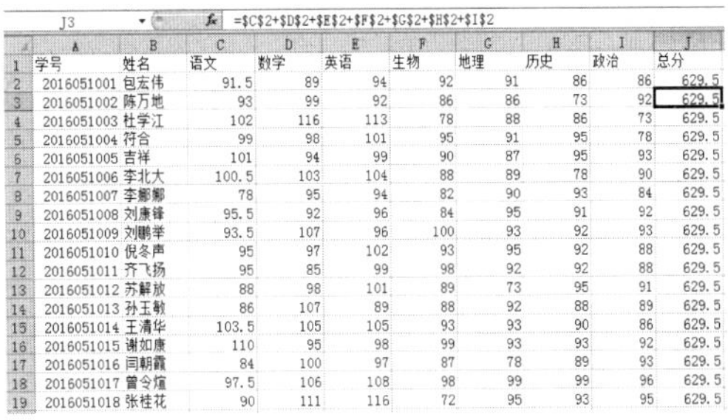

J3 =$C$2+$D$2+$E$2+$F$2+$G$2+$H$2+$I$2

	A	B	C	D	E	F	G	H	I	J
1	学号	姓名	语文	数学	英语	生物	地理	历史	政治	总分
2	2016051001	包宏伟	91.5	89	94	92	91	86	86	629.5
3	2016051002	陈万地	93	99	92	86	86	73	92	629.5
4	2016051003	杜学江	102	116	113	78	88	86	73	629.5
5	2016051004	符合	99	98	101	95	91	95	78	629.5
6	2016051005	吉祥	101	94	99	90	87	95	93	629.5
7	2016051006	李北大	100.5	103	104	88	89	78	90	629.5
8	2016051007	李娜娜	78	95	94	82	90	93	84	629.5
9	2016051008	刘康锋	95.5	92	96	84	95	91	92	629.5
10	2016051009	刘鹏举	93.5	107	96	100	93	92	93	629.5
11	2016051010	倪冬声	95	97	102	93	95	92	88	629.5
12	2016051011	齐飞扬	95	85	99	98	92	92	88	629.5
13	2016051012	苏解放	88	98	101	89	73	95	91	629.5
14	2016051013	孙玉敏	86	107	89	88	92	88	89	629.5
15	2016051014	王清华	103.5	105	105	93	93	90	86	629.5
16	2016051015	谢如康	110	95	98	99	93	93	92	629.5
17	2016051016	闫朝霞	84	100	97	87	78	89	93	629.5
18	2016051017	曾令煊	97.5	106	108	98	99	99	96	629.5
19	2016051018	张桂花	90	111	116	72	95	93	95	629.5

图 4-20 单元格的绝对引用示例

(1) 在 J2 单元格中输入公式"=C2+D2+E2+F2+G2+H2+I2",使用 J2 单元格右下角的填充柄,自动填充后 J3 单元格的公式自动填充为"=C3+D3+E3+F3+G3+H3+I3"。

(2) 在 J2 单元格中输入公式"=\$C\$2+\$D\$2+\$E\$2+\$F\$2+\$G\$2+\$H\$2+\$I\$2",使用 J2 单元格右下角的填充柄,自动填充后 J3 单元格的公式自动填充为"=\$C\$2+\$D\$2+\$E\$2+\$F\$2+\$G\$2+\$H\$2+\$I\$2"。

(3) 在 J2 单元格中输入公式"=\$C2+\$D2+\$E2+\$F2+\$G2+\$H2+\$I2",使用 J2 单元格右下角的填充柄,自动填充后 J3 单元格的公式自动填充为"=\$C3+\$D3+\$E3+\$F3+\$G3+\$H3+\$I3"。

提示:如果创建了一个公式并希望将相对引用更改为绝对引用,则先选定包含该公式的单元格,然后在编辑栏中拖动鼠标选中要更改的引用并按 F4 键。

4.4.2 函数的使用

1. 函数

函数是系统预先包含的用于对数据进行求值计算的公式。当用户遇到同一类计算问题时,只需引用函数,而不需要再编制计算公式,从而减少了工作量。

函数的结构形式为:

函数名(参数 1,参数 2……)

提示:如果函数以公式的形式出现,则在函数名称前面输入等号"=";函数的参数可以是数字、文本或单元格引用等。给定的参数必须与函数中要求的顺序和类型保持一致。参数也可以是常量、公式或其他函数。

2. 函数的输入

输入函数可以有 3 种方法,但首先必须选中要输入函数的单元格。

(1) 从键盘上直接输入函数。

(2) 使用【插入函数】对话框。单击【插入函数】按钮,弹出【插入函数】对话框,如图 4-21 所示。从【选择函数】列表框中选择函数,即弹出【函数参数】对话框,如图 4-22 所示。在该对话框中可以设置计算区域,并且对话框中都给出了每一个函数的相关解释和用法。

(3)【公式】选项卡中的【函数库】组提供了各种常用的函数,如图 4-23 所示,单击【插入

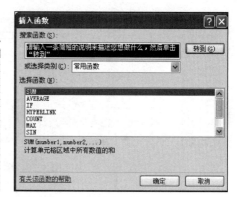

(a)【插入函数】按钮　　　　　　　　　　　　(b)【插入函数】对话框

图 4-21　使用【插入函数】对话框

函数】按钮,弹出【插入函数】对话框。

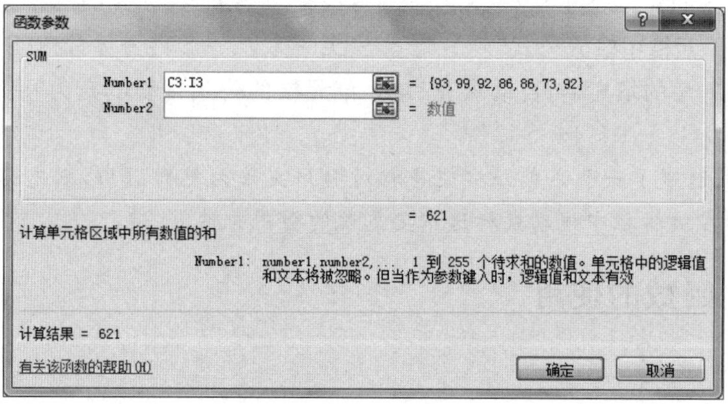

图 4-22　【函数参数】对话框

图 4-23　【函数库】组

3. 常用函数

SUM( ): 返回参数表中参数的总和,多用于求总和的计算。

AVERAGE( ): 返回所有参数的平均值。

MAX( ): 返回一组数值中的最大值。

MIN( ): 返回一组数值中的最小值。

COUNT( ): 求各参数中数值参数和包含数值的单元格的个数。

ROUND( ): 对数值项进行四舍五入。

INT( )：取不大于数值的最大整数。
ABS( )：取绝对值函数。
IF( )：判断一个条件是否满足，如果满足则返回一个值，否则返回另一个值。

4．自动求和

表格中求和、求平均值等计算比较常用，因此 Excel 提供了【自动求和】功能。首先选定求和的单元格区域，然后单击【开始】→【编辑】→【自动求和】按钮，在弹出的下拉列表中选择一种运算，系统默认为求和运算，此时各行列数据之和分别显示在选择的单元格区域最后一列和最下面一行内，如图 4-24 所示。

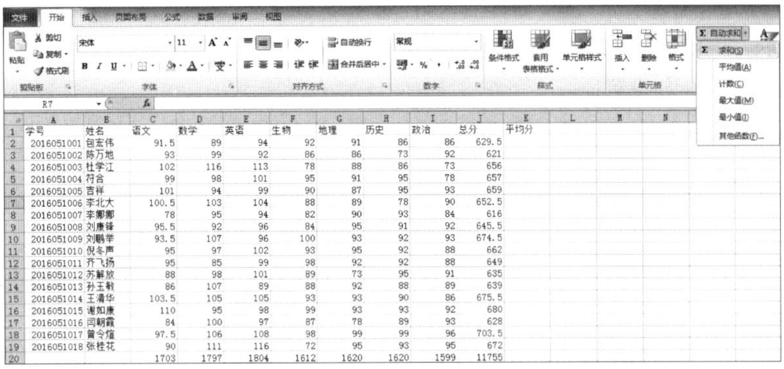

图 4-24 【自动求和】按钮

4.5 数据管理功能

Excel 具有强大的数据库管理功能，可以方便地组织、管理和分析大量的数据信息。对于一般的数据表，Excel 可以进行排序、筛选、分类和汇总等操作。

Excel 的数据管理功能集中在功能菜单的【数据】选项卡上，如图 4-25 所示，某些简单的操作也可以通过快捷菜单的选项实现。通过这些可视化操作，Excel 就能完成数据库管理系统中用命令或程序才能实现的操作。

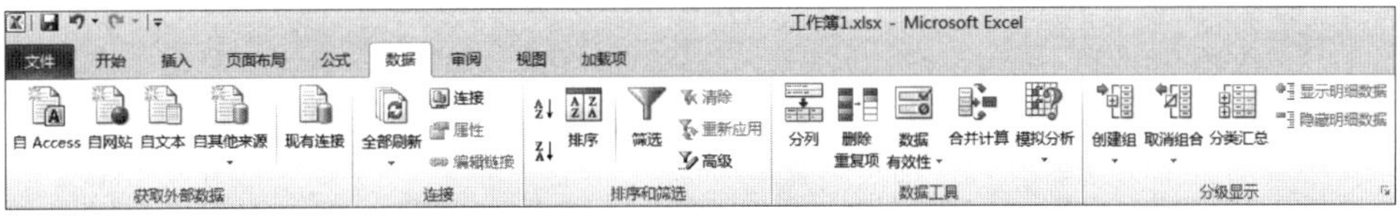

图 4-25 【数据】选项卡

4.5.1 数据排序

数据排序是按照一定的规则对数据进行整理和重新排序，从而为数据的后续工作做好准备。Excel 2010 为用户提供了多种数据清单的排序方法，允许用户按一列、多列和行进行排序,也可以按用户自定义的序列进行排序,数据排序有以下两种方法。

(1) 单击【数据】→【排序和筛选】→【升序】或【降序】排序按钮,可以实现简单排序。

(2) 单击【排序和筛选】→【排序】按钮,可以实现多个关键字的复杂排序。

提示:无论使用哪种排序,最好将原始数据复制到另一张工作表中,以保护原来的数据不被破坏。

1. 简单排序

将光标置于选中数据区域某列的标题或任一单元格上,单击【数据】→【排序和筛选】→【升序】或【降序】按钮,则数据区按照该列的数据升序或降序重新排列。如果该列为数值(如总成绩),系统就按照数值大小的顺序排列;如果该列为日期或时间,就按照日期或时间的先后顺序排列;如果该列为字符串,就按照字符的ASCII码的顺序排列;如果该列为汉字,就按照拼音的先后顺序排列。

例如,选中【总分】列,单击【升序】按钮,排序结果如图4-26所示。

	A	B	C	D	E	F	G	H	I	J
1	学号	姓名	语文	数学	英语	生物	地理	历史	政治	总分
2	2016051007	李娜娜	78	95	94	82	90	93	84	616
3	2016051002	陈万地	93	99	92	86	86	73	92	621
4	2016051016	闫朝霞	84	100	97	87	78	89	93	628
5	2016051001	包宏伟	91.5	89	94	92	91	86	86	629.5
6	2016051012	苏解放	88	98	101	89	73	95	91	635
7	2016051013	孙玉敏	86	107	89	88	92	88	89	639
8	2016051008	刘康锋	95.5	92	96	84	95	91	92	645.5
9	2016051011	齐飞扬	95	85	99	98	92	92	88	649
10	2016051006	李北大	100.5	103	104	88	89	78	90	652.5
11	2016051003	杜学江	102	116	113	78	88	86	73	656
12	2016051004	符合	99	98	101	95	91	95	78	657
13	2016051005	吉祥	101	94	99	90	87	95	93	659
14	2016051010	倪冬声	95	97	102	93	95	92	88	662
15	2016051018	张桂花	90	111	116	72	95	93	95	672
16	2016051009	刘鹏举	93.5	107	96	100	93	92	93	674.5
17	2016051014	王清华	103.5	105	105	93	93	90	86	675.5
18	2016051015	谢如康	110	95	98	99	93	93	92	680
19	2016051017	曾令煊	97.5	106	108	98	99	99	96	703.5

图4-26 按【总分】升序排列

选中【总分】列,单击【升序】按钮,排序结果如图4-27所示。

	A	B	C	D	E	F	G	H	I	J
1	学号	姓名	语文	数学	英语	生物	地理	历史	政治	总分
2	2016051001	包宏伟	91.5	89	94	92	91	86	86	629.5
3	2016051017	曾令煊	97.5	106	108	98	99	99	96	703.5
4	2016051002	陈万地	93	99	92	86	86	73	92	621
5	2016051003	杜学江	102	116	113	78	88	86	73	656
6	2016051004	符合	99	98	101	95	91	95	78	657
7	2016051005	吉祥	101	94	99	90	87	95	93	659
8	2016051006	李北大	100.5	103	104	88	89	78	90	652.5
9	2016051007	李娜娜	78	95	94	82	90	93	84	616
10	2016051008	刘康锋	95.5	92	96	84	95	91	92	645.5
11	2016051009	刘鹏举	93.5	107	96	100	93	92	93	674.5
12	2016051010	倪冬声	95	97	102	93	95	92	88	662
13	2016051011	齐飞扬	95	85	99	98	92	92	88	649
14	2016051012	苏解放	88	98	101	89	73	95	91	635
15	2016051013	孙玉敏	86	107	89	88	92	88	89	639
16	2016051014	王清华	103.5	105	105	93	93	90	86	675.5
17	2016051015	谢如康	110	95	98	99	93	93	92	680
18	2016051016	闫朝霞	84	100	97	87	78	89	93	628
19	2016051018	张桂花	90	111	116	72	95	93	95	672

图4-27 按【姓名】升序排列

选中【数学】列,单击【降序】按钮,排序结果如图 4-28 所示。

	A	B	C	D	E	F	G	H	I	J
1	学号	姓名	语文	数学	英语	生物	地理	历史	政治	总分
2	2016051003	杜学江	102	116	113	78	88	86	73	656
3	2016051018	张桂花	90	111	116	72	95	93	95	672
4	2016051009	刘鹏举	93.5	107	96	100	93	92	93	674.5
5	2016051013	孙玉敏	86	107	89	88	92	88	89	639
6	2016051017	曾令煊	97.5	106	108	98	99	99	96	703.5
7	2016051014	王清华	103.5	105	105	93	93	90	86	675.5
8	2016051006	李北大	100.5	103	104	88	89	78	90	652.5
9	2016051016	闫朝霞	84	100	97	87	78	89	93	628
10	2016051002	陈万地	93	99	92	86	86	73	92	621
11	2016051004	符合	99	98	101	95	91	95	78	657
12	2016051012	苏解放	88	98	101	89	73	95	91	635
13	2016051010	倪冬声	95	97	102	93	95	92	88	662
14	2016051007	李娜娜	78	95	94	82	90	93	84	616
15	2016051015	谢如康	110	95	98	99	93	93	92	680
16	2016051005	吉祥	101	94	99	99	87	95	92	659
17	2016051008	刘康锋	95.5	92	96	84	95	91	92	645.5
18	2016051001	包宏伟	91.5	89	94	92	91	86	86	629.5
19	2016051011	齐飞扬	95	85	99	98	92	92	88	649

图 4-28 按【数学】成绩降序排列

2. 复杂排序

当参与排序的字段出现相同值时,可使用次要关键字进行多级复杂排序,单击【排序和筛选】→【排序】按钮,弹出如图 4-29 所示的【排序】对话框。

图 4-29 【排序】对话框

这种排序可以设置多个关键字,每个关键字都可以选择升序或降序。要设置多个排序关键字,单击【添加条件】按钮,即添加一个次要关键字,在【次要关键字】下拉列表框中选择关键字字段,在【排序依据】下拉列表框中选择排序依据,如图 4-29 所示,Excel 2010 允许用户按照数值、单元格颜色、字体颜色和单元格图标排序。如果单击【选项】按钮,则弹出如图 4-30 所示的【排序选项】对话框。

图 4-30 【排序选项】对话框

提示:当在如图 4-29 所示的【排序】对话框中只选择一个关键字,则复杂排序和简单排序的结果相同。

4.5.2 数据筛选

筛选是根据给定的条件，从数据清单中找出并显示满足条件的记录，隐藏不满足条件的记录，其中隐藏的记录并没有被删除，若筛选条件被取消，则这些数据就会全部显示出来。Excel 2010 提供了两个筛选命令，即自动筛选和高级筛选。自动筛选是针对简单条件的筛选，高级筛选是针对复杂条件的筛选。与排序相似，在筛选操作之间，也要将数据复制一份，以免破坏原始数据表。

1. 自动筛选

选中数据清单中的任意一个单元格，单击【排序和筛选】→【筛选】按钮，在数据清单中的每一列标题右边显示一个向下三角，称为【自动筛选箭头】按钮。单击该按钮，弹出下拉列表框式的筛选器，数据列不同，选项也不同，如图 4-31 所示。

这时若要筛选出该列中等于某个值的记录，就可以直接选中该值。例如，要筛选出总分等于"657"的记录，选中【657】复选框即可，则数据区中只显示符合条件的一条记录，其他记录被隐藏；若要再次显示所有数据，单击【姓名】列表中的"全选"，就可以看到全部数据。若要进行数据筛选，可以选择【数字筛选】命令，在其级联菜单中设置数字筛选的条件，如图 4-31 所示。

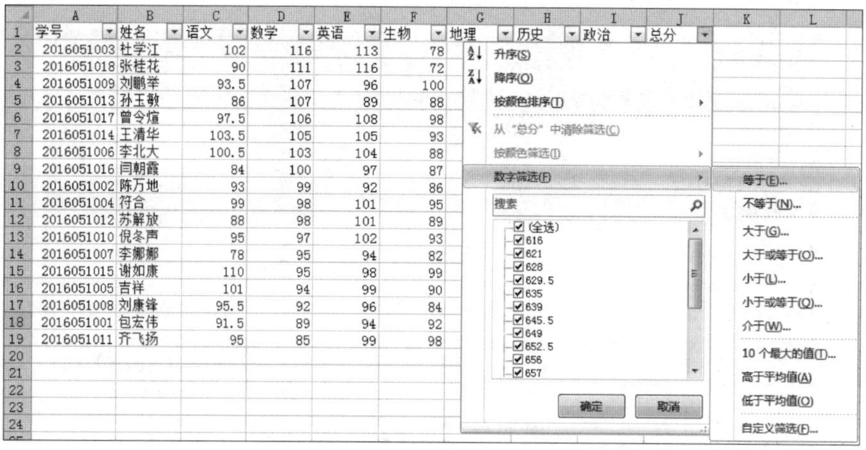

图 4-31 【自动筛选】下拉列表框

若从【数字筛选】级联菜单中选择【自定义筛选】选项，则弹出【自定义自动筛选方式】对话框，要求用户输入筛选条件表达式。【总成绩】选项区域左侧的下拉列表框中包括【大于或等于】【不等于】等多种条件关系，右侧的下拉列表框为该标题列中的可选值，也可以输入一个确定值。用户可以选择两个条件，它们之间的关系是【与】或【或】，如图 4-32 所示。

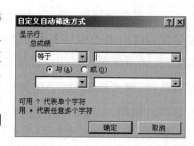

图 4-32 【自定义自动筛选方式】对话框

2. 高级筛选

自动筛选的特点是在原有的数据区上进行筛选,筛选结果显示在原来的区域,不能明显地看到筛选条件。若需要将筛选出来的数据和原来的数据区分开,并且能看到条件的表达,就要使用高级筛选功能。在使用高级筛选前,需在一个空白区域写出条件表达式。单击【数据】→【排序和筛选】→【高级】按钮,在【列表区域】和【条件区域】选择筛选条件后单击【确定】按钮即可完成,如图 4-33 所示。

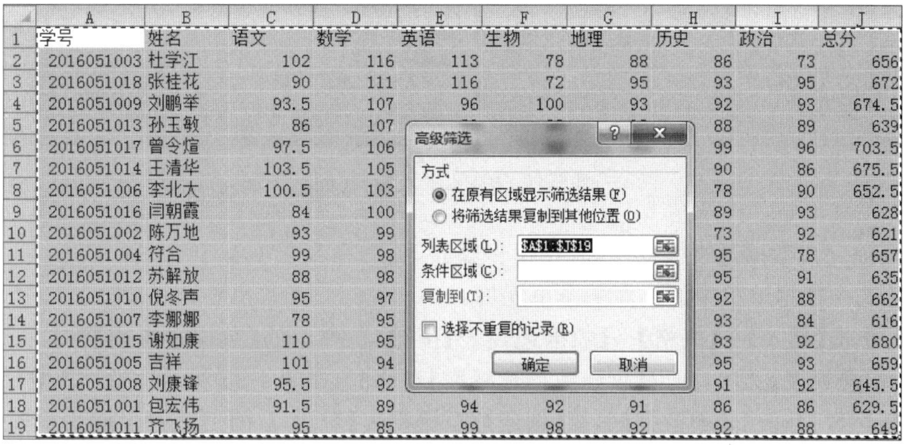

图 4-33 【高级筛选】对话框

4.5.3 分类汇总

分类汇总是把数据清单中的数据分门别类地统计处理,进行分类显示。汇总时不需要用户自己建立公式,Excel 将会自动对各类别的数据进行求和、求平均值等多种计算,并且把汇总的结果显示出来。单击【数据】→【分级显示】→【分类汇总】按钮,可以实现对数据表按照某列进行数值列的汇总计算,单击该按钮,弹出如图 4-34 所示的【分类汇总】对话框。在【分类字段】下拉列表框中选择分类字段,在【汇总方式】下拉列表框中选择汇总方式,在【选定汇总项】列表框中选择汇总的字段。

提示:分类汇总操作时数据清单中一定包含标志行,并且必须先对要分类汇总的字段进行排序,以保证分类汇总的正确性。如图 4-34 所示,先对学号字段升序,再进行分类汇总操作。

如果想清除分类汇总回到数据清单的初始状态,在【分类汇总】对话框中单击【全部删除】按钮。如果分类汇总后没有其他操作,也可以通过单击【取消】按钮来恢复。

4.5.4 使用数据透视表分析数据

数据透视表报表是用于快速汇总大量数据的交互式表格,区别于分类汇总操作的是可以进行多个字段分类汇总。用户可以旋转其行或列以查看对源数据的不同汇总方式。数据透视表的使用是比较复杂的操作,但通过 Excel 2010 中的【创建数据透视表】对话框,用户

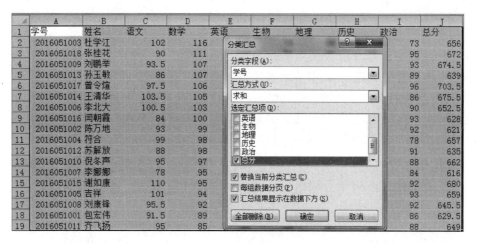

图 4-34 【分类汇总】对话框

可以方便地完成数据透视表操作,其操作步骤如下。

(1) 选中数据清单中的任意一个单元格。

(2) 单击【插入】→【表格】→【数据透视表】按钮,在弹出的【数据透视表】下拉列表框中选择【数据透视表】选项,弹出【创建数据透视表】对话框,如图 4-35 所示。返回工作表窗口,选择要创建数据透视表的数据区,在【创建数据透视表】对话框中的【表/区域】文本框中将数据区域变为所选数据区的范围;在【选择放置数据透视表的位置】选项中,选择数据透视表放置的位置,若放在新工作表中,则选中【新工作表】单选按钮,若放在现有工作表中,则选中【现有工作表】单选按钮,并在工作表中,选择一个起始位置,单击【确定】按钮。

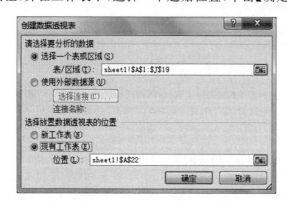

图 4-35 【创建数据透视表】对话框

(3) 此时,系统自动在数据透视表的位置显示数据透视表工作区,在窗口右侧显示【数据透视表字段列表】面板,并自动显示【数据透视表】上下文工具,如图 4-36 所示。

(4) 显示数据透视表工作区,这里可以选中需要分类汇总的字段到数据透视表的行或列,也可以利用【数据透视表】上下文工具栏进行各种有关数据透视表的操作。

如果想删除数据透视表报表,单击数据透视表报表,在【数据透视表】上下文工具栏上单击【操作】组中的【清除】按钮,在弹出的【清除】下拉列表框中选择【全部清除】命令。

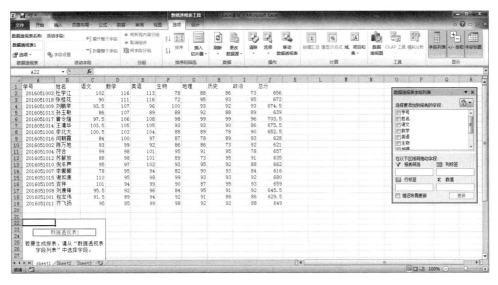

图 4-36 【数据透视表】工作区

4.6 图表

Excel 具有很强的由表作图的功能,由表制作成的图称之为图表。图表是用图形的方式显示工作表中的数据。用图形的方式来观察数值的变化趋势和数据间的关系,而且图表与生成它们的工作表相链接,当更改工作表数据时,图表中的相关内容也会自动更新,比在工作表中观察数值更直观、更容易比较。

图表分为以下两类。

(1) 嵌入式图表。可将嵌入式图表看作是一个图形对象,当要与工作表数据一起显示或打印时,可以使用嵌入式图表。

(2) 图表工作表。图表工作表是工作簿中具有名称的独立工作表。当要独立于工作表数据查看或编辑大而复杂的图表,或者希望节省工作表的屏幕显示空间时,可以使用图表工作表。

Excel 系统制作图表过程分为 4 步,用户可以通过选择数据源、图表类型等,做出一个漂亮的统计图形,并可根据已有数据做出趋势分析。对于已经做好的图表,用户还可以根据自己需要进一步改变位置、大小、颜色等设置。

4.6.1 创建图表

图表可以通过对选定的数据源直接按 F11 键快速创建,也可以通过图表向导进行创建,其操作步骤如下。

(1) 在数据清单中选择用于创建图表的数据区域。

(2) 单击【插入】→【图表】→【对话框启动器】按钮,弹出【插入图表】对话框,如图 4-37 所示。

（3）在【插入图表】对话框中选择图表类型，如选择【三维柱形图】选项，单击【确定】按钮即可创建柱形图图表。图 4-38 所示为由姓名和出生日期两列字段构成的三维柱形图。

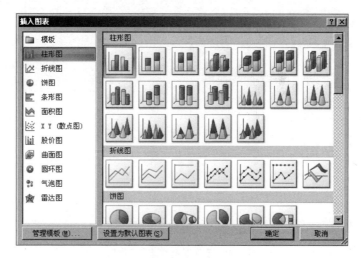

图 4-37 【插入图表】对话框

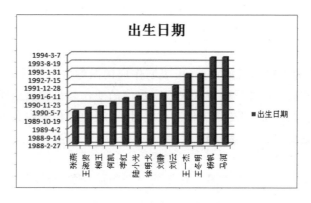

图 4-38 三维柱形图表示例

4.6.2 图表的编辑和修改

图表与其他对象一样，可以在选中后用鼠标拖动来移动其位置；还可以通过拖动位于四个角或四个边中心位置的黑色小方块来改变其大小。

创建好图表后，可以对图表的类型、布局等进行设置，使图表更加符合用户的需求，主要通过【图表工具】上下文工具栏中的【设计】选项卡来完成，如图 4-39 所示。下面对其主要按钮和下拉列表功能进行介绍。

图 4-39 【设计】选项卡

【图表样式】组:该组提供了 48 种图表样式,如图 4-40 所示,用户可直接单击进行图表样式的设置。

【图表布局】组:该组提供了 10 种布局样式,如图 4-41 所示,用户可直接单击进行图表布局的设置。

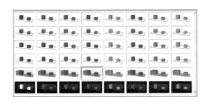
图 4-40 【图表样式】下拉列表

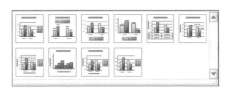
图 4-41 【图表布局】下拉列表

【类型】组:该组包含【更改图表类型】按钮和【另存为模板】按钮。单击【更改图表类型】按钮,弹出【更改图表类型】对话框,重新选择图表类型。单击【另存为模板】按钮,弹出【保存图表模板】对话框,将设计好的图表样式保存到计算机中,方便以后使用,如图 4-42 所示。

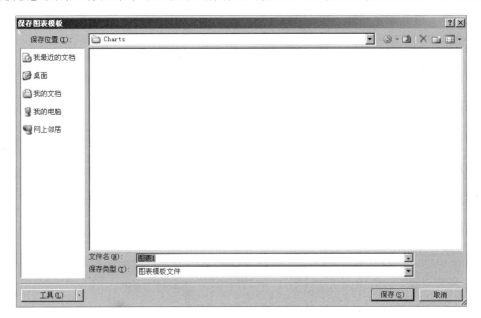
图 4-42 【保存图表模板】对话框

【位置】组:单击【移动图表】按钮,弹出【移动图表】对话框,在其中可以选择图表移动的目标位置,如图 4-43 所示。

图 4-43 【移动图表】对话框

4.7 综合实例

教学策略:本例适用于以系部班级为单位的讨论式教学法,根据学生的实际情况自主地制作销售报表,以及对相应表格的管理和图表的生成。

4.7.1 统计分析销售报表

1. 上机任务

文涵是大地公司的销售助理,负责对全公司的销售情况进行统计分析,并将结果提交给销售部经理。年底,她将根据各门店提交的销售报表进行统计分析,请你帮助文涵完成此项工作。

2. 上机要求

(1) 将工作表重新命名。
(2) 跨列合并单元格。
(3) 计算工作表"销售情况"中 F 列的销售额。
(4) 针对各项商品比较各门店每个季度的销售额。
(5) 在透视表下方创建一个簇状柱形图

3. 上机目的

(1) 自动填充。
(2) 设置单元格格式。
(3) VLOOKUP 函数的使用。
(4) 创建数据透视表。
(5) 建立图表。

4. 实施过程

(1) 新建 Excel 文件,文件名命名为 Excel.xlsx,准备好的数据源如图 4-44 所示。
(2) 将 Sheet1 工作表命名为"销售情况",将 Sheet2 工作表命名为"平均单价",如图 4-45 所示。
(3) 在【店铺】列左侧插入一个空列,输入列标题为"序号",并以 001、002、003…的方式向下填充该列到最后一个数据行,如图 4-45 所示。
(4) 将工作表标题跨列合并后居中并适当调整其字体,加大字号,并改变字体颜色。适当加大数据表行高和列宽,设置对齐方式及销售额数据列的数值格式(保留两位小数),并为数据区域增加边框线,如图 4-46 所示。
(5) 选中工作表【平均单价】中的单元格区域 B3:C7 并右击,在弹出的快捷菜单中选择【定义名称】选项,如图 4-47 所示,定义【名称】为"商品均价",如图 4-48 所示,运用公式计算【销售情况】工作表中 F 列的销售额,要求在公式中通过 VLOOKUP 函数自动在工作表【平

	A	B	C	D	E
1	大地公司某品牌计算机设备全年销量统计表				
2	店铺	季度	商品名称	销售量	销售额
3	西直门店	1季度	笔记本	200	
4	西直门店	2季度	笔记本	150	
5	西直门店	3季度	笔记本	250	
6	西直门店	4季度	笔记本	300	
7	中关村店	1季度	笔记本	230	
8	中关村店	2季度	笔记本	180	
9	中关村店	3季度	笔记本	290	
10	中关村店	4季度	笔记本	350	
11	上地店	1季度	笔记本	180	
12	上地店	2季度	笔记本	140	
13	上地店	3季度	笔记本	220	
14	上地店	4季度	笔记本	280	
15	亚运村店	1季度	笔记本	210	
16	亚运村店	2季度	笔记本	170	
17	亚运村店	3季度	笔记本	260	
18	亚运村店	4季度	笔记本	320	
19	西直门店	1季度	台式机	260	
20	西直门店	2季度	台式机	243	
21	西直门店	3季度	台式机	362	
22	西直门店	4季度	台式机	377	
23	中关村店	1季度	台式机	261	
24	中关村店	2季度	台式机	349	
25	中关村店	3季度	台式机	400	
26	中关村店	4季度	台式机	416	
27	上地店	1季度	台式机	247	
28	上地店	2季度	台式机	230	
29	上地店	3季度	台式机	285	
30	上地店	4季度	台式机	293	
31	亚运村店	1季度	台式机	336	
32	亚运村店	2季度	台式机	315	
33	亚运村店	3季度	台式机	357	

Sheet1 Sheet2 Sheet3

图 4-44 【销售情况】表的数据源

	A	B	C	D	E	F
1	大地公司某品牌计算机设备全年销量统计表					
2	序号	店铺	季度	商品名称	销售量	销售额
3	001	西直门店	1季度	笔记本	200	
4	002	西直门店	2季度	笔记本	150	
5	003	西直门店	3季度	笔记本	250	
6	004	西直门店	4季度	笔记本	300	
7	005	中关村店	1季度	笔记本	230	
8	006	中关村店	2季度	笔记本	180	
9	007	中关村店	3季度	笔记本	290	
10	008	中关村店	4季度	笔记本	350	
11	009	上地店	1季度	笔记本	180	
12	010	上地店	2季度	笔记本	140	
13	011	上地店	3季度	笔记本	220	
14	012	上地店	4季度	笔记本	280	
15	013	亚运村店	1季度	笔记本	210	
16	014	亚运村店	2季度	笔记本	170	
17	015	亚运村店	3季度	笔记本	260	
18	016	亚运村店	4季度	笔记本	320	
19	017	西直门店	1季度	台式机	260	
20	018	西直门店	2季度	台式机	243	
21	019	西直门店	3季度	台式机	362	
22	020	西直门店	4季度	台式机	377	
23	021	中关村店	1季度	台式机	261	
24	022	中关村店	2季度	台式机	349	
25	023	中关村店	3季度	台式机	400	
26	024	中关村店	4季度	台式机	416	
27	025	上地店	1季度	台式机	247	
28	026	上地店	2季度	台式机	230	
29	027	上地店	3季度	台式机	285	
30	028	上地店	4季度	台式机	293	

销售情况 平均单价 Sheet3

图 4-45 【销售情况】工作表

大地公司某品牌计算机设备全年销量统计表					
序号	店铺	季度	商品名称	销售量	销售额
001	西直门店	1季度	笔记本	200	910462.24
002	西直门店	2季度	笔记本	150	682846.68
003	西直门店	3季度	笔记本	250	1138077.80
004	西直门店	4季度	笔记本	300	1365693.36
005	中关村店	1季度	笔记本	230	1047031.58
006	中关村店	2季度	笔记本	180	819416.02
007	中关村店	3季度	笔记本	290	1320170.25
008	中关村店	4季度	笔记本	350	1593308.92
009	上地店	1季度	笔记本	180	819416.02
010	上地店	2季度	笔记本	140	637323.57
011	上地店	3季度	笔记本	220	1001508.46
012	上地店	4季度	笔记本	280	1274647.14
013	亚运村店	1季度	笔记本	210	955985.35
014	亚运村店	2季度	笔记本	170	773892.90
015	亚运村店	3季度	笔记本	260	1183600.91
016	亚运村店	4季度	笔记本	320	1456739.58
017	西直门店	1季度	台式机	260	299120.98
018	西直门店	2季度	台式机	245	279663.07
019	西直门店	3季度	台式机	362	416468.44
020	西直门店	4季度	台式机	377	433725.42
021	中关村店	1季度	台式机	261	300271.44
022	中关村店	2季度	台式机	349	401512.39
023	中关村店	3季度	台式机	400	460186.12
024	中关村店	4季度	台式机	416	478593.56
025	上地店	1季度	台式机	247	284164.93
026	上地店	2季度	台式机	230	264607.02
027	上地店	3季度	台式机	285	327882.61
028	上地店	4季度	台式机	293	337086.33
029	亚运村店	1季度	台式机	335	385406.34
030	亚运村店	2季度	台式机	315	362396.57
031	亚运村店	3季度	台式机	357	410716.11
032	亚运村店	4季度	台式机	377	433725.42
033	西直门店	1季度	鼠标	538	58935.80
034	西直门店	2季度	鼠标	565	61893.56
035	西直门店	3季度	鼠标	566	62003.09
036	西直门店	4季度	鼠标	750	82159.58
037	中关村店	1季度	鼠标	586	64194.01
038	中关村店	2季度	鼠标	643	70438.14
039	中关村店	3季度	鼠标	582	63755.83
040	中关村店	4季度	鼠标	733	80297.29
041	上地店	1季度	鼠标	516	56525.79
042	上地店	2季度	鼠标	748	81940.48
043	上地店	3季度	鼠标	654	71643.15

图 4-46 【销售情况】工作表中的数据信息

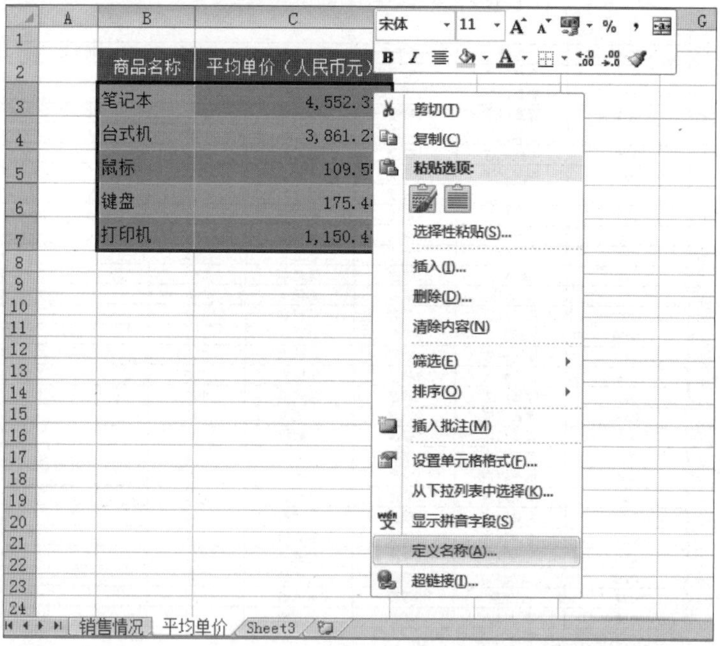

图 4-47 选中【定义名称】

图 4-48 【新建名称】对话框

均单价】中查找相关商品的单价,并在公式中引用所定义的名称"商品均价",如图 4-49 所示。然后再自动填充销售额列中其余数据。

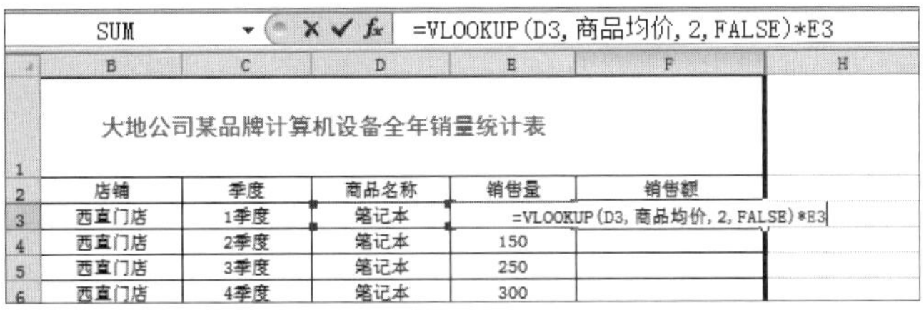

图 4-49 F3 单元格内容

(6) 为【销售情况】工作表中的销售数据创建一个数据透视表,放置在一个名称为【数据透视分析】的新工作表中,要求针对各项商品比较各门店每个季度的销售额。如图 4-50 所示,其中,【商品名称】为【报表筛选】字段,【店铺】为行标签,【季度】为列标签,并对销售额求和。最后对数据透视表进行格式设置,使其更加美观。

图 4-50 数据透视表

(7) 根据生成的数据透视表,在透视表下方创建一个如图 4-51 所示的簇状柱形图,图表中仅对各门店 4 个季度笔记本的销售额进行比较。

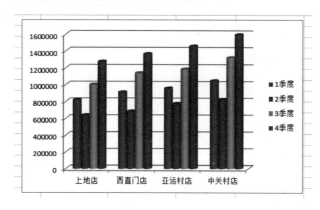

图 4-51　簇状柱形图

4.7.2　数据管理

1. 上机任务

小李今年毕业后,在一家计算机图书销售公司担任市场部助理,主要的工作职责是为部门经理提供销售信息的分析和汇总。根据要求完成销售数据的统计和分析工作。

2. 上机要求

(1) 通过套用表格格式将所有的销售记录调整为一致的外观格式。
(2) 单元格调整为【会计专用】数字格式。
(3) 使用 VLOOKUP 函数完成图书名称的自动填充。
(4) 使用 SUMPRODUCT 函数统计【统计报告】工作表中的数据。
(5) 统计所有订单的总销售金额。

3. 上机目的

(1) 套用表格格式。
(2) 设置单元格格式。
(3) VLOOKUP 函数的使用。
(4) SUMPRODUCT 函数的使用。
(5) 自动填充。

4. 实施过程

(1) 数据源如图 4-52 所示,共 634 条记录。对【销售订单明细表】工作表进行格式调整,选中工作表中的 A2:H636 单元格区域,单击【开始】选项卡下【样式】组中的【套用表格格式】按钮,在弹出的下拉列表中选择【表样式浅色 10】选项,保留默认设置后单击【确定】按钮即可,如图 4-53 所示。

图 4-52 【销售订单明细表】中部分数据

图 4-53 套用表格格式后的【销售订单明细表】

(2) 选中【单价】列和【小计】列并右击,在弹出的快捷菜单中选择【设置单元格格式】命令,弹出【设置单元格格式】对话框,在【数字】选项卡下的分类列表框中选择【会计专用】选项,然后在【货币符号(国家/地区)】下拉列表框中选择 CNY 选项,如图 4-54 所示。

(3) 根据图书编号,在【销售订单明细表】工作表的【图书名称】列,使用 VLOOKUP 函数完成图书名称的自动填充。【图书名称】和【图书编号】的对应关系在【编号对照】工作表中。在【销售订单明细表】工作表的 E3 单元格中输入公式"=VLOOKUP(D3,编号对照!

图 4-54 【会计专用】选项

＄A＄3：＄B＄19,2,FALSE)"，按 Enter 键完成图书名称的自动填充，如图 4-55 所示。

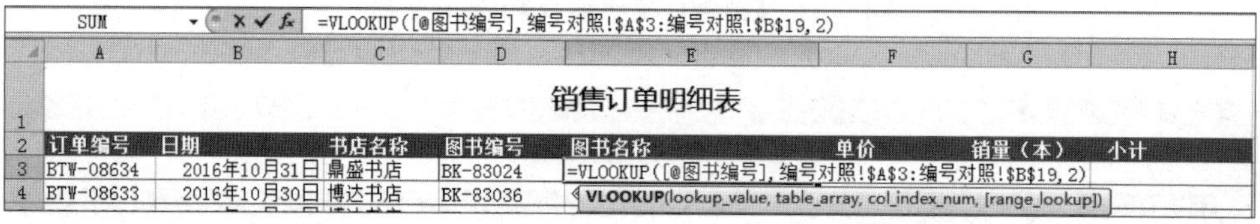

图 4-55　E3 单元格数据

（4）根据图书编号，请在"订单明细表"工作表的【单价】列中，使用 VLOOKUP 函数完成单价的自动填充。【单价】和【图书编号】的对应关系在【编号对照】工作表中。在【销售订单明细表】工作表的 F3 单元格中输入公式"＝VLOOKUP(D3,编号对照！＄A＄3：＄C＄19,3,FALSE)"，按 Enter 键完成单价的自动填充，如图 4-56 所示。

图 4-56　F3 单元格数据

（5）在【销售订单明细表】工作表的【小计】列中，计算每笔订单的销售额。在【销售订单明细表】工作表的 H3 单元格中输入公式"＝[@单价]＊[@销量（本）]"，按 Enter 键完成小计的自动填充，如图 4-57 所示。

图 4-57　H3 单元格数据

（6）根据【销售订单明细表】工作表中的销售数据，统计所有订单的总销售金额，并填写在【统计报告】工作表的 B3 单元格中，【统计报告】工作表内容如图 4-58 所示。

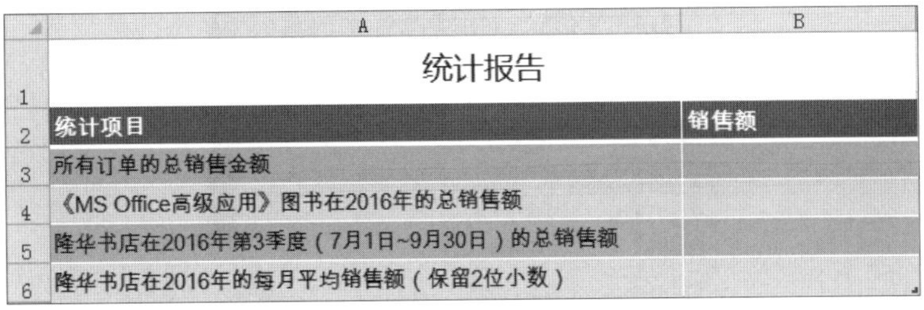

图 4-58 【统计报告】工作表数据

① 在【统计报告】工作表中的 B3 单元格中输入公式"＝SUM(订单明细表！H3：H636)"，按 Enter 键后完成销售额的自动填充，如图 4-59 所示。

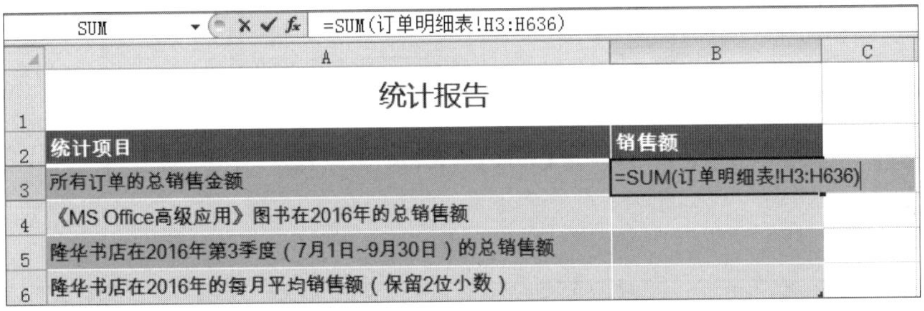

图 4-59 B3 单元格数据

② 单击 B4 单元格右侧的【自动更正选项】按钮，选择【撤销计算列】命令后的效果如图 4-60 所示。

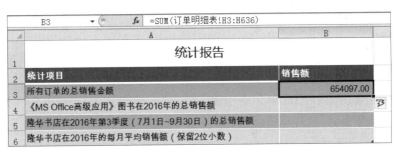

图 4-60 【统计报告】工作表 B4 单元格撤销自动填充

（7）根据【销售订单明细表】工作表中的销售数据，统计《MS Office 高级应用》图书在 2016 年的总销售额，并将其填写在【统计报告】工作表的 B4 单元格中。

① 在【销售订单明细表】工作表中，单击【开始】选项卡下【编辑】组中的【排序和筛选】按钮，在弹出的下拉列表中选择【筛选】选项，单击【日期】单元格的下拉按钮，在弹出的下拉列表中选择【降序】命令，如图 4-61 所示。

② 切换至【统计报告】工作表，在 B4 单元格中输入公式"＝SUMPRODUCT(1＊(订单明细表！E3:E262="《MS OffiCe 高级应用》"),订单明细表！H3:H262)"，按 Enter 键确

图 4-61 【日期】单元格的下拉列表

认,如图 4-62 所示。

图 4-62 B4 单元格数据

(8) 根据【销售订单明细表】工作表中的销售数据,统计隆华书店在 2011 年第 3 季度的总销售额,并将其填写在【统计报告】工作表的 B5 单元格中。

在【统计报告】工作表的 B5 单元格中输入公式"=SUMPRODUCT(1 * (订单明细表!C350:C461="隆华书店"),订单明细表! H350:H461)",按 Enter 键确认,如图 4-63 所示。

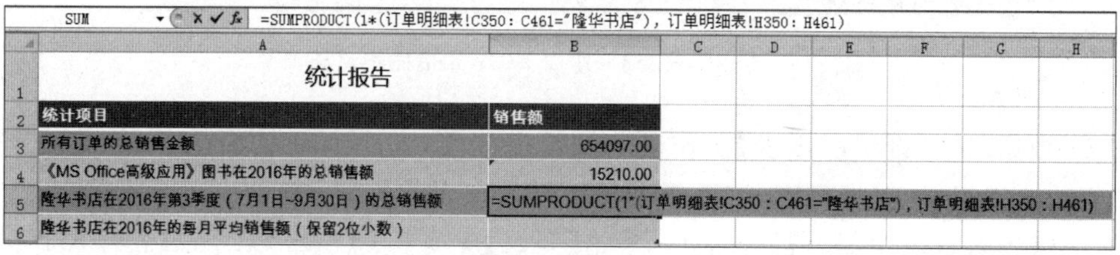

图 4-63 B5 单元格数据

(9) 根据【销售订单明细表】工作表中的销售数据,统计隆华书店在 2011 年的每月平均销售额(保留两位小数),并将其填写在【统计报告】工作表的 B6 单元格中。

在【统计报告】工作表的 B6 单元格中输入公式"=SUMPRODUCT(1*(销售订单明细表!C263:C636="隆华书店"),销售订单明细表!H263:H636)/12",按 Enter 键确认,然后设置该单元格格式保留两位小数,如图 4-64 所示,统计报告工作表全部数据如图 4-65 所示。

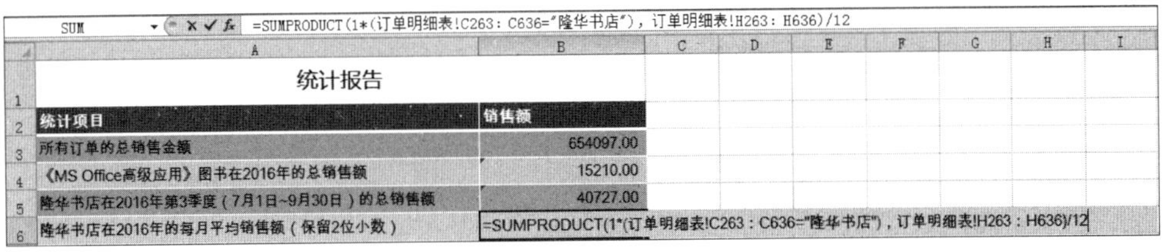

图 4-64　B6 单元格数据

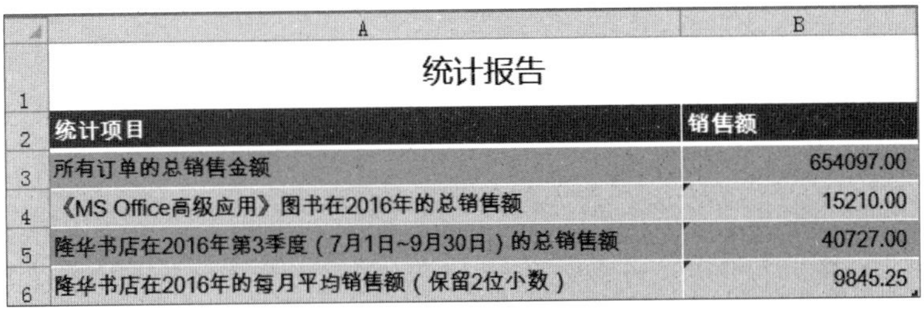

统计报告	
统计项目	销售额
所有订单的总销售金额	654097.00
《MS Office高级应用》图书在2016年的总销售额	15210.00
隆华书店在2016年第3季度(7月1日~9月30日)的总销售额	40727.00
隆华书店在2016年的每月平均销售额(保留2位小数)	9845.25

图 4-65　【统计报告】工作表全部数据

4.8 习题

一、选择题

1. 在 Excel 工作表中存放了第一中学和第二中学所有班级总计 300 个学生的考试成绩,A 列到 D 列分别对应"学校""班级""学号""成绩",利用公式计算第一中学 3 班的平均分,最优的操作方法是(　　)。

A. =SUMIFS(D2:D301,A2:A301,"第一中学",B2:B301,"3 班")/COUNTIFS(A2:A301,"第一中学",B2:B301,"3 班")

B. =SUMIFS(D2:D301,B2:B301,"3 班")/COUNTIFS(B2:B301,"3 班")

C. =AVERAGEIFS(D2:D301,A2:A301,"第一中学",B2:B301,"3 班")

D. =AVERAGEIF(D2:D301,A2:A301,"第一中学",B2:B301,"3 班")

2. Excel 工作表 D 列保存了 18 位身份证号码信息,为了保护个人隐私,需将身份证信息的第 9~12 位用"*"表示,以 D2 单元格为例,最优的操作方法是(　　)。

A. =MID(D2,1,8)+"****"+MID(D2,13,6)

B. =CONCATENATE(MID(D2,1,8),"****",MID(D2,13,6))

C. =REPLACE(D2,9,4,"****")

D. =MID(D2,9,4,"****")

3. 小金从网站上查到了最近一次全国人口普查的数据表格,他准备将这份表格中的数据引用到 Excel 中以便进一步分析,最优的操作方法是(　　)。

　　A. 对照网页上的表格,直接将数据输入到 Excel 工作表中。

　　B. 通过复制、粘贴功能,将网页上的表格复制到 Excel 工作表中。

　　C. 通过 Excel 中的"自网站获取外部数据"功能,直接将网页上的表格导入到 Excel 工作表中。

　　D. 先将包含表格的网页保存为 .htm 或 .mht 格式文件,然后在 Excel 中直接打开该文件。

4. 小胡利用 Excel 对销售人员的销售额进行统计,销售工作表中已包含每位销售人员对应的产品销量,且产品销售单价为 308 元,计算每位销售人员销售额的最优操作方法是(　　)。

　　A. 直接通过公式"＝销量×308"计算销售额

　　B. 将单价 308 定义名称为"单价",然后在计算销售额的公式中引用该名称

　　C. 将单价 308 输入到某个单元格中,然后在计算销售额的公式中绝对引用该单元格

　　D. 将单价 308 输入到某个单元格中,然后在计算销售额的公式中相对引用该单元格

5. 在 Excel 某列单元格中,快速填充 2011—2013 年每月最后一天日期的最优操作方法是(　　)。

　　A. 在第一个单元格中输入"2011-1-31",然后使用 MONTH 函数填充其余 35 个单元格

　　B. 在第一个单元格中输入"2011-1-31",拖动填充柄,然后使用智能标记自动填充其余 35 个单元格

　　C. 在第一个单元格中输入"2011-1-31",然后使用格式刷直接填充其余 35 个单元格

　　D. 在第一个单元格中输入"2011-1-31",然后执行【开始】选项卡中的【填充】命令

6. 如果 Excel 单元格值大于 0,则在本单元格中显示"已完成";单元格值小于 0,则在本单元格中显示"还未开始";单元格值等于 0,则在本单元格中显示"正在进行中",最优的操作方法是(　　)。

　　A. 使用 IF 函数

　　B. 通过自定义单元格格式,设置数据的显示方式

　　C. 使用条件格式命令

　　D. 使用自定义函数

7. 小刘用 Excel 2010 制作了一份员工档案表,但经理的计算机中只安装了 Office 2003,能让经理正常打开员工档案表的最优操作方法是(　　)。

　　A. 将文档另存为 Excel 97-2003 文档格式

　　B. 将文档另存为 PDF 格式

　　C. 建议经理安装 Office 2010

　　D. 小刘自行安装 Office 2003,并重新制作一份员工档案表

8. 在 Excel 工作表中,编码与分类信息以"编码/分类"的格式显示在了一个数据列内,若将编码与分类分为两列显示,最优的操作方法是(　　)。

A. 重新在两列中分别输入编码和分类,将原来的编码与分类列删除

B. 将编码与分类列在相邻位置复制一列,将一列中的编码删除,另一列中的分类删除

C. 使用文本函数将编码与分类信息分开

D. 在编码与分类列右侧插入一个空列,然后利用 Excel 的分列功能将其分开

9. 以下错误的 Excel 公式形式是(　　)。

A. ＝SUM(B3:E3)＊＄F＄3　　　　B. ＝SUM(B3:3E)＊F3

C. ＝SUM(B3:＄E3)＊F3　　　　　D. ＝SUM(B3:E3)＊F＄3

10. 以下对 Excel 高级筛选功能,说法正确的是(　　)。

A. 高级筛选通常需要在工作表中设置条件区域

B. 利用【数据】选项卡中的【排序和筛选】组内的【筛选】命令可进行高级筛选

C. 高级筛选之前必须对数据进行排序

D. 高级筛选就是自定义筛选

11. 初二年级各班的成绩单分别保存在独立的 Excel 工作簿文件中,李老师需要将这些成绩单合并到一个工作簿文件中进行管理,最优的操作方法是(　　)。

A. 将各班成绩单中的数据分别通过复制、粘贴的命令整合到一个工作簿中

B. 通过移动或复制工作表功能,将各班成绩单整合到一个工作簿中

C. 打开一个班的成绩单,将其他班级的数据输入到同一个工作簿的不同工作表中

D. 通过插入对象功能,将各班成绩单整合到一个工作簿中

12. 某公司需要在 Excel 中统计各类商品的全年销量冠军,最优的操作方法是(　　)。

A. 在销量表中直接找到每类商品的销量冠军,并用特殊的颜色标记

B. 分别对每类商品的销量进行排序,将销量冠军用特殊的颜色标记

C. 通过【自动筛选】功能,分别找出每类商品的销量冠军,并用特殊的颜色标记

D. 通过设置条件格式,分别标出每类商品的销量冠军

13. 在 Excel 中,要显示公式与单元格之间的关系,可通过(　　)方式实现。

A. 【公式】选项卡的【函数库】组中有关功能

B. 【公式】选项卡的【公式审核】组中有关功能

C. 【审阅】选项卡的【校对】组中有关功能

D. 【审阅】选项卡的【更改】组中有关功能

14. 在 Excel 中,设定与使用"主题"的功能是指(　　)。

A. 标题　　　　　　　　　　　　B. 一段标题文字

C. 一个表格　　　　　　　　　　D. 一组格式集合

15. 在 Excel 成绩单工作表中包含了 20 个同学成绩,C 列为成绩值,第一行为标题行,在不改变行列顺序的情况下,在 D 列统计成绩排名,最优的操作方法是(　　)。

A. 在 D2 单元格中输入公式"＝RANK(C2,＄C2:＄C21)",然后向下拖动该单元格的填充柄到 D21 单元格

B. 在 D2 单元格中输入公式"＝RANK(C2,C＄2:C＄21)",然后向下拖动该单元格的填充柄到 D21 单元格

C. 在 D2 单元格中输入公式"＝RANK(C2,＄C2:＄C21)",然后双击该单元格的

填充柄

D. 在 D2 单元格中输入公式"＝RANK(C2,C＄2:C＄21)",然后双击该单元格的填充柄

16. 在 Excel 工作表 A1 单元格里存放了 18 位二代身份证号码,其中第 7～10 位表示出生年份。在 A2 单元格中利用公式计算该人的年龄,最优的操作方法是(　　)。

　　A. ＝YEAR(TODAY())-MID(A1,6,8)
　　B. ＝YEAR(TODAY())-MID(A1,6,4)
　　C. ＝YEAR(TODAY())-MID(A1,7,8)
　　D. ＝YEAR(TODAY())-MID(A1,7,4)

17. 在 Excel 工作表多个不相邻的单元格中输入相同的数据,最优的操作方法是(　　)。

　　A. 在其中一个位置输入数据,然后逐次将其复制到其他单元格
　　B. 在输入区域最左上方的单元格中输入数据,双击填充柄,将其填充到其他单元格
　　C. 在其中一个位置输入数据,将其复制后,利用 Ctrl 键选择其他全部输入区域,再粘贴内容
　　D. 同时选中所有不相邻单元格,在活动单元格中输入数据,然后按 Ctrl＋Enter 组合键

18. Excel 工作表 B 列保存了 11 位手机号码信息,为了保护个人隐私,需将手机号码的后 4 位均用"＊"表示,以 B2 单元格为例,最优的操作方法是(　　)。

　　A. ＝REPLACE(B2,7,4,"＊＊＊＊")　　B. ＝REPLACE(B2,8,4,"＊＊＊＊")
　　C. ＝MID(B2,7,4,"＊＊＊＊")　　D. ＝MID(B2,8,4,"＊＊＊＊")

19. 小李在 Excel 中整理职工档案,希望"性别"一列只能从"男""女"两个值中进行选择,否则系统提示错误信息,最优的操作方法是(　　)。

　　A. 通过 if 函数进行判断,控制"性别"列的输入内容
　　B. 请同事帮忙进行检查,错误内容用红色标记
　　C. 设置条件格式,标记不符合要求的数据
　　D. 设置数据有效性,控制"性别"列的输入内容

20. 小谢在 Excel 工作表中计算每个员工的工作年限,每满一年计一年工作年限,最优的操作方法是(　　)。

　　A. 根据员工的入职时间计算工作年限,然后手动输入到工作表中
　　B. 直接用当前日期减去入职日期,然后除以 365,并向下取整
　　C. 使用 TODAY 函数返回值减去入职日期,然后除以 365,并向下取整
　　D. 使用 YEAR 函数和 TODAY 函数获取当前年份,然后减去入职年份

21. 在 Excel 中,如需对 A1 单元格数值的小数部分进行四舍五入运算,最优的操作方法是(　　)。

　　A. ＝INT(A1)　　B. ＝INT(A1＋0.5)
　　C. ＝ROUND(A1,0)　　D. ＝ROUNDUP(A1,0)

22. 将 Excel 工作表 A1 单元格中的公式 SUM(B＄2:C＄4)复制到 B18 单元格后,原

公式将变为(　　)。

　　A. SUM(C＄19:D＄19)　　　　　　B. SUM(C＄2:D＄4)
　　C. SUM(B＄19:C＄19)　　　　　　D. SUM(B＄2:C＄4)

23. 不可以在 Excel 工作表中插入的迷你图类型是(　　)。

　　A. 迷你折线图　　B. 迷你柱形图　　C. 迷你散点图　　D. 迷你盈亏图

二、实操题

小赵是某书店的销售人员，负责计算机类图书的销售情况，并按月份上报分析结果。2017 年 1 月份时，她需要将 2016 年 12 月份的销售情况进行汇总，请帮助她完成下列工作。

(1) 将【销售统计】表中的【单价】列数值的格式设为会计专用，并保留两位小数。修改表格样式为【表样式中等深浅 9】，如图 4-66 所示。

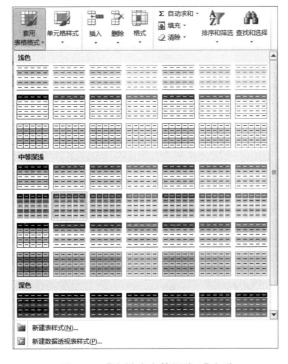

图 4-66　【表样式中等深浅 9】选项

(2) 在【销售统计】表中，选中 A1:F1 单元格区域并右击，在弹出的快捷菜单中选择【设置单元格格式】命令，在【对齐】选项卡下的【文本控制】组中，选中【合并单元格】复选框；在【文本对齐方式】组的【水平对齐】下拉列表中选择【居中】选项，然后单击【确定】按钮即可，效果如图 4-67 所示。

(3) 在【销售统计】工作表的 D3 单元格中输入公式"=VLOOKUP(C3,单价!＄A＄2:＄B＄19,2,FALSE)"，按 Enter 键完成单价的自动填充，如图 4-68 所示。

(4) 根据销量及单价计算销售额，在【销售统计】工作表的 E3 单元格中输入公式"=销售统计!＄D3*销售统计!＄E3"，按 Enter 键完成销售额的自动填充，如图 4-69 所示。

(5) 首先对数据按需要分类汇总的【图书名称】列进行排序，排序后的部分数据如

图 4-67 【销售统计】工作表格式

图 4-68 使用 VLOOKUP 函数完成单价的自动填充

图 4-70 所示。选择数据区域中的某个单元格，在【数据】选项卡的【分级显示】组中单击【分类汇总】按钮，弹出【分类汇总】对话框，在【分类字段】下拉列表框中选择【图书名称】选项，在【汇总方式】下拉列表框中选择【求和】选项，在【选定汇总项】列表框中仅选中【销售额】复选框，选中【替换当前分类汇总】复选框，选【汇总结果显示在数据下方】复选框，如图 4-71 所示，分类汇总后的数据结果如图 4-72 所示。

	A	B	C	D	E	F
			F3	fx =销售统计!$D3*销售统计!$E3		
1			12月份计算机图书销售情况统计表			
2	订单编号	日期	图书名称	单价	销量（本）	销售额
3	BTW-08001	2016年1月2日	《计算机基础及MS Office应用》	¥ 41.30	12	¥ 495.60
4	BTW-08002	2016年1月4日	《嵌入式系统开发技术》	¥ 43.90	20	¥ 878.00
5	BTW-08003	2016年1月4日	《操作系统原理》	¥ 41.10	41	¥ 1,685.10
6	BTW-08004	2016年1月5日	《MySQL数据库程序设计》	¥ 39.20	21	¥ 823.20
7	BTW-08005	2016年1月6日	《MS Office高级应用》	¥ 36.30	32	¥ 1,161.60
8	BTW-08006	2016年1月9日	《网络技术》	¥ 34.90	22	¥ 767.80
9	BTW-08007	2016年1月9日	《数据库技术》	¥ 40.50	12	¥ 486.00
10	BTW-08008	2016年1月10日	《软件测试技术》	¥ 44.50	32	¥ 1,424.00
11	BTW-08009	2016年1月10日	《计算机组成与接口》	¥ 37.80	43	¥ 1,625.40
12	BTW-08009	2016年1月10日	《计算机组成与接口》	¥ 37.80	43	¥ 1,625.40
13	BTW-08010	2016年1月11日	《计算机基础及Photoshop应用》	¥ 42.50	22	¥ 935.00
14	BTW-08011	2016年1月11日	《C语言程序设计》	¥ 39.40	31	¥ 1,221.40
15	BTW-08012	2016年1月12日	《信息安全技术》	¥ 36.80	19	¥ 699.20
16	BTW-08013	2016年1月12日	《数据库原理》	¥ 43.20	43	¥ 1,857.60
17	BTW-08014	2016年1月13日	《VB语言程序设计》	¥ 39.80	39	¥ 1,552.20
18	BTW-08015	2016年1月15日	《Java语言程序设计》	¥ 40.60	30	¥ 1,218.00
19	BTW-08016	2016年1月16日	《Access数据库程序设计》	¥ 38.60	43	¥ 1,659.80
20	BTW-08017	2016年1月16日	《软件工程》	¥ 39.30	40	¥ 1,572.00
21	BTW-08018	2016年1月17日	《计算机基础及MS Office应用》	¥ 41.30	44	¥ 1,817.20

图 4-69 销售额的自动填充

	A	B	C	D	E	F
1			12月份计算机图书销售情况统计表			
2	订单编号	日期	图书名称	单价	销量（本）	销售额
3	BTW-08016	2016年1月16日	《Access数据库程序设计》	¥ 38.60	43	¥ 887.80
4	BTW-08033	2016年2月1日	《Access数据库程序设计》	¥ 38.60	15	¥ 275.80
5	BTW-08055	2016年2月27日	《Access数据库程序设计》	¥ 38.60	48	¥ 284.20
6	BTW-08066	2016年3月12日	《Access数据库程序设计》	¥ 38.60	23	¥ 933.80
7	BTW-08079	2016年3月23日	《Access数据库程序设计》	¥ 38.60	9	¥ 181.50
8	BTW-08101	2016年4月19日	《Access数据库程序设计》	¥ 38.60	50	¥ 980.00
9	BTW-08107	2016年4月26日	《Access数据库程序设计》	¥ 38.60	4	¥ 159.20
10	BTW-08123	2016年5月10日	《Access数据库程序设计》	¥ 38.60	12	¥ 636.80
11	BTW-08168	2016年6月23日	《Access数据库程序设计》	¥ 38.60	42	¥ 85.00
12	BTW-08185	2016年7月12日	《Access数据库程序设计》	¥ 38.60	48	¥ 1,785.00
13	BTW-08603	2016年7月17日	《Access数据库程序设计》	¥ 38.60	6	¥ 1,890.00
14	BTW-08207	2016年8月3日	《Access数据库程序设计》	¥ 38.60	48	¥ 1,799.90
15	BTW-08218	2016年8月16日	《Access数据库程序设计》	¥ 38.60	26	¥ 1,824.50
16	BTW-08231	2016年8月31日	《Access数据库程序设计》	¥ 38.60	42	¥ 1,023.50
17	BTW-08253	2016年9月24日	《Access数据库程序设计》	¥ 38.60	31	¥ 1,375.50
18	BTW-08259	2016年9月28日	《Access数据库程序设计》	¥ 38.60	25	¥ 1,296.00
19	BTW-08275	2016年10月18日	《Access数据库程序设计》	¥ 38.60	23	¥ 729.00
20	BTW-08301	2016年11月14日	《Access数据库程序设计》	¥ 38.60	21	¥ 1,555.20
21	BTW-08318	2016年12月3日	《Access数据库程序设计》	¥ 38.60	27	¥ 1,256.40

图 4-70 按"图书名称"排序后的部分数据

（6）在创建数据透视表之前，要保证数据区域必须要有列标题，并且该区域中没有空行。选中【销售统计】工作表的数据区域，在【插入】选项卡下的【表格】组中单击【数据透视表】按钮，打开【创建数据透视表】对话框，在【选择一个表或区域】选项区域的【表/区域】设置框中显示当前已选择的数据源区域。此处对默认选择不做更改。指定数据透视表存放的位置，即选中【新工作表】，单击【确定】按钮即可，如图 4-73 所示。

图 4-71 【分类汇总】对话框

		12月份计算机图书销售情况统计表			
	订单编号	日期	图书名称	单价	销量（本）	销售额
23			《Access数据库程序设计》 汇总		¥	19,952.70
54			《C语言程序设计》 汇总		¥	32,697.30
75			《Java语言程序设计》 汇总		¥	23,629.40
95			《MS Office高级应用》 汇总		¥	18,634.80
113			《MySQL数据库程序设计》 汇总		¥	23,592.00
135			《VB语言程序设计》 汇总		¥	20,079.10
153			《操作系统原理》 汇总		¥	19,180.90
171			《计算机基础及MS Office应用》 汇总		¥	21,074.70
203			《计算机基础及Photoshop应用》 汇总		¥	33,441.90
236			《计算机组成与接口》 汇总		¥	36,697.30
254			《嵌入式系统开发技术》 汇总		¥	16,427.20
286			《软件测试技术》 汇总		¥	32,608.00
307			《软件工程》 汇总		¥	23,704.60
339			《数据库技术》 汇总		¥	30,309.20
361			《数据库原理》 汇总		¥	20,767.40
378			《网络技术》 汇总		¥	17,694.60
402			《信息安全技术》 汇总		¥	28,264.90
403			总计		¥	418,756.00

图 4-72 各类图书销售额总和的分类汇总

行标签	求和项:销售额
《Access数据库程序设计》	19952.7
《C语言程序设计》	32697.3
《Java语言程序设计》	23629.4
《MS Office高级应用》	18634.8
《MySQL数据库程序设计》	23592
《VB语言程序设计》	20079.1
《操作系统原理》	19180.9
《计算机基础及MS Office应用》	21074.7
《计算机基础及Photoshop应用》	33441.9
《计算机组成与接口》	36697.3
《嵌入式系统开发技术》	16427.2
《软件测试技术》	32608
《软件工程》	23704.6
《数据库技术》	30309.2
《数据库原理》	20767.4
《网络技术》	17694.6
《信息安全技术》	28264.9
总计	418756

图 4-73 【销售统计】工作表的数据透视表

（7）最后单击【文件】选项卡下的【另存为】按钮，将义件重命名为"计算机类图书12月份销售情况统计.xlsx"并保存。

第5章 演示文稿制作软件——PowerPoint 2010

PowerPoint 与 Word、Excel 一样，是 Microsoft 公司推出的 Office 办公自动化软件系统组件之一，它能够制作出集文字、图形、图像、表格、图表、声音、视频剪辑及 Flash 动画等多媒体形式于一体的演讲文稿。PowerPoint 可以灵活地美化幻灯片外观效果并调整布局结构，使演讲文稿图文并茂、形象生动。PowerPoint 制作的演示文稿既可以通过计算机屏幕进行演示或通过投影仪播放，也可以将幻灯片打印出来。

5.1 PowerPoint 2010 的基础知识

5.1.1 PowerPoint 2010 简介

使用 PowerPoint 2010，用户可以在演示文稿中为形状、图表和文字等对象添加丰富的特效，包括阴影效果、反射效果、辉光效果、柔化边缘效果和 3D 旋转效果等。若要获得这些效果，只需要直接使用 PowerPoint 2010 自带的内置样式即可。

PowerPoint 2010 提供了丰富的内置主题、版式和快捷样式，为用户提供了更多的选择。使用以前版本的 PowerPoint 创建演示文稿时，若要设计幻灯片主题，需要考虑幻灯片中各个元素的颜色和样式，以保证它们搭配合理，这是一件既消耗时间和精力，又需要用户专业素养的工作。PowerPoint 2010 提供的内置主题简化了这一过程，用户只需要选择合适的主题，PowerPoint 2010 便能够给出最为合适的颜色样式方案，使用户的幻灯片达到最佳的视觉效果。

PowerPoint 2010 提供了多种对演示文稿的保护方法，用户能够向文档添加数字签名、隐藏作者姓名、限制访问者权限等。

与过去的版本相比，PowerPoint 2010 为用户共享信息提供了方便。PowerPoint 2010 引入了网络幻灯片库的概念，演示文稿可以被存储在运行 Office SharePoint Server 2007 的服务器上的幻灯片库中，用户既可以将幻灯片发布到这个幻灯片库中，也可以从幻灯片库中将合作伙伴的幻灯片添加到自己的演示文稿中。另外，PowerPoint 2010 能自动记住幻灯片库的位置，以方便用户查找。

PowerPoint 2010 除了具有 PowerPoint 2007 所拥有的功能强大的文档打包发布功能外，还能够以加载项的形式将文档发布为 PDF 格式和 XPS 格式。这两种文档格式既能够保留文档中的各种格式信息，又能保证在传播过程中文档中的数据不会被轻易更改。

启动、关闭 PowerPoint 的方法和获取帮助的方法与之前介绍的 Word 完全一致，在这里不再赘述。

5.1.2　PowerPoint 2010 的工作界面

启动 PowerPoint 2010 后即显示 PowerPoint 2010 的工作界面，如图 5-1 所示。

图 5-1　PowerPoint 2010 的工作界面

PowerPoint 2010 具有典型的 Windows 应用程序的窗口，包括 Microsoft Office 按钮、标题栏、快速访问工具栏、主窗口、滚动条和状态栏，Microsoft Office 按钮、标题栏、快速访问工具栏和状态栏等与其他 Office 组件基本一致，不同的是主窗口部分。

(1) 快速启动工具栏：PowerPoint 的常用命令以图标形式出现，执行此命令只需单击相应命令按钮即可。

(2) 状态栏：位于应用程序窗口的下方，显示 PowerPoint 运行中不同阶段的信息。例如，状态栏左端显示幻灯片编号、总幻灯片数目，中间显示 Office 主题及中英文状态。

(3) 幻灯片窗格：可查看每张幻灯片的整体布局效果，如版式、设计模板等，在此窗格下可以对当前幻灯片进行编辑，如插入图形、声音等多媒体对象，改变文字格式，并创建超链接及自定义动画效果。

(4) 大纲/幻灯片浏览窗格：幻灯片以演示大纲的形式或文本形式浏览。

(5) 备注窗格：使用户可以添加幻灯片的注释，如演说者的信息等。

(6) 视图切换按钮：用于快速切换到不同的视图模式。PowerPoint 2010 提供了普通视图、幻灯片浏览视图、幻灯片放映视图和备注页视图等几种视图方式，以满足不同的创作需求。最常用的是普通视图、幻灯片浏览视图和幻灯片放映视图 3 种方式，它们位于演示文稿状态栏的右方，称为视图切换按钮。

1.【普通视图】按钮

普通视图是系统默认的视图模式,由大纲窗格(用于显示、编辑演示文稿的大纲)、幻灯片窗格(用于显示、编辑演示文稿中幻灯片的详细内容)及备注窗格(用于为对应的幻灯片添加提示信息)三部分组成。这三部分的分配都恰到好处,可以对任何区域进行操作。这些窗格使用户可在同一位置使用演示文稿的各种特征,拖动窗格的分割线可以调整窗格的尺寸。

(1) 在大纲窗格若选择【幻灯片】选项卡,会以小幻灯片的方式列出各个幻灯片,便于对幻灯片预览效果的查看;选择【大纲】选项卡,会以大纲的方式依次列出演示文稿中包含的幻灯片,每张幻灯片前有编号,并列出其中的文字内容,在其中可以对文本内容进行修改。

(2) 幻灯片窗格中显示了每张幻灯片的细节。在大纲窗格中选择某张幻灯片后,幻灯片窗格中便出现了这张幻灯片的效果,在其中既可以编辑文本,又可以插入图片、表格、图表、声音、动画等对象,还可以对幻灯片进行格式化和美化,以及对幻灯片的放映效果进行设置,得到最终的演示文稿。

(3) 在备注窗格中可以编辑幻灯片的一些备注文本。

2.【幻灯片浏览视图】按钮

幻灯片浏览视图方式是将当前演示文稿中所有幻灯片以缩略图的形式排列在屏幕上。用户可以方便地在幻灯片之间进行添加、删除、移动和复制等操作。

3.【幻灯片放映视图】按钮

创建演示文稿的过程中,用户可以随时通过单击【幻灯片放映视图】按钮进行幻灯片放映操作,预览演示文稿的放映效果,以便及时修改。其将演示文稿以全屏幕的方式显示,如果演示文稿中设置了动画效果,在放映时也可以看到。

提示:使用【幻灯片放映视图】按钮播放的是当前正在编辑的幻灯片。

5.1.3 演示文稿的创建

1. 新建空白演示文稿

新建空白演示文稿的操作步骤如下。

(1) 单击【文件】→【新建】按钮,弹出【新建】面板,如图 5-2 所示。

(2) 在面板中选择【空白演示文稿】选项,单击【创建】按钮,即可创建一个空白演示文稿。

2. 根据设计模板创建演示文稿

在创建第一个演示文稿时,若对其没有特别的构想,最好使用"设计模板"。模板能让用户集中精力创建文稿的内容而不必操心其整体风格。PowerPoint 2010 提供的"根据设计模板"选项允许用户利用系统提供的演示文稿模板来创建自己的演示文稿。设计模板包含幻灯片配色方案、标题及字体样式等。

根据设计模板创建演示文稿的操作步骤如下。

图 5-2 【新建】面板

（1）单击【文件】→【新建】按钮，弹出【新建】面板，如图 5-2 所示。

（2）在【新建】面板中的【可用的模板和主题】中选择【样本模板】，就会弹出如图 5-3 所示的窗口，选择一种合适的模板即可在预览区域中显示模板的外观。

（3）根据需要选择合适的模板样式，单击【创建】按钮，即可根据模板创建演示文稿。

图 5-3 根据【样本模板】创建演示文稿

3. 根据现有内容创建演示文稿

根据现有内容创建演示文稿的操作步骤如下。

(1) 单击【文件】→【新建】按钮，弹出【新建】面板，如图 5-2 所示。

(2) 在【新建】面板中的【可用的模板和主题】中单击【根据现有内容新建】按钮，弹出【根据现有演示文稿新建】对话框，如图 5-4 所示。

图 5-4 【根据现有演示文稿新建】对话框

(3) 在【根据现有演示文稿新建】对话框中选择现有的演示文稿文件，单击【新建】按钮，即可根据现有内容创建新的演示文稿。

(4) 保存演示文稿。在演示文稿制作完成后单击【文件】→【保存】按钮，或者编辑已保存过的演示文稿时单击【文件】→【另存为】按钮，都会弹出【另存为】对话框，如图 5-5 所示。在【文件名】文本框中输入文件名。如果演示文稿中第一张幻灯片标题内有文字，系统会以这个标题作为演示文稿的文件名。如果演示文稿中第一张幻灯片的版式中不含标题，系统默认文件名为"演示文稿 1"，演示文稿的扩展名为". ppt"，如果不想修改文件名，单击【保存】按钮即可。也可以根据需要修改文件名，单击【保存】按钮，即可完成演示文稿的保存。系统默认的保存文件夹是【我的文档】，可以把文件保存在该文件夹中，也可以保存在自己创建的文件夹中。

4. 打开演示文稿

单击【文件】→【打开】按钮，弹出【打开】对话框，选择需要打开的文件，单击【打开】按钮即可打开演示文稿。还可以在 Windows 资源管理器中，找到需要编辑的演示文稿，双击该演示文稿完成演示文稿的打开操作。

图 5-5 【另存为】对话框

5.2 演示文稿的编辑

5.2.1 文本的编辑

1. 幻灯片文本的输入

演示文稿设计中,文本是幻灯片内容的重要组成部分,在 PowerPoint 2010 中文本的输入与编辑操作与在 Word 2010 中的操作基本相同。最简便的操作是直接将文本输入到占位符中,要在占位符外输入文字,需要添加文本框,可单击【插入】→【文本框】按钮。

提示:幻灯片中不允许直接输入文字,用户输入文字只能通过占位符或文本框进行输入。

(1) 在占位符中输入文本。单击占位符所在文本框的任何位置,此时虚线边框将被粗线边框代替,占位符消失,文本框内显示一个闪烁的插入点,即可输入文本。

(2) 利用文本框输入文本。文本框有横排和竖排两种。单击【插入】→【文本框】按钮后,用户可以按住鼠标左键,拖动鼠标即显示一个方框,松开鼠标,方框内显示一个闪烁的插入点,即可输入文本。

2. 文本的格式化

在幻灯片中输入文本后,可以对文本进行格式设置。文本的字体格式取决于当前模板所指定的格式。为了使幻灯片更加美观、易于阅读,可以单击【开始】→【字体】组中提供的按钮重新设置文字的格式,如字号、字体等。

5.2.2 在幻灯片中插入图片

如果仅靠单一的文字来制作幻灯片,那么幻灯片未免过于单调,缺乏表现力。为了制作出更加生动、形象、美观的幻灯片,PowerPoint 允许用户在幻灯片中插入各种图片,如艺术字、剪贴画、图片等。

1.插入剪贴画

将剪贴画插入到幻灯片中的方法有很多种,一种是利用自动版式中建立的带剪贴画的幻灯片,如图 5-6 所示,用户只要单击剪贴画占位符,即可打开【剪贴画】任务窗格,可以选择一幅剪贴画进行插入;另一种是单击【插入】→【剪贴画】按钮,即可打开【剪贴画】任务窗格,如图 5-7 所示,单击【搜索】按钮,搜索系统提供的剪贴画,单击需要的剪贴画即可完成插入操作。

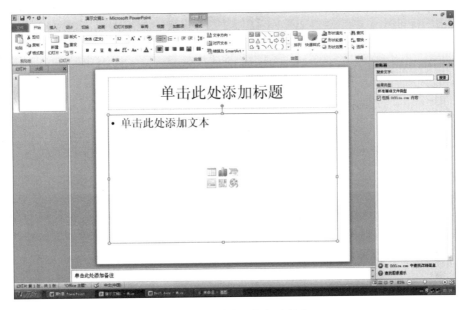

图 5-6 带剪贴画的自动版式

2.插入来自文件的图片

插入来自文件的图片的操作步骤如下。

(1)打开演示文稿,选择需要插入图片的幻灯片。
(2)单击【插入】→【图像】→【图片】按钮,弹出【插入图片】对话框,如图 5-8 所示。
(3)打开图片文件所在的文件夹,选中该图片文件的文件名,单击【插入】按钮,插入图片即可完成。

3.插入表格

在 PowerPoint 2010 中,可以利用表格制作功能轻松地将表格插入到幻灯片中,单击

图 5-7 【剪贴画】任务窗格

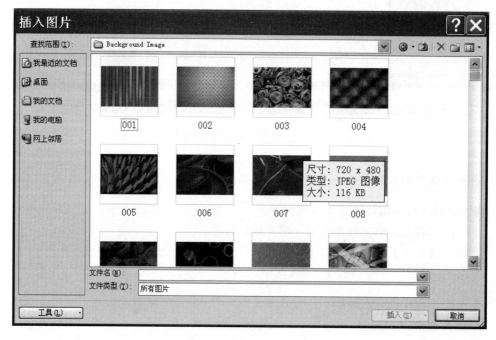

图 5-8 【插入图片】对话框

【插入】→【表格】按钮,弹出【表格】下拉列表,如图 5-9 所示。选择【插入表格】命令,弹出如图 5-10 所示的【插入表格】对话框,在其中输入列数和行数,单击【确定】按钮,即可完成表格的插入。

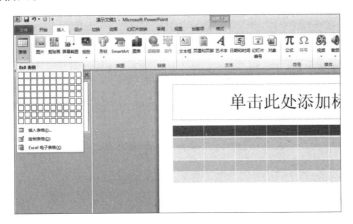

图 5-9 【表格】下拉列表　　　　　　图 5-10 【插入表格】对话框

4. 插入图表

在 PowerPoint 2010 中,可以利用图表制作功能轻松地将图表插入到幻灯片中。单击【插入】→【插图】→【图表】按钮,弹出如图 5-11 所示的【插入图表】对话框,在该对话框中选择需要的图表类型,单击【确定】按钮,即可在幻灯片中插入图表。

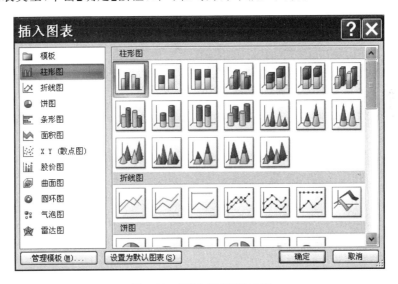

图 5-11 【插入图表】对话框

提示:插入表格时,可以直接在弹出的下拉列表中拖动鼠标选择表格的行数和列数。

图表插入后弹出如图 5-12 所示的数据表窗口,用户可以像在 Excel 中一样操作该数据表,进行数据的修改、编辑等操作,以及与数据表相关的图表操作,随着数据表的修改,图表也相应地发生变化。

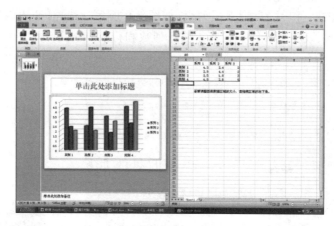

图 5-12 数据表窗口

5．插入艺术字

艺术字是一种既能表达一些文字信息，又具有比较生动的形式的表现手法，它是一种图形对象，具有图形对象的属性。单击【插入】→【文本】→【艺术字】按钮，弹出【艺术字】下拉列表，在其中选择艺术字样式，然后编辑文字。

5.2.3 幻灯片的基本操作

1．幻灯片的选择

(1) 选择一张幻灯片。在【普通视图】的【大纲/幻灯片浏览】窗格中单击，即可选中一张幻灯片。

(2) 选择连续的幻灯片。在【普通视图】的【大纲/幻灯片浏览】窗格中先选中第一张幻灯片，按住 Shift 键单击最后一张幻灯片。

(3) 选择不连续的幻灯片。先选中第一张幻灯片，按住 Ctrl 键再逐一单击选择其他需要的幻灯片。

(4) 选择所有幻灯片。单击【开始】→【选择】→【全选】按钮。

2．幻灯片的插入

(1) 插入新幻灯片。选中需要插入新幻灯片的位置，单击【开始】→【新建幻灯片】按钮，或者在插入新幻灯片的位置右击，从弹出的快捷菜单中选择【新建幻灯片】命令，即可在窗口出现一张新的幻灯片。

提示：新幻灯片插入在当前幻灯片之后。

(2) 插入幻灯片副本。选中需要复制的幻灯片（也可以选择多张幻灯片），单击【开始】→【新建幻灯片】→【复制所选幻灯片】按钮，或者在要复制的幻灯片上右击，从弹出的快捷菜单中选择【复制所选幻灯片】命令，这样就可以在原来的幻灯片之后插入该幻灯片的副本了。

3. 幻灯片的删除

单击【开始】→【删除】按钮或直接按 Delete 键，即可删除所选中的幻灯片。

4. 幻灯片的移动和复制

在【普通视图】和【幻灯片浏览视图】中，可以轻松实现幻灯片的移动和复制操作。首先选中要移动的幻灯片（或多张幻灯片），然后按住鼠标左键拖曳至适当位置，松开鼠标即可实现移动操作；在移动的过程中按住 Ctrl 键则实现复制操作。也可以选中要移动的幻灯片（或多张幻灯片），单击【开始】→【剪切】或【复制】按钮，然后移动鼠标指针至适当位置，单击【开始】→【粘贴】按钮，即可完成幻灯片的移动或复制。

若演示文稿进行了插入和删除、移动和复制等误操作，可单击自定义快速访问工具栏中的【撤销】按钮。

5.2.4 幻灯片的外观设计

用户可以自定义演示文稿的外观，从而使演示文稿具有统一和独特的风格，也就是修改演示文稿的主题样式、背景样式等。

1. 应用文档主题

文档主题是控制演示文稿统一外观的最有力、最快捷的一种方法。PowerPoint 2010 中提供的主题是由专业人员精心设计好的，其中文本位置安排比较适当，背景样式比较醒目，可以适应大多数情况的需要。

应用文档主题的操作步骤如下。

（1）打开【设计】选项卡，在【主题】组中单击用户想要的文档主题，或者单击【更多】按钮查看所有可用的文档主题，如图 5-13 所示。

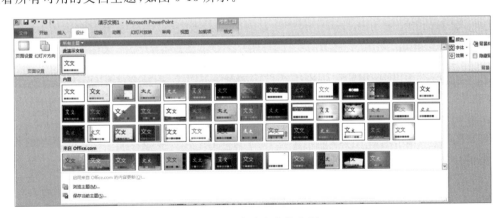

图 5-13 演示文稿的主题

（2）在【内置】栏中选择用户要使用的文档主题。

（3）如果用户要使用的文档主题未列出，单击【浏览主题】按钮，在弹出的【选择主题或主题文档】对话框中选择所需的主题样式。

2. 幻灯片母版

在含有标题和文本的幻灯片中，文字最初的格式包括字体、字号、颜色等都是统一的，这种统一源自母版。幻灯片母版用于控制在幻灯片上输入的标题和文本的统一格式与类型，如果母版的格式改变，则所有幻灯片的文字格式都将随之改变。如果用户希望改变演示文稿中所有幻灯片的格式，只需在相应的幻灯片母版中做一次修改即可。

在 PowerPoint 2010 中有 3 种母版：幻灯片母版、讲义母版和备注母版。幻灯片母版用来控制幻灯片上输入的标题和文本的格式和类型；讲义母版用来添加或修改幻灯片在讲义视图中的页眉/页脚信息；备注母版用来控制备注页的文字格式。每个幻灯片都有对应的母版，最常用的是幻灯片母版。

应用幻灯片母版的操作步骤如下。

（1）打开要应用幻灯片母版的演示文稿。

（2）单击【视图】→【幻灯片母版】按钮，显示母版视图，如图 5-14 所示。

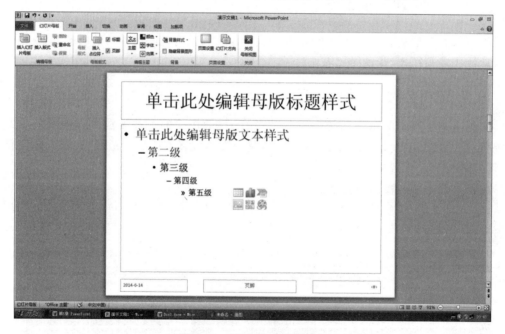

图 5-14 【幻灯片母版】视图

（3）在打开的【幻灯片母版】视图中进行相应设置，如页脚的设置、文本框字体的设置、文本框的位置和幻灯片设计模板选择等。

（4）设置完成后，单击【关闭母版视图】按钮即可。

3. 应用背景

演示文稿作为一种展示材料，其色彩运用是否恰当是影响人们视觉效果的一个主要因素。在 PowerPoint 2010 中，用户可以通过背景把各种颜色协调、巧妙地搭配在幻灯片中，令幻灯片更加美观、赏心悦目，其具体操作步骤如下。

（1）选择要设置背景的幻灯片。

（2）单击【设计】→【主题】→【背景样式】按钮，在弹出的【背景样式】下拉列表框中选择幻灯片背景的样式，如图 5-15 所示。

图 5-15 【背景样式】下拉列表框

（3）在【背景样式】下拉列表框中选择【设置背景格式】命令，弹出【设置背景格式】对话框，如图 5-16 所示。

图 5-16 【设置背景格式】对话框

（4）在【设置背景格式】对话框中设置幻灯片背景格式，单击【全部应用】按钮，可将设置的背景格式应用于演示文稿的所有幻灯片中，设置完成后，单击【关闭】按钮关闭该对话框。

5.3 幻灯片的放映

在计算机上播放的演示文稿称为"电子演示文稿"，PowerPoint 将幻灯片直接显示在计算机屏幕上。为了使演示文稿在播放时更加生动，不仅可以在幻灯片中添加声音、音乐和影片等多媒体对象，还可以添加播放的动画效果、对象的播放顺序、排练演示文稿的时间、幻灯片切换等，总之可以使演示文稿声色俱佳、更富有吸引力。

5.3.1 演示文稿中的多媒体效果

为了增强演示文稿的表现效果和感染力，PowerPoint 2010 中提供了强大的媒体支持功能，使音频、视频和动画能够方便地插入演示文稿中，本节介绍各种多媒体效果的使用方法。

1. 插入音乐或声音

PowerPoint 2010 支持多种格式的声音文件，如 wav、mid、mp3 等，下面依次介绍。

1) 插入剪辑管理器中的声音

（1）选择要添加音乐或声音的幻灯片。

（2）单击【插入】→【媒体】→【音频】按钮，在弹出的【音频】下拉列表框中选择【剪贴画音频】命令，就可以弹出【剪贴画】对话框，其中列出了可用的声音剪辑，选择一个剪辑文件，或者在要插入的音频上右击，在弹出的快捷菜单中选择【插入】命令，系统提示是否在播放的时候自动播放，根据需要进行选择。之后幻灯片上有一个喇叭形状的声音标记，如图 5-17 所示，表示声音已经插入成功了，用户还可以设置幻灯片放映时声音的音量和播放位置。

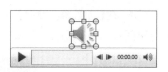

图 5-17　播放声音提示框

2) 插入文件中的声音

插入文件中的声音是最常用的插入声音的方式。选中要插入声音的幻灯片，在【插入】选项卡的【媒体】组中，选择【音频】→【文件中的音频】命令，在弹出的对话框中选择一个声音文件（PowerPoint 支持插入的声音文件格式包括 aiff、mp3、mp4、au、mid、wav、cda、wma 等）。确定后即可插入幻灯片中，系统会询问是否自动播放；选择后幻灯片上会出现声音标记，表示文件中的声音已经插入成功了。

3) 插入录制的声音

图 5-18　【录音】对话框

选中要插入声音的幻灯片，在【插入】选项卡的【媒体】组中，选择【音频】→【录制音频】命令，打开【录音】对话框，如图 5-18 所示。若要录制声音，单击【录制】按钮，然后开始录音。录制完毕后，单击【停止】按钮。在【名称】文本框中输入声音的名称，然后单击【确定】按钮，幻灯片上将出现一个声音的图标。

4) 录制幻灯片演示

使用【幻灯片放映】选项卡中的【录制幻灯片演示】命令，可以为幻灯片放映添加语音配音，使用这个功能之前，计算机应该配置的语音设备有声卡、麦克风、音箱等。

录制幻灯片演示的过程为：选择要开始录制的幻灯片，在【幻灯片放映】选项卡【设置】组中，单击【录制幻灯片演示】右侧向下按钮，打开【录制幻灯片演示】对话框，如图 5-19 所示，根据需要进行选择，然后单击【开始录制】按钮进入录制状态，左上角会有【录制】工具栏，【录制】工具栏如图 5-20 所示，可以根据需要来使用该工具栏。录制完成后，幻灯片右下角出现一个声音图标，声音为录制的旁白。录制完毕，可以将其创建为视频格式。单击【文件】→【另存为】按钮选择存储位置，这里可以选择【计算机】→【浏览】选项选择保存位置，打开【另存为】对话框，设置【文件类型】为【视频格式】，如选择【mp4 格式】选项。最后单击【保存】按钮来生成视频。

图 5-19 【从头开始录制】对话框

图 5-20 【录制】工具栏

5）为幻灯片添加背景音乐

很多情况下，希望为演示文稿添加一个贯穿始终的、对主题有渲染作用的背景音乐。设置背景音乐的操作步骤如下。

（1）首先在第一张幻灯片中插入要作为背景音乐的声音，在【动画】选项卡的【动画】组中，单击【自定义动画】按钮，该声音文件将会出现在【动画窗格】中，在动画列表中选中该声音并右击，在弹出的快捷菜单中选择【效果选项】命令，打开【播放音频】对话框，如图 5-21 所示。

图 5-21 【播放音频】对话框

（2）在【效果】选项卡中，在【开始播放】栏中选中【从头开始】单选按钮，在【停止播放】栏中选择最后一张幻灯片的张数。

（3）在【计时】选项卡中，在【重复】选项中选择【直到幻灯片末尾】选项，或者设置重复次数（在音乐较短时）。

（4）要在播放时隐藏声音图标，可在【音频设置】选项卡中选中【幻灯片放映时隐藏声音图标】复选框。

（5）设置完成后，单击【确定】按钮，即可完成背景音乐的设置。

2. 插入视频

在任何幻灯片中都可以插入一段或多段视频剪辑，其具体操作方法如下。

1）插入剪辑管理器中的视频

在【插入】选项卡的【媒体】组中，选择【视频】→【剪贴画视频】命令，打开【剪贴画】任务窗格，其中列出了可用的视频剪辑。在其中选择一个视频剪辑文件，单击【插入】按钮，或者在视频剪辑文件上右击，在弹出的快捷菜单中选择【插入】命令，将其插入到幻灯片中。

2）插入文件中的视频

PowerPoint 能够将视频文件直接插入到幻灯片中，该方法是最简单、最直观的一种方法，使用这种方法将视频文件插入到幻灯片中后，PowerPoint 只提供简单的暂停和播放控制，而没有其他更多的操作按钮可供选择。具体的操作步骤为：在【插入】选项卡的【媒体】组中，选择【视频】→【文件中的视频】命令，在弹出的【插入视频文件】对话框中，将准备好的视频文件选中，单击【确定】按钮，即可将视频文件插入到幻灯片中。然后选中视频文件，将它移动到合适的位置，并调整其大小。单击【视频播放】按钮，播放视频。

3）用控件的方法插入影音文件

用控件的方法是将视频文件作为控件插入到幻灯片中的，然后通过修改控件属性，达到播放影音文件的目的。使用这种方法，有多种可供选择的操作按钮，播放进程和播放的音量可以完全自己控制，更加方便、灵活。该方法更适合用于 PowerPoint 图片、文字、视频在同一页面的情况，其具体操作步骤如下。

（1）选择【文件】→【选项】→【自定义功能区】选项，在右侧窗格的【自定义功能区】中，选中【开发工具】复选框，如图 5-22 所示，单击【确定】按钮。在 PowerPoint 2010 主界面功能区中增加了一个【开发工具】选项卡，如图 5-23 所示。如果在任意 Office 组件中开启了【开发工具】选项卡，那么在其他 Office 组件中，如 Word、Excel 中也都能找到。

图 5-22 【播放音频】对话框

图 5-23　新增【开发工具】选项卡

（2）在【开发工具】选项卡的【控件】组中，单击【其他控件】按钮，如图 5-24 所示，在随后打开的【其他控件】对话框中选择 Windows Media Player 选项，单击【确定】按钮，此时鼠标指针变为＋形状。

（3）将鼠标指针移动到 PowerPoint 的编辑区域中，画出一个合适大小的矩形区域，随后该区域就会自动变为 Windows Media Player 的播放界面。选中该播放界面，在【开发工具】选项卡的【控件】组中，单击【属性】按钮，或者右击该播放界面，从弹出的快捷菜单中选择【属性】命令，打开该媒体播放界面的【属性】对话框，如图 5-25 所示。

图 5-24　【其他控件】对话框

图 5-25　【属性】对话框

其中常用的选项设置的意义如下。

自定义：由用户自定义 Windows Media Player 控件的属性。

enableContextMenu：播放时控制菜单列表选项是否可见。选择 True 时，播放影音文件时右击，可见菜单列表，选择 False 时则不可见。

fullScreen：选择 True 时，播放幻灯片时会全屏播放插入的视频。选择 False 时则保持编辑时确认的窗口大小。

Height：设置影音文件播放窗口的高度。

Width：设置影音文件播放窗口的宽度。

URL：影音文件的路径、文件名及扩展名。

（4）在【属性】对话框的 URL 栏中正确输入需要插入到幻灯片中影音文件的详细路径及文件名。这样打开幻灯片时，就能通过【播放】控制按钮来播放指定的视频。也可以选择【自定义】栏设置 Windows Media Play 的属性，如图 5-26 所示。在【常规】选项卡中，单击【浏览】按钮，选择要插入的视频文件，这样更容易设置文件名、路径、音量大小等。

图 5-26 【Windows Media Play 属性】对话框

（5）在播放过程中，可以通过媒体播放器中的【播放】【停止】【暂停】和【调节音量】等按钮对视频进行控制。需要强调的是，视频文件最好与演示文稿存放在同一文件夹下。这样能够保证在任何时候打开幻灯片时都能正确地播放影音文件。

3. 插入 Shockwave Flash Object 控件

在幻灯片中还可以插入 Flash 动画，从而使演示文稿的效果更加生动。插入 Flash 动画的方法与用控件的方法插入影音文件极为相似：在【开发工具】选项卡的【控件】组中，单击【其他控件】按钮，在随后打开的【其他控件】对话框中，选择 Shockwave Flash Object 选项，单击【确定】按钮，此时鼠标指针变为＋形状。按住鼠标左键在工作区中拖曳出一个矩形框（此为后来的播放窗口）；将鼠标指针移至上述矩形框右下角成双向拖拉箭头时，按住鼠标左键拖动，将矩形框调整至合适大小；右击该矩形框，在弹出的快捷菜单中，选择【属性】命令，打开【属性】对话框，在 Movie 后面的文本框中输入需要插入的 Flash 动画文件的完整路径、文件名和扩展名（.swf），没有扩展名不能实现正确的播放，然后关闭【属性】对话框。为了便于移动演示文稿，一定要将 Flash 动画文件与演示文稿保存在同一个文件夹中，这时路径可以使用相对路径。ShockwaveFlash Object 控件属性对话框如图 5-27 所示。

提示：声音文件和视频文件需要和演示文稿放在同一路径下。

5.3.2 幻灯片的动画设置

动画可以使幻灯片中的对象运动起来，实现对某种运动规律的演示，起到强调某个对象

图 5-27 ShockwaveFlash Object 控件属性对话框

的作用,同时也是创建对象出场和退场效果的有效手段。在 PowerPoint 2010 中,幻灯片中的任意一个对象都可以添加动画效果,同时可以对添加的动画效果进行设置。

1．为对象添加动画效果

PowerPoint 2010 为用户创建对象动画提供了大量的动画效果,这些动画效果分为进入、强调、退出和动作路径 4 类,用户可以根据需要选择使用。与以前的版本相比,PowerPoint 2010 幻灯片中对象的动画更为简便,用户可以直接在【动画】选项卡中进行设置,具体操作步骤如下。

(1) 在当前幻灯片中选择要进行动态显示的对象。

(2) 在【动画】功能区选项卡【动画】组中选择一种动画效果,或者单击【其他】按钮,在下拉列表中可以直接选择预设动画应用到选择的对象中,如图 5-28 所示。

(3) 如果需要观看对象的实际动画效果,可单击【预览】按钮。

2．设置动画效果

在为对象添加动画后,按照默认参数运行的动画效果往往无法达到用户满意,此时就需要对动画进行设置,如设置动画开始播放时间、调整动画速度及更改动画效果等,具体操作步骤如下。

(1) 在幻灯片中选择要添加动画效果的对象。

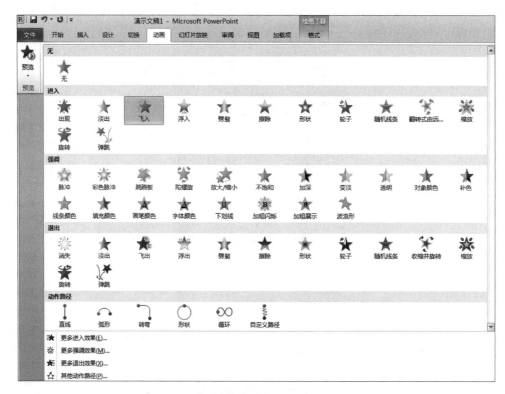

图 5-28 【动画】功能区

（2）单击【动画】组中的【效果选项】按钮，在下拉列表中选择相应的选项可以对动画的运行效果进行修改，如图 5-29 所示。

图 5-29 【效果选项】下拉列表

(3) 在【持续时间】增量框中输入时间值可以设置动画的延续时间,时间的长短决定了动画演示的速度。

3. 复制动画效果

在 PowerPoint 2010 中,若要为对象添加与已有对象完全相同的动画效果,可以直接使用【动画刷】功能来实现。

(1) 在幻灯片中选择要添加动画效果的对象。

(2) 在【高级动画】组中单击【动画刷】按钮。使用【动画刷】单击幻灯片中的对象,则动画效果将复制给该对象。

(3) 双击【动画刷】按钮,在向第一个对象复制动画效果后,可以继续向其他对象复制动画效果,完成所有对象的动画效果复制后,再次单击【动画刷】按钮将取消复制操作。

提示:当向对象添加动画效果后,对象上将出现带有编号的动画图标,编号表示动画播放的先后顺序。选择添加了动画效果的对象,在【动画】选项卡中单击【向前移】或【向后移】按钮,可以对动画的播放顺序进行调整。

4. 使用动画窗格

在 PowerPoint 2010 中,使用【动画窗格】功能能够对幻灯片中对象的动画效果进行设置,包括设置动画播放顺序、调整动画播放的时长,以及打开设置对话框对动画进行更为准确的设置。

(1) 在【动画】选项卡中单击【动画窗格】按钮打开【动画窗格】,在窗格中按照动画播放顺序列出了当前幻灯片中的所有动画效果,单击【动画窗格】中的【播放】按钮将播放幻灯片中的动画,如图 5-30 所示。

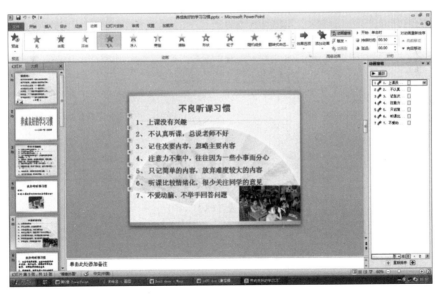

图 5-30 动画窗格

(2) 在【动画窗格】中拖动动画选项改变其在列表中的位置,即可改变动画播放的顺序。

(3)使用鼠标拖动时间条左右两侧的边框可以改变时间条的长度,长度的改变意味着动画播放时长的改变。

(4)在【动画窗格】的动画列表中单击某个动画选项右侧的下三角按钮,在下拉列表中选择【效果选项】选项,此时将打开该动画的设置对话框的【效果】选项卡,在该选项卡中可以对动画的效果进行设置,如图 5-31 所示。

图 5-31 【效果】选项卡

(5)在【动画窗格】的动画列表中单击某个动画选项右侧的下三角按钮,在下拉列表中选择【计时】选项,此时将打开该动画设置对话框的【计时】选项卡,在该选项卡中对动画的计时选项进行设置,如图 5-32 所示。

图 5-32 【计时】选项卡

5.3.3 幻灯片的切换效果

一个演示文稿由若干张幻灯片组成。在放映过程中,由一张幻灯片切换到另一张幻灯片时,切换效果可用不同的技巧将下一张幻灯片显示在屏幕上,如【水平百叶窗】【向上插入】【淡出】等切换效果。设置幻灯片切换效果一般在【幻灯片浏览】窗口进行,也可以在【普通视图】中进行,并且可以在切换时添加声音,其操作步骤如下。

(1) 选择要进行设置切换效果的幻灯片。
(2) 选择【切换】→【切换到此幻灯片】组中的一个幻灯片切换效果,如图 5-33 所示。

图 5-33 【切换到此幻灯片】组

① 【切换到此幻灯片】组中列出切换方式,其中包括淡出和溶解、擦除、推进和覆盖等多种。
② 在【持续时间】增量框中输入数值,可以设置切换动画的持续时间。
③ 【声音】下拉列表中列出了几种声音效果。
④ 在【换片方式】选项区域中选定【单击鼠标时】复选框,即可在单击幻灯片时换页;取消选中该复选框时,幻灯片自动换页。自动换页要输入放映两张幻灯片之间间隔的秒数。
⑤ 选中【设置自动换片时间】复选框,在其后的增量框中输入切换时间,放映幻灯片时,指定时间之后将自动切换到下一张幻灯片。
⑥ 单击【效果选项】按钮,在下拉列表中选择相应的选项可以对切换效果进行设置,如图 5-34 所示。

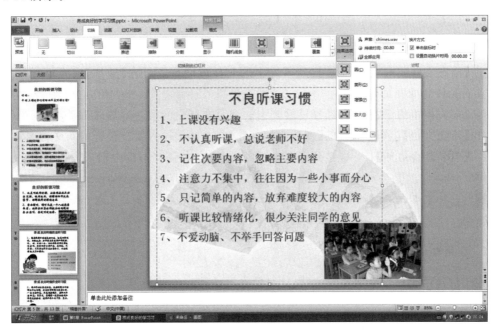

图 5-34 【效果选项】下拉列表

5.3.4 设置超链接

超链接是可以在幻灯片播放时实现以某种顺序自由跳转的手段与方法,利用该方法可以制作出具有交互功能的演示文稿。用户在制作演示文稿时预先为幻灯片设定超链接,并将链接的目的指向其他位置,如演示文稿内制作的幻灯片、另一个演示文稿、网络资源等。超链接对象可以是文本、图片、声音等各种对象。PowerPoint 2010 提供了两种超链接的方式,即下画线表示的超链接和动作按钮表示的超链接。

1. 设置以下画线表示的超链接

(1) 选中要超链接的对象,单击【插入】→【链接】组中的【超链接】按钮,弹出【插入超链接】对话框,如图 5-35 所示。

图 5-35 【插入超链接】对话框

(2) 在【插入超链接】对话框的【链接到】列表框中列出了超链接的位置。

①【原有文件或网页】:可链接到系统中的文件或网页。可在【地址】文本框中输入要链接到的文件名或网页名称。

②【本文档中的位置】:可选择链接到当前演示文稿中的某一幻灯片。

③【新建文档】:可在右边的【新建文档名称】文本框中输入要链接到的新文档名称。

④【电子邮件地址】:可链接到某个电子邮件上,在右侧文本框中输入电子邮件的地址和主题。

提示:对文本设定超链接后,文本的下方会显示一条蓝色的下画线,表示设置超链接成功。

2. 利用动作按钮设置超链接

在幻灯片中为对象添加动作,可以让对象在单击或鼠标指针移过该对象时执行某种特定的操作,如链接到某张幻灯片、运行某个程序、运行宏或播放声音等。动作与超链接相比,其功能更加强大,除了能够实现幻灯片的导航外,还可以添加动作声音、创建鼠标指针移过时的动作。

(1) 单击【开始】→【绘图】→【形状】按钮,在弹出的【形状】下拉列表中单击要添加的按钮,如图 5-36 所示。

(2) 单击其中一个动作按钮,鼠标指针变成十字形状,按住鼠标左键拖动鼠标将在幻灯片中添加一个动作按钮。系统提供了 12 种动作按钮,鼠标指针在按钮上稍停,就会显示其名称。除了【自定义】动作按钮外,其他按钮均表示单击此动作按钮将转到超链接的位置,如

【动作按钮：第一张】，表示单击此按钮，演示文稿将跳转到第一张幻灯片。

(3) 单击【动作按钮：自定义】按钮后，将弹出【动作设置】对话框，如图 5-37 所示。在【动作设置】对话框中选中【超链接到】单选按钮，在其下拉列表框中选择超链接的对象，单击【确定】按钮，完成超链接的创建。

① 【单击鼠标】选项卡：表示用单击动作按钮时发生跳转。

② 【鼠标移过】选项卡：表示鼠标指针移过动作按钮时发生跳转。

图 5-36 【形状】下拉列表

图 5-37 【动作设置】对话框

提示：在动作按钮上添加文字的方法为：右击动作按钮，在弹出的快捷菜单中选择【编辑文字】命令。

3. 超链接的删除

选定代表超链接的对象并右击，在弹出快捷菜单中选择【取消超链接】命令即可。

提示：在幻灯片放映时，当鼠标指针指向超链接时，会变成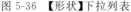形状。单击或移动鼠标时，就会跳转到超链接对象上。

5.3.5 设置幻灯片的放映

1. 设置放映方式

幻灯片有多种放映方式，用户根据演示文稿的用途和放映环境，可设置 3 种放映方式，其操作步骤如下。

(1) 单击【幻灯片放映】→【设置幻灯片放映】按钮，弹出【设置放映方式】对话框，如图 5-38 所示。

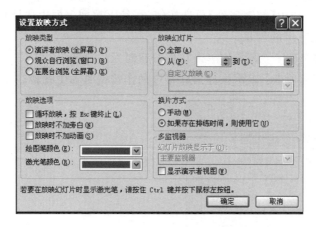

图 5-38 【设置放映方式】对话框

(2) 在【放映类型】选项区域中进行选择，其中有以下几种选项。

① 【演讲者放映（全屏幕）】：该单选按钮是指演讲者具有完整的控制权，并可采用自动或人工方式进行放映；演讲者可以将演示文稿暂停、添加会议细节或即席反映等；还可以在放映过程中录制旁白。需要将幻灯片放映投射到大屏幕上时，通常使用此方式。

② 【观众自行浏览（窗口）】：该单选按钮可进行小规模的演示，演示文稿显示在窗口内，可以使用滚动条从一张幻灯片移到另一张幻灯片，并可在放映时移动、编辑、复制和打印幻灯片。

③ 【在展台浏览（全屏幕）】：该单选按钮可自动运行演示文稿。在放映过程中，除了使用鼠标外，大多数控制都失效。

(3) 在【放映选项】选项区域进行选择。

① 选中【循环放映，按 Esc 键终止】复选框，即最后一张幻灯片放映结束后，自动转到第一张继续播放，直至按 Esc 键才能终止。

② 选中【放映时不加动画】复选框，则在放映幻灯片时，原先设定的动画效果失去作用，但动画效果的设置参数依然有效。

(4) 在【放映幻灯片】选项区域中设定幻灯片播放的范围。

(5) 在【换片方式】选项区域中选择人工或使用排练时间。

① 【手动】：该单选按钮是反映在幻灯片放映时必须由人为干预才能切换幻灯片。

② 【如果存在排练时间，则使用它】：该单选按钮是指在【幻灯片切换】对话框中设置了换页时间，幻灯片播放时可以按设置的时间自动切换。

(6) 上述设置全部完成后，单击【确定】按钮，即完成了放映方式的设置。

2．放映演示文稿

单击【幻灯片放映】→【从头开始】按钮，或者单击【幻灯片放映】→【从当前幻灯片开始】按钮，或者按 F5 键，或者单击演示文稿窗口右下角【幻灯片放映】视图切换按钮均可进入放映演示文稿状态。

当采用【演讲者放映(全屏幕)】的方式启动演示文稿的放映后,会在一个全屏幕的方式下放映演示文稿。如果用户设置的是人工切换幻灯片,则单击一次鼠标,即可播放下一张幻灯片;如果用户设置的是根据排练时间自动切换幻灯片,则无须任何动作即可按照设置好的时间自动放映。

放映前,可以在【幻灯片视图】【大纲视图】或【幻灯片浏览视图】视图模式下,选定要演示的第一张幻灯片,或者在【设置放映方式】对话框中设置幻灯片放映的范围。放映时,在屏幕上右击,将弹出快捷菜单。利用快捷菜单可以控制幻灯片的播放,如【上一张】【下一张】或【结束放映】等。

幻灯片放映时,屏幕上保留鼠标指针。如果在快捷菜单中选择【绘图笔】命令,鼠标指针在放映屏幕上会显示一支笔的形状,在放映过程中可对幻灯片上需要强调部分进行临时性标注。

3. 设置幻灯片放映计时

在制作自动放映演示文稿时,最难掌握的就是幻灯片何时切换,切换是否恰到好处,这取决于设计者对幻灯片放映时间的控制,即控制每张幻灯片在演示屏幕上的滞留时间,既不能太快,没有给观众留下深刻印象;也不能太慢,使观众感到厌烦。

排练计时就是利用预演的方式,让系统将每张幻灯片在放映时所使用的时间记录下来,并累加从开始到结束的总时间数,然后应用于以后的放映中,其操作步骤如下。

(1) 单击【幻灯片放映】→【排练计时】按钮。

(2) 弹出【录制】对话框,如图 5-39 所示,表示进入排练计时方式,演示文稿自动放映。

图 5-39 【录制】对话框

(3) 此时可以开始试讲演示文稿,需要换片时,单击【录制】对话框中的【换页】按钮,或者单击鼠标左键,或者按 PageUp 键。

(4) 演示完毕后,弹出如图 5-40 所示的系统提示对话框,单击【是】按钮,则接受放映时间;单击【否】按钮,则不接受放映时间,再重新排练一次。

图 5-40 系统提示框

最后可以将满意的排练时间设置为自动放映时间,其操作步骤如下。

(1) 单击【幻灯片放映】→【设置放映方式】按钮,弹出【设置放映方式】对话框,如图 5-38 所示。

(2) 选中【如果存在排练时间,则使用它】单选按钮,PowerPoint 2010 则采用排练时设置的时间来放映幻灯片。

5.4 演示文稿的打包与打印输出

5.4.1 演示文稿的打包

如果计算机中安装了 PowerPoint，则播放演示文稿非常方便，但对于没有安装 PowerPoint 的计算机，演示文稿是无法直接播放的。要解决这个问题，可以将与演示文稿有关的所有文件集中在一个文件夹中，同时自带播放软件。这样在进行文件复制时，复制整个文件夹就可以在其他计算机上进行播放，其操作步骤如下。

（1）打开要打包的演示文稿。

（2）单击【文件】→【保存并发送】→【将演示文稿打包成 CD】按钮，在右侧弹出的窗口中单击【打包成 CD】按钮，则弹出【打包成 CD】对话框，如图 5-41 所示。

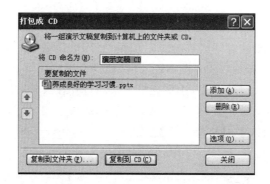

图 5-41 【打包成 CD】对话框

（3）在【将 CD 命名为】文本框中输入打包后的文件名，单击【添加】按钮可以添加其他路径下的演示文稿文件，一并打包。

（4）单击【选项】按钮，弹出如图 5-42 所示的【选项】对话框，在此对话框对各个选项进行设置。例如，设置在播放器播放的顺序和播放时是否需要密码等。

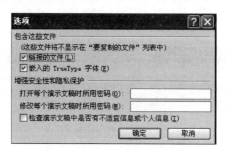

图 5-42 【选项】对话框

（5）设置完成后，单击【复制到 CD】按钮，即完成演示文稿的打包。

提示：在其他计算机上播放演示文稿时，有时会出现文字无法正常显示的现象，这可能是由于播放用的计算机上没有安装演示文稿中使用的字体。为了避免这种现象，可以选中

【嵌入的 TrueType 字体】复选框。如果取消选中【链接的文件】复选框,则在打包演示文稿时将不包括链接文件。

5.4.2 演示文稿的打印输出

制作完成的演示文稿不仅可以放映,还可以选择彩色或黑白打印整份演示文稿、幻灯片、大纲、演讲者备注及讲义,也可以打印在投影胶片上,通过投影机放映。无论打印的内容如何,基本过程都是相同的。

1. 页面设置

幻灯片的页面设置决定了幻灯片、备注页、讲义及大纲在打印纸上的尺寸和放置方向,用户可以任意改变这些设置,其操作步骤如下。

(1) 打开要设置页面的演示文稿。

(2) 单击【设计】→【页面设置】按钮,弹出【页面设置】对话框,如图 5-43 所示,该对话框有以下几种选项。

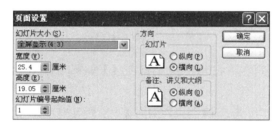

图 5-43 【页面设置】对话框

① 【幻灯片大小】下拉列表框:用来选择幻灯片的尺寸,如【全屏显示】【A4 纸张】【35 毫米幻灯片】【自定义】等。如果选择【自定义】选项,可以在【宽度】和【高度】数字微调框中输入数值。

② 【幻灯片编号起始值】数字微调框:输入合适的数值,可以改变幻灯片的起始编号。

③ 【幻灯片】选项区域:可设置幻灯片的方向为【纵向】或【横向】,系统默认为【横向】。演示文稿中所有幻灯片的方向必须保持一致。

④ 【备注、讲义和大纲】选项区域:设置打印备注、讲义和大纲的方向为【纵向】或【横向】,系统默认为【纵向】。即使幻灯片设置为【横向】,备注、讲义和大纲的方向也可以设置为【纵向】。

(3) 设置完成后,单击【确定】按钮。

2. 设置打印选项

设置好幻灯片打印尺寸后,就可以开始打印了。单击【文件】→【打印】按钮,弹出【打印】面板,窗口右侧的窗格中可以预览到幻灯片的效果,如图 5-44 所示。在该窗口中可以设置打印的页眉和页脚、颜色、幻灯片打印版式及幻灯片的打印方向。

(1) 单击【编辑页眉和页脚】链接,会打开【页眉和页脚】对话框,使用该对话框可以设置打印的页眉和页脚,完成设置后单击【全部应用】按钮关闭对话框。

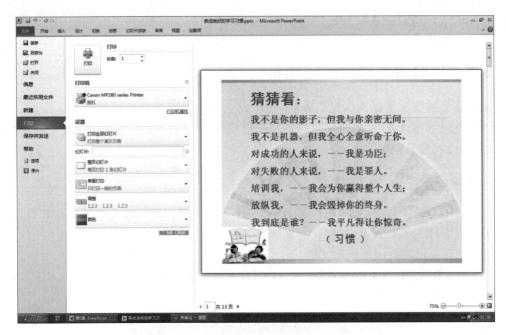

图 5-44 【打印】面板

(2) 单击【颜色】按钮,在下拉列表中选择【灰度】选项,可以预览以灰度模式打印的幻灯片效果。

(3) 设置幻灯片打印版式:在【整页幻灯片】下拉列表中选择一种打印版式即可。

5.5 综合实例

教学策略:本例适用于以学生为主体的教学模式,如讨论式教学法、驱动式教学法、情景教学法等。好的幻灯片制作离不开课前充分的素材准备工作,教师应有目的、有计划地安排学生进行课前素材的收集与整理。

5.5.1 制作教师节贺卡

1. 上机任务

制作教师节贺卡。

2. 上机要求

(1) 熟悉 PowerPoint 2010 工作环境。
(2) 设置幻灯片主题。
(3) 在幻灯片中添加艺术字、文本框。
(4) 在幻灯片中添加声音。
(5) 设置幻灯片中各对象的动画效果。

3. 上机目的

(1) 幻灯片主题的使用。
(2) 在幻灯片中添加文字。
(3) 在幻灯片中添加声音。
(4) 动画效果的设置。

4. 实施过程

(1) 新建空白演示文稿。单击【文件】→【新建】按钮,弹出【新建】面板,在面板中选择【空白演示文稿】选项,单击【创建】按钮,即可创建一个空白演示文稿。

(2) 选择主题。PowerPoint 2010 系统提供了 44 种不同风格的主题,除使用系统提供的这些主题外,也可以从 Internet 上搜索下载更丰富、更贴近设计目标的主题风格。

单击【设计】→【主题】按钮,选择【其他主题】下拉列表框中的【浏览主题】命令,弹出【所有主题】下拉列表,从中选择已保存好的主题,如图 5-45 所示。选择主题后的效果如图 5-46 所示。

图 5-45 【所有主题】下拉列表框

(3) 选择版式。单击【开始】→【幻灯片】→【版式】按钮,在弹出的【版式】下拉列表框中选择【空白】版式,如图 5-47 所示。

图 5-46 选择主题后的效果

(4) 添加艺术字标题。单击【插入】→【文本】→【艺术字】按钮,在弹出的【艺术字】下拉列表框中选择【渐变填充-红色,强调文字颜色4,草皮棱台】效果,如图5-48所示。在弹出的【艺术字】文本框中输入"教师节快乐",并拖动到主题上方。将艺术字字体设置为楷体,字号设置为66,设置后的效果如图5-49所示。

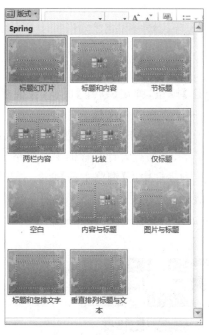

图 5-47 【版式】下拉列表框

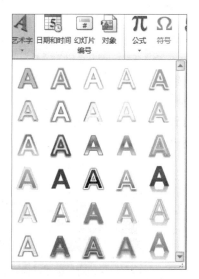

图 5-48 【艺术字】下拉列表框

(5) 添加文本框。单击【插入】→【文本】→【文本框】按钮,在弹出的【文本框】下拉列表框中选择【横排文本框】命令,在显示的文本框编辑区中输入文字,并设置文本框中文字的字体为楷体、字号为36、段前距离为12磅、段后距离为12磅、字体颜色为深蓝色,设置后的效果如图5-50所示。

图 5-49 添加艺术字标题后的效果

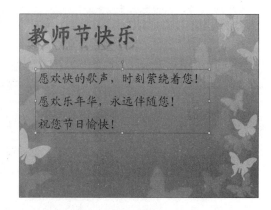

图 5-50 设置文本框字体后的效果

(6) 添加声音。单击【插入】→【媒体】→【音频】→【文件中的音频】按钮,弹出【插入声音】对话框,如图5-51所示。选择已保存的声音文件,单击【确定】按钮。插入声音后的效果如图 5-52 所示。

图 5-51 【插入声音】对话框

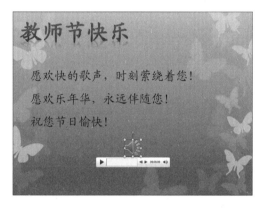

图 5-52 幻灯片插入声音后的效果

同时打开【音频工具】上下文工具栏,选中【播放】选项卡【音频选项】组中的【放映时隐藏】和【循环播放,直到停止】两个复选框,如图 5-53 所示。

图 5-53 【音频选项】组

(7) 设置动画效果。在【动画】功能区选项卡【动画】组中选择一种动画效果,或者单击【其他】按钮,在下拉列表中可以直接选择预设动画应用到选择的对象,依次设置幻灯片中每一个对象的动画效果,如图 5-54 所示。

(8) 观看放映效果。单击状态栏右侧的【幻灯片放映】按钮,进行幻灯片放映。

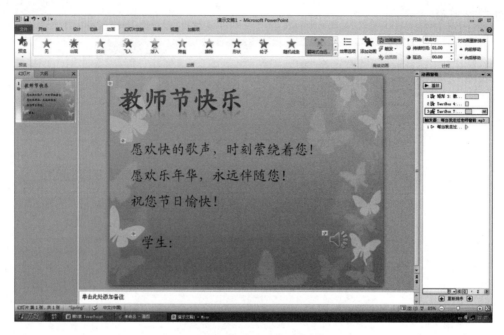

图 5-54 【动画】窗格

5.5.2 制作一个苹果公司的简介

1. 上机任务

制作苹果公司的简介,示例如图 5-55 所示。

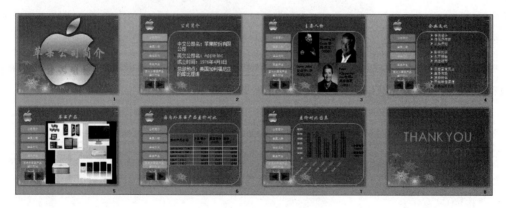

图 5-55 苹果公司的简介示例

2. 上机要求

(1) 制作 8 页幻灯片。
(2) 使用幻灯片母版对幻灯片的标题和内容进行统一设置。
(3) 收集素材,包括文本信息、图片、音频、视频,以及相关表格、图表数据等。
(4) 插入自动播放视频。

(5)添加项目符号。
(6)设置动作按钮。
(7)设置幻灯片的切换效果。
(8)设置图片的动画效果。

3．上机目的

(1)幻灯片的基本操作。
(2)幻灯片母版的使用。
(3)导航条的设计技巧
(4)背景图片的使用。
(5)版式的使用。
(6)插入前进、后退播放动作按钮。
(7)插入表格。
(8)插入图表。
(9)自定义动画的使用。

4．实施过程

1）启动 PowerPoint 2010 演示文稿

单击【文件】→【新建】按钮,弹出【新建】面板,在面板中选择【空白演示文稿】选项,单击【创建】按钮,即可创建一个空白演示文稿,或按 Ctrl+M 组合键,也可插入新幻灯片,要求第 1 张幻灯片和第 8 张幻灯片主题为空白,其他 6 张幻灯片的主题为标题和内容。

2）设置背景图片

选中第 1 张幻灯片,单击【设置】→【设置背景格式】按钮,打开【设置背景格式】对话框,如图 5-56 所示,并单击【文件】按钮,从弹出的【插入图片】对话框中选择要插入的图片,单击【插入】→【全部应用】按钮,设置后的效果如图 5-57 所示。

图 5-56 【设置背景格式】对话框

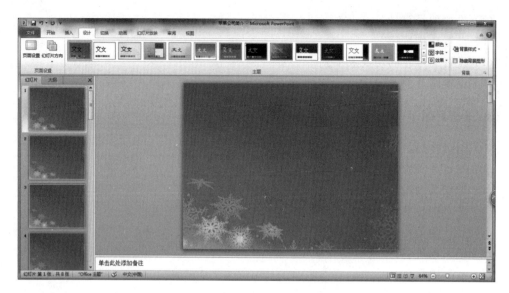

图 5-57 通过设置背景格式添加背景图片后的效果

3）设置幻灯片母版

单击【视图】→【幻灯片视图】→【幻灯片母版】按钮，进入母版编辑操作界面，如图 5-58 所示。

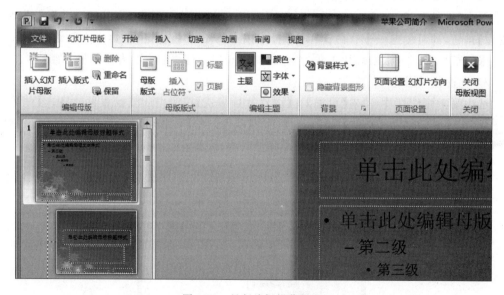

图 5-58 母版编辑操作界面

在左侧的幻灯片母版版式中选择幻灯片的标题和内容版式，如图 5-59 所示。

（1）单击【插入】→【图片】按钮，弹出【插入图片】对话框，选择已保存的图片，单击【确定】按钮，将图片插入到幻灯片母版中，改变图片大小并拖动到合适位置，如图 5-60 所示。

（2）插入圆角矩形：在该版式下选择【插入】选项卡，单击【形状】下拉按钮，选择圆角矩形，在该母版中插入 5 个圆角矩形，并设置圆角矩形的填充色。

(3) 编辑文本：选择第 1 个圆角矩形并右击，在弹出的快捷菜单中选择【编辑文字】选项，然后输入"公司简介"。以此方法分别在下面 4 个圆角矩形中输入"主要人物""企业文化""苹果产品""国内外苹果产品差价对比"，效果如图 5-61 所示。

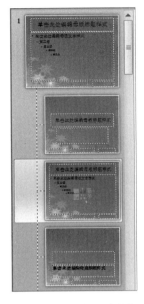

图 5-59 选择幻灯片的标题和内容版式

图 5-60 在母版中插入图片

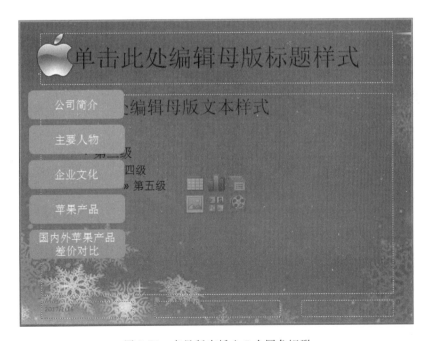

图 5-61 在母版中插入 5 个圆角矩形

(4) 设计母版标题格式为华文行楷、36 号、黄色。

(5) 设计边框：选择【插入】选项卡，单击【形状】下拉按钮，选择圆角矩形，在母版的内容区域画一个圆角矩形。设置填充色为无、边框颜色为黄色，效果如图 5-62 所示。

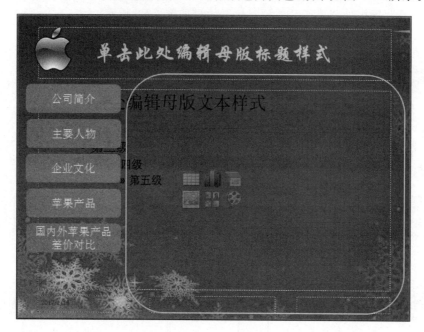

图 5-62　插入大圆角矩形的效果

(6) 退出母版：选择【幻灯片母版】选项卡，单击【关闭母版视图】按钮。设置后的效果如图 5-63 所示。

图 5-63　关闭幻灯片母版后的效果

4) 编辑第 1 页幻灯片

(1) 插入图片：将已保存的图片插入幻灯片中，调整图片大小与位置，将其置于底层。

(2) 插入艺术字：华文行楷、88 号、橙色，将艺术字的形状效果设置为【半映像，接触】。

(3) 将幻灯片切换效果设置为【随机线条】，设置后的第 1 页幻灯片效果如图 5-64 所示。

5) 编辑第 2 页幻灯片

(1) 编辑文本内容。

(2) 插入一个圆角矩形，调整该矩形的大小与母版中的圆角矩形相同。编辑该图形的

图 5-64　设置第 1 页后的效果

填充色为黄色,选中该圆角矩形并右击,在弹出的快捷菜单中选择【设置形状格式】选项,调整【透明度】为 50%,并将其放置在第 1 个圆角矩形上面,如图 5-65 所示。

图 5-65　调整【透明度】为 50%

(3) 插入两个动作按钮。选择【插入】选项卡,单击【形状】按钮,在下拉列表中选择【动作按钮】区域中的【后退或前一项】和【前进或后一项】两个按钮。

(4) 幻灯片切换效果设置为【溶解】。设置后的效果如图 5-66 所示。

6) 编辑第 3 页幻灯片

(1) 输入标题内容。

图 5-66　设置第 2 页后的效果

(2) 插入图片和文本框。将准备好的"2.jpg、3.jpg、4.jpg"图片插入该幻灯片中。插入文本框，分别输入"Steve Jobs 史蒂夫·乔布斯(CEO)""Timothy D. Cook 蒂姆·库克(COO)""Peter·Oppenheimer 彼得·奥本海默(CFO)"。

(3) 设置图片和文本框的动画效果。动画效果设置为【单击时开始】。

(4) 插入一个圆角矩形，调整该矩形的大小与母版中的圆角矩形相同。设置该图形的填充色为黄色、透明度为 50%，并将其放置在第 2 个圆角矩形上面。

(5) 插入两个动作按钮。操作方法同上。

(6) 幻灯片切换效果设置为【平移】。设置后的效果如图 5-67 所示。

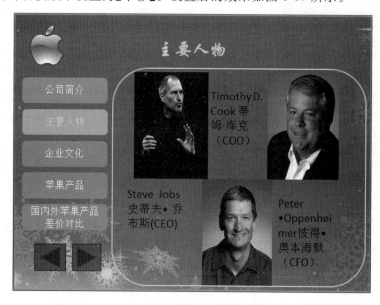

图 5-67　设置第 3 页后的效果

7）编辑第 4 页幻灯片

（1）编辑文本内容。

（2）插入一个圆角矩形，调整该矩形的大小与母版中的圆角矩形相同。设置该图形的填充色为黄色，选中该圆角矩形并右击，在弹出的快捷菜单中选择【设置形状格式】选项，调整【透明度】为 50%，并将其放置在第 3 个圆角矩形上面。

（3）插入两个动作按钮。选择【插入】选项卡，单击【形状】下拉按钮，在下拉列表中选择【动作按钮】区域中的【后退或前一项】和【前进或后一项】两个按钮。

（4）幻灯片切换效果设置为【溶解】。设置后的效果如图 5-68 所示。

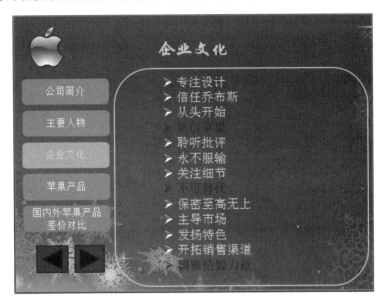

图 5-68　设置第 4 页后的效果

8）编辑第 5 页幻灯片

（1）输入标题内容。

（2）插入视频。将准备好的 apple.wmv 视频文件插入到该幻灯片中。选择【插入】选项卡，单击【媒体】选项卡中的【视频】按钮。

（3）插入图片。将准备好的"5.png、6.png、7.jpg、8.jpg、9.jpg"图片插入该幻灯片中。

（4）设计动画效果。将图片"5.png、6.png、7.jpg、8.jpg、9.jpg"的进入动画效果设置为【淡出】，开始设置为【上一动画之后】；退出动画效果设置为【淡出】，开始设置为【上一动画之后】；视频的动画效果设置为【播放】，开始设置为【上一动画之后】。

（5）插入一个圆角矩形，调整该矩形的大小与母版中的圆角矩形相同。设置该图形的填充色为黄色、透明度为 50%，并将其放置在第 4 个圆角矩形上面。

（6）插入两个动作按钮。

（7）幻灯片切换效果设置为【碎片】，设置后的效果如图 5-69 所示。

9）编辑第 6 页幻灯片

（1）输入标题内容。

（2）插入"苹果差价对比表.xlsx"中的数据。

图 5-69 设置第 5 页后的效果

(3) 插入一个圆角矩形,调整该矩形的大小与母版中的圆角矩形相同。设置该图形的填充色为黄色、透明度为 50%,并将其放置在第 5 个圆角矩形上面。

(4) 插入两个动作按钮。

(5) 幻灯片切换效果设置为【棋盘】,设置后的效果如图 5-70 所示。

图 5-70 设置第 6 页后的效果

10) 编辑第 7 页幻灯片

(1) 输入标题内容。

(2) 插入图表。选择【插入】选项卡,单击【插图】组中的【图表】按钮,并选择【簇状圆柱形】图表。编辑数据,生成图表,编辑图表。

(3) 插入一个圆角矩形,调整该矩形的大小与母版中的圆角矩形相同。设置该图形的填充色为黄色、透明度为 50%,并将其放置在第 5 个圆角矩形上面。

(4) 插入两个动作按钮。

(5) 幻灯片切换效果设置为【门】,设置后的效果如图 5-71 所示。

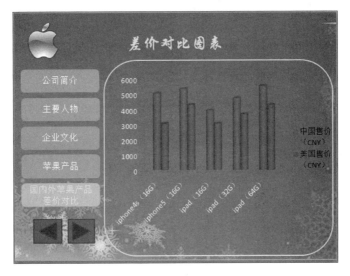

图 5-71 设置第 7 页后的效果

11) 编辑第 8 页幻灯片

(1) 插入艺术字,将艺术字的格式设置为华文细黑、88 号、橙色,将艺术字的形状效果设置为【半映像,接触】。

(2) 幻灯片切换效果设置为【随机线条】,设置后的第 8 页幻灯片效果如图 5-72 所示。

图 5-72 设置第 8 页后的效果

全部设置完成后单击【幻灯片放映】按钮，进行幻灯片放映，最终效果如图 5-55 所示。

5.5.3 为北京节水展馆制作宣传片

1．上机任务

文慧是新东方学校的人力资源培训讲师，负责对新入职的教师进行入职培训，其 PowerPoint 演示文稿的制作水平广受好评。最近，她应北京节水展馆的邀请，为展馆制作一份宣传水知识及节水工作重要性的演示文稿。节水展馆提供的文字资料如图 5-73 所示。

```
一、水的知识
1．水资源概述
目前世界水资源达到 13.8 亿立方千米，但人类生活所需的淡水资源却只占 2.53%，约为 0.35
亿立方千米。我国水资源总量位居世界第六，但人均水资源占有量仅为 2200 立方米，为世
界人均水资源占有量的 1/4。
北京属于重度缺水地区。全市人均水资源占有量不足 300 立方米，仅为全国人均占有量的
1/8，世界人均水资源量的 1/30。
北京水资源主要靠天然降水和永定河、潮白河上游来水。
2．水的特性
水是氢氧化合物，其分子式为 H₂O。水的表面有张力、水有导电性、水可以形成虹吸现象。
3．自来水的由来
自来水不是自来的，它是经过一系列水处理净化过程生产出来的。
二、水的应用
1．日常生活用水
做饭喝水、洗衣洗菜、洗浴冲厕
2．水的利用
水冷空调、水与减震、音乐水雾、水力发电、雨水利用、再生水利用
3．海水淡化
海水淡化技术主要有蒸馏、电渗析、反渗析。
三、节水工作
1．节水技术标准
北京市目前实施了五大类 68 项节水相关技术标准。其中包括用水器具、设备、产品标准、
水质标准，工业用水标准、建筑给水排水标准、灌溉用水标准等。
2．节水器具
使用节水器具是节水工作的重要环节，生活中节水器具主要包括水龙头、便器及配套系
统、沐浴器、冲洗阀等。
3．北京 5 种节水模式
北京 5 种节水模式分别是管理型节水模式、工程型节水模式、科技型节水模式、公众参
与型节水模式、循环利用型节水模式。
```

图 5-73　节水展馆文字资料

2．上机要求

（1）综合使用 PowerPoint 2010 各种功能。
（2）文字、图片效果的使用。
（3）标题页的制作。
（4）为演示文稿指定主题。
（5）在幻灯片中添加声音。
（6）设置幻灯片中各对象的动画效果。

3．上机目的

（1）幻灯片主题的使用。

（2）在幻灯片中设置多种切换效果。

（3）在幻灯片中播放背景音乐。

（4）丰富动画效果的设置。

（5）设置超链接。

4．实施过程

（1）制作标题页。标题页需包含演示主题、制作单位(北京节水展馆)和日期(××××年××月××日),设计效果如图 5-74 所示。

图 5-74　标题页设计效果

（2）指定主题。PowerPoint 2010 系统提供了 44 种不同风格的主题,除使用系统提供的这些主题外,也可以从 Internet 上搜索下载更丰富、更贴近设计目标的主题风格。

单击【设计】→【主题】按钮,选择【其他主题】下拉列表中【浏览主题】命令,弹出【所有主题】下拉列表,从中选择【波形】主题,如图 5-75 所示。

（3）选择版式。幻灯片不少于 5 张,版式不少于 3 种。单击【开始】→【幻灯片】→【版式】按钮,在弹出的【版式】下拉列表中分别选择【标题幻灯片】【标题和内容】【两栏内容】【标题和竖排文字】【垂直排列标题与文本】版式,如图 5-76 所示。

（4）演示文稿中除文字外要有两幅以上的图片,并有两个以上的超链接进行幻灯片之间的跳转,全部 6 张幻灯片效果如图 5-77 所示。

（5）动画效果要丰富,幻灯片切换效果要多样。选中第 2 张幻灯片中的图片,单击【动画】→【添加效果】→【轮子】按钮,为图片设置动画效果,如图 5-78 所示,依次设置幻灯片中每一个对象的动画效果。

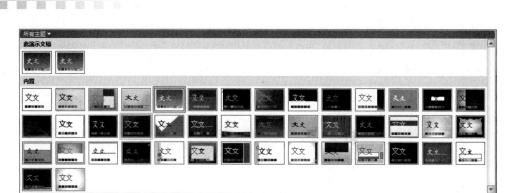

图 5-75 【其他主题】下拉列表

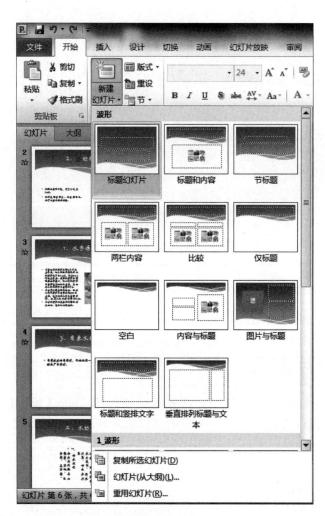

图 5-76 幻灯片【版式】下拉列表

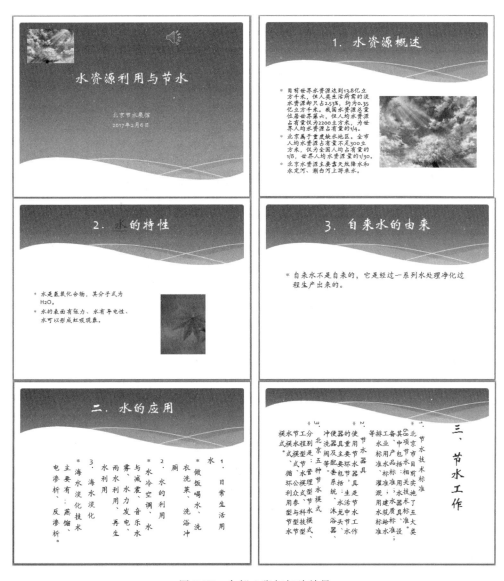

图 5-77　全部 6 张幻灯片效果

（6）演示文稿播放的全程需要有背景音乐。选中第 1 张幻灯片，单击【插入】→【音频】→【文件中的音频】按钮，选择已经准备好的音频文件，或者选择【剪贴画音频】选项，选中其中一个 WAV 文件，单击幻灯片上出现的音频图标，选择【音频工具】→【插入】选项卡，在【开始】右侧选择【跨幻灯片播放】选项，选中【循环播放，直到停止】复选框，全程背景音乐效果如图 5-79 所示。

5.5.4　制作图书策划方案

1. 上机任务

为了更好地控制教材编写的内容、质量和流程，小李负责起草图书策划方案，他需要将

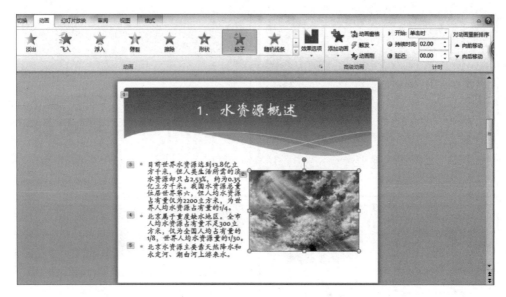

图 5-78 为图片添加【轮子】动画效果

图 5-79 在第 1 张幻灯片插入音频全程播放背景音乐

图书策划方案制作成可以向教材编委会进行展示的 PowerPoint 演示文稿。请帮助他按照如下要求完成演示文稿的制作。

(1) 创建一个演示文稿，内容分别编写为演示文稿中每页幻灯片的标题文字、第一级文本内容、第二级文本内容。

(2) 将演示文稿中的第一张幻灯片，调整为"标题幻灯片"版式。

(3) 为演示文稿应用一个美观的主题样式。

(4) 在标题为"2012 年同类图书销量统计"的幻灯片页中，插入一个 6 行、5 列的表格，列标题分别为"图书名称""出版社""作者""定价""销量"。

(5) 在标题为"新版图书创作流程示意"的幻灯片页中，将文本框中的流程文字利用 SmartArt 图形展现。

(6) 在演示文稿中创建一个演示方案，该演示方案包含第 1、2、4、7 张幻灯片，并将该演示方案命名为"放映方案 1"。

(7) 在演示文稿中创建一个演示方案，该演示方案包含第 1、2、3、5、6 张幻灯片，并将该演示方案命名为"放映方案2"。

2．上机要求

(1) 设计每张幻灯片的标题文字、第一级文本内容、第二级文本内容。
(2) 调整第1张幻灯片为"标题幻灯片"版式。
(3) 为演示文稿应用主题样式。
(4) 插入一个6行、5列的表格。
(5) 利用SmartArt图形展现文本框中的流程文字。
(6) 为演示文稿创建演示方案。

3．上机目的

(1) 使用标题文字、一级文本、二级文本。
(2) 选取幻灯片版式。
(3) 为演示文稿指定主题。
(4) 插入表格。
(5) 插入SmartArt图形。
(6) 创建演示方案。

4．实施过程

(1) 打开Microsoft PowerPoint 2010，新建一个空白演示文稿，单击【开始】→【幻灯片】→【新建幻灯片】→【节标题】幻灯片，然后输入标题"Microsoft Office图书策划方案"，如图5-80所示。

图5-80　标题页的制作

（2）新建第 2 张幻灯片，设置版式为【比较】，如图 5-81 所示。输入标题"推荐作者简介"，在两侧的上、下文本区域中分别显示如图 5-82 所示的文本内容。

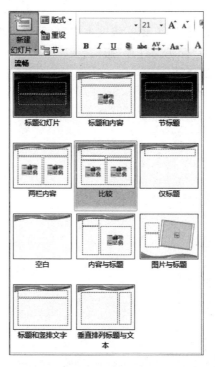

图 5-81　比较版式

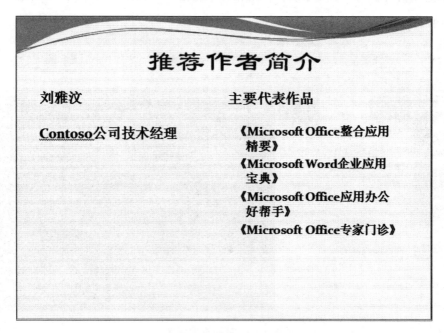

图 5-82　推荐作者简介的制作

(3) 新建第 3 张幻灯片，设置版式为【标题和内容】。然后输入标题"Office 2010 的十大优势"，并在文本区域中输入素材中对应的二级标题内容，效果如图 5-83 所示。

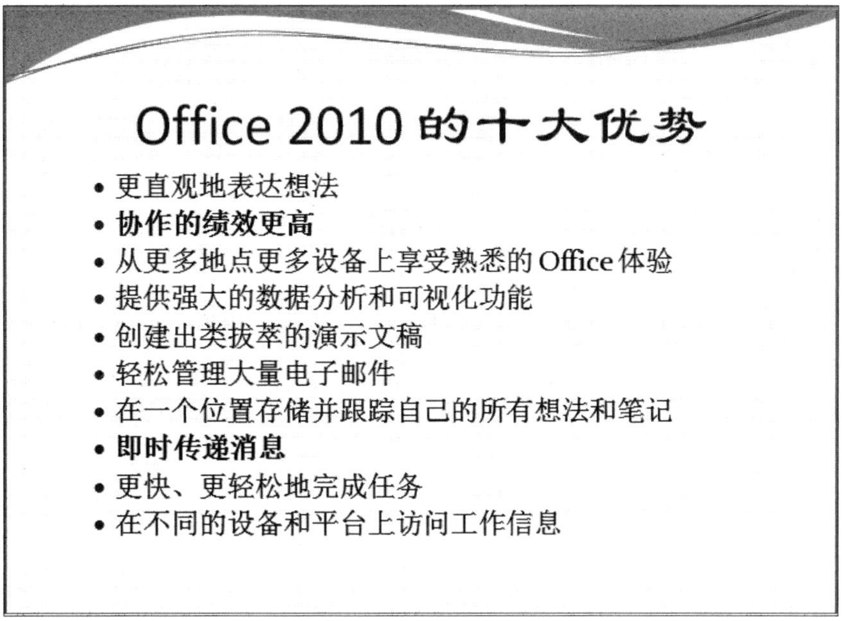

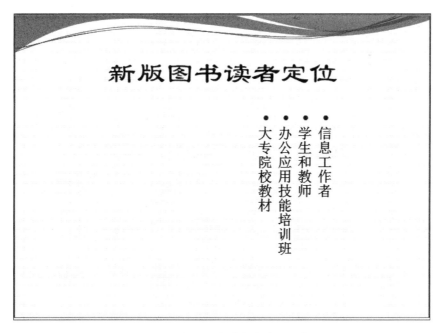

图 5-83　Office 2010 的十大优势的制作

(4) 新建第 4 张幻灯片，设置版式为【标题和竖排文字】，输入标题"新版图书读者定位"，并在文本区域输入素材中对应的二级标题内容，如图 5-84 所示。

图 5-84　新版图书读者定位的制作

(5) 新建第 5 张幻灯片,设置版式为【垂直排列标题与文本】,然后输入标题"PowerPoint 2010 创新的功能体验",并在文本区域中输入素材中对应的二级标题内容,如图 5-85 所示。

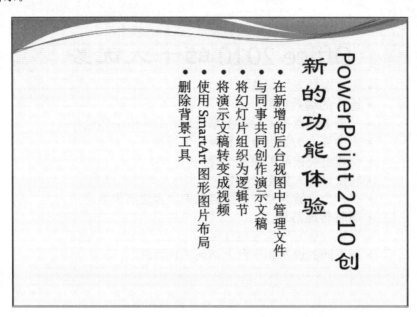

图 5-85　PowerPoint 2010 创新的功能体验的制作

(6) 新建第 6 张幻灯片,设置版式为【仅标题】,输入标题"2012 年同类图书销量统计",如图 5-86 所示。单击【插入】→【表格】→【插入表格】按钮,弹出【插入表格】对话框,在【列数】微调框中输入"5",在【行数】微调框中输入"6",然后单击【确定】按钮,在表格中依次输入列标题为"图书名称""出版社""作者""定价""销量"。

图 5-86　2012 年同类图书销量统计的制作

(7) 新建第 7 张幻灯片，设置版式为【标题和内容】。然后输入标题"新版图书创作流程示意"，并在文本区域中输入如图 5-87 所示内容，选择其中的"选定作者、选题沟通"两行文本，添加项目符号。

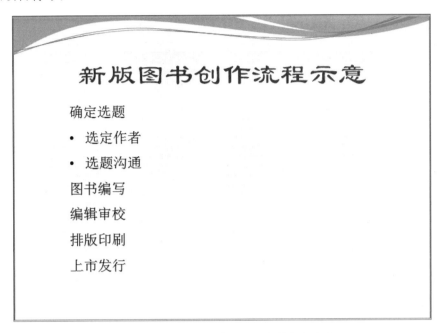

图 5-87　新版图书创作流程示意的文字内容

选中第 7 张幻灯片，单击【插入】→【插图】→SmartArt 按钮，弹出【选择 SmartArt 图形】对话框，选择一种与文本内容的格式相对应的图形，此处选择【层次结构】面板中的【组织结构图】选项，然后单击【确定】按钮，如图 5-88 所示。

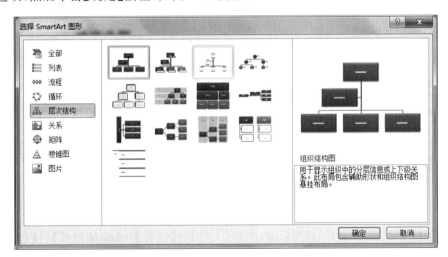

图 5-88　【选择 SmartArt 图形】对话框

插入 SmartArt 图形后进行格式调整。选中如图 5-89 所示的文本框，按 Backspace 键将其删除。

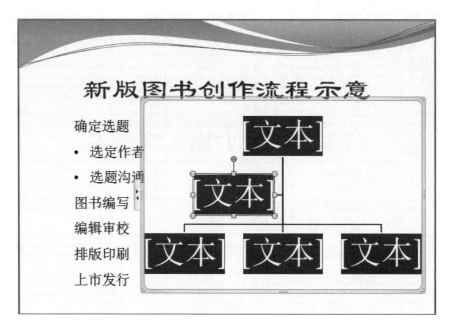

图 5-89 删除选中文本框

选中如图 5-90 所示的矩形，选择【SmartArt 工具】→【设计】→【添加形状】→【在后面添加形状】选项，用同样的操作再次在矩形后面添加形状。

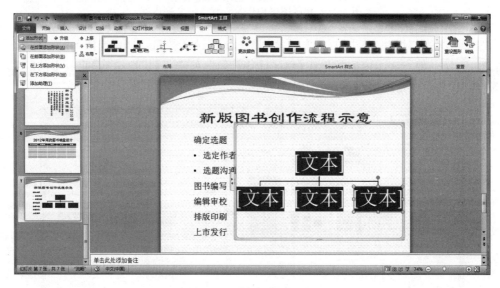

图 5-90 添加流程图形状

选中如图 5-91 所示矩形，选择【SmartArt 工具】→【设计】→【添加形状】→【在下方添加形状】选项，此时得到与幻灯片文本区域相匹配的框架图。

选中如图 5-92 所示的矩形并右击，在弹出的快捷菜单中选择【显示文本窗格】选项，打开【在此处键入文字】对话框，把幻灯片已编辑完区域中的文字分别剪切到对应的文本位置处，如图 5-93 所示。

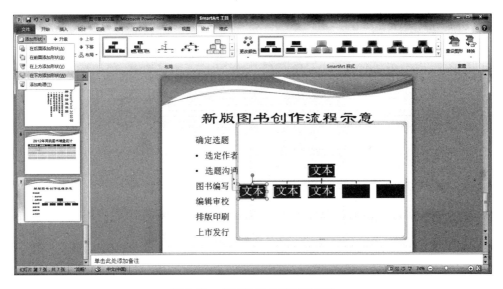

图 5-91　在下方添加流程图形状

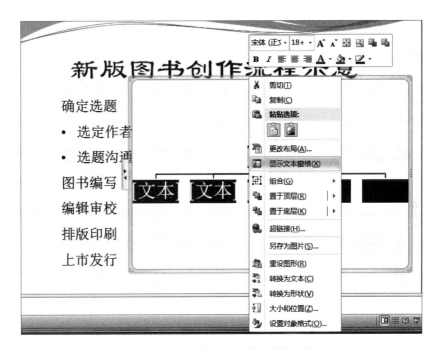

图 5-92　选择【显示文本窗格】选项

（8）创建一个包含第1、2、4、7页幻灯片的演示方案。单击【幻灯片放映】→【开始放映幻灯片】→【自定义幻灯片放映】→【自定义放映】命令，弹出【自定义放映】对话框，如图 5-94 所示。

单击【新建】按钮，弹出【定义自定义放映】对话框，在【在演示文稿中的幻灯片】列表框中选择第 1 张幻灯片，然后单击【添加】按钮，如图 5-95 所示，按照同样的方式分别添加幻灯片第 2、4、7 张，如图 5-96 所示。单击【确定】按钮后返回【自定义放映】对话框。单击【编辑】按

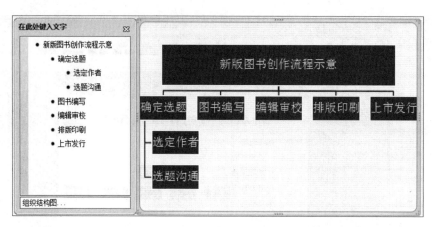

图 5-93　剪切文字到文本位置处

图 5-94　【自定义放映】对话框

钮，在弹出的【幻灯片放映名称】文本框中输入"放映方案 1"，单击【确定】按钮，效果如图 5-97 所示。

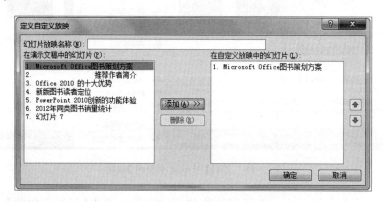

图 5-95　【定义自定义放映】对话框

(9) 按照步骤(8)的方法，为第 1、2、3、5、6 张幻灯片创建名为"放映方案 2"的演示方案，效果如图 5-98 所示。

(10) 为演示文稿命名保存。

第5章 演示文稿制作软件——PowerPoint 2010

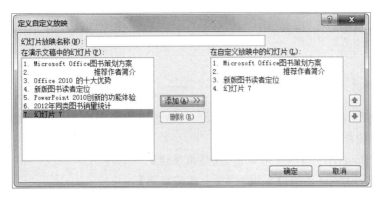

图 5-96 添加第 2、4、7 张到自定义放映幻灯片

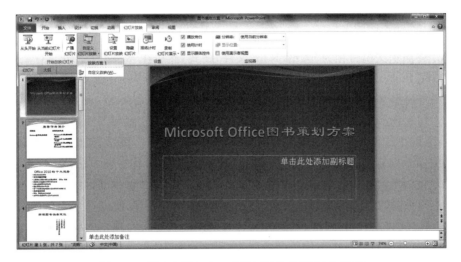

图 5-97 创建含第 1、2、4、7 张幻灯片的"放映方案 1"

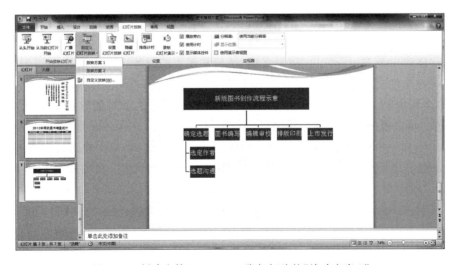

图 5-98 创建含第 1、2、3、5、6 张幻灯片的"放映方案 2"

5.6 习题

一、选择题

1. 如需将 PowerPoint 演示文稿中的 SmartArt 图形列表内容通过动画效果一次性展现出来，最优的操作方法是（　　）。
   A. 将 SmartArt 动画效果设置为【整批发送】
   B. 将 SmartArt 动画效果设置为【一次按级别】
   C. 将 SmartArt 动画效果设置为【逐个按分支】
   D. 将 SmartArt 动画效果设置为【逐个按级别】

2. 小梅需将 PowerPoint 演示文稿内容制作成一份 Word 版本讲义，以便后续可以灵活编辑及打印，最优的操作方法是（　　）。
   A. 将演示文稿另存为"大纲/RTF 文件"格式，然后在 Word 中打开
   B. 在 PowerPoint 中利用"创建讲义"功能，直接创建 Word 讲义
   C. 将演示文稿中的幻灯片以粘贴对象的方式逐张复制到 Word 文档中
   D. 切换到演示文稿的"大纲"视图，将大纲内容直接复制到 Word 文档中

3. 小刘正在整理公司各产品线介绍的 PowerPoint 演示文稿，因幻灯片内容较多，不易对各产品线演示内容进行管理。快速分类和管理幻灯片的最优操作方法是（　　）。
   A. 将演示文稿拆分成多个文档，按每个产品线生成一份独立的演示文稿
   B. 为不同的产品线幻灯片分别指定不同的设计主题，以便浏览
   C. 利用【自定义幻灯片放映】功能，将每个产品线定义为独立的放映单元
   D. 利用【节】功能，将不同的产品线幻灯片分别定义为独立节

4. 在一次校园活动中拍摄了很多数码照片，现需将这些照片整理到一个 PowerPoint 演示文稿中，快速制作的最优操作方法是（　　）。
   A. 创建一个 PowerPoint 相册文件
   B. 创建一个 PowerPoint 演示文稿，然后批量插入图片
   C. 创建一个 PowerPoint 演示文稿，然后在每页幻灯片中插入图片
   D. 在文件夹中选中所有照片并右击，直接发送到 PowerPoint 演示文稿中

5. 小李利用 PowerPoint 制作产品宣传方案，并希望在演示时能够满足不同对象的需要，处理该演示文稿的最优操作方法是（　　）。
   A. 制作一份包含适合所有人群的全部内容的演示文稿，每次放映时按需进行删减
   B. 制作一份包含适合所有人群的全部内容的演示文稿，放映前隐藏不需要的幻灯片
   C. 制作一份包含适合所有人群的全部内容的演示文稿，然后利用【自定义幻灯片放映】功能创建不同的演示方案
   D. 针对不同的人群，分别制作不同的演示文稿

6. 江老师使用 Word 编写完成了课程教案，需根据该教案创建 PowerPoint 课件，最优的操作方法是（　　）。

A. 参考 Word 教案，直接在 PowerPoint 中输入相关内容
B. 在 Word 中直接将教案大纲发送到 PowerPoint
C. 从 Word 文档中复制相关内容到幻灯片中
D. 通过插入对象方式将 Word 文档内容插入到幻灯片中

7. 可以在 PowerPoint 内置主题中设置的内容是（　　）。
  A. 字体、颜色和表格　　　　　　　　B. 效果、背景和图片
  C. 字体、颜色和效果　　　　　　　　D. 效果、图片和表格

8. 在 PowerPoint 演示文稿中，不可以使用的对象是（　　）。
  A. 图片　　　　B. 超链接　　　　C. 视频　　　　D. 书签

9. 小姚负责新员工的入职培训。在培训演示文稿中需要制作公司的组织结构图，最优的操作方法是（　　）。
  A. 通过插入 SmartArt 图形制作组织结构图
  B. 直接在幻灯片的适当位置通过绘图工具绘制出组织结构图
  C. 通过插入图片或对象的方式，插入在其他程序中制作好的组织结构图
  D. 先在幻灯片中分级输入组织结构图的文字内容，然后将文字转换为 SmartArt 组织结构图

10. 李老师在用 PowerPoint 制作课件，她希望将学校的徽标图片放在除标题页之外的所有幻灯片右下角，并为其指定一个动画效果，最优的操作方法是（　　）。
  A. 先在一张幻灯片上插入徽标图片，并设置动画，然后将该徽标图片复制到其他幻灯片上
  B. 分别在每一张幻灯片上插入徽标图片，并分别设置动画
  C. 先制作一张幻灯片并插入徽标图片，为其设置动画，然后多次复制该幻灯片
  D. 在幻灯片母版中插入徽标图片，并为其设置动画

11. 在 PowerPoint 中，幻灯片浏览视图主要用于（　　）。
  A. 对所有幻灯片进行整理编排或次序调整
  B. 对幻灯片的内容进行编辑修改及格式调整
  C. 对幻灯片的内容进行动画设计
  D. 观看幻灯片的播放效果

12. 在 PowerPoint 中，旋转图片的最快捷方法是（　　）。
  A. 拖动图片四个角的任一控制点　　　　B. 设置图片格式
  C. 拖动图片上方绿色控制点　　　　　　D. 设置图片效果

13. PowerPoint 演示文稿包含了 20 张幻灯片，需要放映奇数页幻灯片，最优的操作方法是（　　）。
  A. 将演示文稿的偶数张幻灯片删除后再放映
  B. 将演示文稿的偶数张幻灯片设置为隐藏后再放映
  C. 将演示文稿的所有奇数张幻灯片添加到自定义放映方案中，然后再放映
  D. 设置演示文稿的偶数张幻灯片的换片持续时间为 0.01 秒，自动换片时间为 0 秒，然后再放映

14. 将一个 PowerPoint 演示文稿保存为放映文件，最优的操作方法是（　　）。

A. 在【文件】后台视图中选择【保存并发送】选项，将演示文稿打包成可自动放映的 CD

B. 将演示文稿另存为.PPSX 文件格式

C. 将演示文稿另存为.POTX 文件格式

D. 将演示文稿另存为.PPTX 文件格式

15. 李老师制作完成了一个带有动画效果的 PowerPoint 教案，她希望在课堂上可以按照自己讲课的节奏自动播放，最优的操作方法是（　　）。

A. 为每张幻灯片设置特定的切换持续时间，并将演示文稿设置为自动播放

B. 在练习过程中，利用【排练计时】功能记录适合的幻灯片切换时间，然后播放即可

C. 根据讲课节奏，设置幻灯片中每一个对象的动画时间，以及每张幻灯片的自动换片时间

D. 将 PowerPoint 教案另存为视频文件

16. 若需在 PowerPoint 演示文稿的每张幻灯片中添加包含单位名称的水印效果，最优的操作方法是（　　）。

A. 制作一个带单位名称的水印背景图片，然后将其设置为幻灯片背景

B. 添加包含单位名称的文本框，并置于每张幻灯片的底层

C. 在幻灯片母版的特定位置放置包含单位名称的文本框

D. 利用 PowerPoint 插入【水印】功能实现

17. 邱老师在学期总结 PowerPoint 演示文稿中插入了一个 SmartArt 图形，她希望将该 SmartArt 图形的动画效果设置为逐个形状播放，最优的操作方法是（　　）。

A. 为该 SmartArt 图形选择一个动画类型，然后再进行适当的动画效果设置

B. 只能将 SmartArt 图形作为一个整体设置动画效果，不能分开指定

C. 先将该 SmartArt 图形取消组合，然后再为每个形状依次设置动画

D. 先将该 SmartArt 图形转换为形状，然后取消组合，再为每个形状依次设置动画

18. 小江在制作公司产品介绍的 PowerPoint 演示文稿时，希望每类产品可以通过不同的演示主题进行展示，最优的操作方法是（　　）。

A. 为每类产品分别制作演示文稿，每份演示文稿均应用不同的主题

B. 为每类产品分别制作演示文稿，每份演示文稿均应用不同的主题，然后将这些演示文稿合并为一个

C. 在演示文稿中选中每类产品所包含的所有幻灯片，分别为其应用不同的主题

D. 通过 PowerPoint 中【主题分布】功能，直接应用不同的主题

19. 设置 PowerPoint 演示文稿中的 SmartArt 图形动画，要求一个分支形状展示完成后再展示下一分支形状内容，最优的操作方法是（　　）。

A. 将 SmartArt 动画效果设置为【整批发送】

B. 将 SmartArt 动画效果设置为【一次按级别】

C. 将 SmartArt 动画效果设置为【逐个按分支】

D. 将 SmartArt 动画效果设置为【逐个按级别】

20. 在 PowerPoint 演示文稿中通过分节组织幻灯片，如果要求一节内的所有幻灯片切

换方式一致,最优的操作方法是( )。

  A. 分别选中该节的每一张幻灯片,逐个设置其切换方式

  B. 选中该节的一张幻灯片,然后按住 Ctrl 键,逐个选中该节的其他幻灯片,再设置切换方式

  C. 选中该节的第 1 张幻灯片,然后按住 Shift 键,单击该节的最后一张幻灯片,再设置切换方式

  D. 单击节标题,再设置切换方式

21. 可以在 PowerPoint 同一窗口显示多张幻灯片,并在幻灯片下方显示编号的视图是( )。

  A. 普通视图 B. 幻灯片浏览视图 C. 备注页视图 D. 阅读视图

22. 针对 PowerPoint 幻灯片中图片对象的操作,描述错误的是( )。

  A. 可以在 PowerPoint 中直接删除图片对象的背景

  B. 可以在 PowerPoint 中直接将彩色图片转换为黑白图片

  C. 可以在 PowerPoint 中直接将图片转换为铅笔素描效果

  D. 可以在 PowerPoint 中将图片另存为 .PSD 文件格式

二、实操题

文君是新世界数码技术有限公司的人事专员,"十一"过后,公司招聘了一批新员工,需要对他们进行入职培训。人事助理已经制作了一份演示文稿的素材"PPT 素材.pptx"。根据该素材制作培训课件。具体要求如下。

(1) 将"PPT 素材.pptx"文件另存为 PPT.pptx(.pptx 为扩展名)。后续操作均基于此文件,PPT.pptx 文件内容如图 5-99 所示。

图 5-99 PPT.pptx 文件内容

(2) 将第 2 张幻灯片版式设置为【标题和竖排文字】,如图 5-100 所示。

(3) 将第 4 张幻灯片的版式设置为【比较】,为整个演示文稿指定一个恰当的设计主题,如图 5-101 所示。

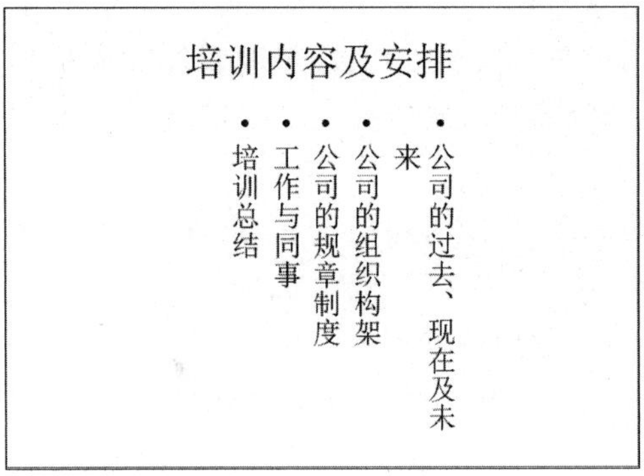

图 5-100　第 2 张幻灯片版式

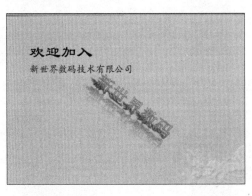

图 5-101　第 4 张幻灯片版式

(4) 通过幻灯片母版为每张幻灯片增加利用艺术字制作的水印效果,水印文字中应包含"新世界数码"字样,并旋转一定的角度,如图 5-102 所示。

图 5-102　添加文字水印

(5) 根据第 5 张幻灯片右侧的文字内容创建一个组织结构图,其中总经理助理为助理级别,并为该组织结构图添加任一动画效果,如图 5-103 所示。

(6) 为第 6 张幻灯片左侧的文字"员工守则"加入超链接,链接到 Word 素材文件"员工守则.docx",并为该张幻灯片添加适当的动画效果。

(7) 为演示文稿设置不少于 3 种的幻灯片切换方式。

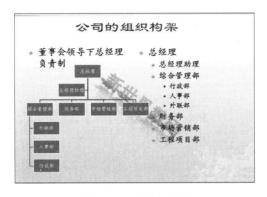

图 5-103　组织结构图

制作完成后的 PPT.pptx 文件整体效果如图 5-104 所示。

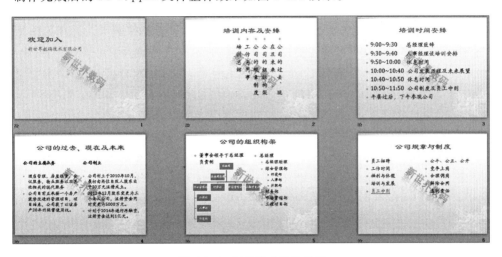

图 5-104　制作完成后的效果

第 6 章 计算机网络技术基础

6.1 计算机网络基础知识

随着人类社会信息化水平不断提高,人们对信息的需求量越来越大。计算机技术的快速发展,使信息的数字化表示和快速处理成为可能,为了将大量的数字化信息方便、快速、安全地传递,计算机网络技术应运而生。计算机网络是计算机技术和现代通信技术紧密结合的产物,它经历了 20 世纪 60 年代的萌芽阶段,70 年代兴起阶段,70 年代中期至 80 年代局域网发展和网络互联阶段,90 年代网络计算机和国际互联网阶段,最终形成了全球互联网。如今,计算机网络已经深入到了社会生活的各个领域,正逐步改变人们的工作、生活、学习和交流的方式。

6.1.1 计算机网络的形成与发展

世界上第一台电子数字计算机 ENIAC 在美国诞生时,计算机和通信并没有什么关系。当时的计算机数量极少,而且价格十分昂贵,用户只能到计算机机房去使用计算机,这显然是很不方便的。计算机网络的产生和演变经历了从简单到复杂、从低级到高级、从单机系统到多机系统的过程,大致可以分为 4 个阶段。

1. 远程终端联机

远程终端联机阶段可以追溯到 20 世纪 50 年代。这时,计算机技术正处于第一代电子管计算机向第二代晶体管计算机过渡的阶段。通信技术经过十几年的发展已经初具雏形,人们开始将彼此独立发展的计算机技术与通信技术结合起来,并建立了一些基础的理论性概念,完成了数据通信技术与计算通信网络的研究,为计算机网络的出现做好了技术准备,奠定了理论基础。

这个时期的典型计算机网络代表是 1954 年美国军方的半自动地面防空系统,它将远距离的雷达和测控仪器所探测到的信息通过线路汇集到某个基地的一台 IBM 计算机上进行处理,再将处理好的数据通过通信线路送回到各自的终端设备。

这种把终端设备、通信线路和计算机连接起来的形式就是第一代计算机网络。由于终端设备不具备计算功能,不能为中心计算机提供服务,因此终端设备与中心计算机之间不提供相互的资源共享,网络功能以数据通信为主。面向终端的计算机通信网络是一种主从式结构,这种网络与现在的计算机网络的概念不同,其网络结构图如图 6-1 所示。

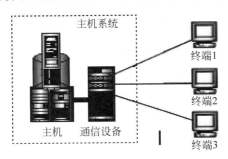

图 6-1　面向终端的计算机网络结构图

2. 计算机互联

计算机互联阶段的标志是 20 世纪 60 年代美国的 ARPANET 与分组交换技术。当时正值冷战时期,美国为了防止其军事指挥中心万一被苏联摧毁后,军事指挥瘫痪,开始设计了一个由许多指挥点组成的分散指挥系统,并把分散的指挥点通过某种通信网连接起来成为一个整体。在 1969 年,美国国防部高级研究计划管理局(Advanced Research Projects Agency,ARPA)把 4 台军事研究计算机主机连接起来,于是诞生了 ARPANET 网络,如图 6-2 所示。ARPANET 是计算机网络发展中的一个里程碑,这个网络中的计算机不但可以彼此通信,还可以实现与其他计算机之间的资源共享。到了 1972 年,50 余所大学和研究所参与了 ARPANET 的连接,到了 1983 年,已经有 100 多台不同体系结构的计算机连接到了 ARPANET 上。

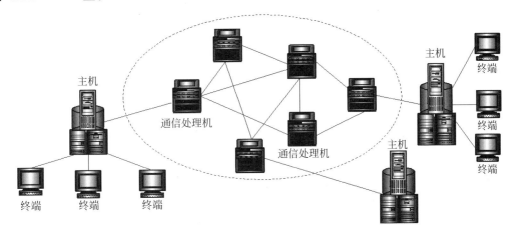

图 6-2　ARPANET 网络结构图

随着网络的出现,诞生了一种新的通信技术,这就是分组交换技术。这种技术是将传输的数据加以分割,并在每段前面加上一个标有接收信息的地址标志,从而实现信息传递的一种通信技术。分组交换技术也是 20 世纪 60 年代网络发展的重要标志之一。

第二阶段计算机网络与第一阶段计算机网络的区别主要表现在两个方面:其一是网络中的通信双方都是具有自主能力的计算机,而不是终端计算机;其二是计算机网络功能以资源共享为主,而不是以数据通信为主。

在 20 世纪 70 年代,基于计算机的局域网络的发展也很迅速,许多中小型公司、企事业单位都建立了自己的局域网。

3. 以 OSI 为核心的网际互联

以 OSI 为核心的网际互联阶段从 20 世纪 70 年代中期开始。很多计算机生产厂商也开始开发自己的计算机网络体系结构系统。其中最为著名的是 IBM 公司的 SNA(System Network Architecture)和 DEC 公司的 DNA(Digital Network Architecture)。随之出现的问题是,相同体系结构通信非常容易,但是不同体系结构网络设备通信非常困难。于是,国际标准化组织(International Standard Organization,ISO)在 1977 年设立了一个分委员会,专门研究网络通信的体系结构,经过多年的艰苦工作,于 1983 年提出了著名的开放系统互联(Open System International,OSI)参考模型,给网络的发展提供了一个可以遵循的规则。从此,网络走上了标准化的道路,如图 6-3 所示。

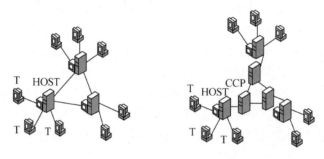

图 6-3 网络体系结构标准化阶段

4. 国际互联网与信息高速公路

国际互联网与信息高速公路阶段从 20 世纪 90 年代中期开始,最主要的标志是 Internet 的广泛应用,高速网络技术、网络计算与网络安全技术的研究与发展。

Internet 作为国际性的网际网与大型信息服务系统,在经济、文化、科学研究、教育与人类社会生活等方面发挥着越来越重要的作用。以高速 Ethernet 为代表的高速局域网技术发展迅速。

1985 年,美国国家科学基金会(National Science Foundation,NSF)利用 ARPANET 协议建立了用于科学研究和教育的骨干网络 NSFNET。1990 年,NSFNET 代替 ARPANET 成为国家骨干网,并且走出了大学和研究机构进入社会。1992 年,Internet 学会成立,该学会把 Internet 定义为"组织松散的、独立的国际合作互联网络","通过自主遵守计算协议和过程支持主机对主机的通信"。目前,国际互联网 Internet 已经覆盖全世界 240 多个国家和地区,已经成为当今世界上信息资源最丰富的互联网络。

随着 Internet 的快速发展及应用的不断扩展,计算机网络的高速信息交换已成为人们首要追求的目标,互联网的进一步发展面临着带宽(即网络传输速率和流量)的限制。在这种形势下,美国前总统克林顿于 1993 年宣布正式实施国家信息基础设施(National Information Infrastructure,NII)计划,预期目标是以高于 3Gb/s 的传输速率将大量的公共及专用的局域网和广域网通过"信息高速公路"连接成一个信息网络。这个阶段,计算机网络发展的特点是高效、互联、高速和智能化应用。

可以预计,未来的计算机网络将是以光纤为传输媒体,传输速率极高,集电话、数据、电报、有线电视、计算机网络等所有网络为一体的信息高速公路网。

6.1.2 计算机网络的定义

计算机网络是计算机技术和通信技术相结合的产物。在计算机网络发展过程的不同阶段,人们对计算机网络提出了不同的定义,其中影响最广的是根据资源共享的观点来进行定义的,这种观点认为计算机网络是以共享资源为目的,将各个具有独立功能的计算机系统用通信设备和线路连接起来,按照网络协议进行数据通信的计算机集合。

资源共享观点的定义符合目前计算机网络的基本特征,主要表现在如下几方面。
(1) 多台具有独立操作能力,并且有资源共享需求的计算机。
(2) 可将多台计算机连接起来的通信设施和通信手段。
(3) 可保障计算机之间有条不紊地相互通信的规则(协议)。

6.1.3 计算机网络的主要功能

基于计算机网络的出现及发展,所有的计算机网络都具备最基本的4个功能:数据通信、资源共享、提高系统的可靠性和可用性及分布式处理等。

1. 数据通信

数据通信是计算机网络最基本的功能,它用来快速传送计算机与终端、计算机与计算机之间的各种信息,包括文字信件、新闻消息、咨询信息、图片资料和报纸版面等。利用这一特点,可实现将分散在各个地区的单位或部门用计算机网络联系起来,进行统一的调配、控制和管理。网络聊天、电子邮件、新闻发布、电子商务和网络视频会议等都属于数据通信。

从通信角度看,计算机网络其实是一种计算机通信系统。其作为计算机通信系统,能实现以下重要的功能。

(1) 传输文件。网络能快速地,不需要交换软盘就可在计算机与计算机之间进行文件复制。

(2) 使用电子邮件。用户可以将计算机网络作为"邮局",向网络上的其他计算机用户发送备忘录、报告和报表等。虽然在办公室使用电话是非常方便的,但网络的 E-mail 可以向不在办公室的人传送信息,而且还提供了一种无纸办公的环境。

2. 资源共享

资源指的是网络中所有的软件、硬件和数据资源。在网络范围内,各种输入/输出设备、大容量存储设备和高性能的计算机等都是可以共享的网络资源;共享指的是网络中的用户都能够部分或全部地享受这些资源。例如,某些地区或单位的数据库(如飞机机票、饭店客房等)可供全网使用;某些软件可供用户有偿调用或办理一定手续后调用;一些外围设备(如打印机、扫描仪等)可面向全网用户,使不具有这些设备的地方也能使用这些硬件设备。

如果不能实现资源共享，各地区各部门都需要有一套完整的软、硬件及数据资源，将大大地增加全系统的投资费用。

3. 提高系统的可靠性和可用性

当网络中的某一台处理机发生故障时，可由其他的路径传输信息或转到其他的系统中代为处理，以保证用户的正常操作，不因局部故障而导致系统的瘫痪。又如某一数据库中的数据因处理机发生故障而消失或遭到破坏时，可从另一台计算机的备份数据库中调出来进行处理，并恢复遭破坏的数据库，从而提高系统的可靠性和可用性。

4. 分布式处理

所谓分布式处理，是网络中若干台计算机可以相互协作共同完成一个任务。它是在个人计算机普及和互联网发展的基础上产生的一种新型运算方式，它通过网络联合众多个人计算机的力量，利用这些计算机的闲置运算能力来解决需要大量科学运算的问题。例如，当某台计算机负担过重时，网络可将新任务转交给空闲的计算机来完成，这样处理能均衡各计算机的负载，提高处理问题的实时性。对大型综合性问题，可将问题各部分交给不同的计算机分头处理，充分利用网络资源，扩大计算机的处理能力，即增强实用性。对于解决复杂问题来讲，多台计算机联合使用并构成高性能的计算机体系，这种协同工作、并行处理要比单独购置高性能的大型计算机便宜很多。

6.1.4 计算机网络的组成

从物理连接上讲，计算机网络由计算机系统、通信链路和网络节点组成。计算机系统进行各种数据处理，通信链路和网络节点提供通信功能。

从逻辑功能上看，可以把计算机网络分成资源子网和通信子网，如图 6-4 所示。

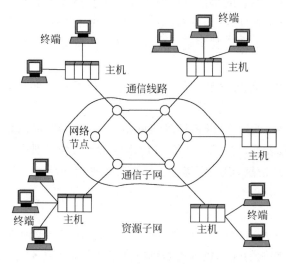

图 6-4 资源子网和通信子网

1. 资源子网

资源子网由主计算机系统、终端、终端控制器、联网外设、各种软件资源与信息资源组成。资源子网负责全网的数据处理业务,向网络用户提供各种网络资源与网络服务。

主计算机系统简称为主机(Host),它可以是大型机、中型机或小型机。主机是资源子网的主要组成单元,它通过高速通信线路与通信子网的通信控制处理机相连接。普通用户终端通过主机连入网内,主要为本地用户访问网络、其他主机设备与资源提供服务,同时要为远程用户共享本地资源提供服务。随着微型机的广泛应用,连入计算机网络的微型机数量日益增多,它可以作为主机的一种类型,直接通过通信控制处理机连入网内,也可以通过联网的大、中、小型计算机系统间接连入网内。

终端(Terminal)是用户访问网络的界面。终端可以是简单的输入、输出终端,也可以是带有微处理机的智能终端。

主计算机通过一条高速多路复用线路或一条通信链路连接到通信子网的节点上。

2. 通信子网

通信子网由通信控制处理机(CCP)、通信线路与其他通信设备组成,完成网络数据传输、转发等通信处理任务。

通信线路为通信控制处理机与通信控制处理机、通信控制处理机与主机之间提供通信信道。计算机网络采用了多种通信线路,如电话线、双绞线、同轴电缆、光导纤维电缆(简称光缆)、无线通信信道、微波与卫星通信信道等。

6.1.5 计算机网络的分类

1. 按网络的地理范围分类

根据网络覆盖的地理范围,可以将网络分为局域网、城域网、广域网、互联网4种。

1) 局域网

局域网(Local Area Network,LAN),这是人们最常见的、应用最广的一种网络。现在的局域网随着整个计算机网络技术的发展和提高得到充分的应用和普及,几乎每个单位都有自己的局域网,甚至有的家庭中都有自己的小型局域网。很明显,所谓局域网,就是在局部范围内的网络,其覆盖的地区范围较小。局域网在计算机数量配置上没有太多的限制,少的可以只有两台,多的可达几百台。一般来说,在企业局域网中,工作站的数量从几十台到两百台。在网络所涉及的地理距离上,一般来说可以是几米至几千米。局域网一般位于一个建筑物或一个单位内,不存在寻径问题,不包括网络层的应用。

目前,局域网最快的速率是10Gb/s。IEEE的802标准委员会定义了多种主要的局域网,即以太网(Ethernet)、令牌环网(Token-ring Network)、光纤分布式接口网络(FDDI)、异步传输模式网(ATM)及无线局域网(WLAN)。

局域网具有以下技术特点。

(1) 局域网覆盖有限的地理范围,它适用于机关、公司、校园、军营、工厂等有限范围内的计算机、终端与各类信息处理设备联网的需求。

(2) 局域网具有高数据传输速率、低误码率的高质量数据传输环境。

(3) 局域网一般属于一个单位所有,易于建立、维护和扩展。

(4) 决定局域网特性的主要技术要素是网络拓扑、传输介质与介质访问控制方法。

(5) 局域网从介质访问控制方法的角度可以分为共享介质局域网与交换式局域网两类。

2) 城域网

城域网(Metropolitan Area Network,MAN)一般来说是在一个城市,但不在同一地理小区范围内的计算机互联。该网络的连接距离为 10～100km,其采用的是 IEEE 802.6 标准。MAN 与 LAN 相比扩展的距离更长,连接的计算机数量更多,在地理范围上可以说是 LAN 的延伸。在一个大型城市或都市地区,一个 MAN 通常连接着多个 LAN,如连接政府机构的 LAN、医院的 LAN、电信的 LAN、公司企业的 LAN 等。由于光纤连接的引入,使 MAN 中高速的 LAN 互联成为可能。

城域网多采用 ATM 技术作骨干网。ATM 是一种用于数据、语音、视频及多媒体应用程序的高速网络传输方法。ATM 包括一个接口和一个协议,该协议能够在一个常规的传输信道上,在比特率不变及变化的通信量之间进行切换。ATM 也包括硬件、软件及与 ATM 协议标准一致的介质。ATM 提供一个可伸缩的主干基础设施,以便能够适应不同规模、速度及寻址技术的网络。ATM 的最大缺点就是成本太高,所以一般在政府城域网中应用,如邮政、银行、医院等。

3) 广域网

广域网(Wide Area Network,WAN)也称为远程网,所覆盖的范围比城域网(MAN)更广,它一般是在不同城市之间的 LAN 或者 MAN 网络互联,地理范围可从几百千米到几千千米。因为距离较远,信息衰减比较严重,所以这种网络一般要租用专线,通过 IMP(接口信息处理)协议和线路连接起来,构成网状结构,解决寻径问题。这种城域网因为所连接的用户多,总出口带宽有限,所以用户的终端连接速率一般较低,通常为 9.6Kb/s～45Mb/s,如邮电部的 CHINANET、CHINAPAC 和 CHINADDN 网。

4) 互联网

互联网又因其英文单词"Internet"的谐音称为"因特网"。在互联网应用如此发达的今天,它已是人们每天都要打交道的一种网络,无论从地理范围,还是从网络规模来讲,它都是最大的一种网络,也是人们常说的"Web""WWW"和"万维网"等。从地理范围来说,它可以是全球计算机的互联,该网络最大的缺点就是不定性,整个网络的计算机每时每刻都随着其他网络的接入在不断地变化。当计算机联在 Internet 上时,计算机可以算是 Internet 的一部分,一旦断开 Internet 的连接,计算机就不属于 Internet 了。Internet 的优点是非常明显的,其信息量大、传播广,无论身处何地,只要连上 Internet 就可以对任何联网用户发出信函和广告。因为网络的复杂性,所以网络实现的技术也是非常复杂的,这可以通过后面介绍的几种 Internet 接入设备详细地了解到。

2. 按网络的拓扑结构划分

按网络的拓扑结构划分,可分为总线型网络、星形网络、环形网络、树状网络和混合型网络等。

3．按传输介质划分

按传输介质的不同，网络可以划分为有线网和无线网。

（1）有线网采用双绞线、同轴电缆、光纤或电话线作为传输介质。采用双绞线和同轴电缆连成的网络经济且安装简便，但传输距离相对较短。以光纤作为介质的网络传输距离远，传输率高，抗干扰能力强，安全好用，但成本稍高。

（2）无线网主要以无线电波或红外线作为传输介质，联网方式灵活方便，但联网费用稍高，可靠性和安全性还有待改进。另外，还有卫星数据通信网，它是通过卫星进行数据通信的。

4．按网络的使用性质划分

按网络的使用性质划分，可分为公用网和专用网。

（1）公用网(Public Network)，是一种付费网络，属于经营性网络，由商家建造并维护，消费者付费使用。

（2）专用网(Private Network)，是某个部门根据本系统的特殊业务需要而建造的网络，该网络一般不对外提供服务，如军队、银行、电力等系统的网络就属于专用网。

上面介绍了网络的分类，其实在现实生活中真正应用最多的是局域网，因为其范围可大可小，无论在单位还是在家庭实现起来都比较容易，所以下面有必要对局域网及局域网的接入设备做进一步的介绍。

6.2 计算机网络体系结构

数据交换、资源共享是计算机网络的最终目的。要保证有条不紊地进行数据交换，合理地共享资源，各个独立的计算机系统之间必须达成某种默契，严格遵守事先约定好的一整套通信规程，包括严格规定要交换的数据格式、控制信息的格式和控制功能及通信过程中事件执行的顺序等。这些通信规程称为网络协议(Protocol)。

网络协议主要由以下3个要素组成。

（1）语法，用来规定用户数据与控制信息的结构或格式。

（2）语义，用来说明通信双方应当怎么做，即需要发出哪种控制信息，以及完成的动作与做出的响应。

（3）时序，即对事件实现顺序的详细说明。

6.2.1 计算机网络体系结构的形成

计算机网络是由多种计算机和各类终端通过通信线路连接起来的复合系统。在这个系统中，由于计算机型号不一，终端类型各异，加之线路类型、连接方式、同步方式、通信方式的不同，给网络中各节点的通信带来许多不便。由于在不同计算机系统之间，真正以协同方式进行通信的任务是十分复杂的。为了设计这样复杂的计算机网络，早在最初的 ARPANET 设计时就提出了分层的方法。"分层"可将庞大而复杂的问题，转化为若干较小的局部问题，而这些较小的局部问题总是比较易于研究和处理。

1974年,美国的IBM公司宣布了其研制的系统网络体系结构(System Network Architecture,SNA)。

为了使不同体系结构的计算机网络都能互联,国际标准化组织(ISO)于1977年成立了一个专门的机构来研究该问题。不久,他们就提出了一个试图使各种计算机在世界范围内互联成网的标准框架,即著名的开放系统互联基本参考模型OSI-RM。

OSI-RM将整个网络的通信功能划分成7个层次,每个层次完成不同的功能,如图6-5所示。这七层由低层至高层分别是物理层、数据链路层、网络层、传输层、会话层、表示层和应用层。

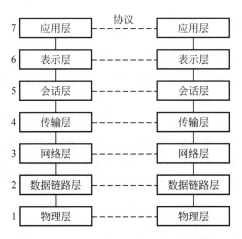

图 6-5　OSI 七层模型和数据在各层的表示

OSI采用这种层次结构可以带来很多好处。

(1) 各层之间是独立的。某一层并不需要知道其下一层是如何实现的,而仅需要知道该层间的接口(即界面)所提供的服务。每一层只实现一种相对独立的功能,因而可将一个难以处理的复杂问题分解为若干个较容易处理的更小一些的问题。这样,整个问题的复杂程度就降低了。

(2) 灵活性好。当任何一层发生变化时(如技术的变化),只要层间接口关系保持不变,则在这层以上或以下各层均不受影响。

(3) 结构上可分割。各层都可以采用最合适的技术来实现。

(4) 易于实现和维护。这种结构使得实现和调试一个庞大而又复杂的系统变得易于处理,因为整个系统已被分解为若干个相对独立的子系统。

(5) 能促进标准化工作。因为每一层的功能及其所提供的服务都已有了精确的说明。

6.2.2　OSI 参考模型

1. 物理层

物理层主要对通信网物理设备的特性进行定义,使之能够传输二进制的数据流(即位流)。如定义网卡、路由器的外形、接口形状、接口线的根数、电压等。

2．数据链路层

所谓链路，可理解为 A、B 两地之间的连接通路，数据链路就是从通信的出发点到目的地之间的"数据通路"。物理层把数据从主机 A 源源不断地流向主机 B，而且都是"0""1"的组合。

事实上，数据在通信线路上是以帧的形式来传送的。即将发送方 A 要传送的数据分成大小固定（具有相同的字节数）的二进制组，将每组包装起来（如为组添加一个序号等），然后再通过通信线路将每个分组送到接收方 B。这里的每个分组就称为一帧。数据链路层的主要功能是保证通信线路中传送的二进制数据流是有意义的数据。

3．网络层

在一个计算机通信网中，从发送方到接收方可能存在多条通信线路，就跟邮递员送邮件一样，有很多条路可以选择，那么数据到底走哪一条路呢？哪条路最近呢？哪条路又比较拥挤（塞车）呢？是不是将数据同时走几条路呢？这是由网络层来完成的。简而言之，网络层为建立网络连接和其上层（传输层、会话层）提供服务，具体包括为数据传输选择路由和中继、激活、中止网络连接，差错检测和恢复，网络流量控制和网络管理等。

4．传输层

传输层主要功能是建立端到端的通信，即建立起从发送方到接收方的网络传输通路。在一般情况下，当会话层请求建立一个传输连接，传输层就为其创建一个独立的网络连接。如果传输连接需要较大的吞吐量（一次传送大量的数据），传输层也可以为其创建多个网络连接，让数据在这些网络连接上分流，以提高吞吐量。

5．会话层

试想，有一个大文件，需要 5 个小时才能传送完毕，如果传送 3 个小时就出现了网络故障，用户不得不重新传送，而且在传递的过程中还可能出现问题，这样就比较麻烦。

会话层为这样的问题提出了解决方案，允许通信双方建立和维持会话关系（会话关系是指一方提出请求，另一方应答），并使双方会话获得同步。会话层在数据中插入检验点，当出现网络故障时，只需传送一个检验点之后的数据就行了（即已经收到的数据就不传送了），也就是断点续传。

6．表示层

在网络中，计算机有着不同类型的操作系统，如 UNIX、Windows 和 Linux 等；传递的数据类型千差万别，有文本、图像和声音等；有的计算机或网络使用 ASCII 码表示数据，有的用 BCD 码表示数据。那么，怎样在这些主机之间传送数据呢？

表示层为异构的计算机之间的通信制定了一些数据编码规则，为通信双方提供一种公共语言，以便对数据进行格式转换，使双方有一致的数据形式，以便能进行互操作。

7. 应用层

人们需要网络提供不同的服务，如传输文件、收发电子邮件、远程提交作业、网络会议等，这些功能都是由应用层实现的。应用层包含大量的应用协议，如 HTTP、FTP 等，向应用程序提供服务。

6.2.3 TCP/IP 参考模型

TCP/IP 体系共分成 4 个层次，即网络接口层、网络层、传输层和应用层，如图 6-6 所示。

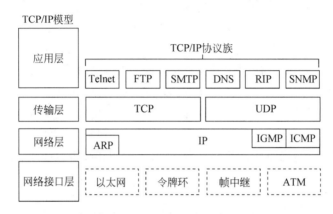

图 6-6　TCP/IP 参考模型

1. 网络接口层

网络接口层负责与物理网络的连接，并通过网络发送和接收 IP 数据报。允许接入所有现行的网络，如以太网、ATM 和 X.25 等。一旦这种物理网被用作传送 IP 数据包的通道，就可以认为是这一层的内容。这正体现出 TCP/IP 协议的兼容性与适应性，它也为 TCP/IP 的成功奠定了基础。

2. 网络层

网络层负责将源主机的报文分组发送到目的主机，源主机与目的主机可以在一个网上，也可以在不同的网上。网络层主要使用 IP 协议，它的功能主要有以下 3 个方面。

（1）处理来自传输层的分组发送请求。在收到分组发送请求之后，将分组装入 IP 数据报，填充报头，选择发送路径，然后将数据报发送到相应的网络输出线。

（2）处理接收的数据报。在接收到其他主机发送的数据报之后，检查目的地址，如需要转发，则选择发送路径转发出去；如目的地址为本节点 IP 地址，则除去报头，将分组交送传输处理。

（3）处理互联的路径、流控和拥塞问题。这就像一个人邮寄一封信，不管他准备邮寄到哪个国家，他仅需要把信投入邮箱，这封信最终会到达目的地。这封信可能会经过很多的国家，每个国家可能有不同的邮件投递规则，但这对用户是透明的，用户不必知道这些投递规则。另外，网络层的网际协议 IP 的基本功能是无连接的数据报传送和数据报的路由选择，即 IP 协议提供主机间不可靠的、无连接数据报传送。

3. 传输层

传输层提供应用进程之间端到端的通信。TCP/IP 参考模型中设计传输层的主要目的是在互联网中源主机与目的主机的对等实体之间建立用于会话的端到端连接。从这一点上讲，TCP/IP 参考模型的传输层与 OSI 参考模型的传输层功能是相似的。传输层主要包括两种协议，即传输控制协议（Transport Control Protocol，TCP）与用户数据报协议（User Datagram Protocal，UDP）。

（1）TCP 协议是一种可靠的面向连接的协议，它允许将一台主机的字节流（Byte Stream）无差错地传送到目的主机。TCP 协议将应用层的字节流分成多个字节段（Byte Segment），然后将一个个字节段传送到网络层，发送到目的主机。当网络层将接收到的字节段传送到传输层时，传输层再将多个字节段还原成字节流传送到应用层。TCP 协议同时要完成流量控制功能，协调收发双方的发送与接收速度，达到正确传输的目的。

（2）UDP 协议是一种不可靠的无连接协议，它主要用于不要求按分组顺序到达的传输中，分组传输顺序检查与排序由应用层完成。

4. 应用层

应用层包含了所有的高层协议，并且不断有新的协议加入。主要有如下一些协议。

（1）网络终端协议（Telnet），用于实现互联网中远程登录功能。
（2）文件传送协议（FTP），用于实现互联网中交互式文件传输功能。
（3）简单邮件传送协议（SMTP），用于实现互联网中电子邮件传送功能。
（4）域名服务（DNS），用于实现网络设备名称到 IP 地址映射的网络服务。
（5）路由信息协议（RIP），用于网络设备之间交换路由信息。
（6）网络文件系统（NFS），用于网络中不同主机之间的文件共享。
（7）HTTP 协议，用于 WWW 服务。

应用层协议可以分为三类：一类协议面向连接的 TCP 协议；一类协议无连接的 UDP 协议；而另一类既协议 TCP 协议，也协议 UDP 协议。

（1）依赖 TCP 协议的主要有文件传送协议 FTP、简单电子邮件协议 SMTP 及超文本传送协议 HTTP 等。
（2）依赖 UDP 协议的主要有简单网络管理协议 SNMP、简单文件传送协议 TFTP。
（3）可以使用 TCP 协议，又可以使用 UDP 协议的是域名服务 DNS 等。

6.3 网络传输介质

网络传输介质用于连接网络中的各种设备，是数据传输的通路。网络中常用的传输介质分为有线介质和无线介质。

目前最常用的有线传输介质有双绞线、同轴电缆和光纤。常用的无线传输介质有无线电、微波、红外线等。

6.3.1 有线介质

1. 双绞线

组建局域网络所用的双绞线是一种由 4 对线(即 8 根线)组成的,其中每根线的材质有铜线和铜包钢线两类。

一般来说,双绞线电缆中的 8 根线是成对使用的,而且每一对都相互绞合在一起,绞合的目的是为了减少对相邻线的电磁干扰。双绞线分为屏蔽双绞线(STP)和非屏蔽双绞线(UTP),如图 6-7 所示。

(a) 屏蔽双绞线　　　　　　　(b) 非屏蔽双绞线

图 6-7　双绞线

目前,在局域网中常用到的双绞线是非屏蔽双绞线(UTP),它又分为 3 类、4 类、5 类、超 5 类、6 类和 7 类。

在局域网,双绞线主要是用来连接计算机网卡到集线器或通过集线器之间级联口的级联,有时也可直接用于两个网卡之间的连接或不通过集线器级联口之间的级联,但它们的接线方式各有不同,如表 6-1 和图 6-8 所示。

表 6-1　双绞线的 8 根线的引脚定义

线路线号	1	2	3	4	5	6	7	8
线路色标	白橙	橙	白绿	蓝	白蓝	绿	白褐	褐
引脚定义	Tx^+	Tx^-	Rx^+			Rx^-		

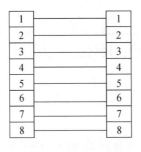 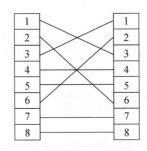

(a) 常规双绞线接法　　　　　　　(b) 跳线双绞线接法

图 6-8　双绞线接法

2. 同轴电缆

同轴电缆的中央是铜质的芯线（单股的实心线或多股绞合线），铜质的芯线外包着一层绝缘层，绝缘层外是一层网状编织的金属丝作外导体屏蔽层（可以是单股的），屏蔽层把电线很好地包起来，最外一层是外包皮的保护塑料外层，如图6-9所示。

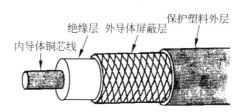

图6-9　同轴电缆结构图

目前经常用于局域网的同轴电缆有两种：一种是专门用在符合IEEE 802.3标准以太网环境中阻抗为50Ω的电缆，只用于数字信号发送，称为基带同轴电缆；另一种是用于频分多路复用FDM的模拟信号发送，阻抗为75Ω的电缆，称为宽带同轴电缆。

3. 光纤

光纤是一种细小、柔韧并能传输光信号的介质，一根光缆中包含有多条光纤。

光纤是利用有光脉冲信号来表示1，没有光脉冲来表示0。光纤通信系统是由光端机、光纤(光缆)和光纤中继器组成的。光端机又分成光发送机和光接收机。而光纤中继器用来延伸光纤或光缆的长度，防止光信号衰减。光发送机将电信号调制成光信号，利用光发送机内的光源将调制好的光波导入光纤，经光纤传送到光接收机。光接收机将光信号变换为电信号，经放大、均衡判决等处理后送给接收方。

光纤和同轴电缆相似，只是没有网状屏蔽层。中心是光传播的玻璃芯。光纤的结构如图6-10所示。光纤分为单模光纤和多模光纤两类（所谓"模"是指以一定的角度进入光纤的一束光）。

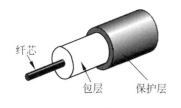 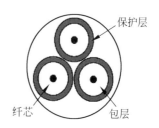

图6-10　光纤的结构

光纤不仅具有通信容量非常大的特点，而且还具有其他的一些特点：抗电磁干扰性能好；保密性好，无串音干扰；信号衰减小，传输距离长；抗化学腐蚀能力强。

正是由于光纤的数据传输率高(目前已达到1Gb/s)，传输距离远(无中继传输距离达几十千米至上百千米)的特点，因此在计算机网络布线中得到了广泛的应用。目前，光缆主要是用于交换机之间、集线器之间的连接，但随着千兆位局域网络应用的不断普及和光纤产品及其设备价格的不断下降,光纤连接到桌面也将成为网络发展的一个趋势。

但是光纤也存在一些缺点,即光纤的切断和将两根光纤精确地连接所需要的技术要求较高。

6.3.2 无线介质

无线传输介质采用电磁波、红外线和激光等进行数据传输。无线传输不受固定位置限制,可以实现全方位三维立体通信和移动通信。但是目前无线传输还存在一些缺陷,主要表现在传输速率低、安全性不高及容易受到天气变化的影响等方面。无线介质的带宽可达到每秒几十兆,如微波为45Mb/s,卫星为50Mb/s。室内传输距离一般在200m以内,室外为几十千米到上千千米。

采用无线传输介质连接到网络称为无线网络。无线局域网可以在普通局域网的基础上通过无线HUB、无线接入点AP(Access Point,也译为网络桥通器)、无线网桥、无线Modem及无线网卡等实现。其中,无线网卡最为普遍。无线网络具有组网灵活,容易安装,节点加入或退出方便,可移动上网等优点。随着通信的不断发展,无线网络必将占据越来越重要的地位,其应用会越来越广泛。

无线通信有两种类型十分重要,即微波传输和卫星传输。

1. 微波传输

微波传输一般发生在两个地面站之间。微波传输的两个特性限制了它的使用范围。首先,微波是直线传播的,其无法像某些低频波那样沿着地球的曲面传播;其次,大气条件和固体物将妨碍微波的传播。例如,微波无法穿过建筑物。

因为发射装置与接收装置之间必须存在一条直接的视线,这样就限制了它们可以拉开的距离。两者的最大距离取决于塔的高度、地球的曲率及两者之间的地形。例如,把天线安装在位于平原的高塔上,信号将传播得很远,通常为20~30mi(1mi=1.609 344km),当然,如果增加塔的高度,或者把塔建在山顶上,传播距离将更远。有时候城市里的天线间隔很短,如果有人在两座天线的视线上修建建筑物,也会影响传播。如果要实现长途传送,可以在中间设置几个中继站。中继站上的天线依次将信号传递给相邻的站点。这种传递不断持续下去就可以实现视线被地表切断的两个站点间的传输,如图6-11所示。

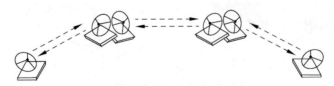

图 6-11 微波传输

2. 卫星传输

首先,卫星传输是微波传输的一种,但是它的一个站点是绕地球轨道运行的卫星,如图6-12所示。卫星传输的确是当今一种更为普遍的通信手段。其应用包括电话、电视、新闻服务、天气预报及军事用途等。

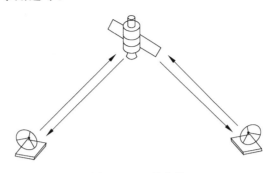

图 6-12　卫星传输

因为卫星必须在空中移动，所以只有很短的时间能够进行通信。卫星落下水平线后，通信就必须停止，一直到它重新在另一边的水平线上出现。这种情形与现今的很多应用(但不是全部)是不相适应的。实际上，卫星保持固定的位置将允许传输持续地进行。对于大多数媒体应用来说，这无疑是一个重要的判定标准。

6.4　网络互联设备

广域网是通过将各个局域网连接起来形成的，这个过程称为网络互联。网络互联主要有局域网和局域网、局域网和广域网、广域网和广域网 3 种形式。由于各个网络所使用的协议与技术不同，因此要实现网络之间的连接，必须要解决以下几个重要的问题。

(1) 由于各个不同的网络寻址方案不同，必须在不改变原来网络结构的基础上将它们统一起来。

(2) 在各个不同的网络上传送的分组最大长度不一样，必须加以识别并统一。

(3) 不同网络有不同的接入技术、不同的超时控制、不同的差错恢复方法、不同的路由器选择技术、不同的传输服务等，这些也需要统一协调。

将不同类型的局域网连接起来必须通过一些网络互联设备，按照各种设备所起作用在网络协议中层次的不同，可以分为物理层互联设备、数据链路层互联设备、网络层互联设备和应用层互联设备。

1. 物理层互联设备——中继器和集线器

由于信号在网络传输介质中有衰减和噪声，使有用的数据信号变得越来越弱，因此为了保证有用数据的完整性，并在一定范围内传送，要用中继器把所接收到的弱信号分离，并再生放大以保持与原数据相同，中继器只能用于拓扑结构相同的网络互联，是物理层的网络互联设备。中继器如图 6-13 所示。

集线器简称 HUB，它实际上是多端口中继器的一种，它是以太网的中心连接设备，是网络传输媒介的中间节点，具有信号再生和转发的功能。集线器如图 6-14 所示。一个 HUB 上往往带有 8 个或 16 个或更多的端口，这些端口可以通过双绞线与网络主机连接。集线器的基本功能是信息分发，它把一个端口接收的所有信号向所有端口分发出去。

图 6-13　中继器

图 6-14　集线器

按照所支持的带宽不同集线器通常可分为 10Mb/s、100Mb/s 和 10/100Mb/s 3 种,基本上与网卡一样,这里所指的宽带是指整个集线器所能提供的总带宽,而不是每个端口所提供的带宽。

按照对信号处理能力不同,集线器分为无源集线器、有源集线器、智能集线器 3 种。无源集线器仅负责把多个网段连接在一起,不对信号做任何处理。有源集线器拥有无源集线器的所有功能,此外还能监视数据,具有信号的扩大和再生能力。此外,有源集线器还可以报知哪些设备失效,从而提供了一定的诊断能力。智能集线器比前两种提供的好处更多,提供了集中管理功能,如果连接到智能集线器上的设备出现问题,可以很容易地识别、诊断和补修。智能集线器的另一个出色的特性是可以为不同设备提供灵活的传输速率。

2. 数据链路层互联设备——网桥和交换机

网桥(Bridge)是一个局域网与另一个局域网之间建立连接的桥梁。网桥是工作在数据链路层上的设备,有两个和多个端口,分别连接在不同的网段上,监听所有流经它所连接的网段的数据帧,并检查每个帧的 MAC 地址,然后决定是否把该帧的数据转发到其他的网段上去。网桥工作示意图如图 6-15 所示。网桥还具有帧过滤的功能,可以有选择地进行数据帧的转发。根据扩展范围,网桥可分为本地网桥和远程网桥。本地网桥只有连接局域网的端口,只能在小范围内进行局域网的扩展;而远程网桥既有连接局域网的端口,又有连接广域网的端口,通过远程网桥互联的局域网将成为城域网和广域网。

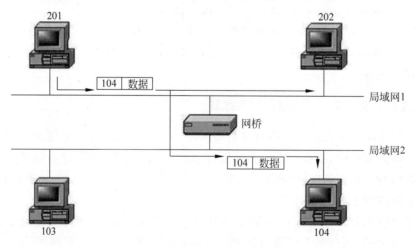
图 6-15　网桥工作示意图

网络交换机是一种连接网络分段的网络互联设备。从技术角度看,网络交换机运行在OSI模式的第2层(数据链路层)。网络交换机取代集线器和网桥,增强路由选择功能,它能监测到所接收的数据包,并能判断出该数据包的源和目的地设备,从而实现正确的转发过程。网络交换机只能对连接设备传送信息,其目的是保存带宽。LAN网络中最通用的网络交换机是以太网交换机。

对于传统的以太网来说,当连接在集线器中的一个节点发送数据时,它用广播方式将数据传送到集线器的每个端口。因此以太网的每个时间片内只允许有一个节点占用公用通信信道。局域网交换机从根本上改变了局域网"共享介质"的工作方式,它可以通过支持交换机端口节点之间多个并发连接,实现多节点之间数据的并发传输。因此交换式局域网可以增加带宽,改善网络性能与服务质量。目前,随着快速以太网与千兆以太网对带宽需求量的增加,用户对局域网交换机的需求越来越大,对其性能要求越来越高,很多网络硬件制造商都提供系列的局域网交换机产品,应用最广泛的有Cisco公司的Catalyst系列交换机如图6-16所示,3Com公司的SupeiStack Ⅱ系列交换机,Nortel公司的BayStack300系列与EtherSpeed系列交换机等产品。

3. 网络层互联设备——路由器

路由器(Router)是用于网络层扩展局域网的互联设备,如图6-17所示。路由器可以连接不同类型的网络或子网,如可以将以太网与令牌环网连接起来。当数据从一个子网传输到另一个子网时,路由器查看网络层分组的内容,根据到达数据包中的地址,决定是否转发以及从哪一条路由转发。路由器分本地路由器和远程路由器,本地路由器是用来连接网络传输介质的,如光纤、同轴电缆和双绞线;远程路由器是用来与远程传输介质连接并要求相应的设备,如电话线要配调制解调器,无线要通过无线接收机和发射机。

图 6-16 交换机

图 6-17 路由器

4. 应用层互联设备——网关

网关是在高层上实现多个网络互联的设备,当连接不同类型而协议差别又较大的网络时,需选用网关设备。不同网络通过网关进行互联后,网关能够对其网络协议进行转换,将数据重新分组,以便在不同类型的网络系统之间进行通信。网关可以实现无线通信协议与Internet协议之间的转换。由于协议转换是一件复杂的事,一般来说,网关只进行一对一转换,或是少数几种特定应用协议的转换,网关很难实现通用的协议转换。用于网关转换的应用协议有电子邮件、文件转换和远程工作站登录等。

5. 网卡

网卡也称为网络适配器(Network Interface Card,NIC),是插在服务器或工作站扩展槽内的扩展卡。网卡给计算机提供与通信线路相连的接口,计算机要连接到网络,就需要安装一块网卡。如果有必要,一台计算机也可以安装两块或多块网卡。

网卡的类型较多,按网卡的总线接口来分,一般可分为 ISA 网卡、PCI 网卡、USB 接口网卡及笔记本式计算机使用的 PCMCIA 网卡等,ISA 网卡已淘汰;按网卡的带宽来分,主要有 10Mb/s 网卡、10～100Mb/s 自适应网卡、1000Mb/s 以太网卡等 3 种,10M 网卡也已基本不用;按网卡提供的网络接口来分,主要有 RJ-45 接口(双绞线)、BNC 接口(同轴电缆)和 AUI 接口等。此外还有无线接口的网卡等。

每块网卡都有全球唯一的固定编号,称为网卡的 MAC(Media Access Control)地址或物理地址,它由网卡生产厂家写入网卡的 EPROM 中,在网卡的"一生"中,物理地址都不会改变。网络中的计算机或其他设备借助 MAC 地址完成通信和信息交换。

在 Windows 系统中可以通过输入"ipconfig/all"命令来查看本机的 MAC 地址信息,如图 6-18 所示,"Physical Address"行后面的编号就是本机的 MAC 地址。

图 6-18 "ipconfig/a//"命令执行结果

6.5 网络拓扑结构

拓扑学(Topology)是一种研究与大小、距离无关的几何图形特性的方法。在计算机网络中常采用拓扑学的方法,分析网络单元彼此互联的形状与其性能的关系。网络拓扑结构是抛开网络电缆的物理连接方式,不考虑实际网络的地理位置,把网络中的计算机看成一个节点,把连接计算机的电缆看成连线,从而看到(形成)的几何图形。

网络拓扑结构能够把网络中的服务器、工作站和其他网络设备的关系清晰地表示出来。

网络拓扑结构有星形、总线型、环形、树形、网状和混合型等,其中总线型、星形、环形是基本的拓扑结构。

6.5.1 星形拓扑结构

星形拓扑结构是由中心节点和通过点对点链路连接到中心节点的各站点组成的。星形拓扑结构如图 6-19 所示。星形拓扑结构的中心节点是主节点,其接收各分散站点的信息再转发给相应的站点。目前这种星形拓扑结构几乎是 ethernet 双绞线网络专用的。这种星形拓扑结构的中心节点是由集线器或者是交换机来承担的。星形拓扑结构的优点为:由于每个设备都用一根线路和中心节点相连,如果这根线路损坏,或与之相连的工作站出现故障时,在星形拓扑结构中,不会对整个网络造成大的影响,而仅会影响该工作站;网络的扩展容易,控制和诊断方便,访问协议简单。

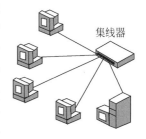

图 6-19　星形拓扑结构

星形拓扑结构也存在着一定的缺点,即过分依赖中心节点和成本高。

6.5.2 总线型拓扑结构

总线型拓扑结构将所有的节点都连接到一条电缆上,这条电缆称为总线,通信时信息沿总线广播式传送,如图 6-20 所示。总线型连接形式简单、易于安装、成本低,增加和撤销网络设备都比较灵活,没有关键的节点。缺点是同一时刻只能有两个网络节点相互通信,网络延伸距离有限,网络容纳节点数量有限。最有代表性的总线型是以太网。

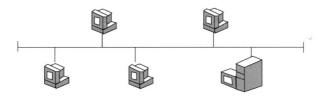

图 6-20　总线型拓扑结构

6.5.3 环形拓扑结构

环形拓扑结构是各个节点在网络中形成一个闭合的环,如图 6-21 所示,信息沿着环做单向广播传送。每一台设备只能和相邻节点直接通信,与其他节点通信时,信息必须经过两者之间的每一个节点。

环形结构传输路径固定,无路径选择问题,因此实现比较简单,但任何节点的故障都会导致全网瘫痪,可靠性较差。网络的管理也比较复杂,投资费用比较高。环形网一般采用令牌来控制数据的传输,只有获得令牌的计算机才能发送数据,因此,避免了冲突现象。环形网有单环和双环两种结构。双环结构常用于以光导纤维作为传输介质的环形网中,目的是设置一条备用环路,当光纤发生故障时,可迅速启用备用环,提高环形网的可靠性。最常用

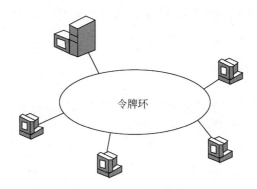

图 6-21　环形拓扑结构

的环形网有令牌环网和 FDDI(光纤分布式数据接口)。

环形拓扑结构有以下优点。

(1) 路由选择控制简单。因为信息流是沿着固定的一个方向流动的,两个站点仅有一条通路。

(2) 电缆长度短。环形拓扑所需电缆长度和总线拓扑结构相似,但比星形拓扑要短。

(3) 适用于光纤。光纤传输速度高,而环形拓扑是单方向传输,十分适用于光纤传输介质。

环形拓扑结构有以下缺点。

(1) 节点故障引起整个网络瘫痪。在环路上数据传输是通过环上的每一个站点进行转发的,如果环路上的一个站点出现故障,则该站点的中继器不能进行转发,相当于环在故障节点处断掉,造成整个网络都不能进行工作。

(2) 诊断故障困难。因为某一节点故障会使整个网络都不能工作,但具体确定是哪一个节点出现故障非常困难,需要对每个节点进行检测。

6.5.4　树形拓扑结构

树形拓扑结构是从总线型拓扑结构演变过来的,形状像一棵倒置的树,顶端有一个带有分支的根,每个分支还可延伸出子分支。

树形拓扑结构是一种分层的结构,适用于分级管理和控制系统。这种拓扑结构与其他拓扑结构的主要区别在于其根的存在。当下层的分支节点发送数据时,根接收该信号,然后再重新广播发送到全网。这种结构不需要中继器。与星形拓扑结构相比,由于通信线路总长度较短,因此其成本低、易推广,但结构较星形复杂。

树形拓扑结构有以下优点。

(1) 易于扩展。从本质上看这种结构可以延伸出很多分支和子分支,因此新的节点和新的分支易于加入网内。

(2) 故障隔离容易。如果某一分支的节点或线路发生故障,很容易将这分支和整个系统隔离开来。

树形拓扑结构的缺点是,对根的依赖性太大,如果根发生故障,则全网不能正常工作,因此这种结构的可靠性与星形结构相似。

6.5.5 网状拓扑结构

网络中任意两站点间都有直接通路相连,所以任意两站点间的通信无须路由,而且有专线相连,没有等待延迟,因此通信速度快,可靠性高。但是组建这种网络投资是非常巨大的。例如,在有 4 个站点的网状拓扑网络上增加一个站点,那么就得在这个网络上增加 4 根线使这 4 个站点的每一个站点都与新站点有一根线进行连接。由此也可看出这种网状拓扑结构的灵活性差。但这种网状拓扑结构适用于对可靠性有特殊要求的场合。网状拓扑结构如图 6-22 所示。

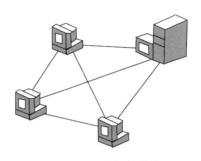

图 6-22 网状拓扑结构

6.5.6 混合型拓扑结构

混合方式比较常见的有星形/总线型拓扑结构和星形/环形拓扑结构,如图 6-23 所示。

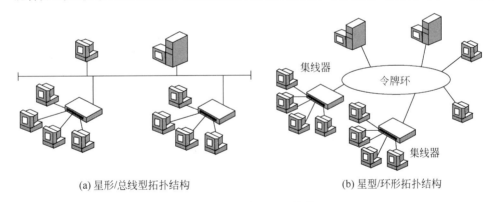

(a) 星形/总线型拓扑结构   (b) 星型/环形拓扑结构

图 6-23 混合型拓扑结构

星形/总线型拓扑是想综合星形拓扑和总线型拓扑的优点,它用一条或多条总线把多组设备连接起来,而相连的每组设备本身又呈星形分布。对于星形/总线型拓扑,用户很容易配置和重新配置网络设备。

星形/环形拓扑试图取这两种拓扑的优点于一体。这种星形/环形拓扑主要用于 IEEE 802.5 的令牌网。从电路上看,星形/环形结构完全和一般的环形拓扑结构相同,只是物理走线安排成星形连接,星形/环形拓扑的优点是故障诊断方便而且隔离容易,网络扩展简便,电缆安装方便。

6.6 局域网

6.6.1 常见的局域网拓扑结构

网络中的计算机等设备要实现互联，就需要以一定的结构方式进行连接，这种连接方式称为"拓扑结构"。目前常见的网络拓扑结构主要有四大类，即星形结构、环形结构、总线型结构，以及星形和总线型结合的复合型结构。

6.6.2 常见的局域网操作系统

网络中一个重要组成部分就是"网络操作系统"，它是整个网络的核心，也是整个网络服务和管理的基础。目前局域网中主要存在以下几类网络操作系统。

1. Windows 操作系统

Windows 操作系统是全球最大的软件开发商——Microsoft（微软）公司开发的。Microsoft 公司的 Windows 系统不仅在个人操作系统中占有绝对优势，它在网络操作系统中也是具有非常强劲的力量。这类操作系统配置在整个局域网配置中是最常见的，但由于它对服务器的硬件要求较高，且稳定性能不是很高，因此 Microsoft 的网络操作系统一般只是用在中低档服务器中，高端服务器通常采用 UNIX、Linux 等非 Windows 操作系统。在局域网中，Microsoft 的网络操作系统主要有 Windows NT 4.0 Serve、Windows 2000 Server/Advance Server 及 Windows 2003 Server/Advance Server 等，工作站系统可以采用任意 Windows 或非 Windows 操作系统，包括个人操作系统，如 Windows XP、Windows 7 等。

在整个 Windows 网络操作系统中最为成功的是 Windows NT 4.0 系统，它几乎成为中、小型企业局域网的标准操作系统，一是它继承了 Windows 家族统一的界面，使用户学习、使用起来更加容易；二是它的功能比较强大，基本上能满足所有中、小型企业的各项网络要求。虽然与 Windows 2000/2003 Server 系统相比在功能上要逊色许多，但它对服务器的硬件配置要求要低许多，可以更大程度上满足许多中、小型企业的 PC 服务器配置需求。

2. NetWare 操作系统

NetWare 操作系统虽然远不如早几年那么风光，在局域网中早已失去了当年雄霸一方的气势，但是 NetWare 操作系统仍以对网络硬件的要求较低而受到一些设备比较落后的中、小型企业，特别是学校的青睐。人们一时还忘不了它在无盘工作站组建方面的优势，还忘不了它那毫无过分需求的大度。且因为它兼容 DOS 命令，其应用环境与 DOS 相似，经过长时间的发展，具有相当丰富的应用软件支持，技术完善、可靠。目前常用的有 3.11、3.12 和 4.10、V4.11、V5.0 等中英文版本，NetWare 服务器对无盘站和游戏的支持较好，常用于教学网和游戏厅。目前，这种操作系统的市场占有率呈下降趋势，这部分的市场主要被 Windows NT/2000 和 Linux 系统瓜分了。

3. UNIX 系统

目前常用的 UNIX 系统版本主要有 UNIX SUR 4.0、HP-UX 11.0 及 SUN 公司的 Solaris 8.0 等。支持网络文件系统服务,提供数据,功能强大,由 AT&T 和 SCO 公司推出。这种网络操作系统稳定,安全性能非常好,但由于它多数是以命令方式来进行操作的,不容易掌握,特别是初级用户。正因如此,小型局域网基本不使用 UNIX 作为网络操作系统,UNIX 一般用于大型的网站或大型的企、事业局域网中。

4. Linux 操作系统

Linux 系统是一种新型的网络操作系统,其最大的特点就是源代码开放,可以免费得到许多应用程序。目前也有中文版本的 Linux,在国内得到了用户的充分肯定,主要体现在它的安全性和稳定性方面,它与 UNIX 有许多类似之处。目前,这类操作系统主要应用于中、高档服务器中。

以上介绍的几种操作系统是完全可以实现互联的,也就是说在一个局域网中,完全可以同时存在以上几种类型的网络操作系统。

6.6.3 局域网的工作模式

局域网的工作模式是根据局域网中各计算机的位置来决定的,目前局域网主要存在着两种工作模式,其涉及用户存取和共享信息的方式,它们分别是客户/服务器(Client/Server,C/S)模式和点对点(Peer-to-Peer)通信模式。

1. 客户/服务器模式

客户/服务器(C/S)是一种基于服务器的网络,在这种模式中,其中一台或几台较大的计算机集中进行共享数据库的管理和存取,称为服务器;而将其他的应用处理工作分散到网络中其他微机上去做,构成分布式的处理系统,服务器控制管理数据的能力已由文件管理方式上升为数据库管理方式,因此,C/S 网络模式的服务器也称为数据库服务器。这类网络模式主要注重于数据定义、存取安全、备份及还原,并发控制及事务管理,执行诸如选择检索和索引排序等数据库管理功能。它有足够的能力做到,把通过其处理后用户所需的那一部分数据而不是整个文件通过网络传送到客户机上,减轻了网络的传输负荷。

2. 点对点通信模式

在拓扑结构上与专用服务器的 C/S 不同,在点对点通信模式网络结构中,没有专用服务器。在这种网络模式中,每一个工作站既可以起到客户机的作用也可以起到服务器的作用。有许多网络操作系统可应用于点对点网络,如 Microsoft 的 Windows for Workgroups、Windows NT WorkStation、Windows 9x 和 Novell Lite 等。

点对点网络有许多优点,如它比 C/S 网络模式造价低,它们允许数据库和处理机能分布在一个很大的范围中,还允许动态地安排计算机需求。当然,它的缺点也是非常明显的,那就是提供较少的服务功能,并且难以确定文件的位置,使得整个网络难以管理。

6.6.4 局域网的分类

目前人们所能看到的局域网虽然主要是以双绞线为传输介质的以太网,但基本上都是企事业单位的局域网,在网络发展的早期或在其他各行各业中,因其行业特点所采用的局域网也不一定都是以太网。目前,在局域网中常见的有以太网(Ethernet)、令牌环网(Token Ring)、FDDI 网、异步传输模式网(ATM)等几类,下面分别做简要介绍。

1. 以太网

以太网(Ethernet)最早是由 Xerox(施乐)公司创建的,在 1980 年由 DEC、Intel 和 Xerox 三家公司联合开发为一个标准。以太网是应用最为广泛的局域网,包括标准以太网(10Mb/s)、快速以太网(100Mb/s)、千兆以太网(1000 Mb/s)和 10Gb/s 以太网,它们都符合 IEEE 802.3 系列标准规范。

1) 标准以太网

最开始的以太网只有 10Mb/s 的吞吐量,其所使用的是 CSMA/CD(带有冲突检测的载波侦听多路访问)访问控制方法,通常把这种最早期的 10Mb/s 以太网称为标准以太网。以太网主要有两种传输介质,即双绞线和同轴电缆。

2) 快速以太网

随着网络的发展,传统标准的以太网技术已难以满足日益增长的网络数据流量速度需求。在 1993 年 10 月以前,对于要求 10Mb/s 以上数据流量的 LAN 应用,只有光纤分布式数据接口(FDDI)可供选择,但它是一种价格非常昂贵的、基于 100Mb/s 光缆的 LAN。1993 年 10 月,Grand Junction 公司推出了世界上第一台快速以太网集线器 Fast Switch10/100 和网络接口卡 FastNIC100,快速以太网技术正式得以应用。随后 Intel、SynOptics、3COM、BayNetworks 等公司也相继推出了自己的快速以太网装置。与此同时,IEEE 802 工程组也对 100Mb/s 以太网的各种标准,如 100base-TX、100base-T4、MII、中继器、全双工等标准进行了研究。1995 年 3 月,IEEE 宣布了 IEEE 802.3u 100base-T 快速以太网标准(Fast Ethernet),就这样开始了快速以太网的时代。

快速以太网与原来在 100Mb/s 带宽下工作的 FDDI 相比具有许多的优点,最主要体现在快速以太网技术可以有效地保障用户在布线基础实施上的投资,其支持 3、4、5 类双绞线及光纤的连接,能有效地利用现有的设施。

快速以太网的不足其实也是以太网技术的不足,那就是快速以太网仍是基于载波侦听多路访问和冲突检测(CSMA/CD)技术,当网络负载较重时,会造成效率的降低,当然这可以使用交换技术来弥补。

100Mb/s 快速以太网标准又分为 100base-TX、100base-FX、100base-T4 3 个子类。

3) 千兆以太网

随着以太网技术的深入应用和发展,企业用户对网络连接速度的要求越来越高,1995 年 11 月,IEEE 802.3 工作组委任了一个高速研究组(Higher Speed Study Group),研究将快速以太网速度增至更高。该研究组研究了将快速以太网速度增至 1000Mb/s 的可行性和方法。1996 年 6 月,IEEE 标准委员会批准了千兆位以太网方案授权申请(Gigabit Ethernet Project Authorization Request)。随后 IEEE 802.3 工作组成立了 802.3z 工作委员会。

IEEE 802.3z 委员会的目的是建立千兆位以太网标准,包括在 1000Mb/s 通信速率的情况下的全双工和半双工操作、802.3 以太网帧格式、载波侦听多路访问和冲突检测(CSMA/CD)技术、在一个冲突域中支持一个中继器(Repeater)、10base-T 和 100base-T 向下兼容技术。千兆位以太网具有以太网的易移植、易管理特性。千兆以太网在处理新应用和新数据类型方面具有灵活性,它是在赢得了巨大成功的 10Mb/s 和 100Mb/s IEEE 802.3 以太网标准的基础上的延伸,提供了 1000Mb/s 的数据带宽。这使得千兆位以太网成为高速、宽带网络应用的战略性选择。

1000Mb/s 千兆以太网目前主要有 3 种技术版本,即 1000base-SX、1000base-LX 和 1000base-CX 版本。1000base-SX 系列采用低成本短波的光盘激光器(Compact Disc,CD)或者垂直腔体表面发光激光器(Vertical Cavity Surface Emitting Laser,VCSEL)发送器;而 1000base-LX 系列则使用相对昂贵的长波激光器;1000base-CX 系列则打算在配线间使用短跳线电缆,把高性能服务器和高速外围设备连接起来。

4) 10Gb/s 以太网

现在 10Gb/s 的以太网标准是由 IEEE 802.3 工作组于 2000 年正式制定的,10Gb/s 以太网仍使用与以往的 10Mb/s 和 100Mb/s 以太网相同的形式,它允许直接升级到高速网络。同样使用 IEEE 802.3 标准的帧格式、全双工业务和流量控制方式。在半双工方式下,10Gb/s 以太网使用基本的 CSMA/CD 访问方式来解决共享介质的冲突问题。此外,10Gb/s 以太网使用由 IEEE 802.3 小组定义了和以太网相同的管理对象。总之,10Gb/s 以太网仍然是以太网,只不过传输速度更快。但由于 10Gb/s 以太网技术的复杂性及原来传输介质的兼容性问题(目前只能在光纤上传输,与原来企业常用的双绞线不兼容),以及这类设备的造价太高(一般为 20000~90000 美元),因此这类以太网技术目前还处于研发的初级阶段,还没有得到实质应用。

2. 令牌环网

令牌环网是 IBM 公司于 20 世纪 70 年代发展的,现在这种网络比较少见。在旧式的令牌环网中,数据传输速率为 4Mb/s 或 16Mb/s,新型的快速令牌环网速度可达 100Mb/s。令牌环网的传输方法在物理上采用了星形拓扑结构,但逻辑上仍是环形拓扑结构。节点间采用多站访问部件(Multistation Access Unit,MAU)连接在一起。MAU 是一种专业化集线器,它是用来围绕工作站计算机的环路进行传输。由于数据包看起来像在环中传输,因此在工作站和 MAU 中没有终结器。

3. FDDI 网

光纤分布式数据接口(Fiber Distributed Data Interface,FDDI)是于 20 世纪 80 年代中期发展起来的一项局域网技术,它提供的高速数据通信能力要高于当时的以太网(10Mb/s)和令牌环网(4Mb/s 或 16Mb/s)的能力。FDDI 网络的主要缺点是价格同前面所介绍的快速以太网相比高许多,且因为它只支持光缆和 5 类电缆,所以使用环境受到限制,从以太网升级更是面临大量移植问题。

4. ATM 网

异步传输模式(Asynchronous Transfer Mode, ATM)的开发始于 20 世纪 70 年代后期。ATM 是一种较新型的单元交换技术,同以太网、令牌环网、FDDI 网络等使用可变长度包技术不同,ATM 使用 53 字节固定长度的单元进行交换。它是一种交换技术,其没有共享介质或包传递带来的延时,非常适合音频和视频数据的传输。ATM 主要具有以下优点:ATM 使用相同的数据单元,可实现广域网和局域网的无缝连接;ATM 支持 VLAN(虚拟局域网)功能,可以对网络进行灵活的管理和配置;ATM 具有不同的速率,分别为 25Mb/s、51Mb/s、155Mb/s、622Mb/s,从而为不同的应用提供不同的速率。

5. 无线局域网

无线局域网(Wireless Local Area Network, WLAN)是目前最新,也是最为热门的一种局域网,无线局域网与传统的局域网主要不同之处就是传输介质不同,传统局域网都是通过有形的传输介质进行连接的,如同轴电缆、双绞线和光纤等,而无线局域网则是采用空气作为传输介质。正因为其摆脱了有形传输介质的束缚,所以这种局域网的最大特点就是自由,只要在网络的覆盖范围内,可以在任何一个地方与服务器及其他工作站连接,而不需要重新铺设电缆。这一特点非常适合那些移动办公一族,有时在机场、宾馆、酒店等区域(通常把这些地方称为"热点"),只要无线网络能够覆盖到,都可以随时随地连接上无线网络,甚至 Internet。

无线局域网所采用的是 802.11 系列标准,它也是由 IEEE 802 标准委员会制定的。目前这一系列主要有 4 个标准,分别为 802.11b(ISM 2.4GHz)、802.11a(5GHz)、802.11g(ISM 2.4GHz)和 802.11z,前 3 个标准都是针对传输速度进行的改进,最开始推出的是 802.11b,其传输速率为 11Mb/s,因为它的连接速度比较低,随后推出了 802.11a 标准,它的连接速率可达 54Mb/s。但由于两者不互相兼容,致使一些早已购买 802.11b 标准的无线网络设备在新的 802.11a 网络中不能使用,因此正式推出了兼容 802.11b 与 802.11a 两种标准的 802.11g,这样原有的 802.11b 和 802.11a 两种标准的设备都可以在同一网络中使用。802.11z 是一种专门为了加强无线局域网安全的标准。因为无线局域网的"无线"特点,致使任何进入此网络覆盖区的用户都可以轻松地以临时用户身份进入网络,给网络带来了极大的不安全因素(常见的安全漏洞有 SSID 广播、数据以明文传输及未采取任何认证或加密措施等)。为此,802.11z 标准专门就无线网络的安全性方面做了明确规定,加强了用户身份认证制度,并对传输的数据进行加密。所使用的方法/算法有 WEP(RC4-128 预共享密钥)、WPA/WPA2(802.11 RADIUS 集中式身份认证,使用 TKIP 与/或 AES 加密算法)与 WPA(预共享密钥)。

6.7 Internet 资源

6.7.1 Internet 简介

Internet 是一组全球信息资源的名称,这些资源的量非常大,大到不可思议。不仅没有人通晓 Internet 的全部内容,甚至也没有人能说清楚 Internet 的大部分内容。

Internet 的基础建立于 20 世纪 70 年代发展起来的计算机网络群之上。它开始于美国国防部资助的称为 ARPANET 的网络,原始的 ARPANET 早已被扩展和替换了,现在由其后代 Internet 所取代。

技术进程:第一个应用 Internet 类似技术的试验网络用了 4 台计算机,建立于 1969 年,是第一台 IBM 个人计算机诞生后的第 13 年。

从 1983 年开始逐步进入到 Internet 的实用阶段。在美国和部分发达国家的大学和研究部门中得到广泛应用,用于教学、科研和通信的学术网络。

1986 年,美国国家科学基金会(National Science Foundation,NSF)利用 TCP/IP 协议,在 5 个科研教育服务超级计算机中心的基础上建立了 NSFNET 和 WAN,在全美国实现资源共享。从此以后,很多大学、研究机构等纷纷把自己的 LAN 并入到 NSFNET。如今,NSFNET 已成为 Internet 的重要骨干网之一。

1989 年,由 CERN 成功开发了万维网(World Wide Web,WWW),为 Internet 实现 WAN 超媒体信息获取/检索奠定了基础。从此,Internet 进入到迅速发展时期。

然而,把 Internet 看作一个计算机网络,甚至是一群相互连接的计算机网络都是不全面的。根据人们的观点,计算机网络只是简单的传载信息的媒体,而 Internet 的优越性和实用性则在于信息本身。

1. TCP/IP 协议

TCP/IP 有 100 多个网络传输协议,FTP、Telnet 是两个应用广泛的协议。其中,最重要的两个协议是传输控制协议(Transmission Control Protocol,TCP)和网间互联协议(Internet Protocol,IP)。IP 协议负责按地址在计算机之间传输信息,TCP 协议则保证传输的信息是正确的。

2. TCP/IP 协议的结构

TCP/IP 协议分为 4 层,数据在实际传输时,每通过一层要在数据上加上一个包头,其中的数据供接收端的同一层协议使用。到达接收端时,每经过一层要把用过的一个包头去掉。这种方式可以保证接收的数据和传输的数据完全一致,以及发送端和接收端相同层上的数据都有相同的格式,其参考模型如图 6-6 所示。

TCP/IP 协议所采用的通信方式是分组交换方式。数据在传输时分成若干段,每个数据段称为一个分组。TCP/IP 协议的基本传输单位是数据包,可以把数据看成是一封长信,分装在几个信封中邮寄出去。

3. TCP/IP 协议的功能

TCP/IP 协议在数据传输过程中主要完成以下功能。

(1) TCP 协议先把数据分成若干数据包,并给每个数据包加上一个 TCP 信封(即包头),上面写上数据包的编号,以便在接收端把数据还原成原来的格式。

(2) IP 协议把每个 TCP 信封再套上一个 IP 信封,在上面写上接收主机的地址。有了 IP,信封就可以在物理网络上传送数据。IP 协议还具有利用路由算法进行路由选择的功能。

(3) 上述信封可以通过不同的传输途径(路由)进行传输,由于路径不同及其他原因,可能出现顺序颠倒、数据丢失、数据重复等问题。这些问题由 TCP 协议来处理,其具有检查和处理错误的功能,必要时还可以请求发送端重发。因此可以说,IP 协议负责数据的传输,而 TCP 协议负责数据的可靠传输。

4. 信息按 TCP/IP 协议的传输过程

TCP/IP 是怎样工作的呢？信息是怎样在 Internet 上传送的呢？Internet 上各种网络之间是通过路由器连接的,信息的传送是通过路由器来实现的。

人们把与路由器相连接的主机称为站点。一个路由器并不连接所有的站点,其只连接相邻的站点。信息是由路由器一个一个站点传送到目的地的。路由器知道下一个站点(NextHOP)是什么,哪一个站点距离目的地近。由此,路由器可决定将信息送往哪儿。

路由器是怎样知道信息的目的地呢？这就像邮寄信件要有信封、地址一样,Internet 上的信息在传送前要加一个信息头,其中包括信息的地址,Internet 上称为 IP 地址,负责 Internet 地址管理的协议称为 IP 协议。由于受传输硬件的限制,长的信息是分组传送的,每组都有编号,信息被传送到目的地后再重新组合起来。负责将信息拆开、分组、编号、再重新组合起来的协议称为 TCP 协议。信息在每经过一层协议时需要附加一些信息,组成新的信息包。例如,经过 TCP 协议时,要附加编组号、校验码等组成 TCP 包,经过 IP 协议时要附加地址信息等组成 IP 包。当信息被传送到目的地后再拆包,丢弃附加信息,还原为原始数据。

总之,TCP/IP 是一个非常庞大的协议族,其中,最重要的两个协议是 TCP 和 IP。IP 负责信息的实际传送,而 TCP 则保证所传送信息的正确性。它们和其他 100 多个协议一起使 Internet 上千万台计算机组成一个巨大的 Internet,协同工作,并提供各种各样的服务。

5. 我国互联网的发展

我国互联网的发展启蒙于 20 世纪 80 年代末。1987 年 9 月 20 日,钱天白教授通过意大利公用分组交换网 ITAPAC 设在北京的 PAD 发出我国的第一封 E-mail,与德国卡尔斯鲁厄大学进行了通信,揭开了中国人使用 Internet 的序幕。

目前我国建成的有以下四大 Internet 主干网。

1) 中国公用计算机互联网

中国公用计算机互联网(CHINANET)是由原邮电部组织建设和管理的。1994 年开始在北京、上海两个电信局进行 Internet 网络互联工程。目前,CHINANET 在北京和上海分别有两条专线,作为国际出口。CHINANET 由骨干网和接入网组成。骨干网是 CHINANET 的主要信息通路,连接各直辖市和省会网络节点。骨干网已覆盖全国各省市、自治区,包括 8 个大区网络中心和 31 个省市网络分中心。接入网是由各省内建设的网络节点形成的网络。

1997 年,CHINANET 实现了与其他 3 个互联网络,即中国科学技术网(CSTNET)、中国教育和科研计算机网(CERNET)、中国金桥信息网(CHINAGBN)的互联互通。

2) 中国教育和科研计算机网

中国教育和科研计算机网(CERNET)是全国最大的公益性互联网络。CERNET 已建成由全国主干网、地区网和校园网在内的三级层次结构网络。CERNET 分四级管理,分别是全国网络中心、地区网络中心和地区主节点、省教育科研网和校园网。到 2001 年,CERNET 主干网的传输速率已达到 2.5Gb/s。CERNET 有 28 条国际和地区性信道,与美国、加拿大、英国、德国、日本和中国香港特区联网,总带宽在 400Mb/s 以上。CERNET 地区网的传输速率达到 155Mb/s,已经通达中国内地的 160 个城市。联网的大学、中小学等教育和科研单位达 895 个,其中高等学校 800 所以上。联网主机 100 万台,网络用户达到 749 万人。

CERNET 还是中国开展下一代互联网研究的试验网络。1998 年,CERNET 正式参加下一代 IP 协议(IPv6)试验网 6BONE,同年 11 月成为其骨干网成员。CERNET 在全国第一个实现了与国际下一代高速网 Internet 2 的互联。

3) 中国科学技术网

中国科学技术网(CSTNET)是利用公用数据通信网建立的信息增值服务网,在地理上覆盖全国各省市,逻辑上连接各部、委和各省、市科技信息机构,是国家科技信息系统骨干网,同时也是国际 Internet 的接入网。中国科技信息网从服务功能上是 Intranet 和 Internet 的结合,其 Intranet 功能为国家科委系统内部提供了办公自动化的平台,以及国家科委、各省市科委和其他部委科技司、局之间的信息传输渠道;其 Internet 功能则服务于专业科技信息服务机构,包括国家、各省市和各部委科技信息服务机构。

4) 中国金桥信息网

中国金桥信息网(CHINAGBN)是为金桥工程建立的业务网,支持金关、金税、金卡等"金"字头工程的应用。它是覆盖全国,实行国际联网,为用户提供专用信道、网络服务和信息服务的基干网。金桥网由吉通公司牵头建设并接入 Internet。

6.7.2 Internet 的地址和域名

为了在网络环境下实现计算机之间的通信,网络中任何一台计算机必须有一个地址,而且该地址在网络上是唯一的。在进行数据传输时,通信协议必须在所传输的数据中增加发送信息的计算机地址(源地址)和接收信息的计算机地址(目标地址)。

1. IP 地址

Internet 网络中所有计算机均称为主机,并有一个称为 IP 的地址。

IP 地址是 Internet 主机的一种数字型标志,它是由网络标识(Netid)和主机标识(Hostid)组成的。IP 地址的结构如图 6-24 所示。

图 6-24 IP 地址的结构

目前使用的 IP 协议版本规定 IP 地址的长度为 32 位(bit)。一般以 4 个字节表示,每个字节的数字又用十进制表示,即每个字节的数的范围为 0~255,且每个数字之间用点隔开,如 192.168.1.5,这种记录方法称为"点-分"十进制记号法。Internet 的网络地址可分为 A、B、C、D、E 5 类。每类网络中 IP 地址的结构,即网络标识长度和主机标识长度都不一样,如图 6-25 所示。

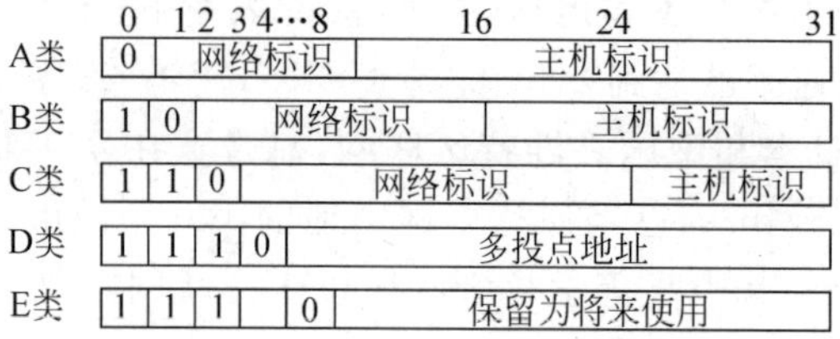

```
       0  1 2 3 4…8      16        24      31
A类   | 0 |  网络标识  |        主机标识       |
B类   | 1 0 |  网络标识  |      主机标识       |
C类   | 1 1 0 |       网络标识      |  主机标识  |
D类   | 1 1 1 0 |         多投点地址            |
E类   | 1 1 1 1 0 |       保留为将来使用        |
```

图 6-25　IP 地址的分类

A 类地址:A 类网络地址被分配给主要的服务提供商。IP 地址的前 8 位二进制数代表网络部分,取值范围为 00000000～01111111(十进制数为 0～127),后 24 位代表主机部分。例如,61.100.10.1 属于 A 类地址。

B 类地址:B 类地址分配给拥有大型网络的机构。IP 地址前 16 位二进制数代表网络部分,其中前 8 位二进制数的取值范围为 10000000～10111111(十进制数为 128～191);后 16 位代表主机部分。例如,168.100.20.55 属于 B 类地址。

C 类地址:C 类地址分配给小型网络。IP 地址的前 24 位二进制数代表网络部分,其中前 8 位二进制数的取值范围为 11000000～11011111(十进制数为 192～223),每个网络中的主机数最多为 254 台。C 类地址共有 2 097 152 个。例如,192.168.0.1 属于 C 类地址。

D 类地址:D 类地址是为多路广播保留的。它的前 8 位二进制数的取值范围为 11100000～11101111(十进制数为 224～239)。

E 类地址:E 类地址是试验性地址,暂时保留未用。它的前 8 位二进制数的取值范围为 11110000～11110111(十进制数为 240～247)。

A 类、B 类、C 类 IP 的网络范围和主机数如表 6-2 所示。

表 6-2　A 类、B 类、C 类 IP 的网络范围和主机数

IP 类型	最大网络数	最小网络号	最大网络号	最多主机数
A	126(2^7-1)	1	126	$2^{24}-2=16\ 777\ 214$
B	16 384(2^{14})	128.0	192.255	$2^{16}-2=65\ 534$
C	2 097 152(2^{21})	192.0.0	223.255.255	$2^8-2=254$

注:IP 中的全"0"和全"1"地址另作他用,所以表中主机数减 2。

目前 IP 的版本是 IPv4,随着 Internet 中计算机数量的不断增长,32 位 IP 地址越来越紧张,网络号马上就要用完,迫切需要新版本的 IP 协议,于是产生了 IPv6。IPv6 使用 128 位地址,其支持的地址数是 IPv4 的 2^{96} 倍,这个地址空间是足够用的。

目前,Internet 上大约有 6 万多个网络和 400 万台主机,占用网络地址和主机地址资源很少,但却出现了 IP 地址不够用的现象,这是因为许多地址已分配给申请者而没有充分利用。因此,合理地使用地址资源是每个 Internet 用户必须注意的问题。

需要说明的是,Internet 网络信息中心(NIC)是按照网络(Internet 的子网)分配地址的,因此只有在谈到网络地址时才可以使用 A 类、B 类或 C 类地址的说法。

2. 域名

上面所讲到的 IP 地址是一种数字型网络和主机标识。数字型标识对使用网络的人来说不便于记忆,因而提出了字符型的域名标识。目前使用的域名是一种层次型命名法,其与 Internet 网的层次结构相对应。域名使用的字符包括字母、数字和连字符,而且必须以字母或数字开头和结尾。整个域名总长度不得超过 255 个字符。在实际使用中,每个域名的长度一般小于 8 个字符。

由于 Internet 起源于美国,因此美国通常不使用国家代码作为第一级域名,其他国家一般采用国家代码作为第一级域名。

Internet 地址中的第一级域名和第二级域名由网络信息中心(NIC)管理。我国国家域名的国家代码是 cn。Internet 目前有 3 个网络信息中心,INTERNIC 负责北美地区,APNIC 负责亚太地区,还有一个 NIC 负责欧洲地区。第三级以下的域名由各个子网的 NIC 或具有 NIC 功能的节点自己负责管理。

一台计算机可以有多个域名(一般用于不同的目的),但只能有一个 IP 地址。一台主机从一个地方移到另一个地方,当它属于不同的网络时,其 IP 地址必须更换,但是可以保留原来的域名。

把域名翻译成 IP 地址的软件称为域名系统(Domain Name System,DNS)。DNS 的功能相当于一本电话簿,已知一个姓名就可以查到一个电话号码,号码的查找是自动完成的。完整的域名系统可以双向查找。装有域名系统的主机称为域名服务器(Domain Name Server)。

域名采用层次结构,每一层构成一个子域名,子域名之间用圆点隔开,自左至右分别为计算机名、网络名、机构名、最高域名。如 indi.shcnc.ac.cn,该域名表示中国(cn)科学院(ac)上海网络中心(shcnc)的一台计算机(indi)。为了便于记忆和理解,Internet 域名的取值应当遵守一定的规则。表 6-3 为 Internet 常用的一级域名。

表 6-3 常用的一级域名

域名	含义	域名	含义
com	商业组织	ca	加拿大
edu	教育部门	cn	中国
gov	政府部门	de	德国
mil	军事部门	fr	法国
net	网络技术组织	gb	英国
org	非营利性组织	jp	日本
int	国际组织	us	美国

在 Internet 中,把易于记忆的域名翻译成机器可识别的 IP 地址,通常由称为"域名系统"的软件完成,而装有 DNS 的主机就称为域名服务器,域名服务器上存有大量的 Internet 主机的地址(数据库),Internet 主机可以自动地访问域名服务器,以完成"IP 地址—域名"间的双向查找功能。例如,在 Internet Explorer(IE)的地址栏中输入牡丹江师范学院的域名"www.mdjnu.com"时,域名服务器会将其转换为牡丹江师范学院的 IP 地址,即

218.7.92.230。

6.7.3 接入 Internet 的方式

接入 Internet 的方式如图 6-26 所示。

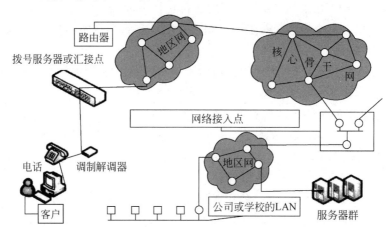

图 6-26 接入 Internet 的方式

在使用 Internet 之前,必须建立 Internet 连接,然后才能进入 Internet 获取网上信息资源。建立 Internet 连接需先向 ISP(Internet 服务商,如中国电信)提出申请,获取 ISP 授权的用户账号。

目前,用户接入 Internet 的方式主要有电话拨号接入、ADSL 接入、DDN 专线接入、ISDN 接入、Cable Modem 接入、光纤接入、卫星接入、无线接入等几种方式。其中电话拨号接入、ADSL 接入、DDN 专线接入是目前应用较多的接入方式。

1. 电话拨号接入

电话拨号接入即通常所说的"拨号上网",它的传输速率一般不超过 56Kb/s,是指利用串行线路协议(Serial Line Interface Protocol,SLIP)或点对点协议(Peer-Peer Protocol,PPP)把计算机和 ISP 的主机连接起来。

拨号上网的用户需拥有一台计算机、一台调制解调器(Modem),通过已有的电话线路连接到 Internet 服务提供商(ISP),如中国电信、中国联通等。

电话拨号接入费用较低,其缺点是传输速度低,线路可靠性较差,比较适合个人或业务量较小的单位使用。在 Windows 中需手动建立"网络连接"才能建立拨号上网。

2. ADSL 宽带接入方式

ADSL(Asymmetric Digital Subscriber Line)的中文含义是非对称数字用户线,并具有固定 IP 地址。所谓非对称,主要体现在利用一对电话线,为用户提供上、下行非对称的传输速率(带宽),上行(从用户到网络)为低速的传输,可达 1Mb/s;下行(从网络到用户)为高速传输,可达 8Mb/s。ADSL 可以在普通电话线上实现高速数字信号传输,它使用频分复用技术将电话语音信号和网络数据信号分开,用户在上网的同时还可以拨打电话,两者互不干扰,这是 ADSL 接入方式优越于电话拨号接入方式的地方。

ADSL 接入上网的用户需要具备以下条件：一台计算机、一个语音/数据滤波器、一个 ADSL Modem 等。

ADSL 也可以满足局域网接入的需要,常用的方法是,将直接通过 ADSL 接入网络的那台主机设置成服务器,然后本地局域网上的客户机通过共享该服务器连接访问网上信息资源,服务器上需安装两块网卡,其中一块与交换机(或集线器)相连,另一块与 ADSL 相连。这样,只需申请一个账号,通过共享服务器的 Internet 连接,就可以使局域网的所有计算机访问 Internet。局域网中的客户机可采用保留的 IP 地址(如 192.168.0.x)。很多网吧采用这种接入方式,以降低成本。

3. 局域网接入方式

局域网接入即用路由器将本地计算机局域网作为一个子网连接到 Internet 上,使得局域网中的所有计算机都能够访问 Internet。这种连接的本地传输速率可达 10～100Mb/s,甚至可达 1000Mb/s,但访问 Internet 的速率受到局域网出口(路由器)的速率和同时访问 Internet 用户数量的影响。这种入网方式适用于用户数较多且较为集中的情况。

4. DDN 专线上网

数字数据网(Digital Data Network,DDN)是利用数字信道传输数据信号的数据传输网,向用户提供永久性和半永久性连接的数字数据传输信道,如图 6-27 所示。

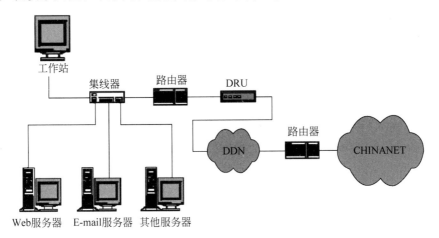

图 6-27　DDN 专线接入 Internet 示意图

DDN 专线接入能提供高性能的点到点通信,保密性强；信道固定分配,可以充分保证通信的可靠性,保证用户使用的带宽不会受其他用户的使用情况的影响；通过 DDN 专线,局域网很容易实现整体接入 Internet。另外,DDN 专线入网线路稳定,可获得真实的 IP 地址,便于企业在 Internet 上建立网站、服务广大客户。总之,DDN 的优点很多,但接入造价较高、通信费用也较高,这种接入方式适合网络用户较多的单位使用,如大型企业单位、银行、高校等。

专线上网除了 DDN 之外,还有帧中继、X.25 等方式。

5. 无线接入方式

无线接入使用无线电波将移动端系统（如笔记本式计算机、PDA、手机等）和 ISP 的基站（Base Station）连接起来，基站又通过有线方式连入 Internet。目前的无线上网可以分为两种，一种是无线局域网（Wireless Local Area Networks，WLAN），它以传统局域网为基础，通过无线 AP 和无线网卡构建的一种无线上网方式；另一种是无线广域网（Wireless Wide Area Network，WWAN），通过电信服务商开通数据功能，以计算机通过无线上网卡来达到无线上网的接入方式，如 CDMA 无线上网卡、GPRS 无线上网卡等。

6.7.4 Internet 的基本服务

1. WWW 服务

Internet 上的各种信息资源组成了世界上最大的信息资源库，能为用户提供无所不包的信息，万维网（World Wide Web，WWW）将这些信息以最方便的形式提供给用户，是 Internet 上最受欢迎的信息浏览方式，其影响力已远远超出了专业技术的范畴。其工作原理如图 6-28 所示。

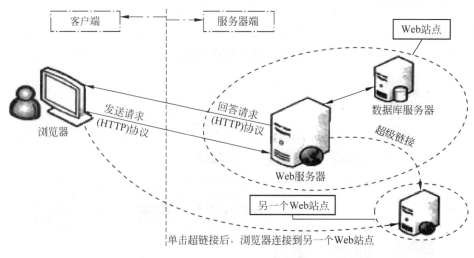

图 6-28　WWW 工作原理

1) HTML 和 HTTP

超文本标注语言（Hyper Text Makeup Language，HTML），它是 WWW 的信息组织形式，用于描述网页格式设计和不同网页文件之间通过关键字进行的链接，使得用户可以方便地在网上浏览各种信息及从一个页面跳转到另一个页面。

超文本传输协议（Hyper Text Transfer Protocol，HTTP），它是 WWW 客户端程序和 WWW 服务器程序之间的通信协议。

2) WWW 的工作方式

WWW 的工作方式是以 HTML 和 HTTP 为基础的，采用客户机/服务器模式。信息资源以网页（Web 页）的形式存储在服务器中，用户通过 WWW 客户端程序（浏览器）向

WWW 服务器发出请求；WWW 服务器根据客户端请求的内容，将保存在 WWW 服务器中的某个页面发送给客户端；浏览器接收到该页面后对其进行解释，最终将图、文、声同时呈现给用户。

人们可以通过页面中的链接，方便地访问位于其他页面甚至其他 WWW 服务器中的页面。

3) 网站和主页

网站是指在 WWW 上提供一个或多个网页的人或机构。主页是指个人或机构的基本信息页面，是某个网站的起始页面，如图 6-29 和图 6-30 所示。

图 6-29　网站首页

图 6-30　个人主页

4) URL 与定位信息

在 Internet 中有如此众多的 WWW 服务器,而每台服务器中又包含很多主页,如何找到想看的主页呢?有人可能会说输入网址。网址其实是一个通俗的说法,确切地说,是要使用统一资源定位器(Uniform Resource Locators,URL)。

统一资源定位器的目标就是用统一的方式来指明某一资源的位置,它由 3 部分组成,即代码标志所使用的传输协议、地址标志服务器名称、在该服务器上定位文件的路径名。

例如,http://www.edu.cn/index.shtml,其中"http"为所使用的传输协议类型,"www.edu.cn"为中国教育网 WWW 服务器主机名,"index.shtml"为访问网页所在的路径和文件名。

因此,通过使用 URL 机制,用户可以指定要访问什么服务器、哪台服务器、服务器中的哪个文件。

5) 搜索引擎

Internet 中拥有数以百万计的 WWW 服务器,而且 WWW 服务器所提供的信息种类及所覆盖的领域也极为丰富,如果要求用户了解每台 WWW 服务器的主机名,以及它所提供的资源种类,是不现实的。那么,用户如何在数百万个网站中快速、有效地查找到想要得到的信息呢?这就需要借助于 Internet 中的搜索引擎。

搜索引擎实际上也是一个网站,也就是 Internet 中的一个 WWW 服务器。它的主要任务是在 Internet 中主动搜索其他 WWW 服务器中的信息,并对其自动分类、索引,将分类、索引的内容存储在该服务器中的大型数据库中。用户可以利用搜索引擎所提供的分类目录和查询功能查找所需要的信息。常见的搜索引擎有 http://www.google.com、http://www.baidu.com、http://www.sohu.com、www.sina.com 等,如图 6-31 所示。

搜索引擎的使用比较简单,搜索引擎有一个"关键词"输入栏,在该栏中输入要搜索内容的关键词即可。

6) WWW 浏览器

WWW 浏览器用来浏览 Internet 上主页的客户端软件。WWW 浏览器为用户提供了寻找 Internet 上内容丰富、形式多样的信息资源的便捷途径。更重要的是,目前的浏览器基本上都支持多媒体特性,可以通过浏览器来播放声音、动画与视频。

目前流行的浏览器软件有很多种,如 Microsoft 公司的 Internet Explorer(IE)浏览器和火狐、傲游、360 安全浏览器等。IE 浏览器如图 6-32 所示。

2. 电子邮件

电子邮件(Electronic mail,E-mail)是利用计算机网络交换的电子媒体信件。一个用户通过 Internet,可将邮件传送给任何一个有电子邮件地址的用户。所传递的邮件可以是文件、图形、图像、语音和视频等内容。由于电子邮件系统采用"存储转发"的方式,在进行邮件传递时,邮件是保存在收信人的邮件服务器的邮箱中,收信人可从任何一台接入 Internet 的计算机上查看信件,并可把信件从邮件服务器中下载到用户的计算机中。

第6章　计算机网络技术基础

(a) http://www.google.com

(b) http://www.baidu.com

图 6-31　搜索引擎

图 6-32　IE 浏览器

使用电子邮件的首要条件是要拥有一个电子邮件地址。用户可向提供电子邮件服务的网络服务机构（Internet Service Provide，ISP）申请，申请成功后，ISP 就会在它的邮件服务器上建立该用户的电子邮件账户。该账户包括邮箱的容量、用户的姓名、口令及相关信息。电子邮件地址的格式在全球范围内是统一的，即用户名@邮件服务器主机名，如 msy@163.com。一般邮件通常通过 Microsoft Outlook 或 Web 邮箱发送，Microsoft Outlook 界面如图 6-33 所示。

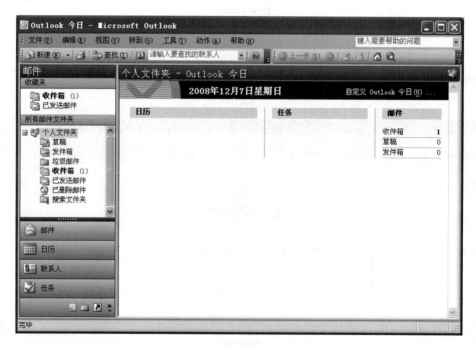

图 6-33　Microsoft Outlook 界面

3. 文件传输

文件传输（File Transfer Protocol，FTP）服务实现文件在网络计算机之间可靠、方便地互相传递。Internet 上的两台计算机在地理位置上无论相距多远，只要两者都支持 FTP 协议，网上的用户就能将一台计算机上的文件传送到另一台计算机上。

文件传输使 Internet 上的用户之间能够非常方便地交换文件，共享计算机软件资源。在 Internet 上通常有许多 FTP 服务器，管理者将非常多的软件放置其中，用户可以根据需要从服务器上获得自己需要的软件，这一过程称为文件下载。也有一些服务器支持用户将文件从用户计算机传送至服务器上,这一过程则称为文件上传。其连接图如图 6-34 所示。

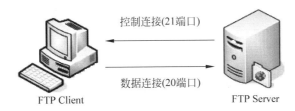

图 6-34　FTP 连接图

4．远程登录

远程登录(Telnet)是指用户使用 Telnet 命令,将自己的计算机登录到另一台计算机上,使用该计算机的各项软、硬件资源。登录成功后,用户便可以实时使用该系统对外开放的功能和资源,如共享它的软、硬件资源和数据库。如图 6-35 所示的是一个游戏网站的远程登录图。

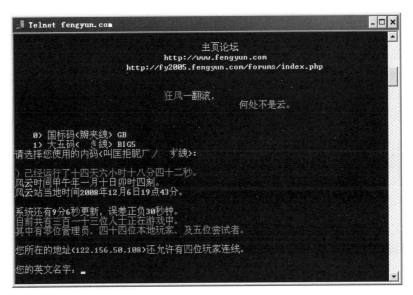

图 6-35　游戏网站远程登录图

Telnet 也是一个有用的资源共享工具。许多大学图书馆通过 Telnet 对外提供联机检索服务,一些政府部门、研究机构也将它们的数据库对外开放,让用户通过 Telnet 进行查询。

5．网络新闻服务

网络新闻组(Usenet)是利用网络进行专题讨论的国际论坛。Usenet 是规模最大的一个网络新闻组。用户可以在一些特定的讨论组中,针对特定的主题阅读新闻、发表意见、相互讨论、收集信息等。

电子公告牌(Bulletin Boards System,BBS)是 Internet 上较常用的服务功能之一。用

户可以利用 BBS 服务与网友聊天、组织沙龙、获得帮助、讨论问题及为其他人提供信息等。现在更多的 BBS 服务已经开始出现在 WWW 服务中。网上聊天是 BBS 的一个重要功能，一台 BBS 服务器上可以开设多个聊天室。进入聊天室的人要输入一个聊天代号，先到聊天室的人会列出本次聊天的主题，用户可以在自己的计算机屏幕上看到。用户可以通过阅读屏幕上所显示的信息及输入自己想要表达的信息，与同一聊天室中的网友进行聊天。

6. 信息查找服务

信息查找服务(Gopher)是 Internet 上一种综合性的信息查询系统，它给用户提供具有层次结构的菜单和文件目录，每个菜单指向特定信息。用户选择菜单项后，Gopher 服务器将提供新的菜单，逐步指引用户轻松地找到自己需要的信息资源。

Gopher 采用客户机/服务器模式。Internet 上有成千上万个 Gopher 服务器，它们将 Internet 的信息资源组织成单一形式的资料库，称为 Gopher 空间。Gopher 不同于一般的信息查询工具，它使用关键字做索引，用户可以方便地从 Internet 上的某台主机连接到另一台主机查找所需资料。

7. 广域信息服务

广域信息服务(Wide Area Information Service,WAIS)是一个网络数据库的查询工具，它可以从 Internet 的数百个数据库中搜索任何一个信息。用户只要指定一个或几个单词为关键词，WAIS 就按照这些关键词对数据库中的每个项目或整个正文内容进行检索，从中找出相匹配的关键词，即符合用户要求的信息，查询结果通过客户机返回给用户。

6.8 网站建设基础

6.8.1 网站概述

1. 网站建设的目的

网站是组成因特网的基本信息节点，是 ISP 向大众提供信息和服务的窗口。现在几乎每一个公司、企业、学校、政府部门甚至很多个人，都建立了自己的网站，不同的网站的作用是不同的，主要包括以下几个方面。

(1) 第一类可以称为政府性网站，即由政府经营的网站。这类网站提供政治、文化、经济、科学、新闻等方面的信息，并且是免费服务，它的目的是促进社会发展和经济发展。相应的，它的赢利点就在于社会效益和经济效益。一个国家的经济发展了，税收就可以增加。

(2) 第二类可以称为企业型网站，即由企业自己经营的网站。这类网站的目的是促销企业自己的产品或服务，它的赢利点就在于企业销售额的增加。

(3) 第三类是商业服务型网站。这类网站采用某种商业模式作为其运营依据，如目前大量存在的电子商务网站、搜索引擎等。

(4) 第四类网站是具有管理功能的网站，一般应用于一个企业的内部，主要完成企业工作流程的电子化工作。例如，办公自动化系统、客户关系管理系统等。

2．网站的作用

一个网站无论它的目的是什么，其运作都需要软、硬件资源和维护的成本，如果希望一个网站在 Internet 上能够长期存在，该网站必须有一定价值。网站价值的主要表现如下。

（1）内容丰富，吸引大众。

（2）提供的服务可以满足用户的多种需求。

（3）作为企业和单位的一种有效宣传方式。

（4）能为商家带来经济效益。

3．网站盈利的模式

作为商业服务性网站就是以盈利为目的的，在万维网发展初期，网站的盈利模式还不清晰，人们普遍认识到网络是一个金矿，但是如何能开采到金矿却不是显而易见的。很多网站虽然在内容和形式上受到了公众的认可，但是由于长期没有盈利点纷纷倒闭。经过了多年的摸索，网站运营商们纷纷找到了盈利点，下面简单介绍目前网站主要的盈利模式。

（1）在线广告。最主要、最常见的网站盈利模式主要通过丰富网站内容和服务来提高网站点击率，扩大其知名度，这样就会有广告商来做广告。国内做得好的是新浪、网易、雅虎等门户网站。还有新兴在线短视频网站，通过影音载入前后的等待时间播放在线广告，如56、土豆、六间房等。

（2）搜索引擎。越来越多的人通过搜索引擎定位网络资源，如果希望自己的网站在用户搜索相关信息的时候出现在前面，就需要向搜索引擎缴纳一定的费用，这种模式已经成为目前搜索引擎的主要盈利模式，如百度、迅雷、豆瓣等。

（3）电信增值业务。目前最赚钱的网络盈利模式之一，网站与电信运营商合作为用户提供手机铃声下载、彩铃、彩信下载，电子杂志订阅，短信发送等业务。

（4）电子商务。B2C、B2B、网上销售，会员收费制或交易额提成，如当当网上书店、淘宝、易趣网、卓越等。

（5）与传统媒体行业的合作。通过网站的增值服务进行收费，如凤凰网提供的时事节目收费下载、互联星空的电影、电视节目收费、爱奇艺会员收费等。

（6）网络游戏。网络游戏产业是一个新兴的朝阳产业，经历了20世纪末的初期形成期，近几年的快速发展，现在中国的网络游戏产业处在成长期，并快速走向成熟期。

（7）在线教育类网站。提供 E-Learning，如新东方、北京四中网校等。

（8）招聘类网站。收取企业会员费，如 China、51Job、中国人才热线等。

（9）企业信息化服务。域名注册，空间申请，企业邮箱，网站建设、维护与推广，网络营销与策划等。知名公司有新网互联、新竞争力网络营销管理顾问公司等。

4．网站的基本构成

构成网站的基本元素有网址、网页和网页空间。

（1）网址。如果某单位希望建设一个网站，在 Internet 上能够被其他人访问，首先需要为网站申请一个域名，在 Interent 上标识该网站，即申请一个网址。

（2）网页。网站提供的各种信息和服务内容都是通过网页实现的。大的网站可达到数百张甚至上千张。网站的第一页称为首页。浏览者可以通过超链接访问其他网页和链接到其他网站。

（3）网页空间。制作好网页之后就需要在国际互联网上找到一块空间，用以存放这些网页。

5．网站技术解决方案

网站技术解决方案主要有以下 3 种。

（1）主机托管。主机托管是指将自己的服务器放在能够提供服务器托管业务单位的机房中，实现其与 Internet 的连接，从而省去用户自行申请专线连接到 Internet。主机托管适用于大空间、大流量业务的网站服务，或者是有个性化需求，对安全性要求较高的客户。

（2）自建服务器。自建服务器是指一般公司、企业、学校或者个人建立的网站，单位自己购买搭建 Web 服务器所需要的软、硬件资源，申请独立域名，向 ISP 租用国际互联网专线，自行进行网站的维护。

（3）租用虚拟机。租用虚拟机是指网站建设者既不需要任何设定服务器的技术，也不需要配备自己的硬件设备和租用专线，只要向 ISP 申请即可，一般租用 ISP 提供的硬盘空间来存放网页，目前有许多中小型的网络都采用这种方法。

6．网站建立过程

网站的建立与开发软件系统是一样的，必须经过良好的分析和设计才能够开始做。很多人一说建立网站就马上开始制作网页，这样是做不出高质量的网站的。下面介绍建立网站的一般过程。

（1）确定主题。网站主题就是建立的网站所要包含的主要内容，一个网站必须要有一个明确的主题。特别是对于个人网站，不可能像综合网站那样做得内容大而全，包罗万象。个人没有这个能力，也没有这个精力，所以必须要找准一个自己感兴趣的内容，做深、做透、做出自己的特色，这样才能给用户留下深刻的印象。网站的主题无定则，只要是感兴趣的，任何内容都可以，但主题要鲜明。

（2）收集资料。明确网站的主题以后，就要围绕主题开始收集资料。要想自己的网站能够吸引住用户，就要尽量收集材料，收集材料越多，以后制作网站就越容易。材料既可以从图书、报纸、光盘和多媒体上得到，也可以从互联网上搜集，然后把搜集的材料去粗取精，去伪存真，作为自己制作网页的素材。

（3）规划网站。一个网站设计的成功与否，很大程度上取决于设计者的规划水平，规划网站就像设计师设计大楼一样，图纸设计好了，才能建成一座漂亮的楼房。网站规划包含的内容很多，如网站的结构、栏目的设置、网站的风格、颜色搭配、版面布局和文字图片的运用等，只有在制作网页之前把这些方面都考虑到了，才能在制作时驾轻就熟、胸有成竹。也只有这样制作出来的网页才能有个性、有特色、具有吸引力。

（4）选择工具。选择什么样的制作工具并不会影响网页设计的好坏，但是一款功能强大、使用简单的软件往往可以起到事半功倍的效果。目前大多数网民选用的网页制作工具都是所见即所得的编辑工具，其中的优秀者是 Dreamweaver 和 FrontPage。如果是初学者，FrontPage 是首选。除此之外，还有图片编辑工具，如 Photoshop、Photoimpact 等；动画制作工具,如 Flash、Cool 3D、Gif Animator 等;还有网页特效工具,如有声有色等,网页有许多方面的软件,可以根据需要灵活运用。

(5) 制作网页。材料有了,工具也选好了,下面就需要按照规划一步步地把自己的想法变成现实了,这是一个复杂而细致的过程,一定要按照先大后小、先简单后复杂的顺序进行制作。所谓先大后小,就是说在制作网页时,先把大的结构设计好,然后再逐步完善小的结构设计。所谓先简单后复杂,就是先设计出简单的内容,然后再设计复杂的内容,以便出现问题时容易修改。在制作网页时要灵活运用模板,这样可以大大提高制作效率。

(6) 上传测试。网页制作完毕,最后要发布到 Web 服务器上,才能够让全世界的朋友观看,现在上传的工具有很多,有些网页制作工具本身就带有 FTP 功能,利用这些 FTP 工具,可以很方便地把网站发布到自己申请的主页存放服务器上。网站上传以后,在浏览器中打开自己的网站,逐页逐个链接进行测试,发现问题,及时修改,然后再上传测试。全部测试完毕就可以把网址告诉朋友,让他们来浏览。

(7) 推广宣传。网页做好之后,还要不断地进行宣传,这样才能让更多的朋友认识它,提高网站的访问率和知名度。推广的方法有很多,如到搜索引擎上注册、与其他网站交换链接、加入广告链等。

(8) 维护更新。网站要注意经常维护更新内容,保持内容的新鲜,不要一做好就保持不变了,只有不断地补充新的内容,才能够吸引浏览者。

6.8.2 网页概述

网页是组成 Web 网站的基本元素,是用 HTML 语言将信息组织起来的文本文件。最初的 HTML 语言只能在浏览器中展现静态的文本或图像信息,这满足不了人们对信息丰富性和多样性的强烈需求,由静态技术向动态技术的转变成为了 Web 客户端技术演进的永恒定律。按照 Web 网页产生的时间可以将网页划分为静态网页、动态网页两个较宽的范畴。

1. 静态网页

静态网页将要显示的内容组织在静态的 HTML 文档中,文档扩展名为.htm 或.html,一旦制作完成,内容便固定不变。如果文档内容发生改变,必须要求网页制作人员修改网页,重新生成静态文档。

静态文档的优点是实现技术简单、可靠和高性能,缺点是缺少灵活性。当信息改变时,文档必须被手动修改,而且也不具备与用户的交互功能。因此静态文档适用于那些不需要经常更新,也不需要与用户交互的场合,如部门简介、系统帮助等。目前采用纯静态网页来开发网站的情况已经很少了。

静态网页主要用到的就是 HTML 技术,制作过程中关注的是网页的布局和信息的组织,力求网页外观美观实用。

2. 动态网页

动态网页的内容不是预先存在的,它是在浏览器请求文档时由 Web 服务器动态创建的。当请求到达时,Web 服务器运行一个应用程序创建动态文档,服务器将应用程序的输出作为响应。因为针对每个请求均会创建一个新的文档，所以每个请求产生的动态文档是不同的。

动态文档的优点是，能够报告当前信息。例如，动态文档可用于报告当前股票价格、天气状况等。当浏览器请求这些信息时，服务器会运行一个应用程序来访问所需的信息并创建文档，然后将文档发送给浏览器。但动态文档一旦被发送到浏览器后，其信息也不会再改变了，因此当用户浏览股票价格时，这些信息可能已经过时了。所以，动态文档不适用于那些变化非常快的信息。

动态网页是目前网络中存在的最大量的网页对象，使用的技术也是非常繁多的，如动态效果的DHTML，脚本技术如JavaScript、VBScript等；Web嵌入式组建技术，如Active等；Web服务器技术，如JSP、ASP和PHP等；企业应用平台，如J2EE和.NET技术。除此之外还包括各种多媒体信息的集成技术。动态网页技术已经成为网页制作的主要技术。

6.8.3 网页制作的常用工具

1. 网页制作工具

目前应用最广泛的网页制作工具包含Microsoft FrontPage和Dreamweaver，这两个工具都是所见即所得的网页创作工具。

FrontPage是由Microsoft公司推出的新一代Web网页制作工具，使网页制作者能够更加方便、快捷地创建和发布网页，具有直观的网页制作和管理方法，简化了大量工作。

FrontPage界面与Word、PowerPoint等软件的界面极为相似，为使用者带来了极大的方便，Microsoft公司将FrontPage封装入Office家族中使其成为一员，使之功能更为强大。

Dreamweaver是由Macromedia(2005年被Adobe公司收购)公司推出的一款在网页制作方面大众化的软件，它具有可视化编辑界面，用户不必编写复杂的HTML源代码就可以生成跨平台、跨浏览器的网页，不仅适用于专业网页编辑人员的需要，同时也容易被业余网友们所掌握。另外，Dreamweaver的网页动态效果与网页排版功能都比一般的软件好用，即使是初学者也能制作出相当专业水准的网页，所以Dreamweaver是网页设计者的首选工具。除此之外，各种文本编辑工具都可以作为网页开发的工具，如记事本等。

2. 网页美化工具

为了使制作的网页更为美观，用户在利用网页制作工具制作网页时，还需利用网页美化工具对网页进行美化。网页的美化主要指对网页中的图像、动画等素材进行加工或制作，从而使其更具有感染力。目前常用的网页美化工具有Photoshop、Fireworks和Flash等。

6.8.4 HTML语言简介

网页最基本的构成元素是"超文本标记语言"（Hyper Text Markup Language，HTML）。采用这种语言设计的网页可包含文本、图形、表格、框架、层、动画、脚本代码和超链接等元素，下面简单介绍HTML语言。

1. HTML 语言概念

HTML 采用简洁明了的语法命令,通过对各种标记、元素、属性和对象等的定义,建立图形、声音和视频等多媒体信息,还可以建立与其他超文本的链接。

由于 HTML 是纯文本类型语言,因此可以使用任何文本编辑器(如 Windows 的【记事本】)打开、查看和编辑;同时也可以在使用浏览器浏览网页时,通过【查看】→【源文件】命令查看当前网页的 HTML 源代码。

2. HTML 语言的组成

HTML 文件是由各种元素和标记组成的。

1) 标记

标记是 HTML 的基本元素,每种标记定义了不同的功能。标记是一些用"<"和">"括起来的单词或句子,用来逻辑性地描述文件的结构,超文本语言的语法构成主要是通过各种标记来表示的。

标记分为两种,单一标记和成对标记,包括基本标记、标题标记、格式标记、文本标记、文档属性标记、连接标记、表格标记、表单标记和帧标记。

2) 一般结构

一个完整的文件由头部(Head)和主体(Body)两部分构成,头部中包含标题、网页语言等基本信息,还可以包含作者信息、网页关键字和网页描述等。主体中则包括网页显示的主要内容,由表格、图片和表单等各种对象组成。其一般结构如下。

```
<HTML>
    <HEAD>
        网页头部分
    </HEAD>
    <BODY>
        主体部分
    </BODY>
</HTML>
```

3. HTML 举例

一个简单的 HTML 文件如图 6-36 所示,它在 IE 浏览器里的效果如图 6-37 所示。

4. HTML 的缺点

HTML 的提出是成功的,但随着 Internet 应用进一步普及,HTML 逐渐暴露出了它的一些缺点。

(1) HTML 没有表达内容的真正含义并且只能使用预先定义的标记。

(2) HTML 层次过于单调,仅支持简单的段落或片段结构,不能定义数据的层次。

(3) HTML 要求文档过于完整,不能筛选出用户只想得到的那部分数据。

(4) HTML 没有真正做到国际化,各个厂商都在定义自己的标准,以期望能成为行业的标准。HTML 解析器实现规则不同,则对于同一组内容,不同的浏览器必须编写不同的

```
<html>
    <head>
        <script src="2048.js" type="text/javascript"></script>
        <link rel="stylesheet" href="2048.css"/>
    </head>
    <body>
        <p>SCORE:<span id="score"></span></p>
        <!-- 控制 gameover 窗口 显示/隐藏 -->
        <div id="gameover">
            <div><!--灰色半透明背景--></div>
            <p>
                GAME OVER!!!<br/>
                SCORE:<span id="finalScore"></span><br/>
                <a class="btn" id="restart"
                onclick="game.start();">Try Again</a>
            </p>
        </div>
    </body>
</html>
```

图 6-36 部分 2048 网页游戏代码

图 6-37 2048 游戏界面

代码。

（5）HTML 无法真正实现数据交互。它无法提供编程接口解析它所携带的数据，这就限制了它和各种应用程序、数据库及操作系统的数据交互。

（6）HTML 不可重用。

针对这些缺点，XML 应运而生。可扩展标记语言（eXtensible Markup Language，XML）的先驱是 SGML 和 HTML。通用标记语言（Standard Generalized Markup Language，SGML）是国际上定义电子文件结构和内容描述的标准，是一种非常复杂的文档结构,主要用于大量高度结构化数据的防卫区和其他各种工业领域,便于分类和索引。同XML相比,SGML定义的功能很强大,然而它不适于Web数据描述,而且价格非常昂贵。HTML比较适合Web网页的开发,但定义的标记相对较少,不能支持特定领域的标记语言,如表达式、乐谱等的表示非常困难。

XML不是HTML的替代品,XML和HTML是两种不同用途的语言。XML是用来描述数据的,重点是什么是数据,如何存放数据。HTML是用来显示数据的,重点是显示数据以及如何显示数据。

6.9 习题

一、选择题

1. 通信线路的主要传输介质有双绞线、微波和( )。
   A. 电话线　　　　B. 光纤　　　　C. 1类线　　　　D. 3类线
2. 通信双方必须共同遵守的规则和约定称为网络( )。
   A. 合同　　　　B. 协议　　　　C. 规范　　　　D. 文本
3. 由一个中央节点和若干从节点组成的拓扑结构是( )。
   A. 总线型　　　　B. 星形　　　　C. 环形　　　　D. 网状
4. IEEE将网络划分为LAN、WAN和( )。
   A. PSIN　　　　B. ADSL　　　　C. MAN　　　　D. ATM
5. 网络协议分层方法及其协议层与层之间接口的集合称为网络( )。
   A. 服务　　　　B. 通信　　　　C. 关系　　　　D. 体系结构
6. 某企业为了构建网络办公环境,每位员工使用的计算机上应当具备的设备是( )。
   A. 网卡　　　　B. 摄像头　　　　C. 无线鼠标　　　　D. 双显示器
7. 某企业为了组建内部办公网络,需要具备的设备是( )。
   A. 大容量硬盘　　　　B. 路由器　　　　C. DVD光盘　　　　D. 投影仪
8. 某企业为了建设一个可供客户在互联网上浏览的网站,需要申请一个( )。
   A. 密码　　　　B. 邮编　　　　C. 门牌号　　　　D. 域名
9. 为了保证公司网络的安全运行,预防计算机病毒的破坏,可以在计算机上采取的方法是( )。
   A. 磁盘扫描　　　　　　　　B. 安装浏览器加载项
   C. 开启防病毒软件　　　　　D. 修改注册表
10. Internet的四层结构分别是( )。
    A. 应用层、传输层、通信子网层和物理层
    B. 应用层、表示层、传输层和网络层
    C. 物理层、数据链路层、网络层和传输层
    D. 网络接口层、网络层、传输层和应用层
11. 某企业需要在一个办公室构建适用于20多人的小型办公网络环境,这样的网络环

境属于( )。
  A. 城域网　　　　B. 局域网　　　　C. 广域网　　　　D. 互联网

12. 现代计算机普遍采用总线结构，按照信号的性质划分，总线一般分为( )。
  A. 数据总线、地址总线、控制总线　　　　B. 电源总线、数据总线、地址总线
  C. 控制总线、电源总线、数据总线　　　　D. 地址总线、控制总线、电源总线

13. 某家庭采用ADSL宽带接入方式连接Internet，ADSL调制解调器连接一个4口的路由器，路由器再连接4台计算机实现上网的共享，这种家庭网络的拓扑结构为( )。
  A. 环形拓扑　　　B. 总线型拓扑　　　C. 网状拓扑　　　D. 星形拓扑

14. 在声音的数字化过程中，采样时间、采样频率、量化位数和声道数都相同的情况下，所占存储空间最大的声音文件格式是( )。
  A. WAV 波形文件　　　　　　　　　B. MPEG 音频文件
  C. RealAudio 音频文件　　　　　　　D. MIDI 电子乐器数字接口文件

15. 现代计算机普遍采用总线结构，包括数据总线、地址总线、控制总线，通常与数据总线位数对应相同的部件是( )。
  A. CPU　　　　　B. 存储器　　　　C. 地址总线　　　　D. 控制总线

二、简答题

1. 什么是计算机网络？构成计算机网络的条件有哪些？
2. 计算机网络的主要功能有哪些？
3. 什么是计算机网络体系结构？OSI 参考模型的 7 层是什么？每层功能是什么？
4. 网络中有线传输介质有哪几种？

第 7 章 常用工具软件

7.1 Ghost 简介

Ghost 是 Symantec 公司推出的一款用于系统、数据备份与恢复的工具。Ghost 9 之后，其只能在 Windows 操作系统中运行，提供数据定时备份、自动恢复与系统备份恢复的功能。

7.1.1 Ghost 的启动

启动 Ghost 11，单击 OK 按钮后，可以看到 Ghost 的主菜单，如图 7-1 所示。

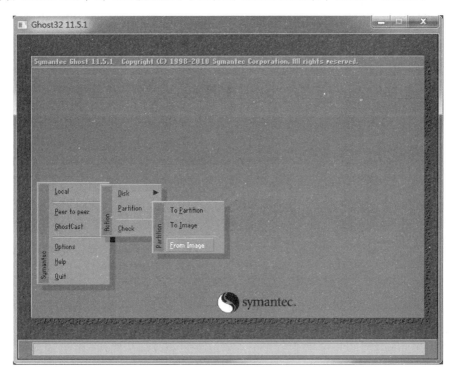

图 7-1 Ghost 的主菜单

Ghost 主菜单主要有以下几项。
(1) Local：本地操作，对本地计算机上的磁盘进行操作。

(2) Peer to peer：通过点对点模式对网络计算机上的磁盘进行操作。

(3) GhostCast：通过单播/多播或者广播方式对网络计算机上的磁盘进行操作。

7.1.2 使用 Ghost 对分区进行操作

启动 Ghost 之后，选择 Local→Partition 命令对分区进行操作。

To Partition：将一个分区的内容复制到另外一个分区。

To Image：将一个或多个分区的内容复制到一个镜像文件中。一般备份系统均选择此操作。

From Image：将镜像文件恢复到分区中。当系统备份后，可选择此操作恢复系统。

1．备份系统

选择 Local→Partition→To Image 命令，对分区进行备份，如图 7-2 所示。

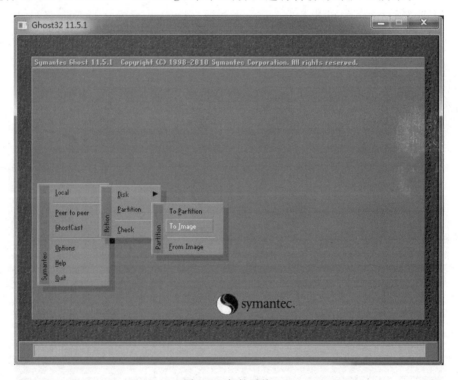

图 7-2　备份系统

备份分区的顺序为：选择磁盘→选择分区→设定镜像文件的位置→选择压缩比例。备份分区的操作程序如图 7-3～图 7-8 所示。

在选择压缩比例时，为了节省空间，一般单击选择 High 按钮，压缩比例越大，压缩越慢。

2．对分区进行恢复

选择 Local→Partition→From Image 命令，对分区进行恢复，如图 7-9 所示。

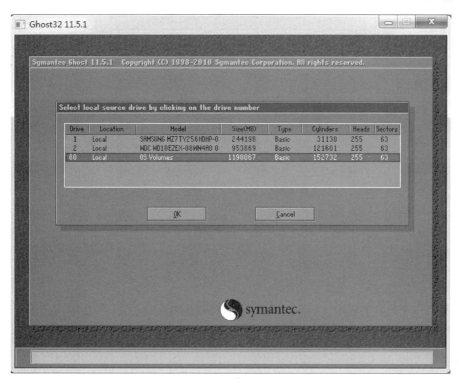

图 7-3 选择磁盘

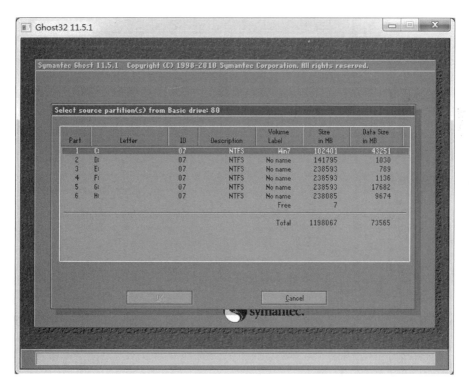

图 7-4 选择分区

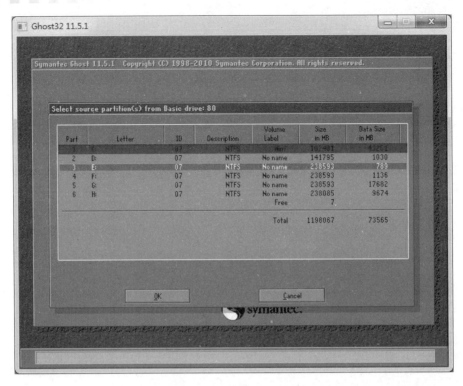

图 7-5 选择多个分区

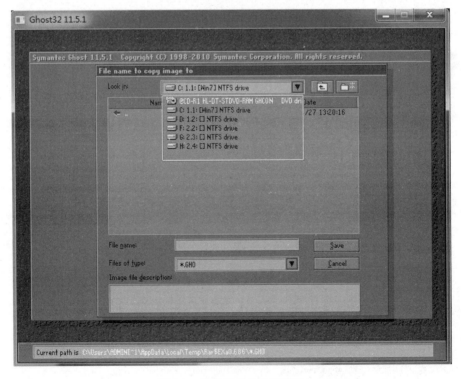

图 7-6 选择镜像文件的位置

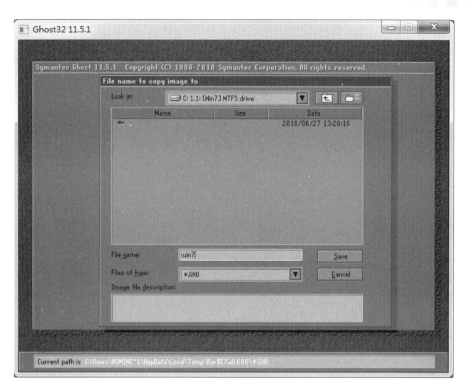

图 7-7 输入镜像文件名

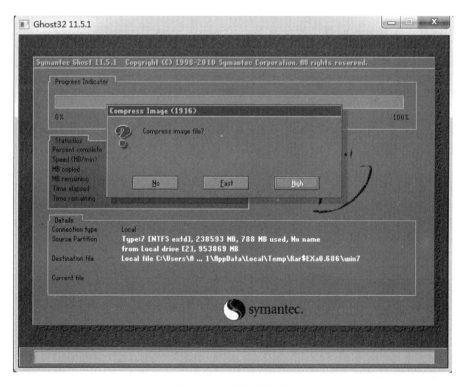

图 7-8 选择压缩比例

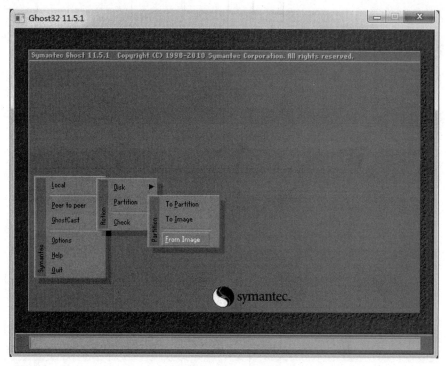

图 7-9 从镜像文件恢复分区

恢复分区的顺序为：选择镜像文件→选择镜像文件中的分区→选择磁盘→选择目标分区→确认恢复。恢复分区的程序操作如图 7-10～图 7-13 所示。

图 7-10 选择镜像文件

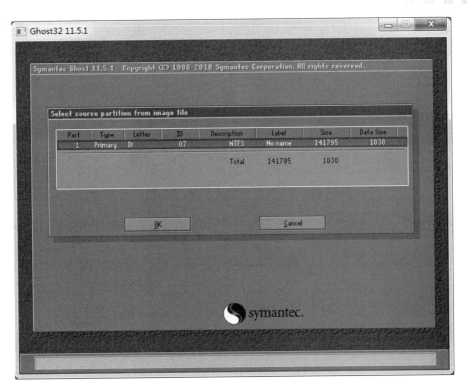

图 7-11 选择分区

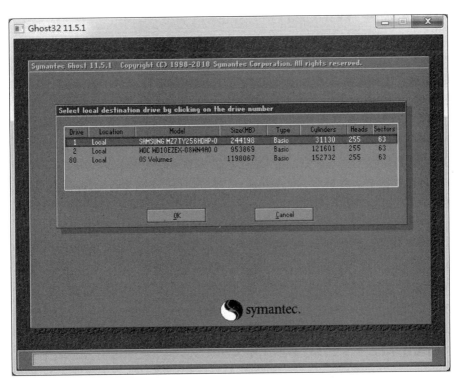

图 7-12 选择目标分区

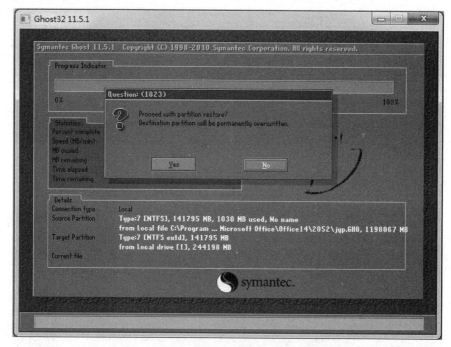

图 7-13　确认后恢复分区

7.2　压缩软件 WinRAR

压缩软件 WinRAR 是应用最广泛的压缩工具，支持鼠标拖放及外壳扩展，完美支持 ZIP 档案，内置程序可以解开 CAB、ARJ、LZH、TAR、GZ、ACE、UUE、BZ2、JAR、ISO 等多种类型的压缩文件；具有估计压缩功能，用户可以在压缩文件之前得到用 ZIP 和 RAR 两种压缩工具各 3 种压缩方式下的大概压缩率；具有历史记录和收藏夹功能；压缩率相当高，资源占用相对较少，固定压缩、多媒体压缩和多卷自释放压缩是大多压缩工具所不具备的；使用非常简单方便，配置选项不多，仅在资源管理器中就可以完成用户想做的工作；对于 ZIP 和 RAR 的自释放档案文件（DOS 和 Windows 格式均可），单击【属性】按钮就可以轻松查看此文件的压缩属性，如果有注释，还能在属性中查看其内容。

7.2.1　快速压缩

右击要压缩的文件，在弹出的快捷菜单中选择【添加到"××××.rar"】命令，就是 WinRAR 在右键中创建的快捷键，如图 7-14 所示。

右击要压缩的文件，在弹出的快捷菜单中选择【添加到压缩文件】命令，在弹出的【压缩文件名和参数】对话框中单击【确定】按钮，完成压缩，如图 7-15 所示。在【压缩文件名和参数】对话框的【常规】选项卡中也可修改压缩文件名等。

7.2.2　快速解压

右击压缩文件，在弹出的快捷菜单中选择【解压文件】命令，如图 7-16 所示。

选择【解压文件】命令后弹出如图 7-17 所示的【解压路径和选项】对话框,在【常规】选项卡中的【目标路径】下拉列表框中选择解压缩后的文件的路径和名称,单击【确定】按钮即可完成。

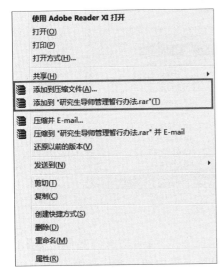

图 7-14 右键菜单

图 7-15 【压缩文件名和参数】对话框

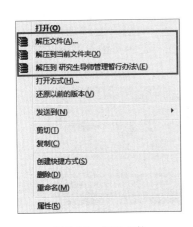

图 7-16 解压文件

图 7-17 【解压路径和选项】对话框

7.2.3 WinRAR 的主界面

对文件进行压缩和解压的操作,利用快捷菜单中的功能就能够完成,一般情况下不用在 WinRAR 的主界面中进行操作。但是在主界面中又有一些额外的功能,下面将对主界面中的每个按钮进一步说明。

双击 WinRAR 图标后弹出的主界面如图 7-18 所示。

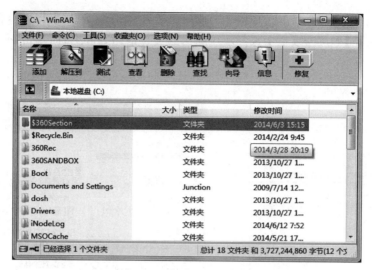

图 7-18 WinRAR 主界面

(1)【添加】按钮,即压缩按钮,单击时弹出如图 7-15 所示的【压缩文件名和参数】对话框。当选定一个具体的文件后,单击【查看】按钮即可显示文件中的内容代码等。

(2)【删除】按钮,即删除选定的文件。

(3)【修复】按钮是修复文件的一个功能。修复后的文件 WinRAR 会自动为其命名为_reconst.rar,所以只要在【被修复的压缩文件保存的文件夹】文本框为修复后的文件找好路径就可以了,当然也可以重新为其命名。

(4)【解压到】按钮,即将文件解压。单击该按钮时弹出如图 7-15 所示的【压缩文件名和参数】对话框。

(5)【测试】按钮,即允许对选定的文件进行测试,它会告诉用户是否有错误等测试结果。

当在 WinRAR 的主界面中双击打开一个压缩包时,会显示几个新的按钮,如图 7-19 所

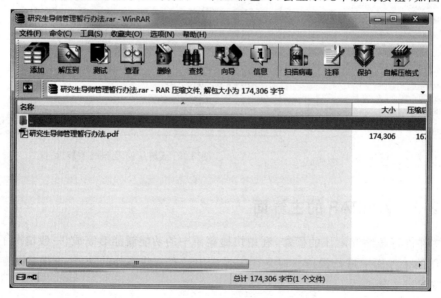

图 7-19 文件浏览

示。其中,【自解压格式】按钮将压缩文件转化为自解压可执行文件;【保护】按钮主要是防止压缩包受意外的损害;【注释】按钮主要是对压缩文件做一定的说明;【信息】按钮主要是显示压缩文件的一些信息。

7.2.4　WinRAR 的分卷压缩

WinRAR 的分卷压缩功能应用得比较多,在工作中经常要上传一些附件,但邮箱对上传附件的大小是有限制的,如上传的附件要小于 512KB。当要上传的附件大于 512KB 时,就用到了分卷压缩,而不必使用专用的分割软件。其操作步骤如下。

(1) 右击要分卷压缩的文件,从弹出的快捷菜单中选择【添加到压缩文件】命令,如图 7-20 所示。

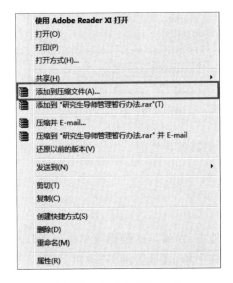

图 7-20　添加到压缩文件

(2) 在弹出的【压缩文件名和参数】对话框中设置压缩分卷的大小,以字节为单位,如图 7-21 所示。例如,压缩分卷大小为 500KB,即 512 000 字节(1024×500)。

图 7-21　设置压缩分卷的大小

计算技巧：右击要压缩的文件,在弹出的快捷菜单中选择【属性】命令,查看该文件的大小为多少个字节。假设该文件大小为 X 字节,如果想把这个文件大约分成 N 份,即想分割成 N 个压缩文件,那么该压缩分卷大小应该设为 X/N 个字节。如果想要每个压缩分卷的大小为 y MB,那么就用 $1024 \times 1024 \times y$,即 $1\,048\,576 \times y$。例如,想要每个压缩分卷的大小为5MB,那么就要 $5\,242\,880$ 字节$(1\,048\,576 \times 5)$,每个为10MB,即 $10\,485\,760$ 字节$(1\,048\,576 \times 10)$。

（3）单击【确定】按钮,开始分卷压缩,如图7-22所示。

图7-22　开始分卷压缩

（4）分卷压缩包完成后,将其保存到同一个文件夹中,双击后缀名中数字最小的压缩包可解压。

7.2.5　文件加密

右击要压缩的文件或文件夹,在弹出的快捷菜单中选择【添加到压缩文件】命令,在弹出的【压缩文件名和参数】对话框中单击【设置密码】按钮,如图7-23所示。

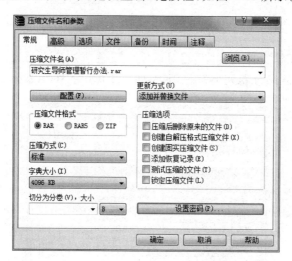

图7-23　给压缩文件设置密码

在弹出的【输入密码】对话框中设置好密码,单击【确定】按钮,开始压缩,如图7-24所示。

图 7-24 【输入密码】对话框

7.3 看图软件 ACDSee 15.0

ACDSee 15.0 是一款集图片管理、浏览、简单编辑于一身的图像管理软件。对于一般的个人用户来说，该软件完全能够胜任日常管理、浏览数码照片，同时还可以对一些拍摄效果不理想的数码照片进行简单的编辑。

7.3.1 数码照片的导入

照片拍摄完成后需导入计算机中才能浏览，ACDSee 15.0 提供了完善的导入照片功能。将数码设备连接到计算机，确认数码设备已经打开，并且数据线已经正确连接到计算机，这时运行 ACDSee，在其主界面中左侧可见【文件夹】窗格，单击相应的数码相机内存卡标识，即可在下部的预览窗格中看到数码照相机中的所有照片，如图 7-25 所示。

图 7-25 ACDSee 主窗口

也可以直接选择【编辑】→【全部选择】命令来选择要导入的全部照片，选择【批量】→【重命名】命令，在这里可以选择使用模板重命名导入的文件名，如图 7-26 所示。这样导入的文件就按模板的方式进行重命名，为以后管理数码照片提供了方便。

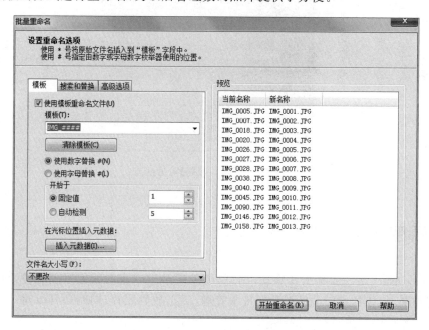

图 7-26　【批量重命名】对话框

7.3.2　浏览数码照片

把数码照片导入计算机后，就可以使用 ACDsee 对其进行浏览。双击照片，即可使用 ACDSee 查看功能打开照片，如图 7-27 所示。在这里只是提供了浏览、翻转、放大/缩小及删除等基本功能，所以使用看图软件可以提供前所未有的照片显示速度，能够快速浏览所有的数码照片。

在快速查看模式中，窗格右上角提供了管理、查看、编辑、在线 4 种模式，单击【管理】按钮，可切换到相片管理功能，如图 7-25 所示。单击【编辑】按钮可切换到 ACDSee 图片编辑模式，可对照相进行颜色、形态、曝光等方面修改，如图 7-28 所示。

ACDSee 提供了浏览照片的所有功能，用户可以通过左侧的【文件夹】窗格来同时选择多个文件夹，使文件夹内的照片同时在浏览区域显示，如图 7-29 所示，这样就免除了切换目录的麻烦。

可以通过浏览区域顶部的各种不同查看方式来快速定位数码照片，使用户更加方便地找到自己需要的照片，快速、方便地对其进行浏览。

7.3.3　管理数码照片

ACDSee 提供了强大的数码照片管理功能，可以使用户方便、快速地找到自己需要的数码照片。

图 7-27 使用 ACDSee 查看功能

图 7-28 ACDSee 编辑模式

1. 按日历事件定位照片

ACDSee 提供了日历事件视图,在主窗口上选择【视图】→【日历】命令,即可显示【日历】窗格。日历事件提供了多种视图查看模式,可以按事件、年份、月份及日期查看,图 7-30 所示是按事件查看视图。ACDSee 以每次导入图片为一个事件,可以直接拖动图片为事件设置缩略图,还可以为事件添加事件描述,这样就可以通过事件视图来快速定位某次的导入图片了。另外通过年份、月份或日期事件,可以快速定位到某个时间导入的照片,这样就可以通过时间来快速定位自己需要查看的照片。

2. 按照片属性准确定位照片

用户可以为拍摄的数码照片添加属性,为其设置标题、日期、作者、评级、备注、关键词及类别等,如图 7-31 所示。

图 7-29 【文件夹】窗格

图 7-30 【日历】窗格

图 7-31 【属性-元数据】窗格

依据这些设置选项,就可以通过浏览区域顶部的过滤方式、组合方式或排序方式来进行准确定位,会按照每张数码照片的属性进行排列,通过这种方式可以快速且准确地定位到自己需要的数码照片上,如图 7-32 所示。

图 7-32　按照片属性定位照片

另外也可以通过顶部的快速搜索功能定位照片,只要在搜索框中输入要搜索的关键词,单击【快速搜索】按钮,同样可以快速定位到自己需要的数码照片。

3．照片收藏夹

ACDSee 还提供了强大的收藏夹功能,用户可以把自己喜欢的数码照片添加到收藏夹中,也可以把数码照片直接拖动到收藏夹中,如图 7-33 所示。

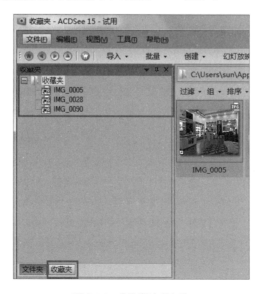

图 7-33　【收藏夹】窗格

只需要单击收藏夹中相应的文件夹,就可以在浏览区域快速查看该收藏夹中的照片。

4. 隐私文件夹

如果拍摄的数码照片不想让其他人看到,只供自己浏览,为了保护这些数码照片的安全,用户可以创建自己的隐私文件夹,把这些数码照片添加到隐私文件夹中,并为其设置密码,只有在输入密码后才可打开该隐私文件夹,如图 7-34 所示,这样其他人就不能看到自己的隐私照片了。

图 7-34 【打开或创建隐私文件夹】对话框

7.3.4 数码照片的简单编辑

在拍摄数码照片的时候,总会有一些照片拍摄的效果不尽如人意,这时就需要使用计算机对其进行处理编辑。类似 Photoshop 图形图像软件操作步骤很复杂,不易入手。其实,ACDSee 看图软件本身就带有简单的图像编辑功能,可以对图片进行简单的处理,用来弥补拍摄时的一些缺憾。

ACDSee 看图软件提供了曝光、阴影/高光、色彩、红眼消除、相片修复、清晰度等基本的编辑功能,操作非常简单,只要打开 ACDSee 看图软件的编辑模式,然后选择左侧窗格的编辑功能,即可在新窗口中对照片进行编辑,只要拖动左侧窗格的滑块,即可完成对图像的编辑操作。

在这里以曝光为例,介绍一下 ACDSee 看图软件的编辑功能。打开曝光的编辑窗口,然后在左侧窗格分别拖动【曝光】与【对比度】等滑块,就可以在右侧的预览窗格看到对应的颜色变化,如图 7-35 所示。如果对当前编辑的效果不满意,只要单击【撤销】按钮,即可自动恢复到照片编辑前的状态。

通过简单的拖动滑块,即可把拍摄效果不满意的数码照片调整好,去除拍摄时的一些瑕疵,使数码照片看起来更加漂亮。其他几个工具的操作也非常简单,这里就不再赘述。

7.3.5 数码照片的保存与共享

数码照片保存在计算机上,只能使用计算机才可以欣赏,如果要与其他人一起共享拍摄的数码照片,可以把这些数码照片打印出来,或是制作成 DVD 光盘,或是制作成幻灯片,这样就可以更加方便地浏览数码照片,同时可以一边欣赏音乐,一边浏览自己喜欢的数码照片。

1. 多种形式的打印布局

虽然 Windows 也提供了打印功能,可以把数码照片打印出来,但是只能在一张纸上打

图 7-35　颜色变化预览窗格

印一张数码照片,这样既浪费纸张,也不美观。ACDSee 看图软件提供了多种形式的打印布局,允许用户在一张纸上按多种形式进行打印,使打印结果更满足用户的需要。

打开 ACDSee 看图软件的打印窗口,在这里可以选择左上角的打印布局,如整页、联系页或布局等,然后在下面选择布局的样式,这时可以在中间的预览窗格实时查看最终的打印结果预览图。同时在右侧窗格设置好打印机、纸张大小、方向、打印份数、分辨率及滤镜等,设置完成后单击【打印】按钮,即可按设置打印输出数码照片,如图 7-36 所示。

图 7-36　设置打印输出数码照片

2. 创建幻灯片

还可以把自己的数码照片制作成幻灯片,这样就可以一边欣赏音乐,一边自动播放数码照片。

选择【创建】→【幻灯放映文件】命令,在弹出的【创建幻灯放映向导】对话框中选择要创建的文件格式,其中包括独立放映的 EXE 格式文件,屏幕保护的 SCR 格式文件及 Flash 格式文件;然后添加要制作幻灯片的数码照片,设置好幻灯片的【转场】【标题】及【音频】等,如图 7-37 所示;再对幻灯片选项进行设置,最后设置好保存幻灯片的位置,即可完成幻灯片的创建。

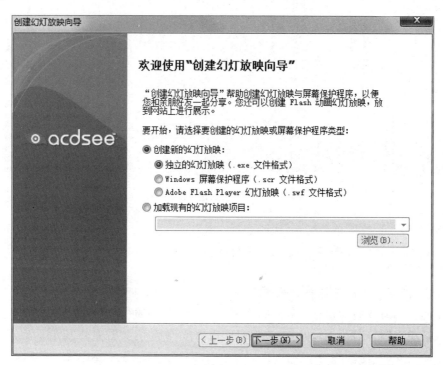

图 7-37 【创建幻灯放映向导】对话框

3. 刻录 CD 或 DVD

还可以把拍摄的数码照片制作成 CD 或 DVD 光盘,这样就可以在电视机上播放、欣赏拍摄的数码照片。

选择【创建】→【CD 或 DVD】命令,在【刻录】对话框中添加要创建的数码照片,然后设置好数码照片的转场及播放的背景音乐/音频,最后设置好创建文件的保存位置,单击【创建】按钮,就可以制作出一个非常精美的视频了,把它刻录到光盘上就可以在电视机上播放了,如图 7-38 所示。

另外,还可以把数码照片制作成 HTML 相册、PDF 文件及文件联系表等,这样就可以把数码照片制作成形式多样、丰富多彩的相册或视频文件,与其他人一起来分享。

图 7-38 【创建视频或 VCD】窗口

7.4 360 安全卫士

360 安全卫士是北京奇虎科技有限公司推出的一款永久免费杀毒防毒软件,其拥有木马查杀、优化加速、系统修复、电脑体检、保护账户等多个强劲功能,同时还提供装机必备、清理使用痕迹及人工服务等特定的辅助功能。

7.4.1 电脑体检

"电脑体检"是 360 安全卫士提供的对系统进行全面详细检查的功能,将会扫描系统中 190 多个可疑位置,提供很详细的系统诊断结果信息。

(1)选择【电脑体检】选项卡后,再单击【立即体检】按钮等待片刻扫描出系统中的问题项位置及相关信息,如图 7-39 所示,全方位地对系统进行深度检测,同时采用全新的评分机制,更直观地掌控计算机健康程度。

(2)在扫描结果详细列表中选中有问题的项目位居列表前,单击【清理】按钮自动清理系统垃圾,并提示已修复部分问题,有些需要手动修复;单击【查看】按钮后单击【找专家帮忙】按钮,在弹出的对话框中选择【立即手动修复】或【立即求教专家】命令两种方式之一,更好地改善系统功能。

7.4.2 木马查杀

"木马查杀"可以在联网情况下直接使用 360 云安全中心的病毒库查杀出目前网络上流

图 7-39 【电脑体检】选项卡

行的绝大部分木马。选择【木马查杀】选项卡,出现快速扫描、全盘扫描、自定义扫描3种方式。快速扫描可以扫描系统内存、开机启动项等关键位置,快速查杀木马;全盘扫描可以扫描全部磁盘文件,全面查杀木马及其文件残留;自定义扫描可以扫描用户指定的文件或文件夹,精准查杀木马。

第一次运行的时候,建议用户选择【全盘扫描】命令,全面检查系统中是否存在木马,耐心等待扫描完毕。扫描结果将显示在界面上方的列表中,如图 7-40 所示,单击【查看】超链接,在弹出的对话框中显示可疑的类型、路径、大小和处理意见等信息;单击【信任】超链接,弹出【信任】对话框,可以复选信息方式,将文件改为可信任的内容;单击【立即处理】按钮清除选定的木马文件。在弹出的窗口中单击【查看详细报告】超链接查看本次木马查杀的扫描日志、扫描选项、扫描内容、危险文件等信息。

7.4.3 电脑清理

"电脑清理"可以说是 360 安全卫士最大的特色。可以帮助用户自动清理计算机中的垃圾文件、恶意软件和插件及使用痕迹,减少内存占有量,大大加快计算机运行速度。

选择【电脑清理】选项卡,进入电脑清理界面,如图 7-41 所示,包括一键清理、清理垃圾、清理软件、清理插件和清理痕迹 5 个选项卡。一键清理可以根据用户选择清理计算机中的Cookie、垃圾、痕迹和插件等,节省磁盘空间;单击【立即开启】按钮变为【已开启】按钮,用户可以选择自动清理时机和清理内容,做到随时随地清理不必要的内容。其他选项根据需求选择相应选项卡,根据提示扫描或清理即可,操作简单方便。需要注意的是,有些比较顽固的插件程序或木马文件在卸载或查杀之后需要重新启动计算机。

第7章 常用工具软件

图 7-40 【木马查杀】界面

图 7-41 【电脑清理】界面

7.4.4 系统修复

360安全卫士提供的"系统修复"功能可以针对Windows系统进行漏洞扫描,检测出计算机系统中存在哪些漏洞,缺少哪些补丁,并且给出漏洞的严重级别,提供相应补丁的下载和安装。系统修复分为常规修复和漏洞修复两种方式,常规修复是关于一些快捷方式、浏览器首页、插件等的检查和修复,是防止一些恶意程序对系统恶意的修改;漏洞修复是指修复操作系统本身的缺陷,这种修复是由微软公司编制修补程序,由用户安装。

漏洞修复功能的使用方法如下。

(1) 选择【系统修复】选项卡,如图7-42所示,单击【漏洞修复】按钮,极短时间即可扫描出系统中的所有漏洞,如图7-43所示。

图 7-42 【系统修复】界面

(2) 扫描出的漏洞将根据 Microsoft 发布漏洞补丁的时间排序,并且标明各种漏洞的发布日期及大小。单击漏洞可以查看该条漏洞详细信息。

(3) 选择想要安装的补丁,单击【官方下载】超链接,即可开始下载选择的补丁,下载完毕后会自动安装。

(4) 单击底部【补丁管理】超链接弹出补丁对话框,分为已安装补丁、已忽略补丁、已过期补丁、已屏蔽补丁4个选项卡,用户根据需求选择查看详情或卸载。

(5) 单击【设置】超链接,弹出设置对话框,可以更改补丁保存、下载安装顺序及其他设置等。

图 7-43　漏洞修复界面

7.4.5　优化加速

360 安全卫士的"优化加速"功能能够整理和关闭计算机中一些不必要的启动项、垃圾文件、优化系统设置、内存配置、应用软件服务、系统服务等，以达到计算机干净整洁，运行速度提升的效果。通过程序主界面的【优化加速】选项卡进入该功能模块，如图 7-44 所示。

图 7-44　【优化加速】模块

该功能中部分子功能的详细技术说明如下。

1. 一键优化

开启【优化加速】功能后，360 安全卫士将自动进入【一键优化】选项卡进行全盘扫描，智能分析用户计算机的系统情况，给予最合适的优化方案，帮助用户关闭不必要的启动项目、清理系统垃圾文件和优化系统网络设置等，快速轻松提升开机速度。

单击【一键恢复】超链接，进入【优化加速】对话框，可以将已经优化的项目还原到默认状态或未做任何优化前的状态或者是上一次优化前的状态。

用户也可以通过【启动项】【深度优化】和【优化记录与恢复】选项自己动手设置开机启动项和服务等。

2. 启动项

许多木马病毒或恶意软件都会偷偷地在系统的启动项中运行，以达到其随系统启动而启动的目的，还有一些无关的程序未经允许也强行安插在启动项中，导致系统的启动时间越来越长。用户可以从系统自带的工具查看系统启动项的详细情况，但是操作比较麻烦。360 安全卫士提供了管理启动项功能，而且比系统自带的更加方便、强大和实用。

选择【启动项】选项卡，直接进入启动项页，显示出所有已开启或禁用的软件的名称、启动用时、建议和当前状态等详细信息，如图 7-45 所示。如果某项属于不必要的启动项目，可以单击【禁止启动】按钮，禁止该项启动，或者单击 按钮，在弹出的下拉菜单中选择【删除此启动项】命令，同时可以打开该启动项所在的目录。

图 7-45 【启动项】选项卡

计划任务、自启动插件、应用软件服务、系统关键服务页的操作与此相同。

在开启某功能后，必须重启计算机才能使设置生效。

7.5 CAJViewer

CAJViewer 又称为 CAJ 浏览器或 CAJ 阅读器，由同方知网(北京)技术有限公司开发，是用于阅读和编辑 CNKI 系列数据库文献的专用浏览器。CNKI 一直以市场需求为导向，每一版本的 CAJViewer 都是经过长期需求调查，充分吸取市场上各种同类主流产品的优点研究设计而成的，目前的最新版本是 CAJViewer 7.2。经过几年的发展，其功能不断完善、性能不断提高，它兼容 CNKI 格式和 PDF 格式文档，不需下载就可以直接在线阅读原文，也可以阅读下载后的 CNKI 系列文献全文，并且其打印效果与原版的效果一致，逐渐成为人们查阅学术文献不可或缺的阅读工具。使用前可以登录网址 http://www.cnki.net 下载并安装该软件。

7.5.1 浏览文档

用户可以通过选择【文件】→【打开】命令来打开一个文档，开始浏览或阅读该文档，这个文档必须是以 CAJ、PDF、KDH、NH、CAA、TEB、URL 为扩展名的文件类型。打开指定文档后将显示如图 7-46 所示的界面。

图 7-46　浏览文档

一般情况下，屏幕正中间最大的一块区域代表主页面，显示的是文档中的实际内容。如果打开的是 CAA 文件，此时可能显示空白，因为实际文件正在下载中。

用户可以通过鼠标、键盘直接控制主页面，也可以通过菜单或者单击页面窗口或目录窗口来浏览页面的不同区域，还可以通过菜单项或者单击工具栏来改变页面布局或者显示比率。

当鼠标指针显示为手的形状时，可以随意拖动页面，也可以单击打开链接。选择【查看】→【全屏】命令时，主页面将全屏显示，用户可以打开多个文件同时浏览。

7.5.2　下载信息

选择【查看】→【下载信息】命令，会弹出的【当前下载队列】控制窗口，如图 7-47 所示。

图 7-47　【当前下载队列】控制窗口

后缀名为 CAA 的文件中保存的是中国学术期刊网上特定图书的 HTTP 链接，打开 CAA 文件后将立即下载该图书。为了控制下载进程，特提供如图 7-47 所示的控制窗口，窗口的中间列表框里列出了正在下载的图书的状态、文件名、文件大小、已经下载完成的比率和下载速率等。

对每一个正在下载的文件，可以停止，也可以重新开始下载，窗口上有相应名称的按钮可以操作。

打开 CAA 文档后，主页面显示的是正在下载的文件内容，已经下载完成的部分能正常显示，没有下载完成的页面将显示"正在下载中"。

已经全部下载完成的 CAA 文件尽量不要重复打开，以节省网络资源。

7.5.3　文字识别

选择【工具-文字识别】命令，当前页面上的鼠标指针变成文字识别的形状，按住鼠标左键并拖动，可以选择页面上的一块区域进行识别，识别结果将在对话框中显示，并且允许修改做进一步的操作，如图 7-48 所示。

单击【复制到剪贴板】按钮，编辑后的所有文本都将被复制到 Windows 系统的剪贴板上；单击【发送到 WPS/Word】按钮，编辑后的所有文本都将被发送到 WPS 或 Word 文档中,如果 WPS/Word 没有运行,将先使之运行。

该功能使用了清华文通的 OCR 识别技术,安装该软件包才能使用本功能。

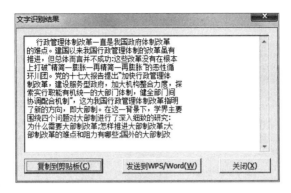

图 7-48 【文字识别结果】窗口

7.5.4 全文编辑

全文编辑分为文本摘录和图像摘录,摘录结果可以方便地粘贴到 WPS、Word 等编辑器中进行任意编辑。

(1) 文本摘录只能用于非扫描页。其具体操作如下。

单击工具栏中【选择文本】按钮,按住鼠标左键,选择相应文字,使其呈反色显示。也可右击,选择【复制】命令或按工具栏中的【复制】按钮,如图 7-49 所示。在 CAJViewer 中,提供了列式选定,如图 7-50 所示。右击选定的内容,在弹出的快捷菜单中选择【复制】命令,将所选文本复制到剪贴板中。

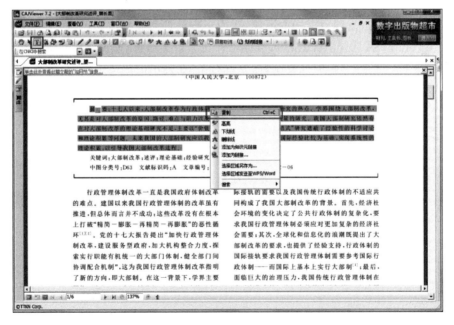

图 7-49 复制文本

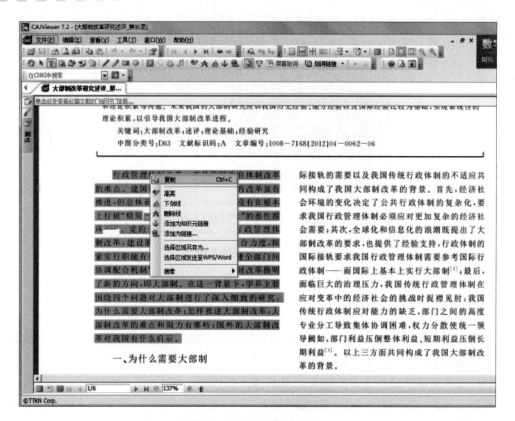

图 7-50　列式选定文本

打开 Windows 写字板或 Word 等编辑软件进行粘贴,即可得到摘录的文本,同时也可以编辑存盘。

（2）图像摘录可以复制原文中的图像,适用于扫描页和非扫描页,其具体操作如下。

单击工具栏上的【选择图像】按钮,鼠标指针变为十字形状,按住鼠标左键拖动至选定位置画出一片区域；选择【编辑】→【复制】命令或右击,在弹出的快捷菜单中选择【复制】命令,图像即被复制到剪贴板,也可粘贴到 Word、WPS 等编辑器中进行编辑。

7.6　习题

1. 有损压缩和无损压缩之间的主要区别是什么？
2. 用 ACDSee 15.0 如何对数码照片进行编辑处理？
3. 下载后的论文,通过哪个软件查看？
4. CAJViewer 与 PDF 阅读器有什么区别？

第 8 章 信息检索技术

20世纪以来,人类创造的信息量高速增长。据估计,20世纪70年代以来全世界每年出版图书50万种以上、期刊10万种以上、专利文献约50万件、科技报告约90万件、会议文献10多万篇、产品样本50多万种、发表的科技论文总数近500万篇,并呈指数式增长,可谓浩如烟海。如何从这浩如烟海的信息中找到所需的信息,就成为信息检索的重任。自20世纪80年代以来,以微缩品、声像带、磁盘、光盘等形式记录的非纸介质信息急剧上升,伴随着计算机进入多媒体时代,信息科技也步入多媒体发展时期,靠"手翻、眼看、大脑判断"的手工检索方式已难以全面适应当今信息的发展,计算机信息检索必然地成为主要的检索手段。以Internet为代表的全球性网络的实际应用更进一步推动了这一发展。在现代信息化社会中,有效获取自己需要的信息成为当代大学生成才的一个重要因素。熟练掌握信息的检索技术和方法成为当代人应具备的基本技能和基本素质。一个善于从电子信息系统中获取信息的科研人员,必定比不具备这一能力的人具有更多的成功机会。

8.1 概述

信息无所不在,它是人类在交流过程中"减少或消除一种不确定性的东西"。信息的含义非常丰富,太阳东升西落,花是红的,草是绿的,羊儿吃草,小狗喜欢啃骨头,1小时等于60分钟等均是信息,信息的表现形式可以是消息、信号、数据、情报或知识等。

信息处理即对信息进行变换,其主要目的是提高信息的有效性,对信息进行识别和分类,分离和选择信息,即信息应经过组织、加工、提炼处理后才能为人们所利用。简单地说,信息处理就是对原始信息进行加工,使之成为适用的信息。

长期以来,人类主要用人脑、手工进行信息处理工作。电子计算机的诞生,使信息处理技术出现了飞跃,开创了信息处理工具发展的新纪元。计算机信息处理的实质就是由计算机进行数据处理的过程,如图 8-1 所示。即通过将数据输入到计算机中,再由计算机对数据进行加工处理,向人们提供有用的信息的过程。平常所说的信息检索就是信息利用的一种形式和方法。

图 8-1 信息处理过程

8.1.1 信息检索的基本概念

信息检索是指将杂乱无序的信息有序化,形成信息集合,并根据需要从信息集合中查找特定信息的过程,全称是信息存储与检索(Information Storage and Retrieval)。可见信息检索包含两个过程,一是信息存储过程;二是信息查找过程。信息的存储过程主要是指对信息进行筛选,描述其特征,加工使之有序化,形成信息集合,即建立数据库,这是检索的基础;信息的查找过程是指采用一定的方法与策略从数据库中查找出所需信息,这是检索的目的,是存储的反过程,存储与查找是一个相辅相成的过程。通常人们所说的信息检索主要指后一种过程,即信息查找过程,也就是狭义的信息检索(Information Search)。

信息检索的实质是将用户的检索标志与信息集合中存储的信息标志进行比较与选择,也称为匹配(Matching),当用户的检索标志与信息存储标志匹配时,信息就会被查找出来,否则就查不到。

8.1.2 信息检索的发展

信息检索起源于纸质图书情报的检索,随着计算机技术广泛应用于信息检索领域,带来了信息检索技术的深刻变化。信息检索技术也由手工检索阶段发展到计算机信息检索阶段。

1. 手工检索

传统的信息检索是以手工存储和检索信息的系统,也就是手工信息检索系统。手工检索系统是图书馆的一种传统检索手段。手工检索图书的过程如图 8-2 所示。

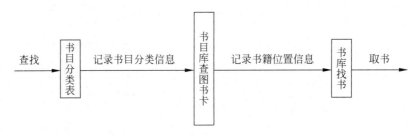

图 8-2 手工检索图书的过程

手工检索的过程:首先需要找到图书馆的书目分类表,也就是用户要找的书位于书目库中的哪一大类的哪一小类中,如要借阅《红楼梦》,则首先需要在书目分类表找到"文学"类书籍下面的"小说"中的这一类书籍位于书目库中的编号或者位置,其次进入书目库,找到这类书籍的所有书目卡,再找到要借阅的书的书目卡,记录下要找的书在书库中的编号或者位置信息,最后进入图书馆书库找到所需要的书。

目前大部分图书馆虽然仍有书目库,但手工检索的方式已处于被淘汰的边缘。显然,手工检索由于使用各种纸质工具,检索入口少、速度慢、效率低,已经远远不能满足现代社会信息化发展的需要。

2．计算机检索

计算机检索系统是用计算机进行信息存储和检索的系统。计算机检索图书过程如图 8-3 所示。

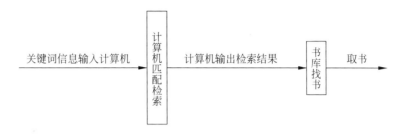

图 8-3　计算机检索图书过程

用户只要输入需要查找的关键词信息，计算机经过比较匹配后，就会立即显示所需要查找的结果。如前例，只要输入书名"红楼梦"，计算机就能立即显示目前书库中《红楼梦》的不同版本的册数及位置，据此信息直接去书库取书即可，检索过程变得异常迅速、方便。

计算机检索大致经历了光盘检索、联机检索、网络检索 3 个阶段，相应形成了光盘检索系统、联机检索系统和网络检索系统。

光盘检索系统：它由计算机、光盘数据库及检索软件等组成。目前国内普遍采用的是光盘网络检索系统，它是由光盘服务器、计算机局域网、光盘库/磁盘阵列及检索软件等组成的。其特点是设备简单、费用低且检索技术易掌握，但检索范围受光盘数据库的限制，更新不够及时。

联机检索系统：它由联机服务的中心计算机、检索终端、通信终端、联机数据库及检索软件等组成，其特点是检索范围广泛、检索速度快、检索功能强、及时性好，并可以联机订购原文。它拥有的数据库数量大且更新及时，但检索技术复杂，设备要求高，检索费用昂贵。

网络检索系统：它由计算机服务器、用户端、通信网络及网络数据库等组成。其特点是检索方法较简单，检索较灵活、方便、及时性好，检索费用和速度均低于联机检索系统。

网络检索系统是计算机检索系统发展的高级阶段，也是目前被广泛应用的系统，后面将主要介绍计算机网络检索系统。各种信息检索系统的特性比较如表 8-1 所示。

表 8-1　信息检索系统特性比较

项目	手工检索	计算机检索		
		光盘检索	联机检索	网络检索
组成	纸质书刊、资料	计算机硬件、检索软件、信息存储数据库、通信网络	中央服务器、检索终端、检索软件、联机数据库、通信网络	中央服务器、用户终端、通信网络、网络数据库
优点	直观、信息存储与检索费用低	设备简单、检索费用低、检索技术容易掌握	检索范围广泛、检索速度快、检索功能强、及时性好	检索方法较简单、检索灵活、方便、及时性好、检索费用和速度均低
缺点	检索入口少、速度慢、效率低	更新不够及时	检索技术复杂、设备要求高、检索费用昂贵	

8.1.3 计算机信息检索原理

随着计算机技术、通信技术和高密度存储技术的迅猛发展,利用计算机进行信息检索已成为人们获取信息的重要手段。计算机信息检索能够跨越时空,在短时间内查阅各种数据库,还能快速地对几十年前的文献资料进行回溯检索,而且大多数检索系统数据库中的信息更新速度很快,检索者随时可以检索到所需的最新信息资源。例如,中国期刊网(CNKI)能在瞬间检索出自 1994 年至今 6600 多种中文学术期刊的关于该主题的所有文献。科学研究工作过程中的课题立项论证、技术难题攻关、跟踪前沿技术、成果鉴定和专利申请的科技查新等都离不开查询大量的相关信息,计算机检索是目前最快速、最省力、最经济的信息检索方法。计算机信息检索系统由计算机信息存储和信息检索两个过程组成。计算机信息检索系统基本原理如图 8-4 所示。

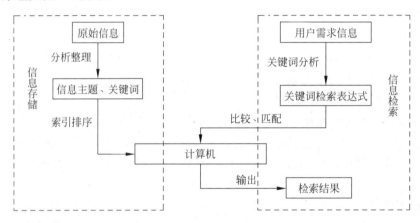

图 8-4　计算机信息检索系统基本原理

计算机信息存储过程:用手工或者自动方式将大量的原始信息进行加工,具体做法是,将收集到的原始文献进行主题概念分析,根据一定的检索语言抽取出主题词、分类号及文献的其他特征进行标志或者写出文献的内容摘要。然后再把这些经过"前处理"的数据按一定格式输入计算机存储起来,计算机在程序指令的控制下对数据进行处理,形成机读数据库,存储在存储介质(如磁带、磁盘或光盘等)上,完成信息的加工存储过程。例如,图书馆将具体的一本书(如《红楼梦》)分解为书名、作者、图书编号、图书类别、出版社、出版时间及版次、库存情况、内容简介等信息储存在图书馆书目库中供读者检索。计算机信息存储过程大多由专业机构,如图书馆、搜索引擎服务商等完成。

计算机信息检索过程:用户对检索课题加以分析,明确检索范围,弄清主题概念,然后用系统检索语言来表示主题概念,形成检索标志及检索策略,输入到计算机中进行检索。计算机按照用户的要求将检索策略转换成一系列提问,在专用程序的控制下进行高速逻辑运算,选出符合要求的信息输出。计算机检索的过程实际上是一个比较、匹配的过程,检索提问只要与数据库中信息的特征标志及其逻辑匹配关系相一致,则属于选中,即找到了符合要求的信息。例如,读者要借阅《红楼梦》则只需要在计算机中输入"红楼梦",选择书名进行检索,计算机经过与书目数据库进行比较后就会显示目前书库中所有书名为"红楼梦"的不同版本及出版社、库存情况等,如图 8-5 所示。

题名	责任者	出版项	页码	价格	索取号	详细信息
续红楼梦. 上	(清)秦子忱 著	上海:上海古籍出版社	450页		I242.4/GCZ	详细信息
红楼梦:电视文学	周雷等改编	北京:中国电影出版社,1987	682页	¥4.90	I235.27/ZL	详细信息
红楼梦:一二〇回	(清)曹雪芹,(清)高鹗 著;中国艺术研究院红楼梦研究所校注	北京:人民文学出版社,1982	3册(1648页)	¥4.95	I242.4/CXQ	详细信息
增补红楼梦	(清)口口山樵撰;李凡点校	北京:北京大学出版社,1988.11	245页	¥3.85	I242.4/LHS/1	详细信息
红楼梦	(清)曹雪芹,高鹗著	北京:人民文学出版社,1964..	4册(1547页)	¥3.45	I242.4/CXQ/D1-3	详细信息
红楼梦	(清)曹雪芹,(清)高鹗著;罗书华校注	北京:团结出版社,1998	142,728	¥980(6册)	I242.4/CXQ/4	详细信息
红楼梦	(清)曹雪芹,高鄂著	北京:中国文学出版社,1997	923页	¥168	I242.4/CXQ/3	详细信息
红楼梦	(清)曹雪芹,高 鄂著;中国艺术研究院 红楼梦研	北京:人民文学出版社,1990.8	967页	$80	I242.4/CXQ	详细信息

图 8-5 检索图书《红楼梦》的结果

8.2 数字图书馆

计算机技术与图书情报技术的完美结合催生了现代的数字图书馆。简单地说,数字图书馆是以电子格式存储海量的多媒体信息并能对这些信息资源进行高效的操作,如插入、删除、修改、检索、提供访问接口和信息保护等。数字图书馆提供的核心服务是帮助用户发现信息,也就是尽可能多地检索出用户需要的信息资源。数字图书馆的数字资源主要包括电子图书、期刊、报纸与会议论文、影音资源、光盘资源、特色馆藏资源等。其中最常用的两类资源为:一是电子化的图书资料,以超星图书馆最具代表性;二是期刊全文数据库,以中国期刊全文数据库最典型,如图 8-6 所示。

8.2.1 超星数字图书馆

超星数字图书馆是国家"863"计划中国数字图书馆示范工程项目,由北京世纪超星信息技术发展有限责任公司投资兴建,以公益数字图书馆的方式对数字图书馆技术进行推广和示范。超星数字图书馆于 2000 年 1 月正式开通。图书馆设有文学、历史、法律、军事、经济、科学、医药、工程、建筑、交通、计算机和环保等几十个分馆,目前拥有数字图书数十万册,论文 300 万篇,全文总量 4 亿余页,数据总量 30 000GB,并且每天仍在不断地增加与更新。每一位读者下载了超星阅览器(SSReader)后,即可通过互联网阅读超星数字图书馆中的图书

图 8-6 中国期刊全文数据库界面(部分)

资料。凭超星读书卡可将馆内图书下载到用户本地计算机上进行离线阅读。专用阅读软件超星图书阅览器(SSReader)是阅读超星数字图书馆藏图书的必备工具,可从超星数字图书馆网站免费下载,也可以从世纪超星公司发行的任何一张数字图书光盘上获得。

　　超星数字图书馆是模拟传统图书馆的目录层次结构建立起来的,采用专用的超星阅览器作为阅读工具,主界面如图 8-7 所示。

　　超星数字图书馆为读者主要提供以下功能。

　　(1) 在线阅读图书。读者安装了超星数字图书馆阅览器以后,就能在主页面下的图书分类中,寻找并阅读所需要的数字图书。双击书名就可以阅读书的具体内容了。

　　(2) 下载图书。如果想下载数字图书,须下载并运行超星注册软件,注册成功后,可下载并打印图书。下载到本地的图书是按页组成的 PDG 文件,可以用超星浏览器直接浏览。

　　(3) 读书笔记。读书笔记是为了方便看书做笔记所提供的一个功能。为了使读书笔记获取更多的功能,必须安装文字识别(OCR)模块。没有安装时,将没有文字识别功能。读书笔记模块主要包含新建读书笔记、打开读书笔记、编辑读书笔记和导入读书笔记 4 个功能模块。

　　(4) 书籍检索查找。SSReader 3.6 以上版本的查找书籍功能是以更新到本地的书目列表为基础进行查找的。使用此功能要求所查找分类中的所有书目均已更新到本地。书籍检索查找操作方法是,在图书馆或分类上右击,在弹出的快捷菜单中选择【查找】命令,在查询值中输入要检索书籍的书名,单击【搜索】按钮即可开始查找,或者在超星图书阅览器中选择【搜索】→【查找书】命令。在搜索结果中可以双击书名进行阅读或者右击书名,在弹出的快捷菜单中选择【下载】命令。也可以到图书搜索页面进行关键词检索、书名检索、全义检索、分类检索或中文工具书参考系统检索。

图 8-7 超星数字图书馆主界面

(5) 文字识别。由于在 SSReader 超星图书阅览器中显示的图书都是以 PDG 格式存储的图片,而不是文本,利用该功能可以将 PDG 格式的图片转换为 TXT 格式的文本保存,方便信息资料的保存与交流。

8.2.2 网络专题数据库信息检索

科学研究工作过程中的课题立项论证、技术难题攻关、跟踪前沿技术、成果鉴定和专利申请的科技查新等都离不开查询大量的相关信息。这些信息大多通过查询网络专题数据库信息来获取。网络专题数据库是根据特定的专题而组织并通过网络进行发布的信息集合。一般来说是对已有信息的再组织,属于二次文献。专题数据库提供商一般与多个出版社建立合作关系,在出版纸质图书的同时,也在网上发布电子书籍。出于保护知识版权的原因,阅读或下载这些电子版图书也需要支付一定的费用。目前,中国高校及有关科研部门常采用包库的方式购买某些种类的专题数据库供学校或部门内部使用。

1. 中文网络专题数据库简介

目前，中文网络专题数据库资源主要有中国知网（http://www.cnki.net）、万方数据资源系统（http://www.wanfangdata.com.cn）、维普资讯网（重庆）（http://www.cqvip.com），如图 8-8～图 8-10 所示。其中中国知网全称是中国知识基础设施工程（China National Knowledge Infrastructure，CNKI），主要侧重于教育领域，万方数字资源系统侧重于为科技、企业服务，重庆维普资讯网侧重于科技期刊的检索服务。尽管三大数字化资源专题数据库服务商侧重点不同，但都具有一些共同的特点。

图 8-8 "中国知网"首页

（1）主要提供科技期刊的信息检索服务。
（2）信息服务器的数据库组织形式根据分类都是按照树形目录层次结构进行组建的。
（3）用户检索方法大同小异。因网络专题数据库本身就是根据特定的专题而组织的，数据本身较规整，具有统一的模式和规格，便于数据库的组织和检索。

下面以 CNKI 为例，详细介绍一下网络专题数据库的大致情况。

2. 中国知网

中国知网（http://www.cnki.net/index.htm）是 CNKI 的一个重要组成部分，于 1999 年 6 月正式启动。首页界面如图 8-8 所示。它的数据库主要有中国期刊全文数据库（CJFD）、中国重要报纸全文数据库（CCND）、中国优秀博硕士学位论文全文数据库（CDMD）、中国基础教育知识仓库（ZKCFED）、中国医院知识仓库（ZKCHKD）、中国期刊题录数据库（免费）及中国专利数据库（免费）等。

图 8-9 "万方数据资源系统"首页

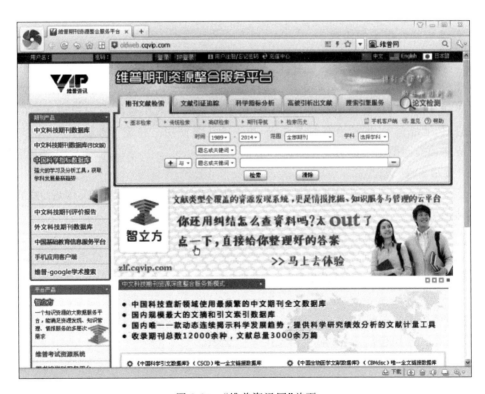

图 8-10 "维普资讯网"首页

1) 中国期刊全文数据库

中国期刊全文数据库是目前世界上最大的连续动态更新的期刊全文库，收录 1994 年以来 6600 多种中文学术期刊，其中全文收录期刊 5000 多种，数据每日更新。内容涉及理、工、农、医、教育、经济及文史哲等 9 个专辑，共 126 个专题。具体包括理工 A、理工 B、理工 C、农业、医药卫生、文史哲、经济政治与法律、教育与社会科学以及电子技术与信息科学等。

中国期刊全文数据库的文献全文以 CAJ 格式（部分提供 PDJ 格式）组织，CAJ 格式是专为中国期刊网文献开发的数据交换格式，阅读时需要使用特定的阅读软件 CAJViewer。CAJViewer 软件可以在其主页上直接下载，解压缩安装后便可使用。

2) 中国重要报纸全文数据库

中国重要报纸全文数据库收录 2000 年 6 月以来国内公开发行的重要报纸 430 种，每年精选 120 万篇文章。按内容可分为六大专辑，包括文化、艺术、体育及各界人物、政治、军事与法律、经济、社会与教育、科学技术以及恋爱婚姻家庭与健康等 36 个专辑数据库，数据每日更新。

3) 中国优秀博硕士学位论文全文数据库

中国优秀博硕士学位论文全文数据库收录 2000 年以来我国的优秀硕博士学位论文 2 万余份。按内容分为九大专辑，包括理工 A（数理科学）、理工 B（化学化工能源与材料）、理工 C（工业技术）、农业、医药卫生、文史哲、经济政治与法律、教育与社会科学和电子技术与信息科学。

4) 中国专利数据库

中国专利数据库收录 1985 年以来我国的发明专利和实用新型专利。

3. 网络专题数据库的检索

网络专题数据库大多为付费站点，用户必须购买账号与密码才能进入使用。对于没有相应账号与密码的用户，可以浏览免费信息，如文献摘要等内容，但不能浏览或下载文献全文。大部分高校图书馆会集中购买，采用 IP 地址控制的方式供校园内用户使用，如果以校园网外的 IP 地址登录，即使有账号与密码，也不能正常使用。在进行数据库检索时，需要设定检索条件和查询范围两部分。

1) "检索条件"设定

（1）检索项。检索项用来针对文献的不同部分进行检索，包括篇名、作者、关键词、机构、中文摘要及篇名/关键词/摘要等。

（2）检索词。输入用户自定义的检索关键词。

（3）模式。模式包括"精确匹配"与"模糊匹配"两种。"精确匹配"是指检索结果要与输入的关键词完全相符，不能多也不能少；"模糊匹配"则只需要检索结果中包含该关键词即可。

（4）时间范围。提供从 1994 年至今的文献。

（5）排序。排序包括无、日期和相关度 3 个选项。

2) "查询范围"设定

查询范围包括基础科学、工程科技、农业科技、社会科学、经济与管理科学等十大类。一般来说，对于特定的用户，其需要检索的文献一般是包含在一个或几个特定的专栏中，为了节省查找时间并保证检索结果有针对性,用户可以不选择全部的专栏。

例如,用户需要查找 2000—2006 年有关"克隆"与社会、政治、法律、教育等方面的问题的文献,可按如图 8-11 所示进行设定,如结果要按时间排序,可按如图 8-12 所示进行设定。搜索结果如图 8-13 所示。如需进一步了解搜索结果中某一条记录的详细信息,单击篇名后的详细信息,如图 8-14 所示。如要进一步缩小检索范围,可选中【在结果中检索】复选框,用关键字进行再检索,再次检索搜索的数据集是在已检索出来的数据集中进行的。

图 8-11　检索信息输入与选项

4. 单库检索方式

单库检索方式是指为各单一数据库所设定的检索方式。CNKI 系列数据库设定的基本检索方式有初级检索、高级检索和专业检索。

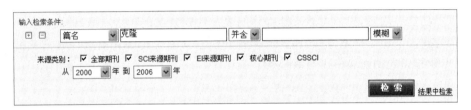

图 8-12　检索信息选项

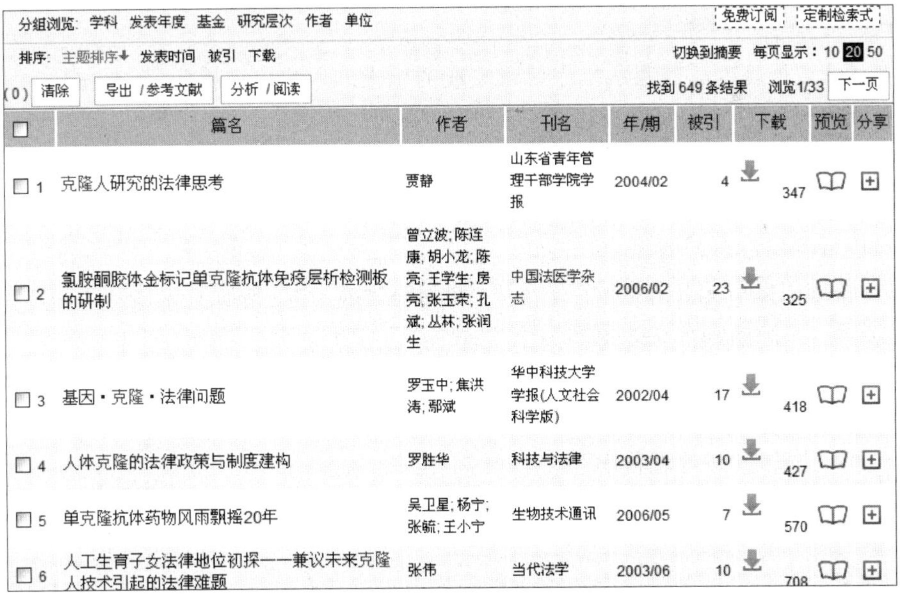

图 8-13　检索结果

各种检索方式之间遵循向下兼容原则,即高级检索兼有初级检索的功能,专业检索兼有

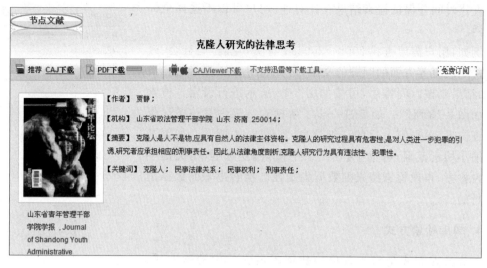

图 8-14　文献详细信息

高级检索的功能。同时,检索方式又随操作的复杂性检索功能随之递增,即高级检索方式的使用复杂性要高于初级检索方式,而其所拥有的检索功能也越强。高级检索的功能多于初级检索、专业检索的功能又多于高级检索。

1) 单库初级检索

初级检索是一种简单检索,只需要输入一个检索词,单击【检索】按钮即可获得结果。

本系统所设初级检索具有多种功能,如简单检索、逻辑组合检索、词频控制、最近词、默认全选,导航类目默认"主题"检索项,范围除期刊库外,其他库无起年和止年,各数据库不同默认"模糊"匹配词扩展等。

简单检索:指最少只需两次操作就可完成的检索。用户输入检索词,单击【检索】按钮,就可获得系统默认条件下的检索结果。

逻辑组合检索:指可选择多个检索项,通过单击【逻辑】下方的增加一逻辑检索行,并为每个检索项输入一个检索词;每一检索项之间可使用并且(逻辑与)、或者(逻辑或)、不包含(逻辑非)进行各项检索词的组合。

例如,要求检索有关"地理科学"2010年期刊的全部文献,则需要执行以下操作。

(1) 选择"中国期刊全文数据库"。

(2) 进入期刊库检索页并打开检索项列表。

(3) 选择检索项"主题"。

(4) 输入检索词为"地理科学"。

(5) 选择检索控制项:从"2010"年到"2010"年,来源类别为"全选",匹配为"精确",排序为"主题"排序,每页显示为"50"。

(6) 在【选择学科领域】中单击【全选】按钮。

(7) 单击【检索】按钮即可得到检索结果,如图 8-15 所示。

2) 单库高级检索

例如,要求检索 2010 年发表的篇名中包含"地理科学",但篇名中不包含"进展""综述"

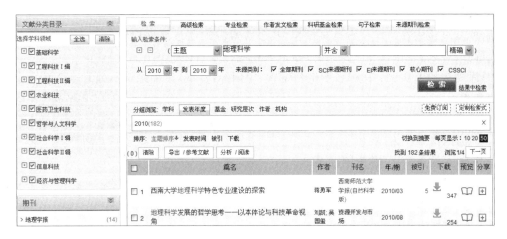

图 8-15 单库初级检索实例界面

"述评"等字的期刊文章。其操作步骤如下。

(1) 进入"高级检索"。
(2) 在【选择学科领域】中单击【全选】按钮。
(3) 使用三行逻辑检索行,每行选择检索项为"篇名",输入检索词为"地理科学"。
(4) 选择关系【同一检索项中另一检索词(项间检索词)的词间关系】为"不含"。
(5) 在三行中的第二检索词框中分别输入"进展""综述""述评"。
(6) 选择三行的项间逻辑关系(检索项之间的逻辑关系)为"并且"。
(7) 选择检索控制条件:从"2010"年到"2010"年。
(8) 单击【检索】按钮即可得到检索结果,如图 8-16 所示。

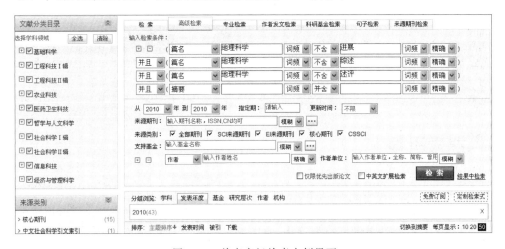

图 8-16 单库高级检索实例界面

5. 跨库检索方式

跨库检索提供了两个页面共 6 种检索:跨库快速检索、跨库首页检索(默认条件检索、选择条件检索)、初级检索、高级检索、专业检索、在结果中检索。跨库首页检索本质上属于初级检索，在结果中检索设于检索结果页面上。

跨库首页检索在跨库检索首页操作，其余检索方式通过跨库检索首页上的【初级检索】按钮、【高级检索】按钮、【专家检索】按钮进入相应检索页面。

跨库高级检索实例：在题名项中检索含"中国经济"或"世界经济"，并且来源项中含"经济"的文章。

跨库高级检索具体操作如下。

(1) 选择检索项为"题名"。
(2) 输入检索词 1 为"中国经济"。
(3) 选择项内词间关系为"或者"。
(4) 输入检索词 2 为"世界经济"。
(5) 选择检索项间逻辑条件为"并且"。
(6) 选择检索项为"来源"。
(7) 输入检索词为"经济"。
(8) 单击【检索】按钮即可得到检索结果，如图 8-17 所示。

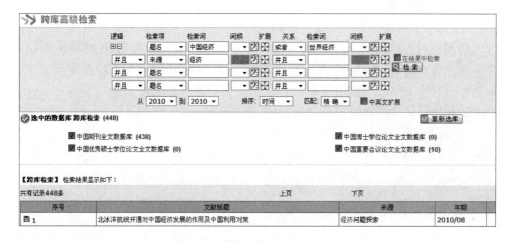

图 8-17 跨库检索实例设置界面

8.3 搜索引擎

Internet 是一个广阔的信息海洋，漫游其间而不迷失方向有时会是相当困难的。如何快速准确地在网上找到需要的信息已变得越来越重要。搜索引擎（Search Engine）是一种网上信息检索工具，在浩瀚的网络资源中，它能帮助用户迅速而全面地找到所需要的信息。例如，在百度搜索名为"我的中国心"的 MP3 格式的音乐，只要在如图 8-18 所示的百度搜索引擎中输入"我的中国心"，选择【音乐】选项卡搜索，即可得到所有含有该歌曲的网站。

8.3.1 搜索引擎的工作原理

搜索引擎其实就是一个专门为用户提供信息"检索"服务的网站。它使用特有的 spider

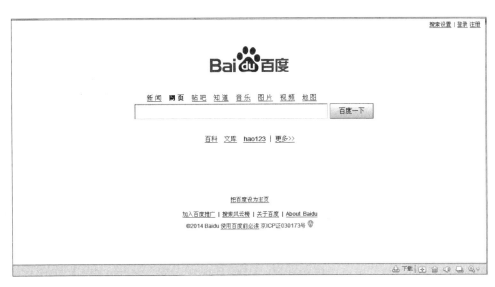

图 8-18　百度搜索主页

(蜘蛛)程序把 Internet 上的信息归类,以帮助人们在浩如烟海的信息海洋中搜寻到自己所需要的信息。它包含以下几大模块。

(1) 机器人模块。其主要完成信息获取工作。机器人就是一个可以浏览网页的程序,它很像真人的浏览过程。工作的时候,机器人把开始确定的一组网页链接作为浏览的起始地址,然后将网页获取过来,提取页面中出现的链接,并通过一定算法决定下一步要访问哪些链接。同时,机器人将已经访问的页面存储到自己的页面数据库中。机器人重复这个访问过程,直至结束。在采集文档的同时,记录各文档的地址信息、修改时间、文档长度等状态信息,用于站点资源的监视和资料库的更新。机器人定期回访访问过的页面,以保证页面数据库为最新。

(2) 索引模块。当机器人访问完网页并将其内容和地址存入网页数据库以后,就要对其建立索引。索引模块是通过分析获取网页,排除 HTML 等语言的标志符号。将出现的所有字或者词抽取出来,并记录每个字词的出现网址及相应位置,最后将结果存入索引数据库。

(3) 检索模块。首先分析用户检索时给出的提问式,再访问搜索引擎已经建立的索引,并通过一定的匹配算法,获得相应的检索结果。一般还会对检索结果进行排序,按照重要程度将结果有序地返回给用户。其中一个很简单的排序算法就是词频法,即通过计算网页中检索词的出现频率来决定该网页的重要程度。检索词出现次数越多则说明该网页越重要。虽然这种算法有很多缺陷,往往不能达到最好的效果,但由于计算网页中一个词的词频十分简单,使得该算法很容易实现。当获得检索结果以后,访问网页数据库获得相关网页,并提供给用户,完成整个检索过程。

大型搜索引擎的数据库存储了 Internet 上几亿至几十亿的网页索引,数据量达到几千吉字节甚至几万吉字节。但即使最大的搜索引擎建立超过 20 亿网页的索引数据库,也只能占到 Internet 上普通网页的 30%,不同的搜索引擎之间的网页数据重叠率一般在 90% 以下。使用不同搜索引擎的重要原因,就是因为它们能分别搜索到不同的内容。而 Internet

上更大量的内容,是搜索引擎无法抓取索引的,也是无法用搜索引擎搜索到的。

8.3.2 常用搜索引擎介绍

目前 Internet 上的搜索引擎较多,国外的有 Yahoo、Google、Infoseek、Altavista、Opentext、Excite 等;国内的有百度、中国 Yahoo、搜狐、天网、网易、360 搜索、新浪等,且有继续发展增多的趋势。在这些搜索引擎中,一般都提供专题分类和关键词检索两种检索方法。以下将主要介绍 Google、百度搜索引擎。

1. 搜狗

搜狗搜索是搜狐公司于 2004 年 8 月 3 日推出的全球首个第三代互动式中文搜索引擎,域名 www.sogou.com。搜狗以搜索技术为核心,致力于中文互联网信息的深度挖掘,帮助中国上亿网民加快信息获取速度,为用户创造价值。

搜狗的产品线包括了网页应用和桌面应用两大部分。网页应用以网页搜索为核心,在音乐、图片、视频、新闻、地图领域提供垂直搜索服务;桌面应用旨在提升用户的使用体验:拼音输入法帮助用户更快速地输入,搜狗双核浏览器大幅提高用户的上网速度,是目前互联网上最快速最流畅的新型浏览器,拥有国内首款"真双核"引擎,独家采用"云恶意网址库"和"实时查杀"双重网页安全技术,有效防止病毒木马通过浏览器入侵。

搜狗网页搜索作为搜狗的核心产品,经过多年持续不断地优化改进,已凭借自主研发的服务器集群并行抓取技术,成为全球首个中文网页收录量达到 100 亿的搜索引擎(目前已达到 500 亿以上);加上每天 5 亿网页的更新速度、独一无二的搜狗网页评级体系,确保了搜狗网页搜索在海量、及时、精准三大基本指标上的全面领先。

搜狗搜索的垂直搜索也各有特色:音乐搜索的歌曲和歌词数据覆盖率首屈一指,视频搜索为用户提供贴心的检索方式,图片搜索拥有独特的组图浏览功能,新闻搜索及时反映互联网热点事件,还有地图搜索的创新功能,使得搜狗的搜索产品线极大地满足了用户的需求,体现了搜狗强大的研发、创新能力。

搜狗在产品研发的过程中一直追求技术创新。尤其值得一提的是,搜狗搜索从用户需求出发,以一种人工智能的新算法,分析和理解用户可能的查询意图,对不同的搜索结果进行分类,对相同的搜索结果进行聚类,在用户查询和搜索引擎返回结果的过程中,引导用户更快速、更准确地定位自己所关注的内容。该技术全面应用到了搜狗网页搜索、音乐搜索、图片搜索、新闻搜索、地图搜索等服务中,帮助用户快速找到所需的搜索结果。这一技术也使得搜狗搜索成为了全球首个第三代互动式中文搜索引擎,是搜索技术发展史上的重要里程碑。

基于搜索技术,搜狗还推出了若干桌面应用产品。拼音输入法利用先进的搜索引擎技术,通过对海量互联网页面的统计和对互联网上新词热词的分析,使得首选词准确率(即候选的第一个词就是要输入的词的比例)领先于其他输入法。搜狗浏览器也提供了用户地址栏搜索、文本搜索等各种无缝衔接的搜索方式,让用户随心所欲地搜索。

搜狗的首页很清爽,其下面排列了十大功能模块,即新闻、网页、微信、问问、图片、视频、音乐、地图、百科、购物、更多,默认是网页搜索,如图 8-19 所示。

图 8-19　搜狗首页

1）初级搜索

假定用户想要了解"计算机等级考试"方面的信息。在搜索文本框中输入关键词"计算机等级考试",然后单击【搜狗搜索】按钮(或者按 Enter 键),显示结果。但是,单个关键词"计算机等级考试"搜索到的信息非常多,而且绝大部分并不符合要求,若需要进一步扩大检索范围,以期精确达到需要的结果,则可以采用布尔表达式及通配符检索。

(1) 逻辑与。逻辑与是一种具有概念交叉或概念限定关系的组配,在 Google 搜索引擎中用" "来表示,搜索结果要求包含两个及两个以上关键词。例如,要检索"2010 年下半年计算机等级考试"方面的有关信息,在搜狗搜索引擎中可表示为"2010 下半年　计算机　等级考试",显示结果如图 8-20 所示。使用逻辑与检索可以提高信息的查准率。

(2) 逻辑或。逻辑或是一种具有并列关系概念的组配,在搜狗或百度中用"｜"来表示,搜索结果至少包含多个关键字中的任意一个。搜索"A｜B",意思就是说,搜索的网页中,要么有 A,要么有 B,要么同时有 A 和 B。例如,想了解杀毒软件"金山毒霸"和"瑞星"方面的信息。采用"逻辑或"组配,即"金山毒霸 OR 瑞星",表示这两个杀毒软件只要分别在一条记录中出现或同时在一条记录中出现就符合查找的要求。使用"逻辑或"检索技术,扩大了检索范围,能提高检索信息的查全率。

(3) 逻辑非。逻辑非是一种具有排除关系概念的组配,在 Google 中用减号"－"表示,搜索结果要求不含有某些特定信息。搜索"A－B",表示包含 A 但不包含 B 的网页。例如,在网上冲浪时不小心被恶意程序修改了 IE 浏览器而无法恢复时,在尝试使用"3921"修复工具以后,还想了解除了"3921"修复工具以外的 IE 浏览器修复工具时,可以搜索"IE 修复－3921"。在搜狗搜索引擎中进行结果搜索,使用"逻辑非"可排除不需要的概念,能提高检索信息的查准率,但也容易将相关的信息删除,影响检索信息的查全率。因此,使用"逻辑非"检索技术时要慎重。

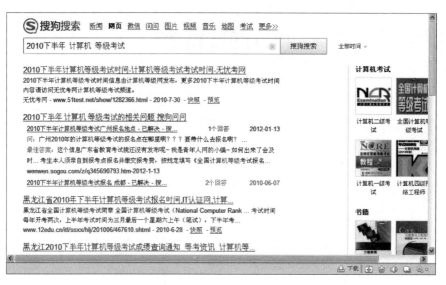

图 8-20　逻辑与搜索结果

（4）使用双引号进行精确查找。搜索引擎大多数会默认对搜索词进行分词搜索。这时的搜索往往会返回大量信息,如果查找的是一个词组或多个汉字,最好的办法就是将它们用双引号括起来(即在英文输入状态下的双引号),这样得到的结果最少、最精确。例如,在搜索框中输入""电脑技术"",这时只反馈回网页中有"电脑技术"这几个关键字的网页,而不会返回包括"电脑"和"技术"的网页,这会比输入"电脑技术"得到更少、更好的结果。这里的双引号可以是全角的中文双引号"",也可以是半角的英文双引号"",而且可以混合使用,例如,"电脑技术""电脑技术"搜狗都是可以智能识别的。

2) 高级搜索

搜狗还提供了高级搜索功能,高级搜索主要提供复杂的逻辑关系的组合及特殊要求的条件选择,来更好地帮助用户完成复杂的搜索。高级搜索的界面如图 8-21 所示。

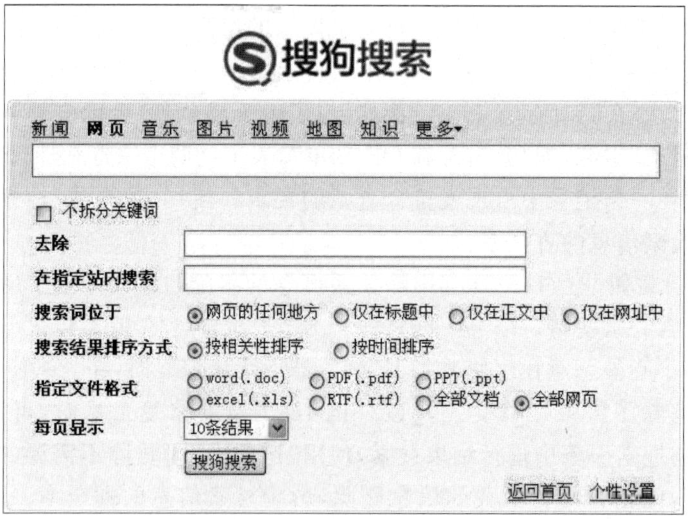

图 8-21　搜狗高级搜索

此外，搜狗还具有自己的个性设置，用户可以根据自己的习惯，在个性设置中改变搜狗默认的搜索结果显示条数和搜索结果打开方式。个性设置的界面如图8-22所示。

图 8-22　搜狗个性设置

（1）搜索结果显示条数：当用户想一次性浏览大量信息，可以在此修改每一页结果的显示数量，搜狗支持每页显示10条、20条、30条、50条或100条结果。默认的是每页显示10条结果。

（2）搜索结果打开方式：可以设置单击搜索结果是否在新窗口打开。默认的是打开新窗口。

关于搜索引擎的搜索语法还有很多，在此不做一一介绍，有兴趣的读者可以参阅其他相关资料。

2．百度

百度搜索引擎是目前最有影响的中文网络信息检索系统。中国所有提供搜索引擎的门户网站中，超过80%都由百度提供搜索引擎技术支持，现有的门户网站包括新浪、搜狐、263、21cn、新华网、北方时空、西部时空、重庆热线、东方热线、上海热线、湖南信息港、南阳信息港等。

百度搜索引擎使用了高性能的"网络蜘蛛"程序，自动地在Internet中搜索信息，可订制高扩展性的调度算法使得搜索器能在极短的时间内收集到最大数量的Internet信息。百度在中国各地和美国均设有服务器，搜索范围涵盖了中国、新加坡等华语地区及北美、欧洲的部分站点。百度搜索引擎拥有目前世界上最大的中文信息库，总数量达到6000万页以上，并且还在以每天几十万页的速度快速增长。

在浏览器的地址栏输入"http://www.baidu.com"，就可以进入百度的主页。

其中，中间空白的部分可以由用户输入检索的关键字。从图8-23所示可以看到，百度搜索引擎提供包括新闻、网页、贴吧、知道、音乐、图片、文库等多种检索方式。

百度目前主要提供中文(简/繁体)网页搜索服务。如无限定，默认以关键词精确匹配方式搜索。支持"－"号、"."号、"|"号、双引号、书名号等特殊搜索命令。其中"－"号表示逻辑非操作，"."""|"号表示逻辑与操作，双引号和书名号表示精确匹配，也就是将引起来或括起来的一组词不被打散和拆分进行搜索，如《南华大学》仅搜索含有完整"南华大学"4个字的内容，不拆分成"南华"和"大学"进行搜索。在搜索结果页，百度还设置了关联搜索功能，方便访问者查询与输入的关键词有关的其他方面的信息。百度还提供"百度快照"查询。其他

搜索功能包括新闻搜索、MP3 搜索、图片搜索、Flash 搜索等，其检索词可以是中文、英文、数字或中英文数字的混合体。

1) 网页搜索

搜索引擎从百度服务器数据库中检索已经保存并且经过索引的网页信息，然后将这些信息发送给使用者，并将它们显示出来。例如，需要检索"糖醋排骨"的相关网页，输入搜索关键词"糖醋排骨"后，单击【百度一下】按钮，显示如图 8-23 所示的页面。

图 8-23　网页搜索结果

在搜索结果中可以看到，检索结果包含大量的信息，这些信息有的是用户所需要的，但有大量的信息是与用户需求无关的，尤其是一些商业交易网站在醒目的位置或者检索结果最前面加上了链接。商业化的搜索为了自身的利益，往往包含不少商业搜索引擎公司允许商业网站为自己在商业搜索引擎结果中的排名竞标，一些网络公司挖空心思不择手段地赚钱，甚至把广告伪装成搜索结果。对于这种做法，受到很多用户的质疑。显然，公司的实力越强，其被检索到的可能性或被用户关注的程度也就越大。

2) 音乐搜索

百度的音乐搜索号称是全球最大的中文音乐搜索引擎，不仅包含 MP3、RM、Flash、手机铃声等多种音乐格式的文件搜索，还可以对最新的歌曲排行、歌手排行等进行浏览，功能十分强大。例如，选择【榜单】选项后，显示如图 8-24 所示的界面，可以查看当前最受关注的各种主打榜单音乐。

如果需要搜索歌曲"走进新时代"的音乐文件，在页面中输入检索关键词"走进新时代"，选择【音乐】选项后单击【百度一下】按钮，检索结果页面如图 8-25 所示。检索到需要的内容后，可以选择试听或者查看歌词，也可以下载该歌曲。当然，如果计算机上安装了支持下载的一些软件，也可以直接用这些软件来下载。

8.3.3　搜索引擎的发展趋势

搜索引擎是伴随着 Internet 的发展而不断发展的，由于 Internet 已经成为人们学习、工作和生活中不可缺少的平台，几乎每一个上网的人都会使用搜索引擎。既然搜索这样魅力无穷，人们除了关心目前的搜索引擎的现状外，更加关心下一代搜索引擎是什么样的，也就是想知道搜索引擎的发展趋势。未来的搜索引擎发展方向有以下几个方面。

图 8-24　榜单搜索结果

图 8-25　"走进新时代"的搜索结果

1．专业化搜索

搜索不再只是单纯的搜索网站页面，而是越来越细化，越来越有针对性。专业搜索服务越来越受到大家的欢迎，也是各大搜索引擎公司的开发重点。例如，百度推出了新闻、音乐、图片、文档、黄页等；Google 推出了新闻、图片、论坛、大学、学术论文、图书等搜索引擎技术，以及其他的如地图、论坛、博客等专业搜索引擎。搜索引擎进一步细化，分类更加明确，从而使人操作起来更加方便，搜索准确度也进一步加强。

2．智能化、个性化

搜索引擎实际上就是在用户（搜索引擎的使用者）和 Internet 资源（搜索引擎的搜索对象）两者之间建立起一个联系，将用户真正想要的内容呈现给用户，用户不想要的内容不呈现。人们称这一要求为"所得即所需"(What you get is what you want)。如何在海量的信息中有效提炼出真正满足用户需求、符合个性特征的有效信息成为各搜索引擎自始至终追求的目标。为了克服千人一面的不足,人们还引进了一些个性化的技术。

3. 多媒体搜索引擎

随着宽带技术的发展,未来的 Internet 是多媒体数据的时代,开发出可查寻图像、声音、图片和电影的搜索引擎是一个新的方向。

8.4 习题

1. 请在中国知网上下载关键字为"计算机"的近期论文 30 篇。
2. 在百度搜索引擎中搜索关于"花"的图片。

第9章 数据结构与算法

一个程序应包括以下两方面内容。
(1) 对数据的描述。在程序中要指定数据的类型和数据的组织形式,即数据结构。
(2) 对操作的描述。即操作步骤,也就是算法。
算法是灵魂,数据结构是加工对象。

9.1 算法

本节从算法(Algorithm)的数学基础展开,阐述算法的基本特征、常用算法、设计方法及设计准则,进而详细讲解算法的时间复杂度和空间复杂度,达到了解算法的目的。

9.1.1 算法的数学基础

计算机算法是应用数学的一个分支,在讨论算法之前要了解其数学基础。首先,编程序的思路来自数据结构,数据结构来自离散数学。数据和信息在计算机中是以二进制代码的形式存储的,计算机处理的是离散的对象。离散数学和高等代数、布尔代数、关系代数、数理逻辑、数字逻辑、组合数学和图论、集合论、模糊数学等都属于软件开发人员的课程。简言之,学好以上数学可以不是为了设计算法,但是要能够把其他人研究好的成熟算法引来使用。

9.1.2 算法及其特征

在计算机科学中,算法一词用于描述一个可以用计算机实现的问题求解方法。算法是程序设计的基础,是计算机科学的核心,在计算机应用领域发挥着重要的作用。一个优秀的算法可以运行在速度比较慢的计算机上求解问题,而一个劣质的算法在一台性能很强的计算机上也不一定能满足应用的需求。因此在计算机程序设计中,算法设计往往处于核心地位。有了一个好的算法,就可以选用一种程序设计语言把算法转换为程序。

下面给出算法的定义。

算法是对解决问题步骤的描述,最终表现为一个指令的有限集合,如果遵循它就可以完成一项特定的任务。算法是定义在逻辑结构上的操作,是独立于计算机的,而它的实现则是在计算机上进行的,因此算法要依赖于数据的存储结构。计算机按算法所描述的顺序执行,算法的指令则由程序构成,因此,算法和程序的关系如下:

数据结构＋算法 ＝ 程序

通俗地讲,程序就是用计算机语言表述的算法,而流程图是图形化的算法。

一个算法的优劣可以用时间复杂度与空间复杂度来衡量。

算法的时间复杂度是指算法需要消耗的时间资源。一般来说,计算机算法是问题规模 n 的函数 $f(n)$,算法的时间复杂度也因此记作 $T(n)=O(f(n))$。

因此,问题的规模 n 越大,算法执行时间的增长率与 $f(n)$ 的增长率正相关,称作渐进时间复杂度(Asymptotic Time Complexity)。

算法的空间复杂度是指算法需要消耗的空间资源。其计算和表示方法与时间复杂度类似,一般都用复杂度的渐进性来表示。同时间复杂度相比,空间复杂度的分析要简单得多。

一个算法的复杂度高低体现在运行该算法所需要的计算机资源的多少,所需的资源越多,就说明该算法的复杂度越高;反之,所需要的资源越少,则该算法的复杂度越低。计算机的资源,最重要的是时间和空间资源。因此,算法复杂度包括时间复杂度和空间复杂度。

时间复杂度和空间复杂度是两个相对独立的概念,分别从不同角度衡量算法的复杂度,如表 9-1 所示。

表 9-1 算法的复杂度

名 称	描 述
时间复杂度	执行算法所需要的计算工作量,即执行算法时所需的基本运算次数
空间复杂度	执行这个算法所需要的内存空间

1. 算法的时间复杂度

算法程序执行的具体时间和算法的计算工作量并不是一致的。算法程序执行的具体时间受到所使用的计算机、程序设计语言及算法实现过程中的许多细节的影响,而算法时间复杂度与这些因素无关。

算法的计算工作量是用算法所执行的基本运算次数(频度)来度量的,算法所执行的基本运算次数是问题规模(通常用整数 n 表示)的函数 $f(n)$,其算法的时间量度记为

$$T(n) = O(f(n))$$

其中 n 为问题的规模。

例如,在下列 3 个程序段中:

(1) `{++x;s = 0;}`

将 x 自增看成是基本操作,则语句频度为 1,即时间复杂度为 $O(1)$。如果将 s=0 也看成是基本操作,则语句频度为 2,其时间复杂度仍为 $O(1)$,即常量阶。

(2) `for(i = 1;i <= n;++i)`
    `  {++x;s += x;}`

语句频度为 $2n$,其时间复杂度为 $O(n)$,即时间复杂度为线性阶。

(3) `for(i = 1;i <= n;++i)`
    `  for(j = 1;j <= n;++j)`
    `    {++x;s += x;}`

语句频度为 $2n^2$，其时间复杂度为 $O(n^2)$，即时间复杂度为平方阶。

2. 算法的空间复杂度

一个算法在计算机存储器上所占用的存储空间，包括算法本身所占用的存储空间、算法的输入/输出数据所占用的存储空间和算法在运行过程中所需要的辅助空间3个方面。其中，若辅助空间相对于输入数据量为常数，则称此算法为原地工作。在许多实际问题中，为了减少算法所占存储空间，通常采用压缩存储技术，减少不必要的存储空间。

算法可以分为数值计算算法和非数值计算算法两大类。数值计算算法的目的是求数值解，其特点是少量的输入、输出，复杂的运算，如求高次方程的根、求函数的定积分等。非数值计算算法的目的是对数据的处理，其特点是大量的输入、输出简单的运算，如对数据的排序、查找等算法。

一个算法应当具有以下5个特征。

(1) 有穷性。一个算法应包含有限个步骤。也就是说，在执行若干个操作步骤后，算法将结束，并且每一步都在合理的时间内完成。例如，如果算法中循环步长为零，运算进入无限循环，这是不允许的。

(2) 确定性。组成运算的指令是清晰的，无歧义的。

算法中每一条指令都必须有确切的含义，不能有多义性，并且对于相对输入必然有相同的执行结果。例如，在算法中不允许有诸如"x/0"之类的运算，因为其结果不能确定。

(3) 可行性。运算中运算是能够实现的基本运算，每一种运算可在有限时间内完成。

(4) 输入。一个算法一般有零个或者多个输入，在计算机上实现的算法，通常是用来处理数据对象的，在大多数情况下这些数据是需要通过输入来得到的。

(5) 输出。一个算法一般有一个或者多个输出，算法的目的是求"解"，这些"解"只有通过输出才能得到。

9.1.3 常用算法

常用算法主要有以下几种。

1. 数值算法

1) 迭代法

迭代法适用于方程或方程组求解，使用间接方法求方程近似根的一种常用算法。迭代是数值分析中通过从一个初始估计出发寻找一系列近似解来解决问题（一般是方程或者方程组）的过程，为了实现这一过程所使用的方法统称为迭代法。

2) 递推法

递推法的基本思想是把一个庞大的计算过程转化为简单过程的多次重复，该算法充分利用计算机运算速度快的特点，从头开始一步步推出问题最终的结果。

递推是利用问题本身所具有的一种递推关系求解问题的一种方法。设要求问题规模为 n 的解，当 $n=1$ 时，解或为已知，或能非常方便地得到。采用递推法构造算法的递推性质，能从已求得的规模为 1、2、…、$i-1$ 的一系列解，构造出问题规模为 i 的解。这样，程序可从 $i=0$ 或 $i=1$ 出发，重复地由已知 $i-1$ 规模的解，通过递推，获得规模为 i 的解，直至得到规

模为 n 的解。

例如，猴子爬山问题，一个猴子在一座有 30 级台阶的小山上爬山跳跃，猴子上山一步可跳 1 级，或跳 3 级，试求上山的 30 级台阶有多少种不同的爬法。

3) 插值法

插值法也称内插法。往往只知道它在某区间中若干点的函数值，这时候做出适当的特定的函数，使得在这些点上取已知值，并且在这个区间内其他各点上使用这个特定函数所取的值作为函数 $f(x)$ 的近似值，这种方法称为插值法，如果这个特定函数是多项式，就称为"插值多项式"或"内插多项式"。

4) 差分法

通过差分方程求解微分方程近似解。

5) 排序法

排序法是把一组无序地数据元素按照关键字值递增（或递减）地重新排列。如果排序的依据是主关键字，排序的结果将是唯一的。

2．非数值算法

1) 列举（枚举）法

枚举法是一种基于计算机运算速度快的特征而使用的非常普遍的思维方法。它是根据问题中的条件将可能的情况一一列举出来进行分析求解的方法。但有时一一列举出的情况数目很大，这时就需要考虑如何去排除不合理的情况，尽可能减少列举问题的可能解的数目。

2) 回溯法

回溯法是一种试探求解的方法，即通过对问题的归纳分析，找出求解问题的一个线索，沿着这一线索往前试探，若试探成功，即得到解；若试探失败，就逐步往回退，换其他线路再往前试探。因此，回溯法可形象地概括为"向前走，碰壁回头"。

例如，"高斯八皇后"问题，可以应用回溯法设计解决。

3) 贪婪法

贪婪法也称贪心算法、贪婪策略，是一种可以快速地得到满意解（但不一定是最优解）的方法。该算法总是做出在当前看来最好的选择，是一种不追求最优解，只希望得到较满意解的方法。贪婪法一般可以快速得到解，因为它省去了为找最优解要穷尽所有可能而必须耗费的大量时间。此方法的"贪婪"性反映在对当前的情况总是做最大限度的选择，即满足条件的均选入，然后分别展开，最后选得一个问题的解。这个方法不考虑回溯，也不考虑每次选择是否符合最优解的条件，但最终得到接近最优结果的选择。其数学理论基础为"矩阵胚"。

例如，背包问题。"背包问题"的基本描述有一个背包，能盛放的物品总重量为 S，设有 N 件物品，其重量分别为 $w_1、w_2、\cdots、w_n$，希望从 N 件物品中选择若干件物品，所选物品的重量之和恰能放入该背包，即所选物品的重量之和等于 S。

4) 递归法

递归法是通过函数或过程调用自身，将问题转化为本质相同但规模较小的子问题。

一般来说，递归需要有边界条件、递归前进段和递归返回段。当边界条件不满足时，递归前进；当边界条件满足时，递归返回。

构造递归方法的关键在于递归关系。

例如，用递归算法计算 $n!$ 是一个典型的递归问题。

5）分治法

分治法的基本思想是将问题分解成若干子问题，然后求解子问题。先得出子问题的解，由此得出原问题的解，就是所谓"分而治之"的思想，这种策略称为分治法。

分治法主要应用于若干不同的领域：数据的查找与排序、矩阵乘法、两个大整数相乘、马的周游路线、计数逆序排名问题、消除信号的噪声等。

6）智能优化

在工程实践中，经常会接触到一些比较"新颖"的算法或理论，如模拟退火、遗传算法、粒子群算法等。这些算法或理论都有一些共同的特征，就是模拟自然过程，通称为"智能算法"。智能优化算法要解决的一般是最优化问题，可分为两类。

第一类，求解一个函数中，使得函数值最小的自变量取值的函数优化问题。

第二类，在一个解空间中寻找最优解，是目标函数值最小的组合优化问题。

7）人工神经网络

人工神经网络是在人脑神经组织结构和运行机制的认识理解的基础上，模拟其神经元及连接结构和智能行为的工程系统。

人工神经网络算法当前已普遍应用在人脸识别、人的步态识别、语音识别等实用领域。例如，能够进行人脸识别的数码照相机，就是人工神经网络的典型应用。

9.2 数据结构

利用计算机进行数据处理是计算机应用的一个重要领域。在进行数据处理时，实际需要处理的数据元素一般有很多，而这些大量的数据元素都需要存放在计算机中，因此，大量的数据元素在计算机中如何组织才能提高数据处理的效率，并且节省计算机的存储空间，这是进行数据处理的关键问题。

通过本节的学习，可以了解什么是数据结构，它们是如何用图形表示的，以及线性结构与非线性结构的区别。

9.2.1 数据结构的基本概念

1. 数据结构的概念

数据结构是指相互有关联的数据元素的集合。从定义上可知，数据结构包含两个要素，即"数据"和"结构"。

"数据"是指需要处理的数据元素的集合，一般来说，这些数据元素，具有某个共同的特征。"结构"是指关系，是集合中各个数据元素之间存在的前后件关系（或联系）。

"结构"是数据结构研究的重点。数据元素根据其之间的不同特性的关系，通常可以分为 4 类，即线性结构、树形结构、网状结构和集合。4 类基本结构如图 9-1 所示。

(a) 线性结构　　　　(b) 树型结构　　　　(c) 网状结构　　　　(d) 集合

图 9-1　4 类基本结构

2. 数据结构研究

数据结构研究有以下 3 个方面。
(1) 数据集合中各数据元素之间所固有的逻辑关系,即数据的逻辑结构。
(2) 在对数据进行处理时,各数据元素在计算机中的存储关系,即数据的存储结构。
(3) 对各种数据结构进行的运算。

9.2.2　逻辑结构和存储结构

1. 逻辑结构

数据的逻辑结构是对数据元素之间的逻辑关系的描述,可以用一个数据元素的集合和定义在此集合中的若干关系来表示。数据的逻辑结构有两个要素:一是数据元素的集合,通常记为 D;二是 D 上的关系,它反映了数据元素之间的前后件关系,通常记为 R。一个数据结构可以表示为"$B=(D,R)$",其中 B 表示数据结构。为了反映 D 中各数据元素之间的前后件关系,一般用二元组来表示。例如,把一年四季看作一个数据结构,则可表示为

$$B = (D, R)$$
$$D = \{春季, 夏季, 秋季, 冬季\}$$
$$R = \{(春季, 夏季), (夏季, 秋季), (秋季, 冬季)\}$$

2. 存储结构

数据的逻辑结构在计算机存储空间中的存放形式称为数据的存储结构(也称数据的物理结构)。

由于数据元素在计算机存储空间中的位置关系可能与逻辑关系不同,为了表示存放在计算机存储空间中的各数据元素之间的逻辑关系(即前后件关系),在数据的存储结构中,不仅要存放各数据元素的信息,还需要存放各数据元素之间的前后件关系的信息。

一种数据的逻辑结构根据需要可以表示为多种存储结构,常用的有顺序、链式等存储结构。

(1) 顺序存储结构。顺序存储方式主要用于线性的数据结构,它把逻辑上相邻的数据元素存储在物理上相邻的存储单元中,节点之间的关系由存储单元的邻接关系来体现。

(2) 链式存储结构。链式存储结构就是在每个节点中至少包含一个指针域,用指针来体现数据元素之间逻辑上的联系。

9.2.3 线性结构和非线性结构

根据数据结构中各数据元素之间前后件关系的复杂程度,一般将数据结构分为两大类型,即线性结构与非线性结构。

如果在一个数据结构中一个数据元素都没有,则称该数据结构为空的数据结构。在一个空的数据结构中插入一个新的元素后就变为非空的数据结构。

如果一个非空的数据结构满足下列两个条件,即有且只有一个根节点和每一个节点最多有一个前件,也最多有一个后件,则称该数据结构为线性结构。线性结构又称线性表。如一年四季的数据结构就属于线性结构,如图 9-2 所示。

在一个线性结构中插入或删除任何一个节点后还应是线性结构。栈、队列、串等都为线性结构。

如果一个数据结构不是线性结构,则称为非线性结构。数组、广义表、树和图等数据结构都是非线性结构。例如,家庭成员之间辈分关系的数据结构就属于非线性结构,如图 9-3 所示。

图 9-2 线性结构实例　　　　图 9-3 非线性结构实例

显然,在非线性结构中,各数据元素之间的前后件关系要比线性结构复杂,因此,对非线性结构的存储与处理比线性结构要复杂得多。

9.3 线性表及其顺序存储结构

通过本节的学习,可以了解线性表的基本概念、线性表的顺序存储结构及如何在线性表中对数据的插入、删除运算。

9.3.1 线性表的定义

线性表是 $n(n \geqslant 0)$ 个数据元素构成的有限序列,表中除第一个元素外的每一个元素,有且只有一个前件,除最后一个元素外,有且只有一个后件。

线性表要么是空表,要么可以表示为 $(a_1, a_2, \cdots, a_i, \cdots, a_n)$,其中 $a_i(i=1,2,\cdots,n)$ 是属于数据对象的元素,通常也称为线性表中的一个节点。例如,26 个英文字母的字母表(A,B,C,…,Z)是一个长度为 26 的线性表,其中的数据元素是单个字母字符。

在稍微复杂的线性表中,一个数据元素还可以由若干个数据项组成,在这种情况下,常把数据元素称为记录(Record)。例如,某班的学生情况登记表是一个复杂的线性表,表中每一个学生的情况就组成了线性表中的每一个元素,每一个数据元素包括姓名、学号、性别、年龄和健康状况 5 个数据项,如表 9-2 所示。

表 9-2 学生情况登记

姓名	学号	性别	年龄	健康状况
石煜文	0204421	女	20	健康
谷红翠	0204488	女	19	良好
孟祥欣	0204484	男	21	一般
…	…	…	…	…

非空线性表有以下几个特点。

(1) 有且只有一个根节点,即节点 a_1,其无前件。

(2) 有且只有一个终端节点,即节点 a_n,其无后件。

(3) 除根节点与终端节点外,其他所有节点有且只有一个前件,也有且只有一个后件。节点个数 n 称为线性表的长度,当 $n=0$ 时,称为空表。

9.3.2 线性表的顺序存储结构

1. 线性表的顺序存储

线性表的顺序存储是指用一组地址连续的存储单元依次存储线性表的数据元素。线性表的顺序存储结构具有以下两个基本特点。

(1) 线性表中所有元素所占的存储空间是连续的。

(2) 线性表中各数据元素在存储空间中是按逻辑顺序依次存放的。

在线性表的顺序存储结构中,如果线性表中各数据元素所占的存储空间(字节数)相等,则要在该线性表中查找某一个元素是很方便的。假设线性表中的第一个数据元素的存储地址为 $LOC(b_1)$,每一个数据元素占 m 字节,则线性表中第 i 个元素 b_i 在计算机存储空间的存储地址为

$$LOC(b_i) = LOC(b_1) + (i-1)m$$

在计算机中,线性表的顺序存储结构如图 9-4 所示。

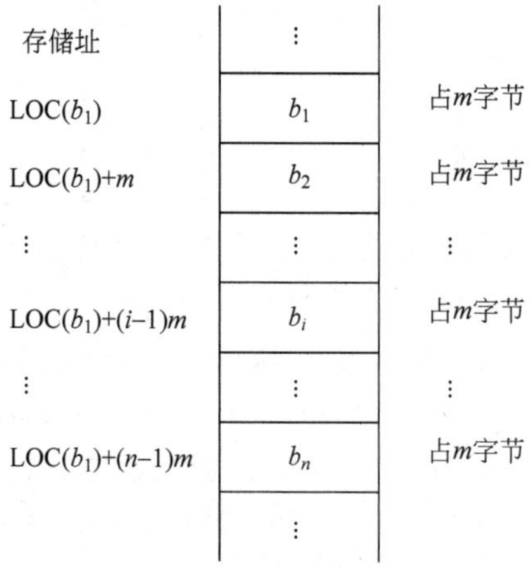

存储址		
	⋮	
$LOC(b_1)$	b_1	占 m 字节
$LOC(b_1)+m$	b_2	占 m 字节
⋮	⋮	⋮
$LOC(b_1)+(i-1)m$	b_i	占 m 字节
⋮	⋮	⋮
$LOC(b_1)+(n-1)m$	b_n	占 m 字节
	⋮	

图 9-4 线性表的顺序存储结构

2. 顺序表的插入运算

在一般情况下,要在第 $i(1 \leqslant i \leqslant n)$ 个元素之前插入一个新元素时,首先要从最后一个(即第 n 个)元素开始,直到第 i 个元素之间共 $(n-i+1)$ 个元素依次向后移动一个位置,移动结束后,第 i 个位置就被空出,然后将新元素插入到第 i 项。插入结束后,线性表的长度就增加了 1。

例如,在线性表 $L=(a_1,\cdots,a_{i-1},a_i,a_{i+1},\cdots,a_n)$ 中的第 $i(1 \leqslant i \leqslant n)$ 个位置上插入一个新节点 e,使其成为线性表

$$L=(a_1,\cdots,a_{i-1},e,a_i,a_{i+1},\cdots,a_n)$$

具体实现步骤如下。

(1) 将线性表 L 中的第 i 个至第 n 个节点后移一个位置。
(2) 将节点 e 插入到节点 a_{i-1} 之后。
(3) 线性表长度加 1。

时间复杂度分析:在线性表 L 中的第 i 个元素之前插入新节点,其时间主要耗费在表中节点的移动操作上,因此,可用节点的移动来估计算法的时间复杂度。

设在线性表 L 中的第 i 个元素之前插入节点的概率为 P_i,不失一般性,设各个位置插入是等概率,则 $P_i=1/(n+1)$,而插入时移动节点的次数为 $(n-i+1)$。

总的平均移动次数为

$$E_{\text{insert}} = \sum P_i \cdot (n-i+1) \quad (1 \leqslant i \leqslant n)$$

所以

$$E_{\text{insert}} = n/2$$

即在顺序表上做插入运算,平均要移动表上一半节点。当线性表长 n 较大时,算法的效率相当低,因此,算法的平均时间复杂度为 $O(n)$。

3. 顺序表的删除运算

在一般情况下,要删除第 $i(1 \leqslant i \leqslant n)$ 个元素时,则要从第 $(i+1)$ 个元素开始,直到第 n 个元素之间共 $(n-i)$ 个元素依次向前移动一个位置。删除结束后,线性表的长度就减小了 1。

例如,在线性表 $L=(a_1,\cdots,a_{i-1},a_i,a_{i+1},\cdots,a_n)$ 中删除节点 $a_i(1 \leqslant i \leqslant n)$,使其成为线性表

$$L=(a_1,\cdots,a_{i-1},a_{i+1},\cdots,a_n)$$

具体实现步骤如下。

(1) 将线性表 L 中的第 $(i+1)$ 个至第 n 个节点依此向前移动一个位置。
(2) 线性表长度减 1。

时间复杂度分析:删除线性表 L 中的第 i 个元素,其时间主要耗费在表中节点的移动操作上,因此,可用节点的移动来估计算法的时间复杂度。

设在线性表 L 中删除第 i 个元素的概率为 P_i,不失一般性,设删除各个位置是等概率,则 $P_i=1/n$,而删除时移动节点的次数为 $(n-i)$。

总的平均移动次数为

$$E_{\text{delete}} = \sum P_i \cdot (n-i) \quad (1 \leqslant i \leqslant n)$$

所以

$$E_{\text{delete}} = (n-1)/2$$

即在顺序表上做删除运算,平均要移动表上一半节点。当线性表长 n 较大时,算法的效率相当低。因此,算法的平均时间复杂度为 $O(n)$。

9.4 栈和队列

栈和队列都是一种特殊的线性表,本节将详细讲解栈与队列的基本运算及它们的不同点。

9.4.1 栈

1. 栈的基本概念

栈(Stack)是一种特殊的线性表,限定只在一端进行插入与删除的线性表。在栈中,一端是封闭的,既不允许进行插入元素,也不允许删除元素;另一端是开放的,允许插入和删除元素。通常称插入、删除的这一端为栈顶(top),另一端为栈底(bottom)。当表中没有元素时称为空栈。栈顶元素总是最后被插入的元素,从而也是最先被删除的元素;栈底元素总是最先被插入的元素,从而也是最后才能被删除的元素。

栈是按照"先进后出"或"后进先出"的原则组织数据的。例如,枪械的子弹匣就可以用来形象的表示栈结构。子弹匣的一端是完全封闭的,最后被压入弹匣的子弹总是最先被弹出,而最先被压入的子弹最后才能被弹出。

通常用指针 top 来指示栈顶的位置,用指针 bottom 指向栈底。向栈中插入一个元素称为进栈操作,从栈中删除一个元素称为出栈操作。栈顶指针 top 动态反映了栈中元素的变化情况。栈示意图如图 9-5 所示。

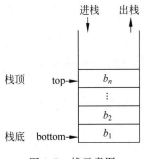

图 9-5 栈示意图

2. 栈的基本运算

栈的基本运算有 3 种,即进栈、出栈与读栈顶元素。

1) 进栈运算

进栈运算是指在栈顶位置插入一个新元素。其过程是先将栈顶指针加 1,然后将新元素放到栈顶指针指向的位置。当栈顶指针已经指向存储空间的最后一个位置时,说明栈空间已满,不能再进栈,这种情况称为栈"上溢"错误,如图 9-6 所示。

2) 出栈运算

出栈运算是指取出栈顶元素。其过程是先将栈顶指针指向的元素赋给一个指定的变量,然后将栈顶指针减 1。当栈顶指针为 0 时,说明栈空,不能再出栈,这种情况称为栈"下溢"错误,如图 9-7 所示。

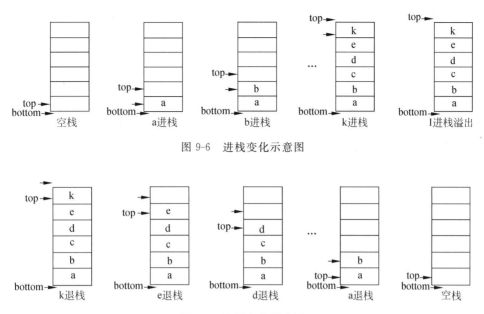

图 9-6　进栈变化示意图

图 9-7　退栈变化示意图

3）读栈顶元素

读栈顶元素即将栈顶元素赋给一个指定的变量。

9.4.2　队列

1. 队列的基本概念

队列是只允许在一端进行删除，在另一端进行插入的顺序表。通常将允许删除的这一端称为队头（front），允许插入的这一端称为队尾（rear）。当表中没有元素时称为空队列。

队列的修改是依照"先进先出"的原则进行的，因此队列也称为"先进先出"的线性表，或者"后进后出"的线性表。例如，火车进隧道，最先进隧道的是火车头，最后是火车尾，而火车出隧道的时候也是火车头先出，最后出的是火车尾。若有队列 $Q=(q_1,q_2,\cdots,q_n)$，那么 q_1 为队头元素（排头元素），q_n 为队尾元素。队列中的元素是按照 q_1、q_2、$\cdots$、q_n 的顺序进入的，退出队列也只能按照这个次序依次退出，即只有在 q_1、q_2、$\cdots$、q_{n-1} 都退队之后，q_n 才能退出队列。因最先进入队列的元素将最先出队，所以队列具有先进先出的特性，体现"先来先服务"的原则。队头元素 q_1 是最先被插入的元素，也是最先被删除的元素。队尾元素 q_n 是最后被插入的元素，也是最后被删除的元素。因此，与栈相反，队列又称为"先进先出"（First In First Out，FIFO）或"后进后出"（Last In Last Out，LILO）的线性表。

在队列中，队尾指针 rear 与队头指针 front 共同反映了队列元素中元素动态变化的情况。队列示意图如图 9-8 所示。

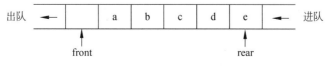

图 9-8　队列示意图

2. 队列运算

1) 入队运算

入队运算是往队列的队尾插入一个数据元素,即将新元素插入 rear 所指的位置,然后 rear 加 1。

2) 退队运算

退队运算是从队列的队头删除一个数据元素,即删去 front 所指的元素,然后加 1 并返回被删元素。

入队、出队运算示意图如图 9-9 所示。

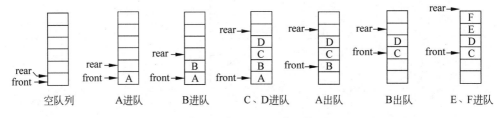

图 9-9 入队、出队运算示意图

由图 9-9 可知,在进队时,将新元素按 Q.rear 指示位置加入,再将队尾指针增加 1,rear=rear+1。出队时,将下标为 front 的元素取出,再将队头指针增加 1,front=front+1。在入队和出队操作中,头、尾指针只增加不减少,致使被删除元素的空间永远无法重新利用。因此,尽管队列中实际元素个数可能远远小于数组大小,但是可能由于尾指针已超出向量空间的上界而不能做入队操作,该现象称为"假溢出"。

3. 循环队列及其运算

为充分利用向量空间,克服上述"假溢出"现象的方法是,将为队列分配的向量空间看成为一个首尾相接的圆环,并称这种队列为循环队列(Circular Queue)。将队列存储空间的第一个位置作为队列最后一个位置的下一个位置,供队列循环使用。计算循环队列的元素个数:"尾指针减头指针",若为负数,再加其容量即可。

循环队列主要有两种基本操作,即入队操作与退队操作。每进行一次入队操作,队尾指针加 1,即 rear+1。当队尾指针 rear=n+1 时,则置 rear=1。每进行一次退队操作,队头指针就加 1,即 front+1。当队头指针 front=n+1 时,则置 front=1。循环队列操作及指针变化情况如图 9-10 所示。

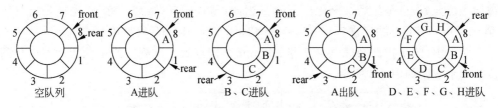

图 9-10 循环队列操作及指针变化情况

为了能区分队列满还是队列空,通常还需增加一个标志 s,s 值的定义为

$$\begin{cases} s=0 \text{ 表示队列为空} \\ s=1 \text{ 表示队列非空} \end{cases}$$

由此可以得出,队列空与队列满的条件:队列空的条件为 $s=0$;队列满的条件为 $s=1$,且 front=rear。

9.5 线性链表

线性表主要有两种存储方式,即顺序存储和链式存储。前面在介绍一般的线性表及栈和队列时,主要介绍了相应的顺序存储,本节讲解线性表的链式存储。

9.5.1 线性链表的基本概念

1. 线性链表

线性表的顺序存储结构具有简单、操作方便等优点。但在做插入或删除操作时,需要移动大量的元素。因此,对于大的线性表,特别是元素变动频繁的大线性表不宜采用顺序存储结构,而是采用链式存储结构。

在链式存储结构中,存储数据结构的存储空间可以不连续,各数据节点的存储顺序与数据元素之间的逻辑关系可以不一致。链式存储方式既可用于表示线性结构,也可用于表示非线性结构。

在链式存储方式中,要求每个节点由两部分组成。一部分用于存放数据元素值,称为数据域;另一部分用于存放指针,称为指针域。其中指针用于指向该节点的前一个或后一个节点(即前件或后件)。

通常把线性表的链式存储结构称为线性链表。线性链表中存储节点的结构如图 9-11 所示。

在线性链表中,用一个专门的指针 H(称为头指针)指向线性链表中第一个数据元素的节点(即存放线性表中第一个数据元素的存储节点的序号)。从头指针开始,沿着线性链表各节点的指针可以扫描到链表中的所有节点。线性表中最后一个元素没有

图 9-11 线性链表中存储节点的结构

后件,因此,线性链表中最后一个节点的指针域为空(用^、NULL 或 0 表示),表示链表终止,如图 9-12 所示。当头指针 H=NULL(或 0)时称为空表。

图 9-12 线性表的逻辑结构

在这样的线性链表中,每一个存储节点只有一个指针域,称为单链表。在某些应用中,对线性链表中的每个节点设置两个指针,一个称为左指针,用以指向其直接前驱;另一个称为右指针,用以指向其直接后继。这样的线性链表称为双向链表。

2. 带链的栈

栈也是线性表，也可以采用链式存储结构，如图 9-13 所示。带链的栈可以用来收集计算机存储空间中所有空闲的存储节点，这种带链的栈称为可利用栈。

图 9-13　带链的栈

3. 带链的队列

与栈类似，队列也可以采用链式存储结构表示，如图 9-14 所示。带链的队列就是用一个单链表来表示队列，队列中的每一个元素对应链表中的一个节点。

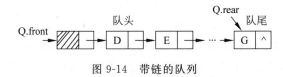

图 9-14　带链的队列

9.5.2　对线性链表的基本操作

1．在线性链表中查找指定的元素

查找指定元素所处的位置是插入和删除等操作的前提，只有先通过查找定位才能进行元素的插入和删除等进一步的运算。

在链表中查找指定元素必须从头指针指向的节点开始向后沿指针域 NEXT 进行扫描，直到后面已经没有节点或找到指定元素为止，而不能像顺序表那样只要知道元素序号就可直接访问相应序号节点。因此，链表不是随机存取结构。

因此，由这种方法找到的指定元素有两种可能：一种是当线性链表中存在包含指定元素的节点时，则返回第一次找到等于该元素值的节点的位置；另一种是当线性链表中不存在包含指定元素的节点时，则返回 NULL。

2．线性链表的插入

线性链表的插入操作是指在线性链表中的指定位置上插入一个新的元素。为了要在线性链表中插入一个新元素，首先要为该元素申请一个新节点，以存储该元素的值。其次将存放新元素值的节点链接到线性链表中指定的位置，如图 9-15 所示。

3．线性链表的删除

线性链表的删除是指在线性链表中删除包含指定元素的节点。

为了在线性链表中删除包含指定元素的节点，首先要在线性链表中找到这个节点，其次将要删除节点释放，以便以后再次利用，如图 9-16 所示。

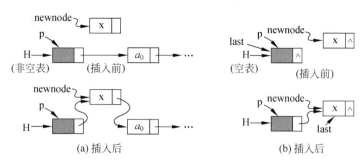

图 9-15 线性链表的插入示意图

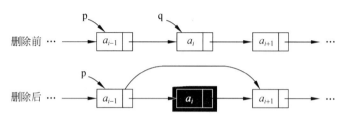

图 9-16 线性链表的删除示意图

4．循环链表及其基本操作

循环链表的结构与前面所讨论的线性链表相比，具有以下两个特点。

（1）在循环链表中增加了一个表头节点，表头节点的数据域可以是任意值，也可以根据需要来设置，指针域指向线性表的第一个元素的节点。循环链表的头指针指向表头节点。

（2）循环链表中最后一个节点的指针域不为空，而是指向表头节点。从而在循环链表中，所有节点的指针构成了一个环，如图 9-17 所示。

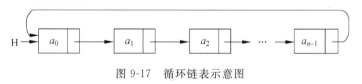

图 9-17 循环链表示意图

9.6 树与二叉树

树与二叉树是数据结构的重要部分，本节将介绍树与二叉树，对其中的二叉树的重点概念、重要术语举例说明，并对二叉树的基本性质、二叉树的遍历加以重点介绍。

9.6.1 树的基本概念

树是一种重要的非线性结构。在这种数据结构中，所有数据元素之间的关系具有明显的层次特性，并以分支关系定义了层次结构。树示意图如图 9-18 所示。

树中每一个节点只有一个直接前驱，称为父节点。没有直接前驱的节点只有一个，称为

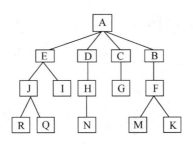

图 9-18 树示意图

树的根节点,简称树的根。例如,如图 9-18 所示,节点 A 是树的根节点。每一个节点可以有多个直接后继,它们都称为该节点的子女。没有直接后继的节点称为叶子节点,如表 9-3 所示。

表 9-3 树的基本概念

节 点	说 明
父节点(根)	在树结构中,每一个节点只有一个前件,称为父节点,没有前件的节点只有一个,称为树的根节点,简称树的根。例如,在图 9-18 中,节点 A 是树的根节点
子节点和叶子节点	在树结构中,每一个节点可以有多个后件,称为该节点的子节点。没有后件的节点称为叶子节点。例如,在图 9-18 中,节点 I、G、R、Q、N、M、K 均为叶子节点
度	在树结构中,一个节点所拥有的后件的个数称为该节点的度,所有节点中最大的度称为树的度。例如,在图 9-18 中,根节点 A 的度为 4,节点 E、J、F 的度为 2,节点 D、C、B、H 的度为 1,叶子节点 I、G、R、Q、N、M、K 的度为 0。所以,该树的度为 4
深度	定义一棵树的根节点所在的层次为 1,其他节点所在的层次等于其父节点所在的层次加 1。树的最大层次称为树的深度。例如,在图 9-18 中,根节点 A 在第 1 层,节点 B、C、D、E 在第 2 层,节点 J、I、H、G、F 在第 3 层,节点 R、Q、N、M、K 在第 4 层,所以该树的深度为 4
子树	在树中,以某节点的一个子节点为根构成的树称为该节点的一棵子树

9.6.2 二叉树的概念与基本性质

1. 二叉树的基本概念

二叉树是一种很有用的非线性结构,具有以下两个特点。

(1) 非空二叉树只有一个根节点。

(2) 每一个节点最多有两棵子树,且分别称为该节点的左子树和右子树。在二叉树中,每一个节点的度最大为 2,即所有子树(左子树或右子树)也均为二叉树。另外,二叉树中的每个节点的子树被明显地分为左子树和右子树。

在二叉树中,一个节点可以只有左子树而没有右子树,也可以只有右子树而没有左子树。当一个节点既没有左子树也没有右子树时,该节点即为叶子节点。

例如,某个家族中的族谱关系图如图 9-19 所示,A 有后代 B、C;B 有后代 D、E;C 有后代 F。该族谱关系

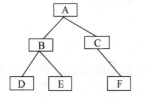

图 9-19 某个家族中的族谱关系图

图为典型的二叉树。

2. 二叉树的基本性质

二叉树具有以下几个性质。

(1) 在二叉树的第 k 层上,最多有 $2^{k-1}(k \geqslant 1)$ 个节点。

(2) 深度为 m 的二叉树最多有 (2^m-1) 个节点。

(3) 在任意一棵二叉树中,度为 0 的节点(即叶子节点)总是比度为 2 的节点多一个。

(4) 具有 n 个节点的二叉树,其深度至少为 $[\log_2 n]+1$,其中 $[\log_2 n]$ 表示取 $\log_2 n$ 的整数部分。

3. 满二叉树与完全二叉树

满二叉树是指除最后一层外,每一层上的所有节点都有两个子节点的二叉树。在满二叉树中,每一层上的节点数都达到最大值,即在满二叉树的第 k 层上有 2^{k-1} 个节点,且深度为 m 的满二叉树有 (2^m-1) 个节点,如图 9-20(a)所示。完全二叉树是指除最后一层外,每一层上的节点数均达到最大值,在最后一层上只缺少右边的若干节点的二叉树。对于完全二叉树来说,叶子节点只可能在层次最大的两层上出现,对于任何一个节点,若其右分支下的子孙节点的最大层次为 p,则其左分支下的子孙节点的最大层次或为 p,或为 $p+1$,如图 9-20(b)所示。

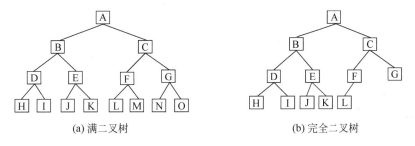

(a) 满二叉树　　　　　　　　　　(b) 完全二叉树

图 9-20　满二叉树和完全二叉树示意图

完全二叉树具有以下两个性质。

(1) 具有 n 个节点的完全二叉树的深度为 $[\log_2 n]+1$。

(2) 设完全二叉树共有 n 个节点。如果从根节点开始,按层次(每一层从左到右)用自然数 $1,2,\cdots,n$ 给节点进行编号,则对于编号为 $k(k=1,2,\cdots,n)$ 的节点有以下结论。

① 若 $k=1$,则该节点为根节点,且没有父节点;若 $k>1$,则该节点的父节点编号为 INT($k/2$)。

② 若 $2k \leqslant n$,则编号为 k 的节点的左子节点编号为 $2k$;否则,该节点无左子节点(显然也没有右子节点)。

③ 若 $2k+1 \leqslant n$,则编号为 k 的节点的右子节点编号为 $2k+1$;否则,该节点无右子节点。

9.6.3 二叉树的遍历

在遍历二叉树的过程中,一般先遍历左子树,再遍历右子树。在先左后右的原则下,根据访问根节点的次序,二叉树的遍历分为三类,即前序遍历、中序遍历和后序遍历。

(1) 前序遍历。先访问根节点,再遍历左子树,最后遍历右子树;并且在遍历左、右子树时,仍需先访问根节点,再遍历左子树,最后遍历右子树。例如,对图 9-19 中的二叉树进行前序遍历的结果(或称为该二叉树的前序序列)为"A,B,D,E,C,F"。

(2) 中序遍历。先遍历左子树,再访问根节点,最后遍历右子树;并且,在遍历左、右子树时,仍然先遍历左子树,再访问根节点,最后遍历右子树。例如,对图 9-19 中的二叉树进行中序遍历的结果(或称为该二叉树的中序序列)为"D,B,E,A,C,F"。

(3) 后序遍历。先遍历左子树,再遍历右子树,最后访问根节点;并且,在遍历左、右子树时,仍然先遍历左子树,再遍历右子树,最后访问根节点。例如,对图 9-19 中的二叉树进行后序遍历的结果(或称为该二叉树的后序序列)为"D,E,B,F,C,A"。

9.7 查找

查找就是在某种数据结构中,找出满足指定条件的元素。查找是插入和删除等运算的基础,是数据处理的重要内容。由于数据结构是算法的基础,对于不同的数据结构,应选用不同的查找算法,以获得更高的查找效率。本节将对顺序查找和二分查找的概念进行详细说明。

9.7.1 顺序查找

顺序查找是最简单的查找方法,其基本思想是从线性表的第 1 个元素开始,逐个将线性表中的元素与被查找元素进行比较,如果相等,则查找成功,停止查找;若整个线性表扫描完毕,仍未找到与被查找元素相等的元素,则表示线性表中没有要查找的元素,查找失败。

例如,在一维数组[21,46,24,99,57,77,86]中,查找数据元素"99"。首先从第 1 个元素"21"开始进行比较,比较结果与要查找的数据不相等,接着与第 2 个元素"46"进行比较,以此类推,当进行到与第 4 个元素比较相等时,即查找成功。如果查找数据元素"100",在整个线性表扫描完毕仍未找到与"100"相等的元素时,表示线性表中没有要查找的元素,即查找失败。

顺序查找算法的时间复杂度。

(1) 最好情况下。第 1 个元素就是要查找的元素,则比较次数为 1 次。

(2) 最坏情况下。最后一个元素是要查找的元素,或者在线性表中,没有要查找的元素,则需要与线性表中所有的元素比较,比较次数为 n 次。

(3) 平均情况下。需要比较 $n/2$ 次,因此查找算法的时间复杂度为 $O(n)$。

顺序查找法虽然效率很低,但在下列两种情况下也只能采用顺序查找。

(1) 如果线性表为无序表,则不管是顺序存储结构还是链式存储结构,只能用顺序查找。

(2) 即使是有序线性表,如果采用链式存储结构,也只能用顺序查找。

9.7.2 二分法查找

二分法查找,也称折半查找,是一种高效的查找方法。能使用二分法查找的线性表必须满足用顺序存储结构和线性表是有序表两个条件。

"有序"是特指元素按非递减排列,即从小到大排列,但允许相邻元素相等。

对于长度为 n 的有序线性表,利用二分法查找元素 X 的过程如下。

(1) 将 X 与线性表的中间项比较。

(2) 如果 X 的值与中间项的值相等,则查找成功,结束查找。

(3) 如果 X 小于中间项的值,则在线性表的前半部分以二分法继续查找。

(4) 如果 X 大于中间项的值,则在线性表的后半部分以二分法继续查找。

例如,长度为 8 的线性表关键码序列为[6,13,27,30,38,46,47,70],被查找元素为"38"。首先将与线性表的中间项比较,即与第 4 个数据元素"30"相比较,元素"38"大于中间项元素"30"的值,则在线性表[38,46,47,70]中继续查找;接着与中间项比较,即与第 2 个元素"46"相比较,元素"38"小于元素"46",则在线性表[38]中继续查找,最后一次比较相等,查找成功。

顺序查找法每一次比较,只将查找范围减少 1,而二分法查找,每比较一次,可将查找范围减少为原来的一半,效率大大提高了。

对于长度为 n 的有序线性表,在最坏情况下,二分法查找只需比较 $\log_2 n$ 次,而顺序查找需要比较 n 次。

9.8 排序

排序也是数据处理的重要内容。所谓排序,是指将一个无序序列整理成按值非递减顺序排列的有序序列。排序的方法有很多,根据待排序序列的规模及对数据处理的要求,可以采用不同的排序方法。

本节主要介绍一些常用的排序方法。

9.8.1 交换类排序法

所谓交换排序,是指借助数据元素之间的互相交换进行排序的一种方法。冒泡排序法与快速排序法都属于交换类的排序方法。

1. 冒泡排序法

冒泡排序法是最简单的一种交换类排序方法。

1) 冒泡排序法的思想

首先,将第 1 个元素和第 2 元素进行比较,若为逆序(在数据元素的序列中,对于某个元素,如果其后存在一个元素小于它,则称为存在一个逆序),则交换之。其次对第 2 个元素和第 3 个元素进行同样的操作,并以此类推,直到倒数第 2 个元素和最后一个元素为止,其结果是将最大的元素交换到了整个序列的尾部,这个过程称为第 1 趟冒泡排序。而第 2 趟冒泡排序是在除去这个最大元素的子序列中从第 1 个元素起重复上述过程,最后直到整个序列变为有序为止。排序过程中,小元素好比水中气泡逐渐上浮,而大元素好比大石头逐渐下沉,冒泡排序因此得名。

2) 冒泡排序法示例

设有 9 个待排序的记录,关键字分别为 23、38、22、45、23、67、31、15、41,冒泡排序过程如图 9-21 所示。

初始关键字序列:	23	38	22	45	23	67	31	15	41
第一趟排序:	23	22	38	23	45	31	15	41	67
第二趟排序:	22	23	23	38	31	15	41	45	67
第三趟排序:	22	23	23	31	15	35	41	45	67
第四趟排序:	22	23	23	15	31	38	41	45	67
第五趟排序:	22	23	15	23	31	38	41	46	67
第六趟排序:	22	15	23	23	31	38	41	45	67
第七趟排序:	15	22	23	23	31	38	41	45	67

图 9-21 冒泡排序过程

假设初始序列的长度为 n,冒泡排序最多需要经过 $(n-1)$ 趟排序,需要的比较次数为 $n(n-1)/2$。

2. 快速排序法

快速排序法就是一种可以通过一次交换而消除多个逆序的排序方法。

1) 快速排序法的思想

任取待排序序列中的某个元素对象作为基准(通常取第 1 个元素),首先,按照该元素值的大小,将整个序列划分为左右两个子序列(这个过程称为分割):左侧子序列中所有元素的值都小于或等于基准对象元素的值,右侧子序列中所有元素的值都大于基准对象元素的值,基准对象元素则排在这两个子序列中间(这也是该对象最终应该被安放的位置),其次分别对这两个子序列重复进行上述过程,最后直到所有的对象都排在相应位置上为止。

2) 快速排序法示例

设有 7 个待排序的记录,关键字分别为 29、38、22、45、23、67、31,快速排序过程如图 9-22 所示。

快速排序的平均时间效率最佳,为 $O(n\log_2 n)$。最坏情况下,即每次划分只得到一个子序列,时间效率为 $O(n^2)$。

9.8.2 插入类排序法

所谓插入排序,是指将无序序列中的各元素依次插入到已经有序的线性表中。

1. 简单插入排序法

1) 简单插入排序法的思想

将一个新元素插入到已经排好序的有序序列中,从而元素的个数增 1,并成为新的有序

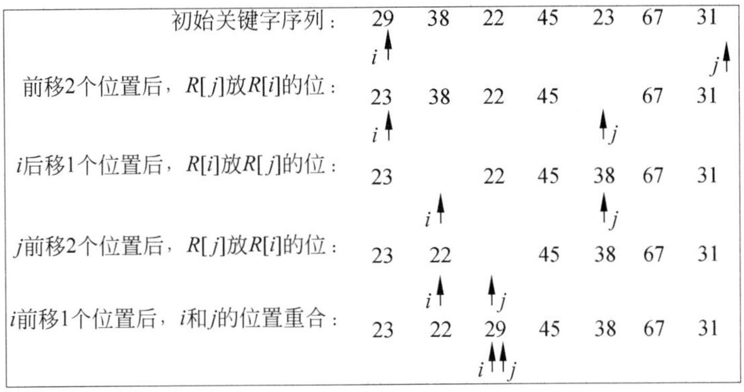

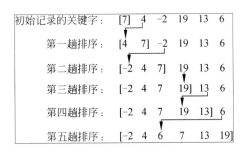

图 9-22 快速排序过程

序列。

2）简单插入排序法示例

设有 6 个待排序的记录，关键字分别为 7、4、-2、19、13、6，简单插入排序过程如图 9-23 所示。

图 9-23 简单插入排序过程

简单插入排序法最坏情况需要 $n(n-1)/2$ 次比较。

2．希尔排序法

1）希尔排序法的思想

将整个初始序列分割成若干个子序列，对每个子序列分别进行简单插入排序，最后再对全体元素进行一次简单插入排序。由此可见，希尔排序也是一种插入排序方法。

2）希尔排序法示例

设有 10 个待排序的记录，关键字分别为 48、37、64、96、75、13、26、50、54、5，增量序列是 5、3、1，希尔排序过程如图 9-24 所示。

希尔排序法最坏情况需要 $O(n^{1.3})$ 次比较。

9.8.3 选择类排序法

选择排序的基本思想是每一趟排序过程都是在当前位置后面剩下的待排序对象中选出元素值最小的对象，放到当前的位置上。

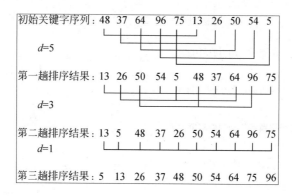

图 9-24　希尔排序过程

1. 简单选择排序法

简单选择排序的基本思想是，在 n 个待排序的数据元素中选择元素值最小的元素，若它不是这组元素中的第 1 个元素，则将它与这组元素中的第 1 个元素交换，在剩下的 $(n-1)$ 个元素中选出最小的元素与第 2 个元素交换，重复这样的操作，直到所有元素均为有序为止。

2. 简单选择排序法示例

设有 6 个待排序的记录，关键字分别为 73、26、41、5、12、34，简单选择排序过程如图 9-25 所示。

```
初始关键字序列： 73  26  41   5  12  34
第一趟排序结果： [5]  26  41  73  12  34
第二趟排序结果： [5  12]  41  73  26  34
第三趟排序结果： [5  12  26]  73  41  34
第四趟排序结果： [5  12  26  34]  41  73
第五趟排序结果： [5  12  26  34  41]  73
第六趟排序结果： [5  12  26  34  41  73]
```

图 9-25　简单选择排序过程

简单选择排序法最坏情况需要 $n(n-1)/2$ 次比较。

3. 堆排序法

堆排序法属于选择类的排序方法。堆的定义如下。

具有 n 个元素的序列 $(a_1, a_2, \cdots, a_n)$，将元素按顺序组成一棵完全二叉树，当且仅当满足下列条件时称为堆。

$$\begin{cases} a_i \geqslant a_{2i} \\ a_i \geqslant a_{2i+1} \end{cases} \quad 或 \quad \begin{cases} a_i \leqslant a_{2i} \\ a_i \leqslant a_{2i+1} \end{cases}$$

其中，$i = 1, 2, \cdots, (n/2)$，左边称为大根堆，所有节点的值大于或等于左右子节点的值，右边称为小根堆，所有节点的值小于或等于左右子节点的值。这里只讨论大根堆的情况。

1）调整建堆

在调整建堆的过程中，总是将根节点值与左、右子树的节点进行比较，若不满足堆的条件，则将左、右子树根节点值中的大者与根节点进行交换，这个调整过程从根节点开始一直延伸到所有叶子节点，直到所有子树均为堆为止。

2）堆排序法的思想

根据堆的定义和堆的调整过程，可以得到堆排序的方法如下。

（1）将一个无序序列建成堆。

（2）将堆顶元素与堆中最后一个元素交换，并将除了已经交换到最后的那个元素之外的其他元素重新调整为堆。

反复做第（2）步，直到所有的元素都完成交换为止，从而得到一个有序序列。

堆排序的方法对于规模较小的线性表并不合适，但对于较大规模的线性表来说是很有效的。

堆排序法最坏情况需要 $O(n\log_2 n)$ 次比较。相比以上几种（除希尔排序法外），堆排序法的时间复杂度最小。

9.9 习题

一、选择题

1. 对长度为 n 的线性表排序，在最坏情况下，比较次数不是 $n(n-1)/2$ 的排序方法是（　　）。

　　A. 快速排序　　　　B. 冒泡排序　　　　C. 简单插入排序　　D. 堆排序

2. 下列关于栈的叙述正确的是（　　）。

　　A. 栈按"先进先出"组织数据　　　　B. 栈按"先进后出"组织数据

　　C. 只能在栈底插入数据　　　　　　D. 不能删除数据

3. 某二叉树有 5 个度为 2 的节点，则该二叉树中的叶子节点数是（　　）。

　　A. 10　　　　　　B. 8　　　　　　C. 6　　　　　　D. 4

4. 下列叙述中正确的是（　　）。

　　A. 算法复杂度是指算法控制结构的复杂程度

　　B. 算法复杂度是指设计算法的难度

　　C. 算法的时间复杂度是指设计算法的工作量

　　D. 算法的复杂度包括时间复杂度与空间复杂度

5. 下列叙述中正确的是（　　）。

　　A. 循环队列有队头和队尾两个指针，因此，循环队列是非线性结构

　　B. 在循环队列中，只需要队头指针就能反映队列中元素的动态变化情况

　　C. 在循环队列中，只需要队尾指针就能反映队列中元素的动态变化情况

　　D. 循环队列中元素的个数是由队头指针和队尾指针共同决定的

6. 在长度为 n 的有序线性表中进行二分查找，最坏情况下需要比较的次数是（　　）。

　　A. $O(n)$　　　　B. $O(n^2)$　　　　C. $O(\log_2 n)$　　　　D. $O(n\log_2 n)$

7. 下列叙述中正确的是(　　)。
   A. 顺序存储结构的存储一定是连续的,链式存储结构的存储空间不一定是连续的
   B. 顺序存储结构只针对线性结构,链式存储结构只针对非线性结构
   C. 顺序存储结构能存储有序表,链式存储结构不能存储有序表
   D. 链式存储结构比顺序存储结构节省存储空间
8. 对于循环队列,下列叙述中正确的是(　　)。
   A. 队头指针是固定不变的
   B. 队头指针一定大于队尾指针
   C. 队头指针一定小于队尾指针
   D. 队头指针可以大于队尾指针,也可以小于队尾指针
9. 算法的空间复杂度是指(　　)。
   A. 算法在执行过程中所需要的计算机存储空间
   B. 算法所处理的数据量
   C. 算法程序中的语句或指令条数
   D. 算法在执行过程中所需要的临时工作单元数
10. 一个栈的初始状态为空。现将元素1、2、3、4、5、A、B、C、D、E 依次入栈,然后再依次出栈,则元素出栈的顺序是(　　)。
    A. 12345ABCDE   B. EDCBA54321
    C. ABCDE12345   D. 54321EDCBA
11. 下列排序方法中,最坏情况下比较次数最少的是(　　)。
    A. 冒泡排序   B. 简单选择排序   C. 简单插入排序   D. 堆排序
12. 支持子程序调用的数据结构是(　　)。
    A. 栈   B. 树   C. 队列   D. 二叉树
13. 算法的有穷性是指(　　)。
    A. 算法程序的运行时间是有限的
    B. 算法程序所处理的数据量是有限的
    C. 算法程序的长度是有限的
    D. 算法只能被有限的用户使用
14. 算法的时间复杂度是指(　　)。
    A. 设计该算法所需的工作量
    B. 执行该算法所需要的时间
    C. 执行该算法时所需要的基本运算次数
    D. 算法中指令的条数
15. 下列关于栈叙述正确的是(　　)。
    A. 栈顶元素最先被删除
    B. 栈顶元素最后才能被删除
    C. 栈底元素永远不能被删除
16. 下列叙述中正确的是(　　)。
    A. 在栈中,栈中元素随栈底指针与栈顶指针的变化而动态变化

B. 在栈中,栈顶指针不变,栈中元素随栈底指针的变化而动态变化

C. 在栈中,栈底指针不变,栈中元素随栈顶指针的变化而动态变化

17. 某二叉树共有 7 个节点,其中叶子节点只有 1 个,则该二叉树的深度为(　　)(假设根节点在第 1 层)。

　　A. 3　　　　　　B. 4　　　　　　C. 6　　　　　　D. 7

18. 下列叙述中正确的是(　　)。

　　A. 算法就是程序

　　B. 设计算法时只需要考虑数据结构的设计

　　C. 设计算法时只需要考虑结果的可靠性

　　D. 设计算法时要考虑时间复杂度和空间复杂度

19. 下列关于二叉树的叙述中,正确的是(　　)。

　　A. 叶子节点总是比度为 2 的节点少一个

　　B. 叶子节点总是比度为 2 的节点多一个

　　C. 叶子节点数是度为 2 的节点数的两倍

　　D. 度为 2 的节点数是度为 1 的节点数的两倍

20. 下列各组的排序方法中,最坏情况下比较次数相同的是(　　)。

　　A. 冒泡排序与快速排序

　　B. 简单插入排序与希尔排序

　　C. 堆排序与希尔排序

　　D. 快速排序与希尔排序

21. 下列叙述中正确的是(　　)。

　　A. 循环队列是队列的一种链式存储结构

　　B. 循环队列是队列的一种顺序存储结构

　　C. 循环队列是非线性结构

　　D. 循环队列是一种逻辑结构

22. 下列关于线性链表的叙述中,正确的是(　　)。

　　A. 各数据节点的存储空间可以不连续,但它们的存储顺序与逻辑顺序必须一致

　　B. 各数据节点的存储顺序与逻辑顺序可以不一致,但它们的存储空间必须连续

　　C. 进行插入与删除时,不需要移动表中的元素

23. 一棵二叉树共有 25 个节点,其中 5 个是叶子节点,则度为 1 的节点数为(　　)。

　　A. 16　　　　　　B. 10　　　　　　C. 6　　　　　　D. 4

24. 下列链表中,其逻辑结构属于非线性结构的是(　　)。

　　A. 二叉链表　　　B. 循环链表　　　C. 双向链表　　　D. 带链的栈

25. 下列叙述中正确的是(　　)。

　　A. 程序执行的效率与数据的存储结构密切相关

　　B. 程序执行的效率只取决于程序的控制结构

　　C. 程序执行的效率只取决于所处理的数据量

26. 下列与队列结构有关联的是(　　)。

　　A. 函数的递归调用　　　　　　　　B. 数组元素的引用

    C. 多重循环的执行   D. 先到先服务的作业调度

二、简答题

1. 常用的程序设计语言有哪些？说一说你了解的程序设计语言有哪些特点？
2. 什么是算法？一个算法应具有什么特征？
3. 如何理解算法的时间复杂度和空间复杂度？

第10章 程序设计与软件工程基础

程序设计是一门技术,需要相应的理论、技术、方法和工具来支持。就程序设计方法和技术的发展而言,主要经过了结构化程序设计和面向对象的程序设计阶段。除了好的程序设计方法和技术之外,程序设计风格也是很重要的。良好的程序设计风格可以使程序结构清晰合理,使程序代码便于维护,因此,程序设计风格对保证程序的质量是很重要的。

10.1 程序设计基础

本节以程序及其分类应用为主线,依据不同类别的应用介绍各种开发工具、计算机程序语言及程序运行环境。主要内容包括程序的应用范围和运行环境、程序的设计思想、面向对象的基本概念。通过本节的学习,读者可以对计算机程序的开发设计有一个基础性的了解,掌握计算机程序设计的相关知识,为以后结合自己的专业编写计算机程序打下基础。

10.1.1 程序的应用范围和运行环境

程序的英文名为"Program"或"Procedure"。在我国《计算机软件保护条例》中定义:"程序指为了得到某种结果而可以由计算机等具有信息处理能力的装置执行的代码化指令序列,或者可被自动转换成代码化指令序列的符号化指令序列或者符号化语句序列。"简言之,计算机程序就是指计算机为完成某一个任务所执行的一系列指令集合。在本节中所讨论的"程序"即是上述定义中所指的程序。

10.1.2 程序的设计思想

程序设计思想的相关知识源于"软件工程"专业的知识领域,是一个较庞大的理论体系。在对其部分知识学习之后需要掌握:开发程序就是首先要全面了解用户想要程序做什么,程序应该做什么,然后经过分析设计、编码调试、测试验收、使用维护改进等阶段(或此过程的多次循环),最后满足用户的需求;同时,保证该软件在可以预见的时间段内正确工作,直至其软件生命周期结束。

例如,某学校要建立网站,开发者会与校方的领导、教学科研后勤等部门及教师学生等用户联合确定软件需求(期间会参考类似的成熟产品),然后开发者会组织技术力量,选择合理的技术手段,制定软硬件总体和详细设计(如采用运行 RedHat Linux 的双机 PC 服务器,RAID10 存储阵列,软件应用服务器选择 BEA WebLogic,数据库选择免费版 IBM DB2 9.7

Express-C、SSH 架构 JSP 网站，包括各功能模板和 Java Bean 的详细设计），然后经过反复多次的编码、调试等完成设计。交付学校使用后，还要经过一段时间的修改完善和长期的维护。

在这一建立网站的过程中，如果没有参考原型，而选择从头开发，则开发过程会基本沿用开发模型中的瀑布模型（Waterfall Model）的思想，否则会更多采用原型模型（Prototype Model）的思想。在设计阶段会综合运用结构化程序设计和面向对象程序设计的技术，并部分运用统一建模语言 UML 来描述系统的模型。

1. 软件开发模型

一个软件开发过程是一组引发软件产品生产的活动。这些活动即软件从头开始的开发过程，尽管现在越来越多的软件是在旧软件基础上修改而得到的。事实上，从软件工程角度来看，典型的程序开发模型有以下几种。

（1）瀑布模型（Waterfall Model）。

（2）渐增模型/演化/迭代（Incremental Model）。

（3）原型模型（Prototype Model）。

（4）螺旋模型（Spiral Model）。

（5）喷泉模型（Fountain Model）。

（6）智能模型（Intelligent Model）。

（7）混合模型（Hybird Model）。

一般来说，在实践中很多程序在开发前都有一个参照体，此参照体可能是前一次开发的类似功能程序，也可能是某个有参考价值的成熟产品被用户指定为设计的参考。因此，可能不会有任何一种开发模型适合所有程序设计，这时需要结合用户实际需求进行探索。

2. 结构化程序设计

1966 年，C. Bohm 提出了在程序的构成上只使用顺序、选择、循环 3 种结构组成的编程方式。这 3 种结构足以表达各种其他形式结构的程序设计方法。它们的共同特征是只有一个入口和一个出口。

1）顺序结构

顺序结构是最基本、最普通的结构形式，按照程序中的语句行的先后顺序逐条执行，如图 10-1 所示，执行完语句序列 A 操作后，再执行语句序列 B 操作。这里所说的序列可以由一条或若干条不产生控制转移的语句组成。

图 10-1　顺序结构

2）选择结构

选择结构又称为分支结构，其包括简单选择和多分支选择结构，在这种结构中通过对给定条件的判断，来选择一个分支执行，如图 10-2 所示。当条件为"真"时，执行语句序列 1 操作；当条件为"假"时，执行语句序列 2 操作。无论哪种图形，语句序列 1、语句序列 2 操作都不能同时执行。

3）循环结构

根据给定的条件，判断是否要重复执行某一相同的或类似的程序段。在程序设计语言中，循环结构对应两类循环语句：一类是先判断后执行的循环体，称为当型循环结构，如

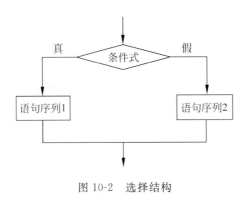

图 10-2　选择结构

图 10-3 所示；另一类是先执行循环体后判断的，称为直到型循环结构，如图 10-4 所示。

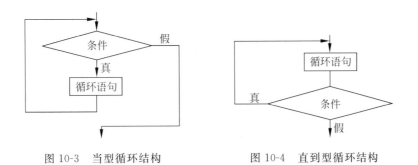

图 10-3　当型循环结构　　　图 10-4　直到型循环结构

由于软件危机的出现，人们开始研究程序设计方法，其中最受关注的是结构化程序设计方法，其引入了工程思想和结构化思想，使大型软件的开发和编程都得到了极大的改善。

结构化程序设计由迪杰斯特拉（E. W. Dijkstra）于 1969 年提出，以模块化设计为中心，采用自顶向下、逐步求精、模块化设计、结构化编码的程序设计方法，即将待开发的软件系统划分为若干个相互独立的模块，这样使完成每一个模块的工作变得单纯而明确，为设计大型软件打下了良好的基础。

由于模块相互独立，因此在设计其中一个模块时，不会受到其他模块的牵连，因而可将原来较为复杂的问题简化为一系列简单模块设计。模块的独立性还为扩充已有的系统、建立新系统带来了更多的方便，因为可以充分利用现有的模块做积木式的扩展。

按照结构化程序设计的观点，任何算法功能都可以通过由程序模块组成的 3 种基本程序结构的组合来实现，即顺序结构、选择结构和循环结构。

结构化程序设计的基本思想是采用"自顶向下，逐步求精"的程序设计方法和"单入口单出口"的控制结构。"自顶向下，逐步求精"的程序设计方法从问题本身开始，经过逐步细化，将解决问题的步骤分解为由基本程序结构模块组成的结构化程序框图；"单入口单出口"的思想认为一个复杂的程序，如果它仅是由顺序、选择和循环 3 种基本程序结构通过组合、嵌套构成的，那么这个新构造的程序一定是一个单入口单出口的程序，因此就很容易编写出结构良好、易于调试的程序。

结构化程序的结构简单清晰，可读性强，模块化强，描述方式符合人们解决复杂问题的普遍规律,可以提高程序的重要性和可维护性,进而提高软件的开发率,在应用软件的开发中发挥重要的作用。

3. 面向对象程序设计

面向对象的程序设计(Object Oriented Programming,OOP)是20世纪80年代初提出的,是为了解决当程序代码行数不断增长后,结构化程序设计难以适应的问题,提高程序的可重用性。

应用面向对象的方法解决问题,不是将问题分解的过程,而是将问题分解为对象。对象是现实世界中可以独立存在和区分的实体,也可以是一些概念上的实体,客观世界是由众多对象组成的。对象有自己的数据(属性),也有作用于数据的操作(方法),将对象的属性和方法封装成一个整体,供程序设计者使用。对象之间的相互作用通过消息传递来实现。

面向对象的程序设计并不是要抛弃结构化程序设计方法,而是站在比结构化程序设计更高、更抽象的层次上去解决问题。当要解决的问题被分解为低级代码模块时,仍需要结构化编程的方法和技巧,但是,它分解一个大问题为小问题时采取的思路与结构化方法是不同的。

(1) 结构化的分解过程——如何做(How to do)。它强调如何完成代码的功能。

(2) 面向对象的分解过程——做什么(What to do)。它将大量的工作分配给相应的对象来完成,程序员在应用程序中只须说明要求对象完成的任务。

面向对象的程序设计给软件的发展带来了以下优点。

(1) 符合人们习惯的思维方法,便于分析复杂而多变的问题。

(2) 易于软件的维护和功能的增减。

(3) 可重用性好,用继承的方法可减少程序开发所花的时间。

(4) 与可视化技术相结合,改善编程过程的工作界面。

10.1.3　面向对象的基本概念

为了介绍面向对象的程序设计,下面先简述面向对象的一些基本概念。

1. 对象

把对象(Object)可以想象成日常生活中的某个实在的物体,如一辆汽车、一张桌子、一台计算机等都是对象;一个人、一份报表、一份账单也是对象。任何对象都具有各自的特征和行为,如人具有身高、体重、视力和听力等特征,也具有起立、行走、说话、踢足球等行为。

在面向对象的程序设计中,对象的概念就是对现实世界中对象的模型化,它是数据和代码的组合,同样具有自己的特征和行为。对象的特征用数据来表示,称为"属性";对象的行为用对象中的代码来实现,称为对象的"方法"。总之,任何对象都是由属性和方法组成的。在计算机中,对象可以是屏幕、打印机、窗体、数据库和命令按钮等。

将反映对象的属性和行为封装在一起,是面向对象编程的基本元素,也是面向对象程序设计的核心。

2. 类

类(Class)是创建对象实例的模板,是同类对象的集合与抽象,它包含所创建对象的属性描述和行为特征的定义,对象是类的实例。例如,人类是人的抽象,一个个不同的人是人类的实例。每个人具有不同的身高、体重等属性值和不同的行为能力。

3. 属性

属性(Porperty)用来表示对象的特征。不同的对象有不同的属性。例如,一个人有姓名、身高、体重、视力和听力等。人都属于人类,但每个人有不同的属性值以示区别。在Visual C++语言中,窗体、文本框和命令按钮都是对象,每个对象都有一组特定的属性。例如,文本框有名称、文本内容和字体大小等。一般来说,每个对象的属性都有一组默认值,用户可根据需要改变属性值。

4. 方法

方法(Method)是对对象属性的各种操作。在面向对象的程序设计中,将一些通用的过程或函数编写好并封存起来,作为方法直接供用户调用。

例如,Visual C++中的 sqrt()就是一种方法,是用来计算平方根的函数。

5. 事件、事件过程和事件驱动

1) 事件

事件是面向对象程序设计中对应"消息"的术语。对象的事件是指由系统事先设定的、能被对象识别和响应的动作。同一事件作用于不同的对象,就会引发不同的反应,产生不同的结果。例如,在学校,教室楼的铃声是一个事件,教师听到铃声就要准备开始讲课,向学生传授知识;学生听到铃声,就要准备听教师上课,接受知识;行政人员不受影响,他就可以不响应。在 Visual C++中,系统为每个对象预先定义好了一系列的事件。例如,单击(Click)、双击(DblClick)、改变(Change)、获取焦点(GotFocus)和键盘按下(KeyPress)等。

2) 事件过程

在对象上发生了事件后,应用程序就要处理这个事件,而处理的步骤就是事件过程。一个对象可识别多个事件,它是针对某一对象的过程,并与该对象的一个事件相联系。面向对象设计的主要工作,就是为对象编写事件过程。

例如,上述铃响事件,对于教师对象就要编写授课的事件过程,如打开计算机、打开电子讲稿、开始讲课;对学生对象就要编写听课的事件过程,如打开笔记本、边听课边记笔记。

3) 事件驱动

在传统的面向过程的应用程序中,应用程序自身控制了执行哪一部分代码和按哪种顺序执行代码,即代码的执行是从第一行开始,随着程序流程执行代码的不同部分。程序执行的先后次序由设计人员编写的代码决定,用户无法改变程序的执行流程。

在面向对象的程序设计中,程序是由若干个规模较小的事件过程组成的,程序的执行发生了根本的变化。程序执行后系统等待某个事件的发生,然后去执行处理此事件的事件过程,待事件过程执行完成后,系统又处于等待某事件发生的状态,这就是事件驱动程序设计方式。用户对这些事件驱动的顺序决定了代码执行的顺序,因此应用程序每次运行时所经过的代码路径可能都是不同的。

6. 封装

将数据(属性)和操作数据的过程(方法)衔接起来,构成一个具有类的类型对象的描述称为封装(Encapsulation)。封装是一种信息隐蔽技术,目的在于将对象的使用者和对象的设计者分开。用户只看到对象封装界面上的信息,不必知道实现的细节。封装一方面通过数据抽象,把相关信息结合在一起;另一方面简化了接口。例如,当需要打印文档时,用户只要单击打印按钮就可将文档打印,而不必了解打印按钮是如何与硬件通信实现打印文档的。因此,对用户来说,该打印按钮的细节就被封装起来了。

封装性可降低开发过程的复杂性,提高了效率和质量,也保证了程序中数据的完整性和安全性。

7. 继承

继承(Inheritance)表示类之间的相似性的机制,也就是可以从一个类生成另一个类,派生类(也称为子类)继承了父类和祖先类的数据和操作。例如,把"车"抽象为一个类,则"汽车""摩托车""自行车"都继承了"车"的性质,因而是"车"的子类。父类是所有子类的公共属性的集合,而子类则是父类的一种特殊化,可以增加新的属性和操作。

使用继承的主要优点是提高软件复用、降低编码和维护的工作量。

8. 多态性

多态性(Polymorphism)是指用同一命名方法提供多态性结果。也就是当同样的消息被不同的对象接受时,可以产生完全不同的行为。例如,"启动"是"车"类都具有的操作,如"汽车"的"启动"是"发动机点火→启动引擎","自行车"的"启动"是踩踏脚。

多态性的特点是:可大大提高程序的抽象程度和简洁性,降低类和模块之间的耦合性,有利于程序的开发和维护。

10.2 软件工程基础

本节将从软件定义展开阐述软件的基本特点、软件危机及软件工程,详细讲解软件的生命周期,进一步了解软件工程。

10.2.1 软件的定义与特点

1. 软件的定义

软件是指计算机系统中与硬件相互依存的另一部分,包括程序、数据和相关文档的完整集合。

(1) 程序是软件开发人员根据用户需求开发的,用程序设计语言描述的,适合计算机执行的指令序列。

(2) 数据是使程序能正常操纵信息的数据结构。

(3) 文档是与程序的开发、维护和使用有关的图文资料。

可见,软件由两部分组成,即机器可执行的程序和数据;机器不可执行的,与软件开发、运行、维护、使用等有关的文档。

2．软件的特点

软件具有以下特点。

(1) 软件是一种逻辑实体,具有抽象性。

(2) 软件在使用期间不存在磨损、老化的问题。

(3) 对硬件和环境具有依赖性。

(4) 软件复杂性高,成本昂贵。

(5) 软件开发涉及诸多的社会因素。

3．软件的分类

根据应用目标的不同,软件可分为应用软件、系统软件和支撑软件(或工具软件),如表 10-1 所示。

表 10-1　软件的分类

名　称	描　述
应用软件	为解决特定领域的应用而开发的软件
系统软件	计算机管理自身资源,提高计算机使用效率并为计算机用户提供各种服务的软件
支撑软件(或工具软件)	支撑软件是介于两者之间,协助用户开发软件的工具性软件

10.2.2　软件危机

软件危机是指在计算机软件的开发和维护过程中所遇到的一系列严重的问题。这些问题绝不仅仅是不能正常运行的软件才具有的,实际上,几乎所有软件都不同程度地存在这些问题。

具体来说,软件危机主要有以下一些典型表现。

(1) 对软件开发成本和进度的估计常常很不准确。

(2) 用户对"已完成的"软件系统不满意的现象经常发生。

(3) 软件产品的质量往往靠不住。

(4) 软件常常是不可维护的。

(5) 软件通常没有适当的文档资料。

(6) 软件成本在计算机系统总成本中所占的比例逐年上升。

(7) 软件开发生产率提高的速度,既跟不上硬件的发展速度,也远远跟不上计算机应用迅速普及深入的发展趋势。

以上列举的仅仅是软件危机的一些明显的表现,与软件开发和维护有关的问题远远不止这些。在软件开发和维护的过程中存在这么多严重问题的原因,一方面与软件本身的特点有关;另一方面也和软件开发与维护的方法不正确有关。与软件开发和维护有关的许多错误认识和做法的形成,可以归因于在计算机系统发展的早期阶段软件开发的个体化特点。错误的认识和做法主要表现为忽视软件需求分析的重要性,认为软件开发就是编写程序并设法使之运行,轻视软件维护等。

为了消除软件危机,首先应该对计算机软件有一个正确的认识。应该推广使用在实践中总结出来的开发软件的成功技术和方法,并且研究探索更好、更有效的技术和方法,尽快消除在计算机系统早期发展阶段形成的一些错误概念和做法。其次应该开发和使用更好的软件工具。总之,为了消除软件危机,既要有技术措施(方法和工具),又要有必要的组织管理措施。软件工程正是从管理和技术两方面研究如何更好地开发和维护计算机软件的一门新兴学科。

10.2.3 软件工程

为了摆脱软件危机而提出软件工程的概念。所谓软件工程,是指采用工程的概念、原理、技术和方法指导软件的开发与维护。软件工程学是研究软件开发和维护的普遍原理与技术的一门工程学科,其主要研究对象包括软件开发与维护的技术、方法、工具和管理等方面。

软件工程包括3个要素,即方法、工具和过程,如表10-2所示。

表10-2 软件工程3个要素

要素	描述
方法	方法是完成软件工程项目的技术手段
工具	工具支持软件的开发、管理、文档生成
过程	过程支持软件开发的各个环节的控制、管理

10.2.4 软件生命周期

1. 软件生命周期的概念

软件产品从提出、实现、使用维护到停止使用退役的过程称为软件生命周期。软件生命周期分为3个时期共8个阶段。

(1) 软件计划时期,包括问题定义、可行性研究和需求分析3个阶段。
(2) 软件开发时期,包括概要设计、详细设计、软件实现和软件测试4个阶段。
(3) 运行维护时期,即运行维护阶段。

软件生命周期各个阶段的活动可以有重复,执行时也可以有迭代,如图10-5所示。

2. 软件生命周期各阶段的主要任务

图10-5中的软件生命周期各阶段的主要任务如表10-3所示。

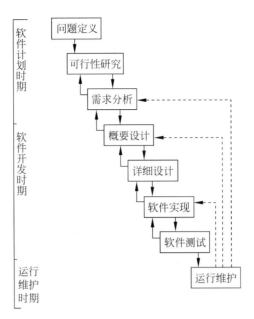

图 10-5 软件生命周期

表 10-3 软件生命周期各阶段的主要任务

阶段	主 要 任 务
问题定义	确定要求解决的问题是什么
可行性研究	决定该问题是否存在一个可行的解决办法,指定完成开发任务的实施计划
需求分析	对待开发软件提出需求进行分析并给出详细定义。编写软件规格说明书及初步的用户手册,提交评审
软件设计	通常又分为概要设计和详细设计两个阶段,给出软件的结构、模块的划分、功能的分配及处理流程。这阶段提交评审的文档有概要设计说明书、详细设计说明书和测试计划初稿
软件实现	在软件设计的基础上编写程序。这阶段完成的文档有用户手册、操作手册等面向用户的文档,以及为下一步做准备而编写的单元测试计划
软件测试	在设计测试用例的基础上,检验软件的各个组成部分。编写测试分析报告
运行维护	将已交付的软件投入运行,同时不断地维护,进行必要而且可行的扩充和删改

10.2.5 软件开发工具与软件开发环境

1. 软件开发工具

软件开发工具是一种软件,它是辅助和支持其他软件研制和维护的工具,为了提高软件生产效率和改进软件的质量而设计。

软件开发工具的范围从传统角度划分,包括操作系统、编译程序、解释程序和汇编程序等;从流行角度划分,主要包括支持需求分析、设计、编码、测试和维护等软件生命周期各个阶段的开发工具和管理工具。

软件开发工具的完善和发展将促使软件开发方法的进步和完善,提升软件开发的速度和质量。软件开发工具的发展是从单项工具的开发逐步向集成工具发展,软件开发工具为软件工程方法提供了自动的或半自动的软件支撑环境。同时,软件开发方法的有效应用也必须得到相应工具的支持,否则方法将难以有效地实施。

2. 软件开发环境

软件开发环境是全面支持软件开发全过程的软件工具集合。这些软件工具按照一定的方法或模式组合起来,支持软件生命周期内的各个阶段和各项任务的完成。

常用开发环境包括 Windows 98 开发环境、Windows NT 开发环境、Linux 开发环境和 UNIX 开发环境。软件开发环境的发展方向为智能化、网络化、一体化、标准化。

计算机辅助软件工程(Compter Aided Software Engineering,CASE)是一套方法和工具,可使系统开发商规定应用规则,并由计算机自动生成合适的计算机程序。CASE 工具分为"高级"CASE 和"低级"CASE。高级 CASE 工具用来绘制企业模型及规定应用要求,低级 CASE 工具用来生成实际的程序代码。CASE 工具和技术可提高系统分析和程序员工作的效率。其重要的技术包括应用生成程序,前端开发过程,面向图形的自动化、配置和管理,以及生命周期分析工具。

10.2.6 结构化分析方法

1. 需求分析

软件需求是指用户对目标软件系统在功能、行为、性能及设计约束等方面的期望。需求分析是发现需求、建模和定义需求的过程。软件需求分析是软件生命周期中重要的一步,也是决定性的一步。对软件需求的深入理解是软件开发工作获得成功的前提和关键。

需求分析阶段的工作,可以分为以下 4 步。

(1) 需求获取(问题识别)。

(2) 需求分析。分析与综合,导出软件的逻辑模型。

(3) 编写需求规格说明书。该步骤可以细分为:编写需求说明书,把双方的共同理解与分析结果用规范的方式描述出来;编写初步用户使用手册;编写确认测试计划;修改与完善项目开发计划。

(4) 需求评审。

2. 结构化分析

1) 结构化分析方法

结构化分析方法是一种基于功能分解、面向数据流进行分析的方法。实质上是一种分析建模活动。通常包括建立数据模型、功能模型和行为模型。

结构化分析方法的实质是着眼于数据流,自顶向下,逐层分解,建立系统的处理流程,以数据流图和数据字典为主要工具,建立系统的逻辑模型。

结构化分析方法给出一组帮助系统分析人员产生功能规约的原理与技术。它一般利用图形表达用户需求,使用的手段主要有数据流图(DFD)、数据字典(DD)、判定树/判定表和结构化语言。

结构化分析的步骤如下。

(1) 分析当前的情况，做出反映当前物理模型的 DFD。
(2) 推导出等价的逻辑模型的 DFD。
(3) 设计新的逻辑系统，生成数据字典和基元描述。
(4) 建立人机接口，提出可供选择的目标系统物理模型的 DFD。
(5) 确定各种方案的成本和风险等级，据此对各种方案进行分析。
(6) 选择一种方案。
(7) 建立完整的需求规约。

2) 数据流图

数据流图是以图形的方式描绘信息流和数据从输入移动到输出的过程中所经受的变换的过程，它反映了系统必须完成的逻辑功能，是结构化分析方法中用于表示系统逻辑模型的一种工具。数据流图基本图形元素如图 10-6 所示。

(a) 数据处理　　(b) 数据流　　(c) 数据存储　　(d) 数据源

图 10-6　数据流图基本图形元素

对图 10-6 中有关数据流图的基本图形元素解释如下。

(1) 数据处理(加工)：用圆或椭圆表示加工，加工是对数据进行处理的单元，它接收一定的数据输入，对其进行处理，并产生输出。

(2) 数据流：沿箭头方向传送数据的通道，一般在旁边标注数据流名。由于数据流是流动中的数据，因此必须有流向，除了与数据存储之间的数据流不用命名外，数据流应该用名词或名词短语命名。

(3) 数据存储：用双杠描述，在数据流图中起保存数据的作用，可以是数据库文件或任何形式的数据组织。流向数据存储的数据流可以理解为写入文件或查询文件，从数据存储流出的数据流可以理解为从文件读数据或得到查询结果。

(4) 数据源(终点)：用方框表示，代表系统之外的实体，可以是人、物或其他软件系统。

一般通过对实际系统的了解和分析后，使用数据流图为系统建立逻辑模型，步骤如下。
① 由外向里：先画系统的输入输出，然后画系统的内部。
② 自顶向下：按顺序完成顶层、中间层、底层数据流图。
③ 逐层分解。

3) 数据字典

数据字典是对所有与系统相关的数据元素的一个有组织的列表，以及精确的、严格的定义，使得用户和系统分析员对于输入、输出、存储成分和中间计算结果有共同的理解。在开发大型软件系统的过程中，数据字典的规模和复杂程度都迅速增加，通常需要使用 CASE 工具来创建和维护数据字典。

数据字典的作用是对数据流图中出现的被命名的图形元素的确切解释，是结构化分析方法的核心。

3. 软件需求规格说明书

软件需求规格说明书是需求分析阶段的最后成果,通过建立完整的信息描述、详细的功能和行为描述、性能需求和设计约束的说明、合适的验收标准,给出对目标软件的各种需求。

需求说明的特征主要包括完整性、正确性、可行性、必要性、划分优先级、无二义性、可验证性。需求规格说明的特点包含完整性、一致性、可修改性及可跟踪性。

10.3 结构化设计方法

在需求分析阶段,使用数据流和数据字典等工具已经建立了系统的逻辑模型,解决了"做什么"的问题。接下来的软件设计阶段,是解决"怎么做"的问题。本节主要介绍软件工程的软件设计阶段。

10.3.1 软件设计概述

1. 软件设计的基础

软件开发阶段包含软件设计、软件编码和软件测试。其中,软件设计是把软件需求变换成为软件的具体设计方案(即模块结构)的过程,是开发阶段最重要的步骤。

软件设计的基本目标是用比较抽象、概括的方式确定目标系统如何完成预定的任务,即软件设计是确定系统的物理模型。

软件设计是软件开发阶段最重要的步骤。

1) 按技术观点分

从技术观点上看,软件设计包括软件结构设计、数据设计、接口设计和过程设计。

(1) 软件结构设计定义软件系统各主要部件之间的关系。

(2) 数据设计是将分析时创建的模型转化为数据结构的定义。

(3) 接口设计是描述软件内部、软件和协作系统之间,以及软件与人之间如何通信。

(4) 过程设计则是把系统结构部件转换为软件的过程性描述。

2) 按工程管理角度分

从工程管理角度来看,软件设计分两步完成,即概要设计和详细设计。

(1) 通过概要设计,将软件需求转化为软件体系结构、确定系统接口、全局数据结构或数据库模式。

(2) 通过详细设计,确立每个模块的实现算法和局部数据结构,用适当方法表示算法和数据结构的细节。

2. 软件设计的基本原理

软件设计中应该遵循的基本原理如下所述。

1) 抽象

软件设计中考虑模块化解决方案时,可以定出多个抽象级别。抽象的层次从概要设计到详细设计逐步降低。

2）模块化

模块是指把一个待开发的软件分解成若干小的简单的部分。模块化是指解决一个复杂问题时自顶向下逐层把软件系统划分成若干模块的过程。

3）信息隐蔽

信息隐蔽是指在一个模块内包含的信息（过程或数据），对于不需要这些信息的其他模块来说是不能访问的。

4）模块独立性

模块独立性是指每个模块只完成系统要求的独立的子功能，并且与其他模块的联系最少且接口简单。模块的独立程度是评价设计好坏的重要度量标准。衡量软件的模块独立性使用内聚性和耦合性两个定性的度量标准。

（1）内聚性是度量模块功能强度的一个相对指标。内聚是从功能角度来衡量模块的联系，其描述的是模块内的功能联系。内聚有如下种类，它们之间的内聚度由弱到强排列为偶然内聚、逻辑内聚、时间内聚、过程内聚、通信内聚、顺序内聚、功能内聚。

（2）耦合性是模块之间互相连接的紧密程度的度量。耦合性取决于各个模块之间接口的复杂度、调用方式及哪些信息通过接口。耦合可以分为多种形式，它们之间的耦合度由高到低排列为内容耦合、公共耦合、外部耦合、控制耦合、标记耦合、数据耦合、非直接耦合。

在程序结构中，各模块的内聚性越强，则耦合性越弱。一般较优秀的软件设计，应尽量做到高内聚、低耦合，即减弱模块之间的耦合性和提高模块内的内聚性，有利于提高模块的独立性。

10.3.2 概要设计

1．概要设计的任务

概要设计的基本任务是设计软件系统结构、设计数据结构及数据库、编写概要设计文档、评审概要设计文档。

常用的软件结构设计工具是结构图（Structure Chart，SC），使用结构图描述软件系统的层次和分块结构关系，它反映了整个系统的功能实现及模块与模块之间的联系与通信，是未来程序中的控制层次体系。

在结构图中，矩形表示模块，矩形内注明模块的功能和名称；箭头表示模块间的调用关系，在结构图中还可以用带注释的箭头表示模块调用过程中来回传递的信息；用带实心圆的箭头表示传递的是控制信息；用带空心圆的箭心表示传送的是数据。

经常使用的结构图有 4 种模块类型，即传入模块、传出模块、变换模块和协调模块。结构图的有关术语的解释如下："深度"是指控制的层数；"宽度"是指整体控制跨度（最大模块数的层）的表示；"扇入"是指调用一个给定模块的模块个数；"扇出"是指一个模块直接调用的其他模块数；"原子模块"是指树中位于叶子节点的模块。

2．面向数据流的设计方法

面向数据流的设计方法定义了一些不同的映射方法，利用这些映射方法可以把数据流图变换成结构图表示的软件结构。

典型的数据流类型有变换型和事务型两种。

变换型是指信息沿输入通路进入系统,同时由外部形式变换成内部形式,进入系统的信息通过变换中心,经加工处理以后再沿输出通路变换成外部形式离开软件系统。

事务型数据流的特点是接受一项事务,根据事务处理的特点和性质,选择分派一个适当的处理单元(事务处理中心),然后给出结果。这类数据流归为特殊的一类,称为事务型数据流。

3. 设计的准则

大量软件设计的实践证明,设计准则包含提高模块独立性,模块规模适中,深度、宽度、扇出和扇入适当,使模块的作用域在该模块的控制域内,应减少模块的接口和界面的复杂性,设计成单入口、单出口的模块,设计功能可预测的模块。

设计准则可以借鉴为设计的指导,并用于对软件结构图进行优化。

10.3.3 详细设计

详细(过程)设计的任务是为软件结构图中的每一个模块确定实现算法和局部数据结构,用某种选定的表达工具表示算法和数据结构的细节。

常见的过程设计工具有以下几种。

(1) 图形工具:程序流程图、N-S 图、PAD 图、HIPO。
(2) 表格工具:判定表。
(3) 语言工具:PDL(伪码)。

下面讨论其中几种主要的工具。

1. 程序流程图

程序流程图是一种传统的、应用广泛的软件过程设计表示工具,通常也称为程序框图。程序流程图表达直观、清晰,易于学习掌握,且独立于任何一种程序设计语言。

构成程序流程图的最基本的图符如图 10-7 所示。

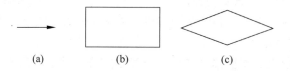

图 10-7 构成程序流程图的最基本的图符

图 10-7 中箭头表示控制流,矩形表示加工,菱形表示逻辑条件。

2. N-S 图

为了避免流程图在描述程序逻辑时的随意性和灵活性,提出了用方框来代替传统的程序流程图,通常把它称为 N-S 图。

3. PAD 图

PAD 图是 Problem Analysis Diagram(问题分析图)的缩写,它是继程序流程图和 N-S

图之后,又一种主要用于描述软件详细设计的图形表示工具。

4. PDL

过程设计语言(Process Design Language,PDL)也称为结构化的英语和伪码,也是一种混合语言,采用英语的词汇和结构化程序设计语言的语法,类似编程语言。

10.4 软件测试

软件测试是保证软件质量的重要手段,其主要过程涵盖了整个软件生命周期的全过程,包括需求定义阶段的需求测试、编码阶段的单元测试、集成测试,以及后期的确认测试、系统测试,验证软件是否合格、能否交付用户使用等。本节主要讲解软件测试的目的、准则及实施方法。

10.4.1 软件测试的目的与准则

1. 软件测试的目的

Grenford J. Myers 给出了软件测试的目的。
(1) 测试是为了发现程序中的错误而执行程序的过程。
(2) 好的测试用例(Test Case)能发现迄今为止尚未发现的错误。
(3) 一次成功的测试是能发现至今为止尚未发现的错误。

测试的目的是发现软件中的错误,但是,暴露错误并不是软件测试的最终目的,测试的根本目的是尽可能多地发现并排除软件中隐藏的错误。

2. 软件测试的准则

根据上述软件测试的目的,为了能设计出有效的测试方案及好的测试用例,软件测试人员必须深入理解,并正确运用以下软件测试的基本准则。
(1) 所有测试都应追溯到用户的需求。
(2) 在测试之前制订测试计划,并严格执行。
(3) 充分注意测试中的群集现象。
(4) 避免由程序的编写者测试自己的程序。
(5) 不可能进行穷举测试。
(6) 妥善保存测试计划、测试用例、出错统计和最终分析报告,为维护提供方便。

10.4.2 软件测试的方法与实施

1. 软件测试方法

软件测试具有多种方法,依据软件是否需要被执行,可以分为静态测试方法和动态测试方法。如果依照功能划分,可以分为白盒测试方法和黑盒测试方法。

1) 静态测试和动态测试

(1) 静态测试。静态测试可以由人工进行,充分发挥人的逻辑思维优势,也可以借助软件工具自动进行。静态测试包括代码检查、静态结构分析、代码质量度量等。经验表明,使用人工测试能够有效地发现30%～70%的逻辑设计和编码错误。

① 代码检查主要检查代码和设计的一致性,包括代码的逻辑表达的正确性,代码结构的合理性等方面。这项工作可以发现违背程序编写标准的问题,程序中不安全、不明确和模糊的部分,找出程序中不可移植的部分、违背程序编程风格的问题,包括变量检查、命名和类型审查、程序逻辑审查、程序语法检查和程序结构检查等内容。代码检查包括代码审查、代码走查、桌面检查、静态分析等具体方式。

代码审查:小组集体阅读、讨论检查代码。

代码走查:小组成员通过用"脑"研究、执行程序来检查代码。

桌面检查:由程序员自己检查自己编写的程序。程序员在程序通过编译之后,进行单元测试之前,对源代码进行分析、检验,并补充相关文档,目的是发现程序的错误。

② 静态结构分析,即对代码的机械性、程式化的特性分析方法,包括控制流分析、数据流分析、接口分析、表达式分析。

(2) 动态测试。静态测试不实际运行软件,主要通过人工进行分析。动态测试就是通常所说的上机测试,是通过运行软件来检验软件中的动态行为和运行结果的正确性。设计高效、合理测试用例是动态测试的关键。测试用例是为测试设计的数据,由测试输入数据和与之对应的预期输出结果两部分组成。测试用例的格式为:[(输入值集),(输出值集)]。

测试用例的设计方法一般分为两类,即黑盒测试方法和白盒测试方法。

2) 白盒测试和黑盒测试

(1) 白盒测试。白盒测试是把程序看成装在一只透明的白盒子里,测试者完全了解程序的结构和处理过程。根据程序的内部逻辑来设计测试用例,检查程序中的逻辑通路是否都按预定的要求正确地工作。白盒测试的原则是保证所测模块中每一独立路径至少执行一次,保证所测模块所有判断的每一分支至少执行一次,保证所测模块每一循环都在边界条件和一般条件下至少各执行一次,验证所有内部数据结构的有效性。白盒测试的方法有逻辑覆盖测试和基本路径测试。

(2) 黑盒测试。黑盒测试是把程序看成装在一只不透明的黑盒子里,测试者完全不了解,或者不考虑程序的结构和处理过程。根据规格说明书的功能来设计测试用例,检查程序的功能是否符合规格说明的要求。黑盒测试的方法有等价类划分法、边界值分析法和错误推测法。

2. 软件测试的实施

软件测试过程分4个步骤,即单元测试、集成测试、确认测试和系统测试。

1) 单元测试

单元测试是对软件设计的最小单位——模块(程序单元)进行正确性检验测试。单元测试的技术可以采用静态分析和动态测试。

2) 集成测试

集成测试是测试和组装软件的过程,主要目的是发现与接口有关的错误,主要依据是概要设计说明书。集成测试所设计的内容包括软件单元的接口测试、全局数据结构测试、边界条件和非法输入的测试等。集成测试时将模块组装成程序,通常采用两种方式,即非增量方式组装和增量方式组装。

3）确认测试

确认测试的任务是验证软件的功能和性能，以及其他特性是否满足了需求规格说明中确定的各种需求，包括软件配置是否完全、正确。确认测试的实施首先运用黑盒测试方法，对软件进行有效性测试，即验证被测软件是否满足需求规格说明确认的标准。

4）系统测试

系统测试是将通过测试确认的软件，作为整个基于计算机系统的一个元素，与计算机硬件、外设、支持软件、数据和人员等其他系统元素组合在一起，在实际运行（使用）环境下对计算机系统进行一系列的集成测试和确认测试。由此可知，系统测试必须在目标环境下运行，其功用在于评估系统环境下软件的性能，发现和捕捉软件中潜在的错误。

系统测试的目的是在真实的系统工作环境下检验软件是否能与系统正确连接，发现软件与系统要求不一致的地方。

系统测试的具体实施一般包括功能测试、性能测试、操作测试、配置测试、外部接口测试和安全性测试等。

10.5 程序调试

程序调试的任务是诊断和改正程序中的错误。其与软件测试不同，软件测试是尽可能多地发现软件中的错误。先要发现软件的错误，然后借助于一定的调试工具去执行找出软件错误的具体位置。软件测试贯穿整个软件生命周期，调试主要在开发阶段。本节主要讲解程序调试的基本概念及软件调试方法。

10.5.1 程序调试的基本概念

在对程序进行了成功的测试之后将进入程序调试（通常称为 Debug，即排错）。程序调试活动由两部分组成：一是根据错误的迹象确定程序中错误的确切性质、原因和位置；二是对程序进行修改，排除这个错误。

程序调试的基本步骤如下。

（1）错误定位。从错误的外部表现形式入手，研究有关部分的程序，确定程序中出错位置，找出错误的内在原因。

（2）修改设计和代码，以排除错误。

（3）进行回归测试，防止引进新的错误。

程序调试有以下两个原则。

1. 确定错误的性质和位置的原则

（1）用头脑去分析思考与错误征兆有关的信息。最有效的调试方法是用头脑分析与错误征兆有关的信息。一个能干的程序调试员应能做到不使用计算机就能够确定大部分错误。

（2）避开死胡同。如果程序调试员走进了死胡同，或者陷入了绝境，最好暂时把问题抛开，留到第二天再去考虑，或者向其他人讲解这个问题。事实上常有这种情形，向一个好的听众简单地描述这个问题时,不需要任何听讲者的提示,便会突然发现问题的所在。

(3) 只把调试工具当作辅助手段来使用。利用调试工具,可以帮助思考,但不能代替思考。因为调试工具是一种无规律的调试方法。实验证明,即使是对一个不熟悉的程序进行调试时,不用工具的人往往比使用工具的人更容易成功。

(4) 避免用试探法,最多只能把其当作最后手段。初学调试的人最常犯的一个错误是想试试修改程序来解决问题。这是一种碰运气的盲目的动作,它的成功机会很小,而且还常把新的错误带到问题中来。

2. 修改错误的原则

(1) 在出现错误的地方,很可能还有别的错误。经验证明,错误有群集现象,当在某一程序段发现有错误时,在该程序段中还存在别的错误的概率也很高。因此,在修改一个错误时,还要查其近邻,看是否还有别的错误。

(2) 修改错误的一个常见失误是只修改了这个错误的征兆或这个错误的表现,而没有修改错误的本质。如果提出的修改意见不能解释与这个错误有关的全部线索,那就表明只修改了错误的一部分。

(3) 当心修正一个错误的同时有可能会引入新的错误。人们不仅需要注意不正确的修改,而且还要注意看起来是正确的修改可能会带来的副作用,即引进新的错误。因此在修改错误之后,必须进行回归测试,以确认是否引入了新的错误。

(4) 修改错误的过程将迫使人们暂时回到程序设计阶段。修改错误也是程序设计的一种形式。一般来说,在程序设计阶段所使用的任何方法都可以应用到错误修正的过程中来。

(5) 修改源代码程序,不要改变目标代码。在对一个大的系统,特别是对一个使用汇编语言编写的系统进行调试时,有时有一种倾向,即试图通过直接改变目标代码来修改错误,并打算以后再改变源程序("当我有时间时")。这种方式有两个问题:第一,因目标代码与源代码不同步,当程序重新编译或汇编时,错误很容易再现;第二,这是一种盲目的实验调试方法。因此,这是一种草率的、不妥当的做法。

10.5.2 程序调试方法

程序调试方法可分为静态调试和动态调试。静态调试主要是指通过人的思维来分析源程序代码和排错,是主要的设计手段;而动态调试是辅助静态调试的,主要的调试方法有强行排错法、回溯法和原因排除法 3 种。

10.6 习题

1. 结构化程序设计思想有哪些基本结构?
2. 软件工程是如何诞生的?
3. 软件生命周期可分为哪些阶段?
4. 软件测试的目的是什么?
5. 软件需求分析的主要目的是什么?

第11章 数据库设计基础

人类社会已进入信息化时代，计算机早已不仅仅是用于数值计算，而是更为广泛地应用于信息处理领域，因此，计算机在某种意义上已被人们称为信息处理机。数据处理问题的特点是数据量大、类型多、结构复杂，同时，对数据的存储、检索、分类、统计等处理的要求较高。为了适应这一需求，把数据从过去附属于程序的做法改变为数据与程序相对独立；对数据加以组织与管理，使之能为更多不同的程序所共享。这就是"数据库系统"的基本特点之一。

11.1 数据库系统概述

数据库技术产生于 20 世纪 60 年代后期，主要研究信息的存储、组织、查询使用等技术，其主要目的是有效地管理和存取大量的数据资源。数据库技术一直随着计算机的发展不断进步，作为计算机软件科学中的一个十分活跃而重要的独立分支，已经形成了一整套数据库理论与技术体系。

本节将从数据库管理技术的发展入手，主要介绍与数据库系统相关的基本概念。

11.1.1 数据库技术的产生与发展

数据库技术是由数据管理任务的需要而产生的。数据处理是指对各种数据进行收集、存储、加工和传播的一系列活动的总和。数据管理是指如何对数据进行分类、组织、编码、存储和维护，它是数据处理的中心问题。

随着计算机技术的发展，数据库管理从手工记录的人工管理阶段，发展到以文件形式保存在计算机存储器中的文件管理阶段，直到数据库管理阶段。

1. 人工管理阶段

在 20 世纪 50 年代以前，计算机技术诞生的早期，还没有操作系统，计算机主要用于科学计算，数据在计算机内没有存储，都是通过纸带、卡片等记录数据。这个阶段计算机对数据的管理仅仅体现在程序运行过程中。

用人工管理数据的特点如下。

（1）数据不保存。
（2）应用程序管理数据。
（3）数据不能共享。

(4) 数据不具有独立性。

2．文件系统阶段

20世纪50年代中期至60年代中期，计算机中已经有了早期的操作系统，并有了专门用于数据管理的软件系统——文件系统。在这个阶段计算机不仅仅用于科学计算，也大量应用于数据管理领域。计算机中出现了专门用于存放数据的磁盘和磁鼓设备。

用文件系统管理数据的特点如下。

(1) 数据可以长期保存。
(2) 数据管理由文件系统完成。
(3) 数据共享性差，冗余度大。
(4) 数据独立性差。

3．数据库系统阶段

到了20世纪60年代后期，数据管理规模更为庞大，应用更广泛，数据量剧增，共享要求更强。计算机中有了大容量磁盘。这个阶段管理数据的指导思想就是对所有的数据实行统一的、集中的、独立的管理，使数据存储独立于使用数据的程序，实现数据共享。于是，数据库技术应运而生。

11.1.2 数据库系统的基本概念

数据、数据库、数据库管理系统及数据库系统是数据库技术中密切相关的4个基本概念，这里简要给出概念的描述。

1．数据

数据(Data)是数据库中的基本对象。数据的定义为描述事物的符号记录。描述事物的符号可以是数字，也可以是文字、图形、图像、声音和语言等多种表现形式。在现实生活中，用自然语言描述事物，在计算机中，为了存储和处理这些事物，就要抽象出对这些事物感兴趣的特征，经过数字化后组成一个记录来描述。

2．数据库

顾名思义，数据库(Database,DB)就是存放数据的仓库，但所有存放的数据之间是有联系并按某种存储模式组织管理的。严格意义上讲，所谓数据库，就是长期存储在计算机内的、有组织的、可共享的数据集合。数据库中的数据按一定的数据模型组织、描述和存储，具有较小的冗余度、较高的数据独立性和易扩展性，并可为各种用户共享。

3．数据库管理系统

数据库管理系统(Database Management System,DBMS)是指支持人们建立、使用和修改数据库的软件系统。它是位于用户和操作系统之间的数据管理软件。数据库管理系统的功能包括数据定义、数据操纵、数据库的运行管理及数据库的建立和维护等。

4．数据库系统

数据库系统是指在计算机系统中引入数据库后的系统。一般由数据库、数据库管理系统及其开发工具、应用系统、数据库管理员和用户构成。

5．数据库系统的特点

数据库系统的特点是数据不再只针对某一个特定的应用,而是面向全组织的,具有整体结构性的数据统一控制。

1) 数据结构化

数据库系统不仅描述了数据本身,而且能够描述数据之间的关系。在数据库系统中,数据不再针对某一应用,而是面向全组织,具有整体结构化。不仅数据是结构化的,而且存取数据的方式也很灵活,可以存取数据库中的某一个数据项、一组数据项、一个记录或一组记录。

2) 数据的共享性高,冗余度低,易扩充

数据库系统从整体角度描述数据,因此可以被多个用户、多个应用共享使用。数据共享可以大大减少数据冗余,节约存储空间,还能够避免数据之间的不相容性与不一致性,并且在数据库的基础上可以很容易地增加新的应用,使系统弹性大,易于扩充。

3) 数据独立性高

数据独立性包括物理独立性和逻辑独立性。物理独立性是指用户的应用程序与存储在磁盘上的数据库中的数据是相互独立的,即当数据的物理存储改变,应用程序不用改变;逻辑独立性是指用户的应用程序与数据库的逻辑结构是相互独立的,即数据库的逻辑结构改变,用户的应用程序不用改变。数据与程序的独立性,简化了应用程序的编制,大大减少了应用程序的维护和修改。

4) 数据由 DBMS 统一管理和控制

数据库的共享是并发的,即多个用户可以同时存取数据库中的数据,甚至可以同时存取数据库中的同一个数据。为此,DBMS 需要提供相应的控制功能,包括数据的安全性保护、数据的完整性检查、并发控制和数据库恢复等。

11.1.3 数据库发展趋势

数据库从诞生到现在,在不到半个世纪的时间里,形成了坚实的理论基础、成熟的商业产品和广泛的应用领域,随着信息管理内容的不断扩展和新技术的层出不穷,数据库技术面临着前所未有的挑战。面对新的数据形式,人们提出了丰富多样的数据模型(层次模型、网状模型、关系模型、面向对象模型、半结构化模型等),同时也提出了众多新的数据库技术(如 XML 数据管理、数据流管理、Web 数据集成、数据挖掘等)。

1．信息集成

随着 Internet 的飞速发展,网络迅速成为一种重要的信息传播和交换的手段,尤其是在 Web 上,有着极其丰富的数据来源。信息集成系统的方法可以分为数据仓库方法和 Wrapper/Mediator 方法。在数据仓库方法中,各数据源的数据按照需要的全局模式从各数据源抽取并转换,存储在数据仓库中。用户的查询就是对数据仓库中的数据进行查询,对于数据源数目不是很多的单个企业来说,该方法十分有效。Wrapper/Mediator 方法,并不是将各数据源的数据集中存放,而是通过 Wrapper/Mediator 结构满足上层集成应用的需求。这种方法的核心是中介模式。信息集成系统通过中介模式将各数据源的数据集成起来,而数据仍存储在局部数据源中,通过各数据源的包装器(Wrapper)对数据进行转换使之符合中介模式。用户的查询基于中介模式,不必知道每个数据源的特点,中介器(Mediator)将基于中介模式的查询转换为基于各局部数据源的模式查询,它的查询执行引擎再通过各数据源的包装器将结果抽取出来,最后由中介器将结果集成并返回给用户。

2．传感器数据库技术

随着微电子技术的发展,传感器的应用越来越广泛。根据传感器在一定的范围内发回的数据,在一定的范围内收集有用的信息,并且将其发回到指挥中心。当有多个传感器在一定的范围内工作时,就组成了传感器网络。传感器网络由携带者所捆绑的传感器及接收和处理传感器发回数据的服务器所组成。传感器网络中的通信方式可以是无线通信,也可以是有线通信。

传感器网络越来越多地应用于对很多新应用的监测和监控。新的传感器数据库系统需要考虑大量的传感器设备的存在,以及它们的移动和分散性。因此,新的传感器数据库系统需要解决一些新的问题,主要包括传感器数据的表示和传感器查询的表示、在传感器节点处理查询分片、分布查询分片、适应网络条件的改变、传感器数据库系统等。

3．网格数据管理

网格是把整个网络整合成一个虚拟的巨大的超级计算环境,实现计算资源、存储资源、数据资源、信息资源、知识资源和专家资源的全面共享,目的是解决多机构虚拟组织中的资源共享和协同工作问题。

高性能计算的应用需求使计算能力不可能在单一计算机上获得。因此,必须通过构建"网络虚拟超级计算机"或"元计算机"获得超能的计算能力,这种计算方式称为网格计算。它通过网络连接地理上分布的各类计算机(包括机群)、数据库、各类设备和存储设备等,形成对用户相对透明的虚拟的高性能计算环境,应用包括了分布计算、高吞吐量计算、协同工作和数据查询等众多功能。

信息网格是利用现有的网络基础设施、协议规范、Web 和数据库技术,为用户提供一体化的智能信息平台,其目标是创建一种架构在 OS 和 Web 之上的基于 Internet 的新一代信息平台和软件基础设施。

4．移动数据管理

越来越多的人拥有掌上型或笔记本电脑,或者个人数字助理(PDA),甚至智能手机。这些移动计算机都将装配无线联网设备,用户不再需要固定地连接在某一网络中不变,而是可以携带移动计算机自由地移动,这样的计算环境,我们称为移动计算(Mobile Computing)。研究移动计算环境中的数据管理技术,已成为目前分布式数据库研究的一个新的方向,即移动数据库技术。

移动计算及其所具有的独特特点,对分布式数据库技术和客户/服务器数据库技术,提出了新的要求和挑战。移动数据库系统要求支持移动用户在多种网络条件下都能够有效地访问所需数据,完成数据查询和事务处理。通过移动数据库的复制/缓存技术或者数据广播技术,移动用户即使在断接的情况下也可以继续获取所需的数据,从而继续自己的工作,这使得移动数据库系统具有高度的可用性。此外,移动数据库系统能够尽可能地提高无线网络中数据访问的效率和性能。

目前,移动数据管理的研究主要集中在数据同步与发布的管理和移动对象管理技术两个方面。

5. 微小型数据库技术

随着移动计算时代的到来,嵌入式操作系统对微小型数据库系统的需求为数据库技术开辟了新的发展空间。微小型数据库系统可以定义为:一个只需很小的内存来支持的数据库系统内核。微小型数据库系统针对便携式设备其占用的内存空间大约为 2MB,而对于掌上设备和其他手持设备,它占用的内存空间只有 50KB 左右。内存限制是决定微小型数据库系统特征的重要因素。

微小型数据库系统与操作系统和具体应用集成在一起,运行在各种智能性嵌入设备或移动设备上。微小型数据库技术目前已经从研究领域向广泛的应用领域发展,各种微小型数据库产品纷纷涌现。尤其是对移动数据处理和管理需求的不断提高,紧密结合各种智能设备的嵌入式移动数据库技术已经得到了学术界、工业界、军事领域和民用部门等各方面的重视并不断实用化。

11.1.4 数据库系统的内部体系结构

数据库系统内部具有三级模式及两级映射,三级模式分别是概念级模式、内部级模式和外部级模式,两级映射分别是概念级到内部级的映射及外部级到概念级的映射,如图 11-1 所示。

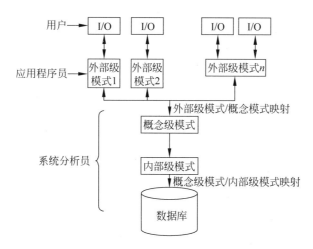

图 11-1 三级模式、两级映射示意图

1. 数据库系统的三级模式

（1）概念级模式，也称逻辑模式，是对数据库系统中全局数据逻辑结构的描述，是全体用户（应用）公共数据视图。一个数据库只有一个概念级模式。

（2）外部级模式，也称子模式，它是数据库用户能够看见和使用的局部数据的逻辑结构和特征的描述，它是由概念级模式推导出来的，是数据库用户的数据视图，是与某一应用有关的数据的逻辑表示。一个概念级模式可以有若干个外部级模式。

（3）内部级模式，也称物理模式，其给出了数据库物理存储结构与物理存取方法。

内部级模式处于最底层，其反映了数据在计算机物理结构中的实际存储形式；概念级模式处于中间层，其反映了设计者的数据全局逻辑要求；而外部级模式处于最外层，其反映了用户对数据的要求。

2. 数据库系统的两级映射

两级映射保证了数据库系统中数据的独立性。

（1）概念级模式到内部级模式的映射。该映射给出了概念级模式中数据的全局逻辑结构到数据的物理存储结构间的对应关系。

（2）外部级模式到概念级模式的映射。概念级模式是一个全局模式，而外部级模式是用户的局部模式。一个概念级模式中可以定义多个外部级模式，而每个外部级模式是概念级模式的一个基本视图。

11.2 数据模型

现有的数据库系统都是基于某种数据模型而建立的，数据模型是数据库系统的基础，理解数据模型的概念对于学习数据库的理论是至关重要的。本节主要讲解数据模型的基本概念及类型。

11.2.1 数据模型的基本概念

数据库中的数据是高度结构化的，即数据库不仅要考虑记录内的数据项间的联系，还要考虑记录之间的联系。数据模型主要是指描述这种联系的数据结构形式。也就是说，数据模型是指在一个数据库系统中，各个数据对象及它们之间存在的相互联系的集合，其主要任务是指出数据间的联系。研究如何表示和处理这种联系是数据库系统的核心问题，用以表示实体与实体之间联系的模型称为数据模型。

为了把现实世界的具体事务抽象、组织为某一 DBMS 支持的数据模型，人们常常先将现实世界抽象为信息世界，之后再转换为机器世界，即首先建立概念模型，之后再转变为某一类型的数据模型。

数据模型是定义的一组概念的集合，这些概念精确地描述了系统的静态特征、动态特征和完整性约束条件，数据模型包括数据结构、数据操作及完整性约束三方面的组成要素。

（1）数据结构。数据结构是所研究对象类型的集合，这些数据对象包括两类：与数据类型、内容、性质有关的对象；与数据之间联系有关的对象。数据结构是对静态特征的描述。

（2）数据操作。数据操作是指对数据库中各种对象实例允许执行的操作的集合，包括操作及有关的操作规则。数据库主要有检索和更新两大类操作。数据操作是对系统动态特征的描述。

（3）完整性约束。数据的完整性约束条件是一组完整性规则的集合。完整性规则是给定的数据模型中数据及其联系所具有的制约和依存规则，用以限定符合数据模型的数据库状态及状态的变化，以保证数据的正确、有效、相容。数据模型应反映和规定本数据模型需遵守的基本的、通用的完整性约束条件，还应提供定义完整性约束条件的机制，以反映具体应用中所涉及的数据必须遵守的特定的语义约束条件。

11.2.2 数据模型的类型

数据模型按不同的应用层次分成3种类型，即概念数据模型（Conceptual Date Model）、逻辑数据模型（Logic Date Model）和物理数据模型（Physical Date Model）。

1. 概念数据模型

概念数据模型简称概念模型，它是一种面向客观世界、面向用户的模型，其与具体的数据库管理系统无关，也与具体的计算机平台无关。概念模型着重于对客观世界复杂事物的结构描述及它们之间的内在联系的刻画，概念模型是整个数据模型的基础。目前，较为有名的概念模型有E-R模型、扩充的E-R模型、面向对象模型及谓词模型等。

2. 逻辑数据模型

逻辑数据模型也称为数据模型，它是一种面向数据库系统的模型，该模型着重在数据库系统一级的实现。概念模型只有在转换成数据模型后才能在数据库中得以表示。目前，逻辑数据模型也有很多种，较为成熟并先后被人们大量使用的有层次模型（Hierarchical Model）、网状模型（Network Model）、关系模型（Relational Model）和面向对象模型（Object Oriented Model）4种。

1）层次模型

层次模型是以记录型为节点构成的"树"，它把客观问题抽象为一个严格的自上而下的层次关系，层次模型有以下特点。

（1）有且仅有一个根节点无双亲。

（2）其他节点有且仅有一个双亲。

层次模型的优点是层次分明，结构清晰，适用于描述客观存在的事物中有主次之分的结构关系；缺点是只能反映实体间的一对多的关系。

2）网状模型

网状模型是以记录型为节点构成的网络，它反映了现实世界中较为复杂的事物间的联系，网状模型有以下特点。

（1）有一个以上节点无双亲。

（2）至少有一个节点有多于一个的双亲。

网状模型的优点是表达能力比较强,它能够反映实体间的复杂关系,它既能表达实体间的纵向联系,又能表达实体间的横向联系;缺点是在概念上、结构上和使用上都比较复杂。

3) 关系模型

关系模型是一张二维表格,它使用表格来描述实体之间的联系。

4) 面向对象模型

从 20 世纪 90 年代中期以来,人们发现关系模型有着查询效率不如非关系模型等缺陷,所以提出了面向对象模型。面向对象模型一方面对数据结构方面的关系结构进行了改良;另一方面为数据操作引入了对象操作的概念和手段。今天的数据库管理系统基本上都提供了这方面的功能。

3. 物理数据模型

物理数据模型也称物理模型,它是一种面向计算机物理表示的模型,此模型给出了数据模型在计算机上物理结构的表示。

11.3 E-R 模型

概念模型是面向现实世界的,它的出发点是有效和自然地模拟现实世界,给出数据的概念化结构。长期以来被广泛使用的概念模型是 E-R 模型(Entity-Relationship Model),又称为实体联系模型。该模型将现实世界的要求转化成实体、联系、属性等几个基本概念,以及它们间的两种基本连接关系,并且可以用一种图非常直观地表示出来。本节主要介绍 E-R 模型的基本概念及图示法。

1. E-R 模型的基本概念

(1) 实体。现实世界中的事物可以抽象成为实体,实体是现实世界中的基本单位,它们是客观存在的且又能相互区别的事物。

(2) 属性。现实世界中事物均有一些特性,这些特性可以用属性来表示。

(3) 码。唯一标志实体的属性集称为码。

(4) 域。属性的取值范围称为该属性的域。

(5) 联系。在现实世界中,事物间的关联称为联系。两个实体集间的联系实际上是实体集间的函数关系,这种函数关系可以有下面几种方式,即一对一联系、一对多或多对一联系、多对多联系。

① 一对一联系($1:1$)。如果实体集 A 中的任一个实体至多与实体集 B 中的一个实体存在联系,反之亦然,则称实体集 A 与实体集 B 之间存在一对一联系,记为 $1:1$。

② 一对多联系($1:n$)。如果实体集 A 中的任一个实体,可以与实体集 B 中的多个实体存在联系,而实体集 B 中的每一个实体,至多可以与实体集 A 中的一个实体相联系,则称实体集 A 与实体集 B 存在一对多联系,记为 $1:n$。

③ 多对多联系($m:n$)。如果实体集 A 中的任一个实体,可以与实体集 B 中的多个实体存在联系,而实体集 B 中的每一个实体,也可以与实体集 A 中的多个实体存在联系,则称实体集 A 与实体集 B 存在多对多联系,记为 $m:n$。

2. E-R 模型的图示法

E-R 模型用 E-R 图来表示,如图 11-2 所示。

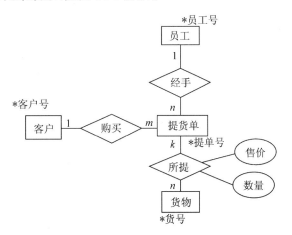

图 11-2　E-R 图示例

(1) 实体表示法,在 E-R 图中用矩形表示实体集,在矩形内写上该实体集的名称。
(2) 属性表示法,在 E-R 图中用椭圆形表示属性,在椭圆形内写上该属性的名称。
(3) 联系表示法,在 E-R 图中用菱形表示联系,菱形内写上联系名。

11.4　关系模型

关系模型采用二维表来表示,一个关系对应一张二维表。也可以说成一个关系就是一个二维表,但是一个二维表不一定是一个关系。本节主要介绍关系模型的数据结构、数据操作及完整性约束。

1. 关系模型的数据结构

关系模型(Relation Model)是目前最常用的数据模型。关系模型的数据结构非常单一,在关系模型中,现实世界的实体以及实体间的各种联系均用关系来表示。

关系模型中的主要术语如下。

(1) 关系:一个关系对应于平常讲的一张二维表,是具有相同性质的元组(或记录)的集合。
(2) 元组:表中的一行称为一个元组,相当于一个记录。
(3) 属性:表中的一列称为属性,给每一列起一个名称即属性名,属性相当于字段。
(4) 关键字:唯一地标识一个元组的一个或若干个属性集合。
(5) 主关键字:当一个关系有多个关键字时,选定其中一个作为主关键字。
(6) 外关键字:若在各个属性中,某属性不是该关系的主关键字,却是另一个关系的主关键字,则称该属性为外关键字。
(7) 域:属性的取值范围。

(8) 分量：元组中的一个属性值。

关系模型有以下特点。

(1) 关系中每一分量不可再分，是最基本的数据单位。
(2) 每一竖列的分量是同属性的，列数根据需要而设，且各列的顺序是任意的。
(3) 每一横行由一个个体事物的诸多属性构成，且各行的顺序可以是任意的。
(4) 一个关系是一张二维表，不允许有相同的属性名，也不允许有相同的元组。

2．关系模型的数据操作

关系模型的数据操作是建立在关系上的数据操纵，一般有数据查询、数据删除、数据插入、数据修改。

(1) 数据查询。用户可以查询关系数据库中的数据，其包括一个关系的查询及多个关系间的查询。
(2) 数据删除。数据删除的基本单位是一个关系内的元组，其功能是将指定关系内的元组删除。
(3) 数据插入。数据插入仅对一个关系而言，在该关系内插入一个或若干个元组。
(4) 数据修改。数据修改是在一个关系中修改指定的元组与属性。

3．关系模型的完整性约束

关系模型允许定义三类数据约束，分别是实体完整性约束、参照完整性约束及用户定义的完整性约束。

(1) 实体完整性约束。若属性 M 是关系的主键，则属性 M 中的属性值不能为空值。
(2) 参照完整性约束。若属性 A 是关系 M 的外键，它与关系 N 的主码相对应，则对于关系 M 中的每个元组在 A 上的值必须为：①取空值（A 的每个属性值均为空值）；②等于关系 N 中某个元组的主码值。
(3) 用户定义的完整性约束。用户定义的完整性约束反映了某一具体应用所涉及的数据必须满足的语义要求。

11.5 关系代数

关系数据库系统的特点之一是：它是建立在数学理论基础之上的，有很多数学理论可以表示关系模型的数据操作，其中最为著名的是关系代数与关系演算。本节将介绍关于关系数据库的理论——关系代数。

1．传统的集合运算

1) 投影运算

从关系模式中指定若干个属性组成新的关系称为投影。

投影是从列的角度进行的运算，相当于对关系进行垂直分解。经过投影运算可以得到一个新的关系，其关系模式所包含的属性个数往往比原关系少，或者属性的排列顺序不同。

对 R 关系进行投影运算的结果记为 $\pi_A(R)$,其形式定义为

$$\pi_A(R) \equiv \{t[A] \mid t \in R\}$$

式中,A 为 R 的属性列。

例如,对关系 R 中的"C"属性进行投影运算,记为 $\pi_C(R)$,如表 11-1 所示,得到无重复元组的新关系 T,如表 11-2 所示。

表 11-1 关系 R

A	B	C
a	b	21
b	a	19
c	d	18
d	f	22

表 11-2 关系 T

C
21
19
18
22

2) 选择运算

从关系中找出满足给定条件的元组的操作称为选择。

选择是从行的角度进行的运算,即水平方向抽取记录。经过选择运算得到的结果可以形成新的关系,其关系模式不变,但其中的元组是原关系的一个子集。选择运算形式定义为

$$\sigma_F(R) \equiv \{t \mid t \in R \land F(t) \text{ 为真}\}$$

式中,F 表示选择条件,它是一个逻辑表达式,取逻辑值"真"或"假"。逻辑表达式 F 由逻辑运算符连接各算术表达式组成。算术表达式的基本形式为

$$\sigma \theta \beta$$

其中,σ、β 是域(变量)或常量,但 σ、β 又不能同为常量,θ 是比较符,其可以是 $\leqslant$,$\geqslant$,$<$,$>$,$=$ 及 $\neq$。$\sigma \theta \beta$ 称为基本逻辑条件。

由若干个基本逻辑条件经过逻辑运算得到,逻辑运算为 $\land$(并且)、$\lor$(或者)及 $\neg$(否)构成,称为复合逻辑条件。

例如,对关系 R 中选择"C"大于 20 的元组,记为 $\sigma_{C>20}(R)$,如表 11-3 所示,得到无重复元组的新关系 T,如表 11-3 所示。

表 11-3 关系 T

A	B	C
a	b	21
d	f	22

3) 笛卡儿积

设有 n 元关系 R 和 m 元关系 S,它们分别有 p 和 q 个元组,则 R 与 S 的笛卡儿积记为 $R \times S$,其形式定义为

$$R \times S \equiv \{t \mid t = <t_r, t_s> \land t_r \in R \land t_s \in s\}$$

其中 $R \times S$ 是一个 $m+n$ 元关系,元组个数是 $p \times q$。

例如,表 11-1 所示的关系 R 和表 11-4 所示的关系 S 的笛卡儿积运算的结果关系 T 如表 11-5 所示。

表 11-4　关系 S

A	B	C
b	a	19
d	f	22
f	h	19

表 11-5　$T = R \times S$

R.A	R.B	R.C	S.A	S.B	S.C
a	b	21	b	a	19
a	b	21	d	f	22
a	b	21	f	h	19
b	a	19	b	a	19
b	a	19	d	f	22
b	a	19	f	h	19
c	d	18	b	a	19
c	d	18	d	f	22
c	d	18	f	h	19
d	f	22	b	a	19
d	f	22	d	f	22
d	f	22	f	h	19

2．关系代数的扩充运算

1）交

假设有 n 元关系 R 和 n 元关系 S，它们的交仍然是一个 n 元关系，它由属于关系 R 且属于关系 S 的元组组成，记为 $R \cap S$，其形式定义为

$$R \cap S \equiv \{t \mid t \in R \wedge t \in S\}$$

显然，$R \cap S = R - (R - S)$，或者 $R \cap S = S - (S - R)$。

例如，对上述的关系 R 和关系 S 做交运算的结果如表 11-6 所示。

表 11-6　$R \cap S$

A	B	C
b	A	19
d	F	22

2）除

如果将笛卡儿积运算看作乘运算的话，那么除运算就是其逆运算。当关系 $T = R \times S$ 时，则可将除运算定义为

$$T \div R = S$$

或

$$T / R = S$$

式中，S 称为 T 除以 R 的商。

由于除采用的是逆运算,因此除运算的执行是需要满足一定条件的。设有关系 T、R,关系 T 能被除的充分必要条件是关系 T 中的域包含关系 R 中的所有属性,关系 T 中有一些域不出现在关系 R 中。

在除运算中关系 S 的域由关系 T 中那些不出现在关系 R 中的域所组成,对于关系 S 中任一有序组,由它与关系 R 中每个有序组所构成的有序组均出现在关系 T 中。

例如,有关系 T,如表 11-7 所示;关系 R,如表 11-8 所示;求关系 $S=T\div R$,结果关系 S 如表 11-9 所示。

表 11-7 关系 T

A	B	C	D
a	b	19	d
a	b	20	f
a	b	18	b
b	c	20	f
b	c	22	d
c	d	19	d
c	d	20	f

表 11-8 关系 R

C	D
19	d
20	f

表 11-9 $S=T\div R$

A	B
a	b
c	d

除法的定义虽然较复杂,但在实际中,除法的意义还是比较容易理解的。

3) 连接运算与自然连接运算

在数学上,可以用笛卡儿积建立两个关系间的连接,但这样得到的关系庞大,而且数据大量冗余,在实际应用中,一般两个相互连接的关系往往须满足一些条件,所得到的结果也较为简单,这样就引入了连接运算与自然连接运算。

连接运算又可称为 θ-连接运算,这是一种二元运算,通过它可以将两个关系合并成一个大关系。设有关系 R、S 以及比较式 $i\theta j$,其中 i 为 R 中的域,j 为 S 中的域,θ 含义同前,则可以将它的含义用下式定义

$$R\underset{i\theta j}{\infty} S = \sigma_{i\theta j}(R\times S)$$

即 R 与 S 的 θ-连接是由 R 与 S 的笛卡儿积中满足限制 $i\theta j$ 的元组构成的关系,一般其元组的数目远远少于 $R\times S$ 的数目。应当注意的是,在 θ-连接中,i 与 j 需具有相同域,否则无法做比较。

在 θ-连接中如果 θ 为"=",就称此连接为等值连接,否则称为不等值连接;如 θ 为"<"时,称为小于连接;如 θ 为">"时,称为大于连接。

在实际应用中,最常用的连接是一个称为自然连接的特例。自然连接要求两个关系中进行比较的分量必须是相同属性,并且进行等值连接,相当于 θ 恒为"=",在结果中还要把重复的属性列去掉。自然连接可记为

$$R \bowtie S$$

例如,假设有关系 R(表 11-10)及关系 S(表 11-11),则关系 R 与关系 S 自然连接后的结果如表 11-12 所示。

表 11-10 关系 R

A	B	C	D
a	b	b	20
b	a	d	21
c	d	f	17

表 11-11 关系 S

E	F
19	d
20	f
18	h

表 11-12 $R \bowtie S$

A	B	C	D	E	F
a	b	b	20	20	f

11.6 数据库设计与原理

1. 数据库设计概述

数据库设计中有两种方法,即面向数据的方法和面向过程的方法。面向数据的方法是以信息需求为主,兼顾处理需求;面向过程的方法是以处理需求为主,兼顾信息需求。由于数据在系统中稳定性高,数据已成为系统的核心,因此面向数据的设计方法已成为主流。

数据库设计一般采用生命周期法,即将整个数据库应用系统的开发分解成目标独立的若干阶段。它们是需求分析阶段、概念设计阶段、逻辑设计阶段、物理设计阶段、编码阶段、测试阶段、运行阶段和进一步修改阶段。在数据库设计中采用前 4 个阶段。

2. 数据库设计的需求分析

需求收集和分析是数据库设计的第一个阶段,这一阶段收集到的基础数据和一组数据流图(DFD)是下一步设计概念结构的基础。概念结构是整个组织中所有用户关心的信息结构,对整个数据库设计具有深刻的影响。而要设计好概念结构,就必须在需求分析阶段用系统的观点来考虑问题、收集和分析数据及其处理。

1) 需求分析的任务

需求分析阶段的任务是通过详细调查现实世界要处理的对象(如组织、部门、企业等),充分了解原系统的工作概况,明确用户的各种需求,然后在此基础上确定新系统的功能。新系统必须充分考虑今后可能的扩充和改变,不能仅按当前应用需求来设计数据库。

调查的重点是"数据"和"处理",通过调查,从中获得每个用户对数据库的要求。

(1) 信息要求。信息要求是指用户需要从数据中获得信息的内容与性质。由信息要求可以导出数据要求,即在数据中需存储哪些数据。

(2) 处理要求。处理要求是指用户要完成什么处理功能,对处理的响应时间有何要求,处理的方式是批处理还是联机处理。

(3) 安全性和完整性的要求。为了很好地完成调查的任务，设计人员必须不断地与用户交流，与用户达成共识，以便逐步确定用户的实际需求，然后分析和表达这些需求。需求分析是整个设计活动的基础，也是最困难、最花时间的一步。需求分析人员既要懂得数据库技术，又要熟悉应用环境的业务。

2) 需求分析的方法

分析和表达用户的需求，经常采用的方法有结构化分析法和面向对象的方法。结构化分析(Structured Analysis,SA)方法用自顶向下、逐层分解的方式分析系统。用数据流图表达数据和处理过程的关系，数据字典对系统中的数据的详尽描述，是各类数据属性的清单。对数据库设计来讲，数据字典是进行详细的数据收集和数据分析所获得的主要结果。

数据字典是各类数据描述的集合，其通常包括 5 个部分，即数据项(它是数据的最小单位)、数据结构(它是若干数据项有意义的集合)、数据流(其可以是数据项，也可以是数据结构，表示某一处理过程的输入或输出)、数据存储(处理过程中存取的数据，常常是手工凭证、手工文档或计算机文件)、处理过程。

数据字典是在需求分析阶段建立，在数据库设计过程中不断修改、充实、完善的。

3. 数据库概念设计

数据库概念设计的目的是分析数据间内在语义关联，在此基础上建立一个数据的抽象模型。数据库概念设计的方法有集中模式设计、视图集成设计两种方法。

1) 集中模式设计法

集中模式设计法是一种统一的模式设计方法，其根据需求由一个统一机构或人员设计一个综合的全局模式，这种方法设计简单方便，它强调统一与一致，适用于小型或并不复杂的单位或部门，而对大型的或语义关联复杂的单位则并不适合。

2) 视图集成设计法

视图集成设计法是将一个单位分解成若干个部分，先对每个部分做局部模式设计，建立各个部分的视图，然后以各视图为基础进行集成。在集成过程中可能会出现一些冲突，这是由于视图设计的分散性形成的不一致所造成的，因此需要对视图做修正，最终形成全局模式。视图集成设计法是一种由分散到集中的方法，它的设计过程复杂但能较好地反映需求，适合于大型与复杂的单位。设计时应避免粗糙与不周到，目前此种方法应用较多。

使用视图集成设计法进行设计时，需要按以下步骤进行。

(1) 选择局部应用。根据系统的具体情况，在多层的数据流图中选择一个适当层次的数据流图，让这组图中每一部分对应一个局部应用，以这一层次的数据流图为出发点，设计为 E-R 图。

(2) 视图设计。视图设计一般有 3 种设计次序，分别是自顶向下、由底向上和由内向外。

(3) 视图集成。视图集成的实质是将所有的局部视图统一与合并成一个完整的数据模式。在进行视图集成时，最重要的工作便是解决局部设计中的冲突。在集成过程中由于每个局部视图在设计时的不一致性因而会产生矛盾，引起冲突，常见的冲突有命名冲突、概念冲突、域冲突、约束冲突。

4. 数据库的逻辑设计

数据库的逻辑设计主要工作是将 E-R 图转换成 RDBMS 中的关系模式。首先,从 E-R 图到关系模式的转换是比较直接的,实体与联系都可以表示成关系。E-R 图中属性也可以转成关系的属性,实体集也可以转换成关系。

5. 数据库的物理设计

数据库物理设计的主要目标是对数据库内部物理结构做调整并选择合理的存取路径,以提高数据库访问速度及有效利用存储空间。在现代关系数据库中已大量屏蔽了内部物理结构,因此留给用户参与物理设计的余地并不多,一般的 RDBMS 中留给用户参与物理设计的内容大致有索引设计、集簇设计和分区设计。

11.7 习题

1. 数据、数据库、数据库管理系统和数据库系统的概念是什么?
2. 数据库系统的特点是什么?
3. 数据模型的概念、作用和 3 个要素是什么?
4. 数据库系统的结构及组成是什么?
5. 关系数据库的特点是什么?现有的关系型数据库有哪些?

参 考 文 献

[1] 毛莉君.大学计算机基础[M].北京:科学出版社,2012.
[2] 侯殿有.计算机文化基础[M].北京:清华大学出版社,2012.
[3] 李占平,江华伟,张金秋.新编计算机基础案例教程[M].长春:吉林大学出版社,2009.
[4] 刘光洁.大学计算机基础教程[M].北京:人民邮电出版社,2009.
[5] 宋绍成.大学计算机基础[M].北京:科学出版社,2011.
[6] 解圣元.Access 2003 数据库教程[M].北京:清华大学出版社,2006.
[7] 杨振山,龚沛增.大学计算机基础简明教程[M].4 版.北京:高等教育出版社,2006.
[8] 杰诚文化.Office 2010 办公应用自学成才[M].北京:电子工业出版社,2012.
[9] 钟哲辉.基于计算机网络的信息检索[M].北京:电子工业出版社,2007.
[10] 贾宗福.新编大学计算机基础教程[M].北京:中国铁道出版社,2014.

图书资源支持

感谢您一直以来对清华版图书的支持和爱护。为了配合本书的使用,本书提供配套的资源,有需求的读者请扫描下方的"书圈"微信公众号二维码,在图书专区下载,也可以拨打电话或发送电子邮件咨询。

如果您在使用本书的过程中遇到了什么问题,或者有相关图书出版计划,也请您发邮件告诉我们,以便我们更好地为您服务。

我们的联系方式:

地　　址:北京市海淀区双清路学研大厦 A 座 714

邮　　编:100084

电　　话:010-83470236　010-83470237

客服邮箱:2301891038@qq.com

QQ:2301891038(请写明您的单位和姓名)

资源下载: 关注公众号"书圈"下载配套资源。

书圈

获取最新书目

观看课程直播